国家“十二五”规划重点图书

中国地质调查局
青藏高原1：25万区域地质调查成果系列

中华人民共和国

区域地质调查报告

比例尺1：250 000

岔路口幅

(I44C001001)

项目名称：新疆1：25万康西瓦幅、恰哈幅、岔路口幅、阿克萨依湖幅区域地质调查
项目编号：200313000003
项目负责：崔建堂　罗乾周
报告主编：崔建堂　王炬川　边小卫
报告编写：崔建堂　王炬川　边小卫
朱海平　罗乾周　刘东旭
编写单位：陕西省地质调查院
单位负责：齐　文（院长）
张拴厚（总工程师）
实施单位：西安地质矿产研究所

中国地质大学出版社
ZHONGGUO DIZHI DAXUE CHUBANSHE

内 容 提 要

岔路口幅（I44C001001）是新疆1：25万康西瓦幅（J44C004001）、恰哈幅（J44C004002）、岔路口幅（I44C001001）、阿克萨依湖幅（I44C001002）区域地质调查联测项目之一，隶属于青藏高原北部空白区基础地质调查与研究之工作内容项目，承担单位陕西省地质调查院。

本成果报告取得的主要重大成果及认识有：

（1）在地层古生物方面，系统地划分了图区地层区划，建立了地层层序格架，特别在古生代—中生代地层中获得了大量古生物化石：

①在图区原划志留纪温泉沟群、二叠纪加温达坂组、三叠纪克勒青河群哑地层中采到了大量孢粉化石，填补上述各地层时代划分缺乏依据的空白；②在原划奥陶纪地层中采到了中泥盆世的腕足、珊瑚类化石，经区域对比，厘定为中泥盆统落石沟组；③在原划落石沟组中采到了早石炭世的珊瑚化石，新建为下石炭统帕斯群；在原划石炭纪地层中采到了二叠纪䗴化石，新建为下二叠统红山湖组；④在原划侏罗纪龙山组和白垩纪铁隆滩群地层采到了大量腕足、腹足类化石，丰富了上述各地层单位生物化石的资料。

（2）在原划长城纪甜水海群上部碳酸盐岩中采到了青白口纪叠层石，据此将其解体为两部分，下部以变质碎屑岩为主，变质浅而变形强烈仍划归长城纪甜水海岩群；上部以碳酸盐岩为主，变形较弱，新建为青白口系肖尔克谷地岩组。

（3）在图区北部天神达坂一带的辉长岩墙中获得单矿物锆石 SHRIMP U－Pb 法（323.8±2.5）Ma 的同位素年龄值，代表在晚泥盆世—早石炭世发生了一期裂解事件，形成了二叠纪—三叠纪神仙湾边缘裂陷盆地，沉积了一套深水相细碎屑岩夹中基性火山岩建造。

（4）基本查明了图区地层以北西—南东向为主构造线，晚期叠加了北东—南西向构造，形成一系列的短轴复式背、向斜构造，局部呈穹隆状构造。

（5）本次区调图区在天神达坂向阳峰一带，发现了石炭纪沉积型铁矿带，其规模长约5～8km，宽约80～100m，TFe品位为21.37%。为进一步矿产勘查提供了依据。

图书在版编目（CIP）数据

中华人民共和国区域地质调查报告．岔路口幅（I44C001001）比例尺1：250 000/崔建堂，王炬川，边小卫等著．—武汉：中国地质大学出版社，2013.10

ISBN 978－7－5625－2822－7

Ⅰ．①中…
Ⅱ．①崔…②王…③边…
Ⅲ．①区域地质－地质调查－调查报告－中国②区域地质－地质调查－调查报告－新疆
Ⅳ．①P562

中国版本图书馆CIP数据核字（2012）第037073号

中华人民共和国区域地质调查报告
岔路口幅（I44C001001）比例尺1：250 000

崔建堂　王炬川　边小卫　等著

责任编辑：胡珞兰　刘桂涛　　责任校对：张咏梅

出版发行：中国地质大学出版社（武汉市洪山区鲁磨路388号）　邮政编码：430074
电　　话：（027）67883511　传　　真：67883580　E－mail：cbb @ cug.edu.cn
经　　销：全国新华书店　http://www.cugp.cug.edu.cn

开本：880毫米×1 230毫米 1/16　字数：420千字　印张：13　图版：4　附件：1
版次：2013年10月第1版　印次：2013年10月第1次印刷
印刷：武汉中远印务有限公司　印数：1－1 500册

ISBN 978－7－5625－2822－7　定价：480.00元

前 言

青藏高原包括西藏自治区、青海省及新疆维吾尔自治区南部、甘肃省南部、四川省西部和云南省西北部，面积达 260 万 km^2，是我国藏民族聚居地区，平均海拔高度 4 500m 以上，被誉为地球第三极。青藏高原是全球最年轻、最高的高原，记录着地球演化最新的历史，是研究岩石圈形成演化过程和动力学的理想区域，是“打开地球动力学大门的金钥匙”。

青藏高原蕴藏着丰富的矿产资源，是我国重要的战略资源后备基地。青藏高原是地球表面的一道天然屏障，影响着中国乃至全球的气候变化。青藏高原也是我国主要大江大河和一些重要国际河流的发源地，孕育着中华民族的繁衍和发展。开展青藏高原地质调查与研究，对于推动地球科学研究、保障我国资源战略储备、促进边疆经济发展、维护民族团结、巩固国防建设具有非常重要的现实意义和深远的历史意义。

1999 年国家启动了“新一轮国土资源大调查”专项，按照温家宝总理“新一轮国土资源大调查要围绕填补和更新一批基础地质图件”的指示精神。中国地质调查局组织开展了青藏高原空白区 1∶25 万区域地质调查攻坚战，历时 6 年多，资金投入 3 亿多，调集来自全国 25 个省(自治区)地质调查院、研究所、大专院校等单位组成的精干区域地质调查队伍，每年近千名地质工作者，奋战在世界屋脊，徒步遍及雪域高原，实测完成了全部空白区 158 万 km^2 112 个图幅的区域地质调查工作，实现了我国陆域中比例尺区域地质调查的全面覆盖，在中国地质工作历史上树立了新的丰碑。

新疆、西藏 1∶25 万岔路口幅(I44C001001)区域地质调查项目，由陕西省地质调查院承担，工作区位于新疆维吾尔自治区南部的西昆仑山主脊与南坡和西藏自治区北部的喀喇昆仑山之间，其目的是通过对调查区进行全面的区域地质调查。

岔路口幅(I44C001001)地质调查工作时间为 2003—2005 年，累计完成地质填图面积为14 905km^2，实测剖面 106.9km。地质路线 2 800km，采集种类样品 1 609 件，全面完成了设计工作量。主要成果如下。

(1)系统地划分了图区地层区划，建立了地层层序格架，在古生代—中生代地层中获得了大量古生物化石：①在原划志留纪温泉沟群、二叠纪加温达坂组、三叠纪克勒青河群哑地层中采集到了大量孢粉化石，填补了时代划分依据的空白；②在原划奥陶纪地层中采集到了中泥盆世的腕足、珊瑚类化石，经区域对比，厘定为中泥盆统落石沟组；③在原划落石沟组中采集到了早石炭世的珊瑚化石，新建为下石炭统帕斯群；④在原划石炭纪地层中采集到了二叠纪䗴化石，新建为下二叠统红山湖组。

(2)在原划长城纪甜水海群上部碳酸盐岩中采集到了青白口纪叠层石，据此将其上部以碳酸盐岩为主，变形较弱，新建为青白口系肖尔克谷地岩组。

(3)在图区北部天神达坂一带的辉长岩墙中获得了单矿物锆石 SHRIMP U-Pb法(323.8±2.5)Ma 的同位素年龄值，代表在晚泥盆世—早石炭世发生了一期裂解事件。

(4)基本查明了图区地层以北西—南东向为主构造线，晚期叠加了北东—南西向构造，形成一系列的短轴复式背、向斜构造，局部呈穹隆状构造。

(5)本次区调图区在天神达坂向阳峰一带，发现了石炭纪沉积型铁矿带，其规模长约 5～8km，宽约 80～100m，TFe 品位为 21.37%。

2006年4月，中国地质调查局组织专家对项目进行了最终成果验收，评审认为：成果报告资料齐全，工作量达到(或超过)设计规定，技术手段、方法、测试样品质量符合有关规范、规定。报告章节齐备，论述有据，在地层、岩浆岩、古生物和构造等方面取得了较突出的进展和重要成果，反映了测区地质构造特征和现有研究程度，经评审委员会认真评议，一致建议项目报告通过评审，岔路口幅成果报告被评为优良级。

参加报告编写的主要人员有崔建堂、王炬川、边小卫、朱海平等；最终修改统纂定稿由崔建堂负责完成。地质图由崔建堂负责主编，王炬川、边小卫参与了附图的编绘。

先后参加野外工作的人员有崔建堂、罗乾周、王炬川、边小卫、朱海平、杨克俭、彭海练、杨运军、王峰、林仕元、张汉甫、贾忠胜、葛双民、李军、张满江；后勤人员有刘东旭、杨小朋、谭康勋、谭苏敏、耿建生、阮春明、张万牢、黄宝山等。

在整个项目实施和报告编写过程中，得益于许多单位和领导的大力协助、支持，尤其要感谢的是中国地质调查局、西安地质矿产研究所、乌鲁木齐工作总站等单位；衷心感谢肖序常院士、翟刚毅处长、李荣社处长、姚建新教授、胡健明教授等专家对本项目的热情指导与帮助；同时感谢陕西省地质调查院齐文院长、韩芳林副院长、张拴厚总工、王根宝主任、王北颖主任等对项目工作的亲切关怀和大力支持！岩矿鉴定由周清山高工完成，生物化石由区域地质矿产研究院史秉德高工，西安地质矿产研究所曹宣铎、付力甫研究员，长安大学古生物教研室汪明洲教授等鉴定；地质图和报告插图计算机清绘由刘春华、许革新、安英平、杨洁等同志完成，在此表示诚挚的谢意。

鉴于本次区调成果出版工作时间紧，参加单位较多，项目组织协调任务重以及工作经验和水平所限，成果出版中可能存在不足与疏漏之处，敬请读者批评指正。

“青藏高原1：25万区调成果总结”项目组

2011年7月

目 录

第一章　绪　论

岔路口幅(I44C001001)是新疆1∶25万康西瓦幅(J44C004001)、恰哈幅(J44C004002)、岔路口幅(I44C001001)、阿克萨依湖幅(I44C001002)区域地质调查联测项目之一,隶属于青藏高原北部空白区基础地质调查与研究之工作内容项目,承担单位为陕西省地质调查院。

中国地质调查局以基[2003]001-10号文、基[2004]001-08号文、基[2005]001-03号文下达了各年度任务。

工作内容编号:200313000003

工作性质:基础地质调查

工作区范围为东经78°00′—81°00′,北纬35°00′—37°00′,总填图面积59 610km^2,总费用1 120万元。

工作期限:2003年1月—2005年12月。

2003年12月提交项目设计书,2005年7月提交野外验收成果,2005年12月提交最终验收成果。

第一节　目标任务

新疆1∶25万康西瓦幅(J44C004001)、恰哈幅(J44C004002)、岔路口幅(I44C001001)、阿克萨依湖幅(I44C001002)区域地质调查项目总体目标任务是:按照《1∶25万区域地质调查技术要求(暂行)》和《青藏高原空白区1∶25万区域地质调查要求(暂行)》及其他相关的规范、指南,参照造山带填图的新方法,应用遥感等新技术手段,以区域构造调查与研究为先导,针对不同地质构造组成采用相应的工作方法,通过对本区沉积建造、岩浆作用、变质变形的综合调查与分析,建立构造格架,重塑区域地质演化历史。

测区有多条重要构造边界,地质构造复杂,具有良好的成矿地质条件,在对康西瓦-苏巴什、库地-其曼于特构造-岩浆岩带的组成与演化调查研究的同时,开展成矿地质背景调查和前寒武纪地层的区域对比研究,以中新生代盆地与造山带耦合关系和构造结合带组成与演化的调查研究为重点,全面提高本区基础地质研究程度。

预期成果:

(1)提交印刷地质图件及报告、专题报告。

(2)按中国地质调查局编制的《地质图空间数据库工作指南》提交ARC/INFO、MAPGIS图层格式的数据光盘及图幅与图层描述数据、报告文字数据各一套。

在充分收集、综合分析前人资料的基础上,结合野外踏勘和试填图情况,我们厘定出测区的具体目标任务如下:

(1)合理划分测区地质体和构造单元,厘定和建立测区的地层、岩浆岩、构造序列,总结区域地质演化历史。

(2)调查研究康西瓦-苏巴什、库地-其曼于特等结合带的物质组成与构造演化特征。

(3)从建造和改造角度出发,调查研究测区内变质结晶基底的物质组成、变形变质特征,与邻区前寒武纪变质结晶基底进行区域对比研究。

(4)通过中新生代盆-山耦合及第四纪地质地貌的调查,研究青藏高原隆升。

(5)开展成矿地质背景调查,总结测区区域成矿背景及成矿规律。

第二节 自然地理、经济及交通概况

图区位于新疆维吾尔自治区南部的西昆仑山和喀喇昆仑山区。行政区划隶属新疆维吾尔自治区和田地区的皮山县、和田县和墨玉县管辖,图区西南角与克什米尔(印度实际控制区)接壤。图区地理坐标:东经 78°00′—79°30′,北纬 35°00′—36°00′。

一、自然地理概况

图区地形地貌北部为麻扎-大红柳滩大峡谷,中部和南部为高耸云霄的喀喇昆仑高山—极高山区。总体地势为南高北低的格局。

昆仑山呈北西向横亘于图区北部,海拔高度从塔里木盆地南缘的 3 800m,快速上升到幕士塔格的6 638m,再上升到尖刀峰南的 7 167m,构成“世界屋脊”——青藏高原的西北边缘。昆仑山北坡山势陡峭、切割强烈、高差极大;昆仑山主脊区域由康西瓦向东分为北部柳什塔格和南部昆仑山两条山脊,中部为新生代高原隆升过程中形成的皑皑雪峰围绕的玉龙喀什河峡谷,山高谷深、雪峰环绕、冰峰林立;昆仑山南坡西部陡峭,东部为高原低山丘陵,地势较平缓。

喀喇昆仑山呈北西向屹立于图区中南部,与昆仑山遥遥相对,一般海拔 3 738～6 662m,总体海拔较高,相对高差较小,湖泊、沼泽广布,冻土发育。昆仑山与喀喇昆仑山之间衔接地带的麻扎-大红柳滩大峡谷,海拔为 3 738～4 274m,宽 1～5km,两边都是悬崖峭壁。

昆仑山、喀喇昆仑山区及其谷地年平均气温 0～4℃,最高气温 25.2℃(7 月份),最低气温 −42.6℃(1 月份),昼夜温差大;年降雨量 50～100mm,夏、秋季凝结降水较多,7—8 月冰雪融水常成灾害;每年 10 月至来年 4 月为冰冻期,高原山区气候阴晴无常,7—8 月份的午后常有冰雹和大雪;5 600m以上的山峰终年积雪,缺氧量达 30%～50%。总体上该地区属高原寒带荒漠气候,具内陆高原干旱、寒冷的气候特征。

图区水系主要流入塔里木盆地的内陆水系,主要有喀拉喀什河,西南角有少量水系流入印度。在喀喇昆仑山分布有红山湖、鸳鸯湖。图区水系主要发源于喀喇昆仑山,由各主要山峰冰雪融水补给,河水受天气影响较大,流量随季节变化较大,其中 7—8 月为洪水期。

二、经济及交通概况

图区中南部地区自然条件极端恶劣,绝大部分地区人迹罕至。在昆仑山脊及以南地区除新藏公路沿线三十里营房和大红柳滩等兵站、天神达坂哨所有少量边防部队官兵、服务人员和牧民外,其他地区渺无人烟。居民主要有维吾尔族、哈萨克族、塔吉克族、克尔克孜族、汉族等,其中以维吾尔族人口居多。

图区内植被类型以高山垫状低矮灌木、草木植被为主。昆仑山前绿洲带以农业为主,粮食作物有小麦、玉米、高粱,经济作物有棉花、葡萄、哈密瓜、梨、杏等;昆仑山前荒漠区以畜牧业为主。

区内野生动物有野牦牛、藏羚羊、黄羊、岩羊、野驴、野兔、雪豹、狼等,主要分布于昆仑山南坡及喀喇昆仑山人迹罕至的地区。

图区北部有叶城县—拉萨市的219国道通过;其次康西瓦—神仙湾、甜水海—天神达坂有边防公路尚可通行,但路况均极差,在6月上旬解冻之前大部分地区越野车尚可艰难通行,6月中下旬解冻以后该地区几乎寸步难行,9月份以后便大雪封山。在喀喇昆仑山俘虏沟地区地形高差大、切割深,离开公路汽车无法通行,交通极为困难。运输全靠人力和畜力,毛驴在4—5月和9—10月沿较大的水系可以部分通行。总之,图区交通较为困难,并受季节影响较大(图1-1)。

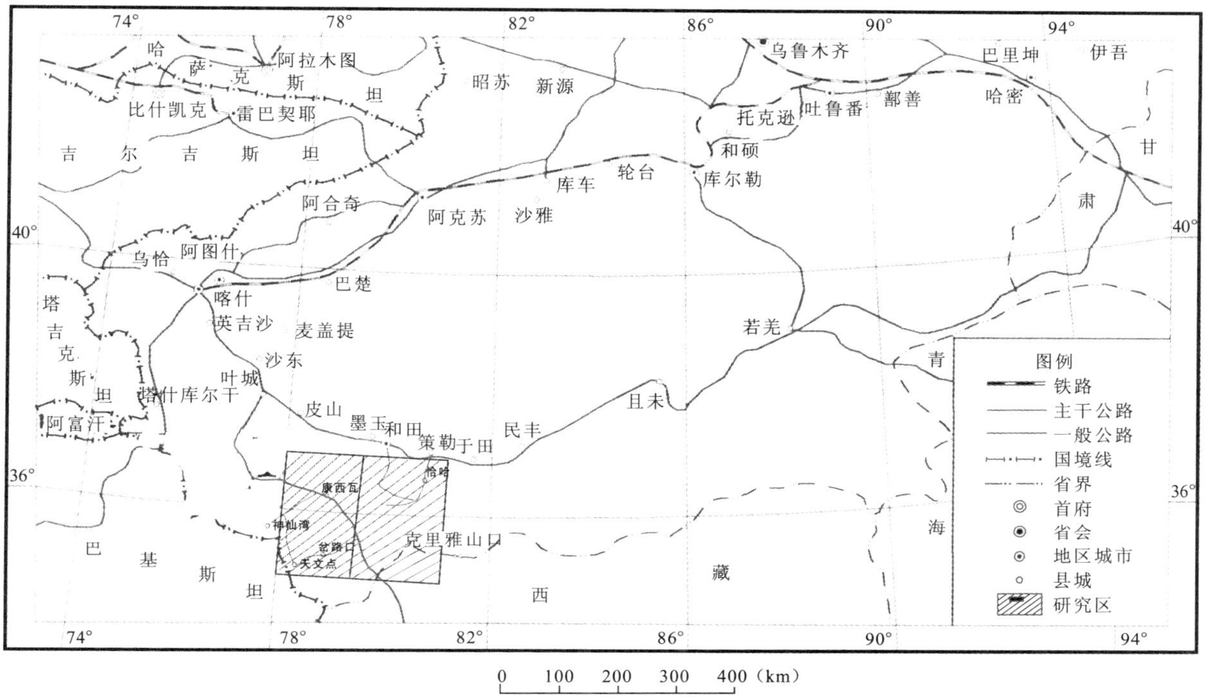

图1-1 交通位置图

第三节 以往地质工作程度

调查区在清朝末期已有少量外国科考探险家进入,主要地质工作是解放以后进行的,特别是20世纪80年代以后。

根据前人资料,调查区地质工作可划分为4个阶段。

一、解放前零星路线地质调查阶段

解放前有少数中、外地质学家,如Hedin S、Henning A、Norin R、刘慎谔、Belyaevsry H A等在调查区相邻地区进行过路线地质调查,获得了一些零散地质资料。

二、解放后—20世纪80年代中期1∶100万区域地质矿产调查起步

解放后至20世纪70年代新疆地质矿产局在调查区作了小区域矿产普查和1∶100万区调简测。1958—1960年中国科学院组织进行过综合科学考察。

1964 年，新疆区域地质调查大队编绘了和田县幅 1∶100 万地质图及说明书，首次对包括测区北部的昆仑山北坡和塔里木盆地南缘进行了初步总结，划分出了前寒武纪地台结晶基底，古生代不同时期的沉积盖层，在昆仑山北麓划分出了中—新生代陆相沉积。

1982—1983 年，新疆地质矿产局第一区调大队完成了《西昆仑康西瓦—喀喇昆仑山河尾滩地区地质矿产调查报告》（1∶100 万），工作范围包括了岔路口幅及康西瓦幅、阿克萨依湖幅大部分地区，报告总结了该区的地层、侵入岩、火山岩、构造和矿产，为本次区调工作奠定了基础，也是本次区调工作参考的主要实际资料。

1986 年，西藏自治区地质矿产局区域地质调查大队完成了该区西藏部分 1∶100 万日土幅区调，涉及本区的地质路线近 10 条，地层划分为传统的年代地层方法，地层时代的依据不足。

1989 年，新疆地质矿产局第十地质调查大队在 1964 年喀什地质大队编图的基础上，结合新的成果资料，重新编制了《和田地区 1∶50 万地质图、矿产图》及说明书，对测区（新疆区域）的岩石、地层、构造、侵入岩和矿产进行了比较系统的总结。

三、20 世纪 80 年代中期—90 年代青藏高原科学考察与专题研究阶段

20 世纪 80 年代以来，昆仑山区地质调查和科学研究比较多，主要有：

1980—1983 年，中国地质科学院地质研究所姜春发等与青海、新疆区调大队联合对昆仑山进行野外地质调查，进展较大，著有《昆仑开合构造》。

1981 年，新疆地质矿产局、新疆石油管理局总结了昆仑山—阿尔金山一带地层，认为该区自中元古宙—中生代以来地层都有不同程度的出露，海陆变迁频繁，奥陶纪以后生物发育，侏罗纪为重要的成煤期，白垩纪为潟湖膏泥沉积，新生代受喜马拉雅运动影响，昆仑山隆起，在山区形成一些大小不同、互不相连的断陷盆地，沉积了第三系（古近系和新近系）和第四系，同时在河流两岸、冰川脚下、湖泊等地理景观区也有各种类型沉积。虽然总结涉及本区实际资料不多，但认为本区带地层构造具有可对比性。

1986—1988 年，中国科学院青藏高原综合科学考察队（潘裕生等）深入新藏公路，对地质、地理等进行了专家路线考察，著有《青藏高原喀喇昆仑-昆仑山地区科学考察》丛书。

1987—1991 年，中国科学院潘裕生、法国 Tapponnier P 等在图区及西邻幅狮泉河—叶城、喀什—红其拉甫进行了路线考察。

1990—1993 年，刘训等在塔里木盆地进行了地质调查及剖面测制，1997 年出版了《塔里木板块周缘的沉积-构造演化》专著。

1991—1993 年，丁道桂、王道轩等也在图区以西进行了剖面调查，1996 年出版了《西昆仑造山带与盆地》专著。

1993 年，腾志宏等在塔里木盆地进行了地质调查，著有《塔里木盆地及其周缘地区新近系—第四系地层及晚新生代构造期次划分》（内部刊物）。

1994—1996 年，陈哲夫等系统总结了新疆的地史演化与成矿，1997 年出版了《新疆开合构造与成矿》专著。

1995 年，由中国地质矿产部西安地质矿产研究所和新疆地质勘查局第二区调队联合承担了地质矿产部定向科研项目“西昆仑块状硫化物型铜（多金属）矿床成矿条件及成矿预测研究”。1999 年，贾群子等出版了《西昆仑块状硫化物矿床成矿条件和成矿预测》专著，对成矿地质背景、海相火山岩岩石系列、岩石组合及成矿环境、块状硫化物矿床地质特征和类型、区域成矿条件和成矿规律、成矿带划分和成矿远景区等进行了论述。

四、国土资源大调查启动后基础地质全面提高阶段

1999年，新一轮国土资源大调查启动后，青藏高原空白区1∶25万区域地质调查工作全面展开，同时实施了大面积的1∶50万区域化探扫面与矿调工作，基础地质与矿产综合研究工作也同步进行。

2000—2002年，陕西省地质调查院在测区西开展了新疆西昆仑叶尔羌河上游地区1∶50万化探测量，湖北省地质调查院在测区东部开展了新疆和田玉龙喀什河地区1∶50万区域化探测量工作，圈定了一大批异常，发现了部分矿化线索。

2000—2002年，陕西省地质调查院在测区东邻地区完成的新疆于田县、伯力克等四幅1∶25万区域地质调查项目，对测区地层区划和构造格架建立以及地质构造演化具有重要的指导意义。

总之，上述地质工作为本次调查的开展提供了基础资料，起到了先导作用。同时，由于自然条件恶劣，调查路线稀疏，对地质体控制程度不够，填图单位的划分较为粗略，样品测试精度不高，以及认识的局限定性。所以以往工作在地质控制程度、样品控制、实验测试方法、地质认识等方面还存在诸多问题，难以满足本次工作要求。

第四节 项目工作概况

康西瓦等四幅区域调查项目于2003年3月份开始启动，陕西省地质调查院承担了新疆1∶25万康西瓦、岔路口两幅区域地质调查项目。2003年3—4月全面收集分析了区内和邻区已有的地质、矿产、科研资料，进行遥感影像初步解译，确定了工作方案、工作细则。

2003年5—10月对调查区进行了系统的野外踏勘，并完成了调查区南部20 000km^{2}的野外试地质填图和120km的剖面测制工作，以及验证、补充和修改遥感解译标志。

2003年12月提交了项目总体设计书，12月下旬在西安通过了中国地质调查局西安地质调查中心组织的设计评审，设计评定为优秀级(92.8分)。

2004年1—3月进行了项目总体设计的修改并送中国地质调查局西安地质调查中心认定，同时对2003年野外资料进行了整理，编制项目年度工作计划及出队前工作准备等。2004年3月下旬出队，4—10月全面开展了路线地质调查、剖面测制、专题研究等野外作业，完成了测区30 000km^{2}的地质填图和3 000km的剖面测制工作。

2004年11月至2005年4月主要进行了年度资料整理，5—8月出队继续完成剩余的8 610km^{2}野外地质调查任务和30km剖面测量工作，部分人员进行了野外验收前的资料整理工作。

2005年7月3—11日，在新疆和田市中国地质调查局西安地质矿产研究所组织专家对项目野外资料进行了野外检查验收，项目岔路口幅、恰哈幅分别被评定为优秀级(91分和90分)、康西瓦幅、阿克萨依湖幅分别被定为良好级(89分和83分)。

通过近3年多的野外工作，完成了任务书下达及设计的各项实物工作量，经过室内紧张认真的综合整理，编写了分幅综合地质报告。

第五节 完成主要实物工作量

康西瓦等四幅区域调查项目近3年的野外工作，完成的主要实物工作量见表1-1。

表 1-1 完成实物工作量一览表

项 目	单位	康西瓦幅	恰哈幅	岔路口幅	阿克萨依湖幅	设计工作量	合计完成工作量	完成率(%)
1∶25 万地质填图	km^2	14 900	14 900	14 905	14 905	59 610	59 610	100
1∶25 万路线地质调查长度	km	2 500	2 675	2 800	2 410	10 000	10 385	104
1∶25 万遥感解译路线长度	km	550	855	300	1 150	2 000	2 855	143
1∶2 000 实测地质剖面图	km	3.5	16	1.2	12	20	32.7	163.5
1∶5 000 实测地质剖面图	km	133	68	39	49	140	289	206
1∶10 000 实测地质剖面图	km	45	114	64	135	305	358	117.4
1∶5 000～1∶10 000 路线地质剖面图	km	42	—	2.7	—	—	44.7	—
标本、薄片	件	820	768	750	773	3 000	3 111	104
微量元素分析	件	335	354	368	344	1 200	1 401	116.8
稀土元素分析	件	105	142	150	132	220	529	240
硅酸盐岩分析	件	111	147	60	115	220	433	196.8
碳酸盐岩分析	件	15	36	8	21	40	80	200
古生物化石	件	10	111	165	242	500	528	105
微古化石	件	5	15	56	20	130	96	74
人工重砂	件	25	38	5	12	40	80	200
单矿物挑选	件	10	12	8	12	34	42	123.5
SHRIMP 同位素测年	件	7	3	1	—	3	12	400
锆石 U-Pb 同位素测年	组	3	2	2	5	10	12	120
同位素示踪样(Sr、Nd)	件	—	5	—	—	5	5	100
电子探针分析	件	5	6	3	7	20	21	105
热释光测年分析	件	—	5	3	5	20	23	115
粒度分析	件	5	—	12	17	40	34	85
拣块化学分析(矿产)	件	18	—	16	15	60	49	82
磷灰石裂变径迹	—	—	—	—	6	10	6	60
岩组样分析	组	5	—	2	5	12	12	100

第六节 工作质量概述

一、路线控制程度

调查区属青藏高原地质工作空白区，野外路线调查以穿越路线为主，追索路线为辅。布置填图路线时，打破点、线密度，不平均使用工作量。穿越路线的间距主要根据测区地质构造复杂程度、遥感地质解译程度及通行条件等划分为5类。

Ⅰ类区是指边界地质体和重要地段(地质、构造、矿产)及大比例尺解剖区地质路线加密布置,一般间距为2～3km,个别为3～5km。

Ⅱ类区是指地形及通行条件差,遥感地质解译效果较差的中深变质岩区,路线间距一般为4～8km。

Ⅲ类区是指地质构造比较简单的沉积-浅变质岩区,遥感地质解译效果好,但通行条件一般,路线间距一般为6～8km。

Ⅳ类区是指地质构造简单,遥感地质解译效果好,路线间距可适当放宽,一般不大于10km,如第四系分布区。

Ⅴ类区指难以逾越的冰川、雪盖区及国防边境线,以遥感解译为主。

总之,单幅地质路线实测路线总长度控制在2 500～2 800km,同时,在边境地区及不可逾越地段布置以遥感地质解译路线,单幅实测地质调查路线与遥感解译路线总长度达到或超过3 000km。地质路线控制了各类地质体,达到了设计要求。

二、剖面控制程度

图区所有正式地层单位、构造-地层单位、非正式地层单位、构造蛇绿混杂岩带及构造岩浆岩带均有(1∶2 000)—(1∶10 000)比例尺的实测剖面1～2条控制。剖面布置在地质体出露全,而且有代表性的地段,控制了测区的所有地质体。

三、对矿化体的控制程度

项目在地质调查过程中,始终坚持重视矿产调查工作,发现了图区一批有前景的矿点,对这些新发现的矿化点(带、体),进行了认真的追索圈定,并对采样分析作出初步评价;对有前景的矿点(带、体),通过追索圈定,并通过地表观察及轻型山地工程,初步了解矿(化)体的分布、产状、规模、质量、围岩蚀变及矿化特征。

四、对样品控制

图区每个地质单元都有标本薄片、岩石化学分析、微量元素分析、稀土元素分析等1～3套基本样品。每个构造-岩浆岩带的侵入岩和火山岩都有1～3组同位素测年样;对于每个侵入岩序列和不同火山岩群视具体情况与解决地质问题有针对性地采集人工重砂样、电子探针、包体分析等样品,样品送北京大学、国家测试中心、中国地质科学院、天津地质矿产研究所、西安地质矿产研究所、西安岩矿测试中心等权威单位进行分析测试。

五、遥感解译程度

遥感地质工作技术方法参考《1∶25万区域地质调查遥感工作细则》,遥感解译贯穿整个区域地质调查工作的始终,以传统的目视解译的影像图解译为主,计算机辅助解译为辅,由已知到未知,由点到面、点面结合的方式进行。从项目设计、野外填图、综合研究不同阶段,遥感调查的工作与区域地质调查紧密结合,通过野外踏勘初步建立测区的遥感解译标志,野外地质填图阶段验证与修正遥感解译标志,并对各阶段的遥感解译进行编录,填写遥感解译卡片和遥感解译小结,最终进行对比解译,全面建立测区的遥感解译标志。

本次遥感解译工作能满足1∶25万区域地质调查工作的需要,达到了设计要求。

第七节　质量管理

项目加强了质量管理工作，在职工中牢固树立起“质量就是生命，质量就是效益”的质量意识，建立了地调院、项目、作业组三级质量管理体系，严格按陕西省地质调查院质量管理体系要求，持之以恒地开展了经常性和阶段性质量检查，资料自检、互检率达100%，项目对原始资料抽查率大于30%，陕西省地质调查院对原始资料进行抽查，检查原始资料翔实，质量可靠程度高。质量管理记录规范、齐全，追踪了项目工作的整个过程，符合ISO9000质量管理体系要求。

第八节　组织管理

先后参加项目工作的人员达45人，分为西部区调大组（负责康西瓦幅、岔路口幅）和东部区调大组（负责恰哈幅、阿克萨依湖幅），其中技术人员26人（高级工程师11人、工程师或会计师10人、助理工程师5人），后勤人员19人。设项目负责4人、技术负责4人、大组长6人、组长6人、技术人员5人，后勤保障19人，其中驾驶员7人、炊事员4人、财务2人、地质工6人。人员组成及分工见表1-2。

表1-2　项目人员工作分工一览表

序号	姓名	年龄(岁)	学历	职称	分工	岗位
1	黎敦朋	38	硕士	高级工程师	地层、第四系、高原隆升专题研究	项目负责
2	崔建堂	43	硕士	高级工程师	构造、西昆仑物质组成与演化专题研究	项目负责
3	罗乾周	40	大学	高级工程师	矿产、后勤工作	项目负责
4	王向利	39	大学	高级工程师	岩浆岩、地球化学	项目负责
5	王炬川	38	大学	高级工程师	岩浆岩、地球化学	技术负责
6	李新林	36	大学	高级工程师	变质岩、岩浆岩	技术负责
7	边小卫	34	大学	工程师	地层古生物	技术负责
8	周小康	34	中专	工程师	构造、遥感解译	技术负责
9	彭海练	31	大专	工程师	遥感、火山岩	大组长
10	代新宇	35	大学	高级工程师	地层古生物、变质岩	大组长
11	杨克俭	32	大专	工程师	变质岩	大组长
12	杜少喜	32	大学	工程师	构造	大组长
13	朱海平	36	大学	工程师	矿产	大组长
14	高小平	40	大学	高级工程师	矿产	大组长
15	王忠世	60	中专	高级工程师	变质岩	
16	周清山	60	大学	高级工程师	岩矿鉴定	
17	杨运军	31	大学	工程师	地层古生物	组长

续表 1-2

序号	姓名	年龄(岁)	学历	职称	分工	岗位
18	王 峰	38	大专	助理工程师	变质岩	组长
19	刘幼骐	38	大专	助理工程师	变质岩	组长
20	王欣欣	46	大学	助理工程师	变质岩	组长
21	林仕元	47	中专	工程师	地层古生物	技术员
22	张汉甫	43	大专	工程师	地层	组长
23	贾忠胜	37	中专	助理工程师		技术员
24	葛双民	39	中专	助理工程师		技术员
25	宋丽萍	30	大学	会计师	财务与预算	财务
26	刘东旭	32	中专	会计师	财务与预算	财务
27	杨小朋	37	工人	中级工		驾驶员
28	谭康勋	39	工人	中级工		驾驶员
29	谭苏敏	40	工人	高级工		驾驶员
30	耿建生	43	工人	高级工		驾驶员
31	石明利	43	工人	高级工		驾驶员
32	张周利	42	工人	高级工		驾驶员
33	邓先关	48	工人	高级工		驾驶员
34	阮春明	42	工人	高级工		炊事员
35	张万牢	38	工人	中级工		炊事员
36	张宏凡	35	工人	中级工		炊事员
37	田向武	34	工人	高级工		炊事员
38	黄宝山	38	工人	中级工		
39	李 军	39	工人	中级工		
40	张满江	42	工人	中级工		
41	王连平	37	工人	高级工		
42	王朋友	38	工人	高级工		
43	吕志宏	35	工人	中级工		
44	董小军	29	工人	高级工		
45	孙宏明	32	工人	中级工		

经过项目全体人员近3年来的努力工作，团结协作，克服了高寒缺氧的极端气候，在常人难以承受的艰险环境下，按期保质保量完成了任务书下达的各项计划任务，在地层古生物、构造、岩浆岩、矿产等方面取得了一系列新认识和重大成果。

第二章　地　层

调查区位于青藏高原西北部边缘，塔里木盆地南缘的西昆仑-喀喇昆仑地区，主体属西昆仑新生代板内再生(叠加于晋宁、加里东、华力西和印支多期构造之上)造山带。图区地层发育较全，从中元古界—新生界均有不同程度的出露。地层类型既有中浅变质的构造岩石地层，也有浅变质和未变质的岩石地层，还有大量未固结的第四纪沉积物。形成环境主要为海相，少量陆相地层。成因上有变质地层、沉积地层以及少量火山地层。

依据中国地层指南(2000)地层大区划分原则(以板块缝合带为地层大区的界线)，以及调查区地质特征，结合近年来中国地质调查局在青藏高原空白区开展的大调查项目取得的新成果，将图区地层划归巴颜喀拉地层区和北羌塘地层区，本次区调在此基础上进一步在巴颜喀拉地层区中划分出大红柳滩地层分区；在北羌塘地层区中进一步分出甜水海地层分区和神仙湾地层分区(图 2-1，表 2-1)。

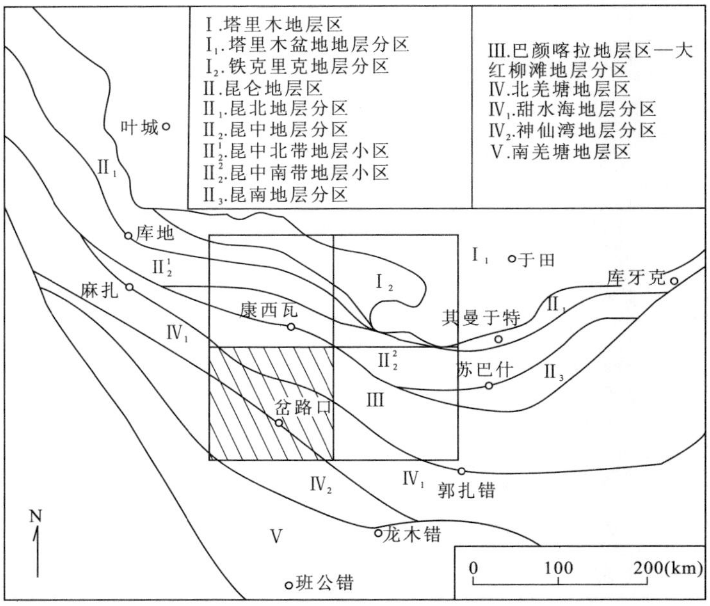

图 2-1　调查区地层区划图

表 2-1　调查区地层区划表

地层区	地层分区	地层小区
塔里木地层区	塔里木盆地地层分区	
	铁克里克地层分区	
昆仑地层区	昆北地层分区	
	昆中地层分区	昆中北带地层小区
		昆中南带地层小区
巴颜喀拉地层区	大红柳滩地层分区	
北羌塘地层区	甜水海地层分区	
	神仙湾地层分区	

其中大红柳滩地层分区出露地层主要有下元古界康西瓦岩群、二叠系黄羊岭群和三叠系巴颜喀拉山群，主体为二叠系—三叠系复理石建造，属残留盆地内沉积。甜水海地层分区出露地层较全，中元古界—中生界地层均可见，为一较稳定的微陆块上沉积建造。出露地层主要有长城系甜水海岩群、奥陶系冬瓜山群、志留系温泉沟群、泥盆系落石沟组、天神达坂组、石炭系帕斯群、恰提尔群、二叠系红山湖组、三叠系上河尾滩组、侏罗系龙山组、白垩系铁隆滩群等地层单位。神仙湾地层分区主要出露二叠系神仙湾组及与甜水海地层分区相同的中—新生界地层，二叠系—三叠系为残留的深水海盆内沉积，其上被中生代陆缘盆地建造覆盖，其地层及岩石特征见表 2-2。

表 2-2　地层区特征简表

地层区	地层分区	地层小区	地层特征			
			各时期建造类型组合	大地构造位置及属性	变质相系	
塔里木地层区	塔里木盆地地层分区		下元古界及中元古界基底岩系，上古生界、新生界沉积盖层	台地	元古宇中深变质	震旦纪以来的台地
	铁克里克地层分区					
昆仑地层区	昆北地层分区		早古生代变质地层，晚古生代裂谷沉积	被动边缘，裂谷盆地	早古生代以前中深变质，晚古生代浅变质	震旦纪以来的造山带
	昆中地层分区	昆中北带地层小区	中元古界及早古生代变质碎屑岩、火山岩、碳酸盐岩等	活动大陆边缘及弧间盆地		
		昆中南带地层小区				
巴颜喀拉地层区	大红柳滩地层分区		下元古界基底岩系及二叠系、三叠系复理石	残留盆地	元古宇深变质，古生界为连续的台地浅变质	
北羌塘地层区	甜水海地层分区		中元古界变质地层、古生界为陆块上稳定海相沉积，中生界海陆交互相	稳定大陆边缘		
	神仙湾地层分区		上元古界—中生界裂陷盆地碎屑沉积及台地相沉积	残留盆地		

依据新疆维吾尔自治区岩石地层研究(1999)成果、中国地质调查局自 2000 年以来开展的青藏高原空白区地质大调查项目最新研究成果，结合本次区调所取得的资料，对图区地层进行了详细划分和厘定，系统地建立了图区地层序列(表 2-3)，并厘定和建立了图区群级(构造)岩石地层单位 8 个，组级(构造)岩石地层单位 17 个，段级岩石地层单位 8 个及 1 个非正式层级地层单位(表 2-3)。其中新建群级(构造)岩石单位 1 个，组级(构造)岩石单位 5 个。另外有第四纪成因分类单位 6 个。现由老到新分述如下。

表 2-3　调查区地层区划与地层系统综合表

时代	沉积成因类型及地层、构造单元名称										演化阶段隆升历史	
Qh	冲积、洪积、风积										青藏高原隆升	整体加速隆升
Qp	冰碛物、冲洪积物、湖积物											
	西域组	冰碛物、冲洪积物、湖积物										
N	阿图什组、泉水沟火山岩											喀喇昆仑山隆升
K									铁隆滩群			昆仑山隆升
J_{1-2}									龙山组、巴工布兰萨组		板内调整	
T						赛力亚克达坂群		巴颜喀拉山群	上河尾滩组			
P_3							康西瓦-苏巴什蛇绿构造混杂岩	黄羊岭群				古特提斯演化
P_2	杜瓦组									神仙湾组		
P_1									红山湖组			
C_2	塔哈其组	库尔良群	库地-其曼于特蛇绿构造混杂岩		蒙古包-普守蛇绿构造混杂岩				恰提尔群			
C_1		他龙群							帕斯群			
D_3									天神达坂组			原特提斯演化
D_{1-2}									落石沟组			
S_2						下古生界(未分)地层						
S_1									温泉沟群			
O		西合休岩组							冬瓜山群			
∈												
Qn									肖尔克谷地岩组			过渡基底
Jx	博查特塔格岩组		桑株塔格岩群									
Ch	塞拉加兹塔格岩群		普守岩组		赛图拉岩群				甜水海群			
Pt_1	埃连卡特岩群							康西瓦岩群				结晶基底
			昆中北带地层小区		昆中南带地层小区							
	铁克里克地层分区	昆北地层分区	昆中地层分区					大红柳滩地层分区	甜水海地层分区	神仙湾地层分区		
	塔里木地层区	昆仑地层区						巴颜喀拉地层区	北羌塘地层区			

第一节　中—上元古界

图区中—上元古界地层主要分布于甜水海地层分区，有长城系甜水海岩群和青白口系肖尔克谷地岩组等，为甜水海微陆块的过渡型基底岩系。

一、甜水海岩群(ChT)

(一)概述

梁云海等(1982)在图区甜水海以东划出了未命名的长城系，新疆地矿局第一区调大队第四分队张志德等(1984)将该套地层命名为甜水海群，命名地在图区甜水海东约 3km 处。原始定义：为一套滨浅海相变质碎屑岩夹灰岩、大理岩及硅质岩等。《新疆维吾尔自治区区域地质志》、《新疆维吾尔自治区岩石地层》沿用该划分及名称。

本次区调在原划甜水海群上部白云岩、白云质大理岩中采到了大量叠层石化石，经鉴定其时代为青白口纪。依据叠层石时代、岩石组合及变质变形特征，重新建立为青白口系肖尔克谷地岩组。将其下部的一套变质碎屑岩仍划归长城系，厘定为甜水海岩群。图区该岩群出露于肖尔克谷地—南屏雪山一带，总体呈北西向透镜状展布。图区该岩群顶、底均未见及，与其上地层均为断层接触，被侏罗纪花岗岩侵入，出露总面积约 850km^2(图 2-2)。

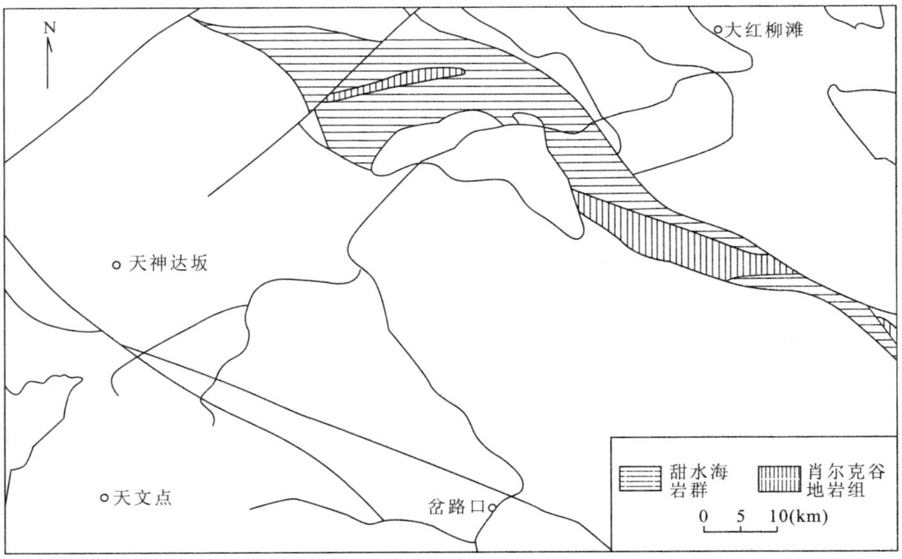

图 2-2　元古宇地层分布图

(二)地层特征

甜水海岩群是目前甜水海-北羌塘地层区甜水海地层分区出露的最古老地层，该地层夹持于大红柳滩-郭扎错断裂与肖尔克谷地断裂之间，北侧与三叠系巴颜喀拉山群呈断层接触；南侧与奥陶系冬瓜山群或志留系温泉沟群呈逆冲推覆断层接触。甜水海岩群与其上覆青白口系肖尔克谷地岩组为韧性剥离断层接触，二者岩石组合及变质变形完全不同。

该岩群主要为一套浅变质细碎屑岩夹泥质岩，岩石变形非常强烈，变质较浅。发育一系列紧闭尖棱褶皱、顺层掩卧褶皱及强劈理化带。变质仅达低绿片岩相。

现以新疆和田市甜水海岩群、肖尔克谷地岩组实测地质剖面(图 2-3)介绍如下，剖面位置：N35°29′21″、E79°31′40″，剖面上该岩群地层出露不全，叠置厚度为 913.53m。

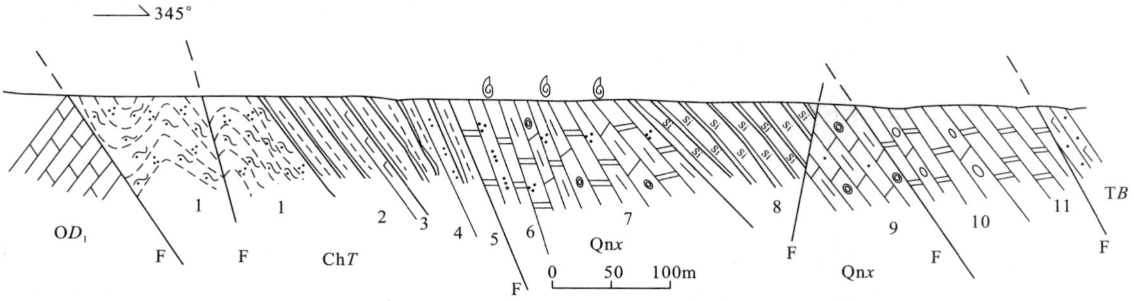

图 2-3　新疆和田市甜水海岩群、肖尔克谷地岩组实测地质剖面图

上覆：肖尔克谷地岩组泥质白云岩夹泥质石英粉砂岩

断　层

甜水海岩群(Ch*T*)	**913.53m**
5. 深灰色泥质板岩夹灰色片理化粉砂岩、硬绿泥石千枚岩	347.97m
4. 深灰—黑色泥质板岩	33.15m
3. 灰绿色绿泥钙质片岩	20.98m
2. 深灰—黑色泥质板岩	352.90m
1. 深灰色强变形硬绿泥石千枚岩	158.53m

(未见底)

剖面上甜水海岩群均未见顶、底。依据岩石组合可划分两部分，下部岩性以强变形硬绿泥石千枚岩、泥质板岩为主；上部主要为泥质板岩夹粉砂岩、石英硬绿泥石千枚岩等。该岩群中总体石英脉发育，与地层发生了同褶。该岩石主要为一套细碎屑岩、泥质岩，变形强烈，变质较浅，变质仅达低绿片岩相。在西部该群中夹有一定量绿泥钠长片岩，显示该套地层岩石中含有少量火山质成分。

图区甜水海岩群东西横向变化较大，西部地层变质较深、变形强烈，主要岩性为二云石英片岩、绢云石英片岩夹钙质片岩等。

(三)岩石地球化学特征

1. 岩石化学特征

甜水海岩群岩石化学分析结果见表 2-4。由表可见，岩石化学成分有变化较小，SiO_2、Al_2O_3、Na_2O 含量较高，而 MgO、CaO、K_2O 含量较低的特点，其中 SiO_2 在 47.11%～50.25%之间，Al_2O_3 在 15.46%～16.88%之间，TiO_2 在 1.39%～2.11%之间，且 CaO>MgO、K_2O>Na_2O。

表 2-4　甜水海岩群硅酸盐岩分析结果　(%)

样品号	岩石名称	SiO_2	TiO_2	Al_2O_3	Fe_2O_3	MgO	MnO	CaO	Na_2O	K_2O	P_2O_5	LOI	Σ
D2108/4	硬绿泥石英千枚岩	47.11	2.11	15.46	10.73	5.14	0.15	9.32	0.67	1.62	0.49	6.99	99.79
D2109/3	绿泥钙质片岩	50.25	1.39	16.88	11.00	3.44	0.17	4.29	0.47	1.62	0.30	10.28	100.09

2. 微量元素特征

甜水海岩群微量元素分析结果见表 2－5，由表中可以看出，微量元素含量变化较大，Hf 元素几何平均值明显大于地壳克拉克值，Rb、Ba、Mo 等元素几何平均值明显小于地壳克拉克值，其余元素与该值接近。微量元素聚集类型：Li、Sc、Hf 属于聚集型，Cs、Ta、Th、Ga、Pb 等属于弱聚集型，Ba、Mo 属于极分散型，其余元素为分散型。微量元素的分异类型：Nb、W、Mo 等元素为强分异型，Sr、Ba、Ta 为分异型，Rb 属于弱分异型，其他元素为均匀分布型。

表 2－5　甜水海岩群微量元素分析结果　　（$\times 10^{-6}$）

样品号	岩石名称	Li	Be	Sc	Rb	Sr	Y	Zr	Nb	Cs	Ba
D2108/2	细晶砂质灰岩	52.04	3.72	13.36	123.63	107.72	23.81	329.64	26.04	4.90	432.94
D2108/3	石英硬绿泥千枚岩	78.35	5.56	19.52	172.37	185.25	23.80	135.97	11.45	8.29	275.27
D2108/4	硬绿泥石英千枚岩	93.91	2.14	13.56	62.16	346.33	29.44	141.18	39.75	5.39	502.99
D2109/1	泥质板岩	78.26	4.06	16.07	105.42	149.47	22.21	131.05	0.83	6.43	248.30
D2109/2	泥质板岩	88.51	5.48	18.77	132.43	228.99	27.51	177.50	23.97	6.84	260.04
D2109/3	绿泥钙质片岩	49.86	3.03	19.48	62.95	739.69	27.10	161.25	47.92	4.57	877.54
D2109/4	石英硬绿泥千枚岩	85.25	2.46	17.41	36.32	193.22	24.49	155.93	21.11	1.75	79.33
几何平均值		73.21	3.57	16.70	88.43	229.77	25.37	167.51	15.73	4.99	309.08
CV 值		0.24	0.38	0.16	0.54	0.94	0.10	0.42	1.01	0.42	0.83
KK 值		2.29	0.94	1.67	0.59	0.68	0.87	0.99	0.79	1.35	0.48
地壳克拉克值(维氏,1962)		32.00	3.80	10.00	150.00	340.00	29.00	170.00	20.00	3.70	650.00
样品号	岩石名称	Hf	Ta	W	Th	U	Mo	Co	Ga	Cu	Pb
D2108/2	细晶砂质灰岩	9.19	6.16	1.38	14.30	2.13	0.76	17.35	24.06	35.14	12.20
D2108/3	石英硬绿泥千枚岩	3.90	3.89	0.58	20.90	2.04	0.01	18.71	25.03	49.02	36.19
D2108/4	硬绿泥石英千枚岩	4.28	3.34	1.83	18.08	2.43	—	19.10	24.21	28.73	15.76
D2109/1	泥质板岩	3.59	0.25	0.03	19.86	1.74	0.01	9.33	21.44	38.29	16.35
D2109/2	泥质板岩	4.97	4.94	2.59	21.12	2.82	0.68	9.07	23.51	47.47	19.94
D2109/3	绿泥钙质片岩	4.56	3.21	1.25	22.78	3.10	0.08	28.46	36.16	55.05	19.75
D2109/4	石英硬绿泥千枚岩	4.11	7.20	2.11	20.27	2.51	0.26	20.51	17.23	54.78	14.22
几何平均值		4.71	3.03	0.85	19.43	2.35	0.11	16.30	23.99	42.99	18.10
CV 值		0.41	0.75	1.04	0.14	0.20	3.19	0.41	0.24	0.24	0.44
KK 值		4.71	1.21	0.65	1.49	0.94	0.10	0.91	1.26	0.91	1.13
地壳克拉克值(维氏,1962)		1.00	2.50	1.30	13.00	2.50	1.10	18.00	19.00	47.00	16.00

3. 主要成矿元素特征

由表 2－5 可以看出，主要成矿元素中 Cu、Pb 元素等未见明显富集（矿化），含量变化不大，其几何平均值与地壳克拉克值接近。

4. 稀土元素特征

甜水海岩群稀土元素分析结果见表 2－6，由表中可以看出稀土总量 ΣREE 值较大，在 $183.81\times 10^{-6}\sim 356.51\times 10^{-6}$ 之间，轻、重稀土总量比值变化不大，LREE/HREE 在 9.44～11.21 之间，说明轻稀土含量较高，而重稀土则含量较低。

表 2-6　甜水海岩群稀土元素分析结果

样品号	岩石名称	稀土元素含量(×10⁻⁶)										
		La	Ce	Pr	Nd	Sm	Eu	Gd	Tb	Dy	Ho	Er
D2108/2	细晶砂质灰岩	42.12	95.02	10.70	33.42	7.36	1.63	6.25	0.94	5.13	1.03	3.02
D2108/3	石英硬绿泥千枚岩	45.60	97.61	10.76	31.46	6.20	1.35	5.57	0.88	4.85	0.97	2.91
D2108/4	硬绿泥石英千枚岩	64.50	121.64	14.05	47.09	8.31	1.95	8.64	1.26	6.07	1.17	3.28
D2109/1	泥质板岩	32.71	90.84	8.44	28.43	5.14	1.14	4.77	0.78	4.48	0.93	2.68
D2109/2	泥质板岩	43.30	120.47	11.71	35.92	7.37	1.43	6.32	1.04	5.73	1.13	3.40
D2109/3	绿泥钙质片岩	74.63	156.16	16.98	65.03	11.49	3.01	12.95	1.44	6.88	1.10	3.12
D2109/4	石英硬绿泥千枚岩	44.14	93.12	9.86	31.12	6.42	1.30	5.74	0.91	5.18	1.06	2.95

样品号	岩石名称	稀土元素含量(×10⁻⁶)					特征参数值					
		Tm	Yb	Lu	ΣREE	LREE	LREE/HREE	δEu	δCe	$(La/Yb)_N$	$(La/Sm)_N$	$(Gd/Yb)_N$
D2108/2	细晶砂质灰岩	0.47	2.87	0.44	210.40	190.25	9.44	0.75	1.04	9.96	3.60	1.77
D2108/3	石英硬绿泥千枚岩	0.43	2.65	0.43	211.66	192.97	10.32	0.72	1.02	11.66	4.63	1.70
D2108/4	硬绿泥石英千枚岩	0.40	2.58	0.38	281.32	257.54	10.83	0.73	0.92	16.94	4.88	2.72
D2109/1	泥质板岩	0.42	2.63	0.42	183.81	166.71	9.75	0.73	1.28	8.42	4.00	1.47
D2109/2	泥质板岩	0.52	3.25	0.51	242.10	220.20	10.05	0.66	1.25	9.03	3.69	1.58
D2109/3	绿泥钙质片岩	0.46	2.87	0.39	356.51	327.30	11.21	0.79	1.01	17.62	4.09	3.66
D2109/4	石英硬绿泥千枚岩	0.44	2.73	0.43	205.39	185.95	9.57	0.67	1.02	10.95	4.32	1.70

δEu 在 0.66～0.79 之间，表明 Eu 总体显示弱亏损。δCe 在 0.92～1.28 之间，多数 Ce 显示富集，仅有一个样品显示 Ce 弱亏损。$(La/Yb)_N$在8.42～17.62 之间，说明稀土元素显示轻稀土富集明显，且部分显示强富集。$(La/Sm)_N$在 3.60～4.88 之间，$(Gd/Yb)_N$在 1.70～3.66 之间，说明轻稀土分馏程度较高，而重稀土分馏程度较低。稀土元素配分曲线(图 2-4)比较集中，形态较为接近，均具有左高右低的特点，说明甜水海岩群物源比较单一。

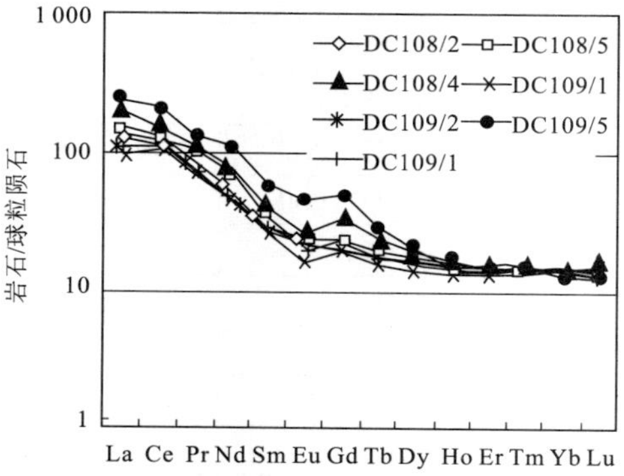

图 2-4　甜水海岩群稀土元素配分曲线图

(四)区域对比及形成时代

关于甜水海地层分区出露的甜水海岩群形成时代，新疆地质矿产局第一区调大队李长河(1982—1983)等依据碳酸盐岩中采到 *Xiayingella*，*Stratifera*，*Litia* 叠层石化石及区域对比，创建长城系甜水海群。而后人(青藏高原综合科考队)又依据其所含叠层石分布时限较长(An∈—O_2)，对其形成时代提出了质疑。本次区调在详细地质填图和实测剖面的基础上对原划甜水海群进行了解体，将其上部含大量青白口纪叠层石的碳酸盐岩地层重新厘定，并新建立为青白口纪肖尔克谷地岩组，而下部主要为变质碎屑岩的地层仍厘定为甜水海岩群。

二、肖尔克谷地岩组(Qnx)

(一)概述

肖尔克谷地岩组为本次区调从前人原划的甜水海群中解体出的新建岩石地层单位，命名地为新疆和田市肖尔克谷地一带，定义为：出露于肖尔克谷地一带的以白云岩、灰岩为主，夹变砂岩地层，灰岩中含大量叠层石化石，与下伏甜水海岩群和上覆冬瓜山群均为断层接触。

图区该岩组主要分布于肖尔克谷地及南屏雪山北一带，呈近东西向岩片展布，总面积约 200km^2（图 2－2）。

（二）地层特征

该岩组主要为一套碳酸盐岩夹少量细碎屑岩沉积，岩石变形较强，变质较弱，岩石中发育同斜褶皱及尖棱褶皱。变质仅达低绿片岩相。该岩组与下伏长城系甜水海岩群呈韧性剪切带接触。与上覆奥陶系冬瓜山群呈断层接触，图区地层出露不全。出露叠置厚度为 2 451.25m。

现以新疆和田市甜水海岩群、肖尔克谷地岩组实测地质剖面（图 2－3）介绍如下，剖面位置：N35°29′21″、E79°31′40″。

上覆：冬瓜山群深灰色片理化细晶白云岩夹碎屑灰岩

－－－－－－－－－　韧性剪切带　－－－－－－－－－

青白口系肖尔克谷地岩组（Qn*x*）　2 451.25m

11. 含藻纹砂质灰岩（强劈理化带）	834.93m
10. 灰色厚层状含藻纹层片理化砂泥质灰岩	449.29m
9. 灰色厚层状含藻纹层片理化含砂泥质灰岩	198.66m
8. 灰色薄层状硅质板岩夹变质钙质粉砂岩	131.29m
7. 灰色强变形中薄层状含石英泥质白云岩夹含藻纹层细晶砂质灰岩，产叠层石：*Tekesia* sp.，*Tungussia* sp.	541.40m
6. 灰色中薄层状含石英泥质白云岩夹灰色泥质石英粉砂岩	295.68m

＝＝＝＝＝＝＝＝　韧性断层　＝＝＝＝＝＝＝＝

下伏：甜水海岩群深灰色片理化变粉砂岩

该岩组剖面上未见顶、底，与下伏甜水海岩群和上覆冬瓜山群均为断层接触。依据岩石特征可划分为两部分，下部主要为一套石英泥质白云岩夹泥质石英粉砂岩、含藻纹层细晶砂质灰岩等，以大量白云岩为主要特征。本次区调在第 7 层白云岩中采到了大量叠层石化石，主要有：*Tekesia* sp. 特克斯叠层石（未定种）、*Tungussia* sp. 通达斯叠层石（未定种）。上部主要为含藻纹层砂泥质灰岩夹砂质灰岩、硅质板岩等，以大量含藻纹层砂泥质灰岩为主要特征。含藻纹层砂质灰岩新鲜面呈灰色，风化后呈褐红色，具厚层—块状构造、藻纹层构造。地层中发育藻纹层，纹层粗大，不连续（图版Ⅰ－1）。该套地层由下往上，岩性由白云岩变为灰岩，生物由叠层石变为藻纹层，总体显示为一套浅海碳酸盐岩台地相沉积，沉积环境为浅海局限海盆。

图区肖尔克谷地岩组总体岩性、岩相较稳定，横向变化不大。在西部该组以白云岩为主，夹有少量大理岩化灰岩。

（三）地球化学特征

1. 岩石化学特征

肖尔克谷地岩组岩石化学分析结果见表 2－7。由表可见，岩石化学成分变化较小，SiO_2、Al_2O_3、CaO、Fe_2O_3 含量较高，而 MgO、Na_2O、K_2O 含量较低，且 CaO＞MgO、Na_2O＞K_2O。其中的碳酸盐岩化学成分与世界碳酸盐岩平均值（涂和费，1961）相比，SiO_2、Al_2O_3、Fe_2O_3、MnO、Na_2O 明显偏高，而 CaO 偏低，说明该岩组的碳酸盐岩中含有较多的陆源碎屑物。

表 2-7　肖尔克谷地岩群硅酸盐岩分析结果　　（%）

样品号	岩石名称	SiO_2	TiO_2	Al_2O_3	Fe_2O_3	MgO	MnO	CaO	Na_2O	K_2O	P_2O_5	LIO	Σ
D2110/1	含石英泥质白云岩	41.14	0.06	6.54	4.80	6.67	2.90	14.49	2.54	0.30	0.10	20.85	100.39
D2111/1	硅质板岩	72.75	0.51	8.91	5.05	1.10	0.20	1.01	4.45	2.65	0.07	3.35	100.05
平均值		72.75	0.51	8.91	5.05	1.10	0.20	1.01	4.45	2.65	0.07	—	
碳酸盐岩平均值(涂和费,1961)		5.19	0.06	0.81	0.33	7.90	0.12	42.01	0.04	0.03	0.03	—	

2. 微量元素特征

肖尔克谷地岩组岩石微量元素见表 2-8。由表中可以看出 Li、Be、Sr、Cs、Ba、Ta、W、Mo 等元素含量变化较大，Hf、W 等元素几何平均值明显大于地壳克拉克值，Rb、Cs、Ba、Ta 等元素几何平均值明显小于地壳克拉克值，其余元素平均值与地壳克拉克值接近。微量元素的聚集类型：Nb、Sr、Hf、W 等元素为聚集型，Zr、Th、Mo、Co 等元素为弱聚集型，Li、Be、Sc、Y、U、Ga、Cu、Pb 等元素为分散型，其余元素为极分散型。微量元素的分异类型：Be、Rb、Sr、Cs、Ba、Ta、W、U 等元素为强分异型，Li、Hf、Ga 等元素为分异型，Zr、Th、Co、Cu 等元素为弱分异型，其他元素为均匀分布型。

表 2-8　肖尔克谷地岩组微量元素分析结果　　（$\times10^{-6}$）

样品号	岩石名称	Li	Be	Sc	Rb	Sr	Y	Zr	Nb	Cs	Ba
D2110/1	含石英泥质白云岩	8.05	0.65	6.72	17.28	1 343.24	16.71	93.49	14.72	0.50	48.26
D2110/5	石英粉砂岩	70.64	5.24	5.78	95.24	104.54	20.62	146.15	41.00	5.70	292.67
D2110/6	细晶含砂质灰岩	35.40	1.48	2.60	4.75	1 058.40	42.64	278.60	36.02	0.19	36.20
D2111/1	硅质板岩	10.00	0.94	7.75	58.16	87.50	20.05	137.72	32.49	1.50	302.66
D2111/2	变质钙质粉砂岩	40.82	3.56	3.99	9.25	961.06	47.84	456.56	65.50	0.64	166.78
D2111/3	片理化含砂泥质灰岩	29.39	5.41	7.13	45.34	959.18	34.61	381.00	57.23	2.22	1 060.4
几何平均值		24.95	2.12	5.30	23.99	478.40	28.06	212.16	37.19	1.02	173.60
CV 值		0.92	1.01	0.38	1.46	1.10	0.47	0.69	0.49	2.01	2.20
KK 值		0.78	0.56	0.53	0.16	1.41	0.97	1.25	1.86	0.28	0.27
地壳克拉克值(维氏,1962)		32.00	3.80	10.00	150.00	340.00	29.00	170.00	20.00	3.70	650.00

样品号	岩石名称	Hf	Ta	W	Th	U	Mo	Co	Ga	Cu	Pb
D2110/1	含石英泥质白云岩	1.66	1.00	1.89	6.93	0.82	0.83	11.99	3.69	21.42	13.91
D2110/5	石英粉砂岩	3.68	3.06	8.52	9.89	1.94	1.14	13.08	21.54	70.10	13.26
D2110/6	细晶含砂质灰岩	2.27	0.10	15.05	26.30	7.25	1.27	34.57	11.13	54.05	8.12
D2111/1	硅质板岩	3.59	1.14	5.59	16.54	2.11	—	13.97	16.33	34.92	6.31
D2111/2	变质钙质粉砂岩	10.76	0.81	1.16	20.12	5.08	1.10	24.30	15.61	17.92	7.96
D2111/3	片理化含砂泥质灰岩	9.98	1.63	0.91	12.99	1.16	2.05	30.69	41.45	61.02	13.95
几何平均值		4.18	0.88	3.36	14.08	2.29	1.22	19.59	14.51	38.18	10.08
CV 值		0.95	1.14	1.65	0.50	1.11	0.38	0.50	0.88	0.57	0.35
KK 值		4.18	0.35	2.58	1.08	0.92	1.11	1.09	0.76	0.81	0.63
地壳克拉克值(维氏,1962)		1.00	2.50	1.30	13.00	2.50	1.10	18.00	19.00	47.00	16.00

3. 主要成矿元素特征

主要成矿元素由表 2-8 可见，含矿元素均未见明显的富集(矿化)，W 元素含量相对较高，属聚集型和强分异型，故肖尔克谷地岩组为 W 的成矿有利层位。

4. 稀土元素特征

肖尔克谷地岩组稀土元素分析结果见表 2－9，由表 2－9 中可以看出稀土总量∑REE 值变化较大，在 $116.40\times10^{-6}\sim1\ 015.09\times10^{-6}$ 之间，轻、重稀土总量比值变化较小，LREE/HREE 在 8.54～15.80之间，说明轻稀土含量较高，而重稀土则含量较低。δEu 在 0.59～0.92 之间，表明 Eu 总体显示亏损。δCe 在 0.88～1.26 之间，多数样品 Ce 显示亏损，仅有两个样品显示 Ce 弱富集。$(La/Yb)_N$在 6.99～52.48 之间，说明轻稀土显示富集明显，且部分显示强富集。$(La/Sm)_N$在 3.48～5.10之间，$(Gd/Yb)_N$在 1.27～6.63 之间，说明轻、重稀土分馏程度比较接近，稀土配分曲线斜率相差不大。稀土元素配分曲线（图 2－5）比较分散、复杂，但均具有左高右低的特点，说明肖尔克谷地岩组物源比较复杂。

表 2－9　肖尔克谷地岩组稀土元素分析结果

样品号	岩石名称	稀土元素含量（$\times10^{-6}$）										
		La	Ce	Pr	Nd	Sm	Eu	Gd	Tb	Dy	Ho	Er
D2110/1	含石英泥质白云岩	20.98	56.90	5.61	17.90	3.58	0.70	3.54	0.53	2.92	0.55	1.41
D2110/5	石英粉砂岩	41.91	83.63	9.67	33.24	5.17	1.28	4.79	0.73	3.99	0.87	2.28
D2110/6	细晶含砂质灰岩	251.00	440.73	50.77	176.31	33.55	8.46	26.49	3.14	13.08	2.17	5.10
D2111/1	硅质板岩	23.42	60.31	5.16	19.71	4.23	0.73	3.56	0.55	3.11	0.72	2.37
D2111/2	变质钙质粉砂岩	223.57	399.96	44.67	167.01	31.06	8.35	25.69	3.13	13.83	2.43	5.60
D2111/3	含砂泥质灰岩	121.01	217.52	25.36	91.23	19.45	5.03	14.49	1.98	8.64	1.66	3.80

样品号	岩石名称	稀土元素含量（$\times10^{-6}$）					特征参数值					
		Tm	Yb	Lu	∑REE	LREE	LREE/HREE	δEu	δCe	$(La/Yb)_N$	$(La/Sm)_N$	$(Gd/Yb)_N$
D2110/1	含石英泥质白云岩	0.21	1.35	0.22	116.40	105.67	9.85	0.62	1.23	10.53	3.69	2.13
D2110/5	石英粉砂岩	0.35	2.22	0.35	190.48	174.90	11.23	0.81	0.96	12.79	5.10	1.75
D2110/6	细晶含砂质灰岩	0.59	3.24	0.46	1 015.09	960.82	17.70	0.88	0.88	52.48	4.71	6.63
D2111/1	硅质板岩	0.35	2.27	0.36	126.85	113.56	8.54	0.59	1.26	6.99	3.48	1.27
D2111/2	变质钙质粉砂岩	0.64	3.52	0.50	929.96	874.62	15.80	0.92	0.90	43.03	4.53	5.92
D2111/3	含砂泥质灰岩	0.48	2.81	0.42	513.88	479.60	13.99	0.92	0.89	29.17	3.91	4.18

（四）区域对比及形成时代

本次区调在实测地层剖面工作中，在该套地层的白云岩中采集到了大量的叠层石化石，其形态具有锥、柱状，且纹层非常粗糙（图版Ⅲ－1），经中国科学院地质研究所唐峰研究员鉴定为：*Tekesia* sp. 特克斯叠层石（未定种）、*Tungussia* sp. 通达斯叠层石（未定种），其时代为青白口纪，前人在该套地层中采到 *Xiayingella*，*Stratifera*，*Litia* 叠层石，综合分析，将肖尔克谷地岩组形成时代重新厘定为青白口纪。

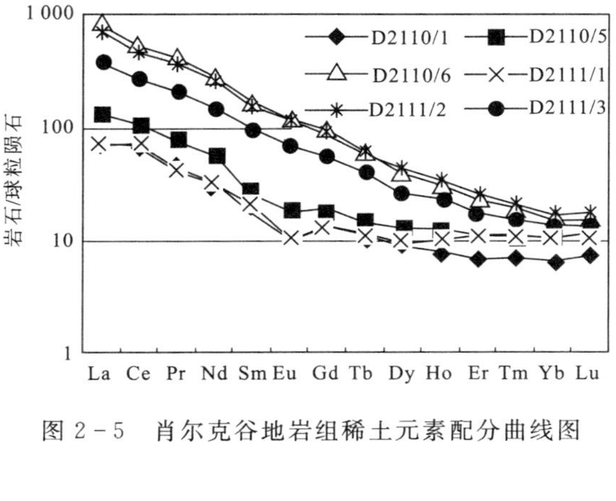

图 2－5　肖尔克谷地岩组稀土元素配分曲线图

第二节　下古生界

图区下古生界地层主要分布于甜水海地层分图区，主要有奥陶系冬瓜山群和志留系温泉沟群等，地层变质变形较强，总体为一套变形较强、变质达低绿片岩相浅变质地层，是甜水海微陆块上稳定盖层沉积。

一、冬瓜山群(OD)

(一)概述

冬瓜山群由新疆地质局第一区调队第四分队张志德(1984)等于河尾滩地区 1∶100 万地质调查中创名，命名地在图区冬瓜山一带。原始定义：是指一套上部与那克十七江群连续过渡，下部不整合覆于甜水海岩群之上，主要由浅海相碳酸盐岩及少量碎屑岩组成，含三叶虫、角石等化石的地层，时代为早—中奥陶世。在《新疆维吾尔自治区岩石地层》中重新定义为：指一套与上部关系不明，下部不整合于甜水海群之上，以灰色、深灰色灰岩，砂泥质灰岩，生物灰岩为主，夹千枚状页岩、钙质砂岩、泥质粉砂岩以及少量基性火山岩，产腹足类、三叶虫、腕足类、头足类等化石的地层，层型剖面位于图区冬瓜山一带。

本次区调沿用地层清理命名及划分，冬瓜山群包括 1∶100 万区域地质调查在图区所划的冬瓜山群和那克十七江群，依据采集的化石及与上覆地层接触关系将其时代置于奥陶纪。

图区该群主要分布于冬瓜山—天神达坂一带，与上覆志留系温泉沟群为整合接触，与下伏肖尔克谷地岩组和甜水海岩群均为断层接触，出露总面积约 250km^2(图 2-6)。

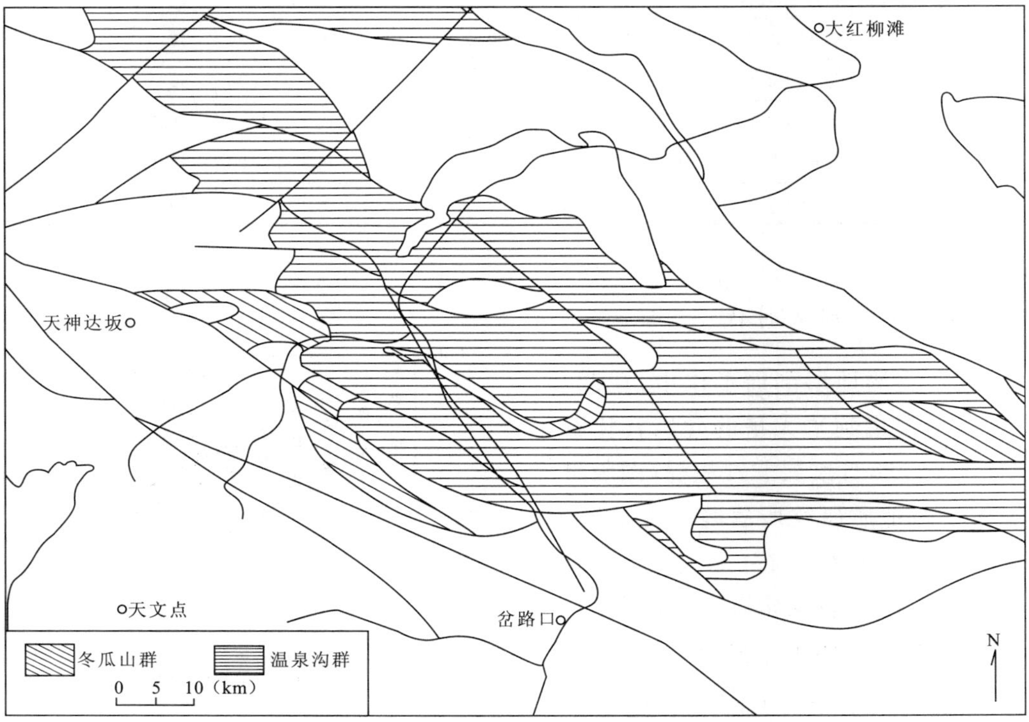

图 2-6　下古生界地层分布图

（二）地层特征

冬瓜山群在图区主要为一套碳酸盐岩夹少量细碎屑岩沉积，灰岩中产大量生物化石，主要有腕足类、三叶虫、腹足类、叠层石等，局部夹有钙质砂岩，总体显示为一套稳定的台地相沉积。依据岩石组合，可进一步划分上、下两个组。

该群下组未见底，与上组为整合接触关系，图区该群下组出露总厚度为200.7m。现以新疆和田市冬瓜山西冬瓜山群下组实测地层剖面（图2-7）介绍如下，剖面位置：N35°24′55″、E78°37′55″。

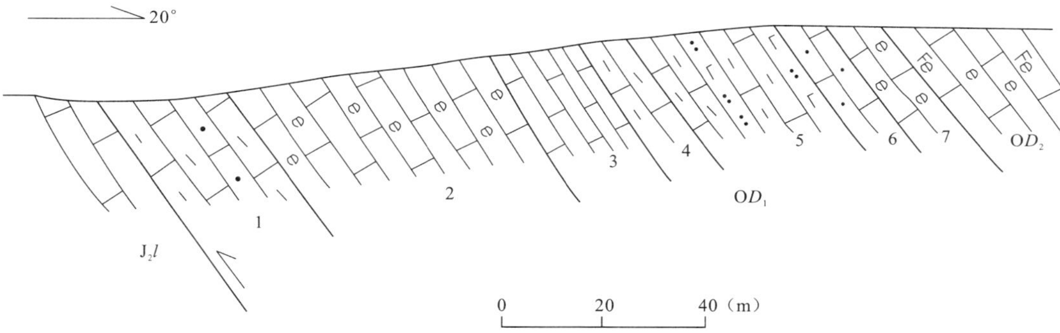

图2-7　新疆和田市冬瓜山西冬瓜山群下组实测地层剖面图

上覆：冬瓜山群上组（OD_2）灰岩夹钙质砂岩

——————— 整　合 ———————

冬瓜山群下组（OD_1）	**200.7m**
7. 灰绿色薄—中层状生物碎屑灰岩产三叶虫、层孔虫、角石、苔藓虫、腕足类等化石	8.6m
6. 灰色薄层状砂质灰岩	6.9m
5. 浅灰绿色薄层状砂质灰岩	47.6m
4. 暗灰色假条带状薄层灰岩	10.2m
3. 灰—灰绿色假条带状薄层灰岩	17.0m
2. 灰色方解石化生物碎屑灰岩夹灰紫色薄层灰岩	86.1m
1. 浅黄绿—灰绿色薄层状片理化含泥质灰岩夹砂质灰岩	24.3m

（未见底）

剖面上冬瓜山群下组未见底，与下伏地层为断层接触，岩性主要为浅灰黄—灰色砂质灰岩、生物碎屑灰岩夹薄层状泥质灰岩等。泥质灰岩局部呈紫红色，该套地层以总体杂色为主要外观特征。生物碎屑灰岩中含有丰富的生物化石，有角石、三叶虫、海百合茎等。砂质灰岩中含有较多的砂屑成分，局部为钙质砂岩，砂岩中可见交错层理（图2-8）。在相邻路线上该套地层中可见砾屑灰岩、竹叶状灰岩等。地层中基本层序由砂质灰岩-生屑灰岩-泥质灰岩组成，为向上变细、变薄的退积型层序。该岩组总体具有台地相沉积特征。

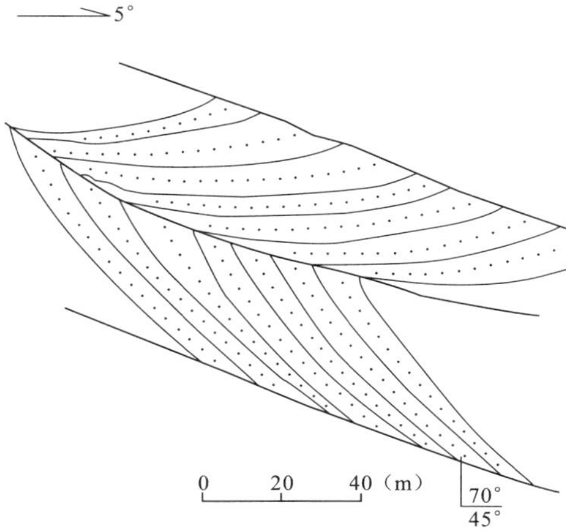

图2-8　冬瓜山群上岩组粉砂岩中交错层理素描图

冬瓜山群上组与下组为整合接触关系，与

上覆志留系温泉沟群呈整合接触关系，图区出露总厚度 812.65m。现以新疆和田市克孜勒吉勒干冬瓜山群上组实测地层剖面(图 2-9)介绍如下，剖面位置：N35°35′33″、E78°57′50″。其中上组相当于 1∶100 万资料所划的那克十七江群(有典型中奥陶世化石)。

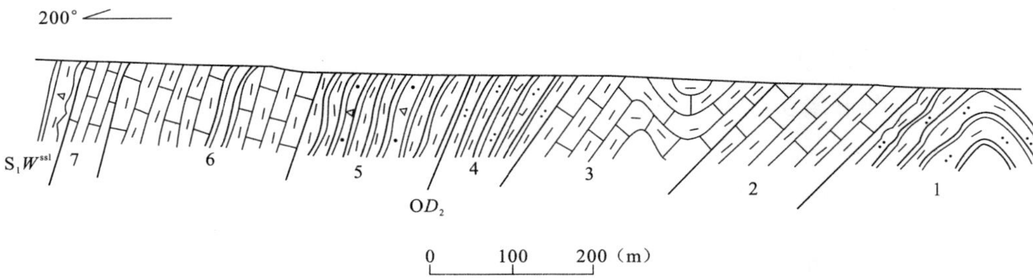

图 2-9 新疆和田市克孜勒吉勒干冬瓜山群上组实测地层剖面图

上覆：温泉沟群砂岩组(S_1W^{ssl})，浅灰绿色含岩屑泥质板岩

——————— 整 合 ———————

冬瓜山群(OD_2)	**812.65m**
7.深灰色薄板状粉晶灰岩	46.36m
6.灰色中薄层状含泥质灰岩夹紫红色含岩屑泥板岩	219.10m
5.浅灰绿色泥质板岩夹灰色含砾内碎屑砂岩	175.28m
4.灰色粉砂泥板岩夹灰色含钙粉砂泥板岩	103.82m
3.灰色中厚层状泥质灰岩	97.79m
2.灰—浅灰绿色中薄层状泥灰岩	133.28m
1.深灰—灰紫色粉砂泥质板岩	37.02m

(未见底)

剖面上冬瓜山群上组未见底。岩性主要为灰—深灰色局部紫红色泥质灰岩、粉晶灰岩、泥质板岩、含粉砂泥板岩等，其间夹有少量含砾内碎屑灰岩。灰岩中泥质含量较高，层较薄。板岩以泥质板岩为主，均不同程度含有粉砂质成分。地层中由板岩—灰岩构成的韵律清楚，单个韵律厚约 20～40cm，灰、泥比例约为 7∶3。该套地层几乎不含生物化石，泥质含量较高，说明其沉积速率较慢，反映其沉积环境水体较深。

图区冬瓜山群分布零散，横向变化较大。在肖尔克谷地南一带该群上组岩性为灰色薄层状白云岩夹钙质砂岩、粉砂岩等，顶部灰岩中发育古溶洞(图 2-10)，为局部暴露标志。在天神达坂一带该群下组主要为灰黄色灰岩、砂质灰岩夹灰绿色粉砂岩等。

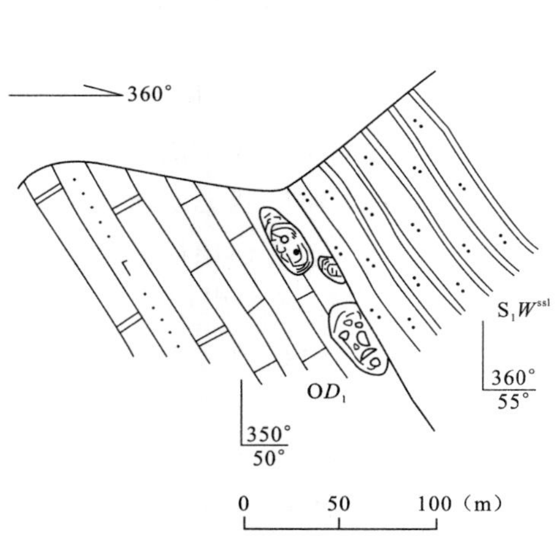

图 2-10 冬瓜山群顶部古溶洞及与温泉沟群接触关系素描图

(三)岩石地球化学特征

1. 岩石化学特征

冬瓜山群岩石化学分析结果见表 2-10。由表可见，粉砂岩中 SiO_2、Al_2O_3、Fe_2O_3 含量较高，而 TiO_2、MnO、P_2O_5 含量相对较低，$K_2O>Na_2O$、$MgO>CaO$，说明粉砂岩具有成分成熟度较高的特征。其中白云岩中的 SiO_2、Fe_2O_3、MgO 含量明显高于碳酸盐岩平均值(涂和费，1961)，MnO、CaO 则明显低于该值。

表 2-10 冬瓜山群碳酸盐岩分析结果 (%)

样品号	岩石名称	SiO_2	TiO_2	Al_2O_3	Fe_2O_3	MgO	MnO	CaO	Na_2O	K_2O	P_2O_5	LOI	Σ
D2104/5	石英粉砂岩	60.53	0.88	17.09	5.84	2.22	0.27	1.48	2.36	4.54	0.17	4.67	100.04
D2111/4	细晶白云岩	7.91	0.10	1.43	1.21	29.92	0.06	29.92	0.18	0.35	0.06	42.08	100.35
碳酸盐岩平均值（涂和费，1961）		5.19	0.06	0.81	0.33	7.90	0.12	42.01	0.04	0.03	0.03	—	

2. 微量元素特征

冬瓜山群微量元素分析结果见表 2-11。由表中可以看出碎屑岩和碳酸盐岩微量元素含量变化较大。Rb、Ba、W、Mo、Co 等元素含量几何平均值明显小于地壳克拉克值，Hf 含量几何平均值明显高于地壳克拉克值，其余则与地壳克拉克值相近。微量元素聚集类型：Hf 属于聚集型，Li、Nb 为弱聚集型，Sc、Y、Nb、Cs、Ta、Th、U、Co、Ga、Cu、Pb 等元素为分散型，其余均为极分散型。微量元素分异类型：Li、Rb、Nb、Cs、Ta、W、Mo、Co 等元素为强分异型，Y、U、Ga、Cu 等元素为弱分异型，其他元素为分异型。主要成矿元素未见明显富集（成矿）。

表 2-11 冬瓜山群微量元素分析结果 ($\times 10^{-6}$)

样品号	岩石名称	Li	Be	Sc	Rb	Sr	Y	Zr	Nb	Cs	Ba
D2104/1	钙质绿泥板岩	434.81	3.66	23.89	9.10	292.61	38.18	559.09	85.58	0.52	76.17
D2104/2	钙质绿泥板岩	108.10	3.65	10.32	31.77	146.56	38.07	436.05	77.75	3.14	210.10
D2104/3	粉砂泥板岩	55.62	3.42	15.25	112.24	88.49	28.53	230.40	25.47	6.66	410.69
D2104/4	泥质石英粉砂岩	69.06	1.78	8.14	59.63	76.59	23.31	297.85	3.13	2.70	191.89
D2104/5	石英粉砂岩	47.08	2.92	13.72	140.67	89.74	29.99	186.49	20.47	7.59	746.60
D2105/1	含钙泥质粉砂岩	50.53	2.32	8.24	73.03	314.85	20.41	262.55	16.81	3.18	259.66
D2105/2	粉砂泥板岩	66.65	3.17	14.13	108.01	147.20	24.24	228.93	16.94	4.79	350.79
D2105/3	泥质灰岩	58.38	2.10	10.38	67.85	304.11	16.43	118.65	10.05	2.99	179.56
D2105/6	粉砂泥板岩	69.01	3.83	14.21	132.74	91.28	24.29	313.39	31.02	6.44	348.99
D2105/7	泥质板岩	58.47	2.38	10.42	81.10	47.48	16.01	92.33	4.46	4.07	206.55
D2105/10	粉晶灰岩	5.99	0.30	1.11	8.79	396.03	6.11	35.55	2.30	0.25	39.56
D2108/1	细晶砂质灰岩	7.49	0.38	1.40	25.05	96.59	20.71	199.18	2.82	0.77	123.33
D2111/4	细晶白云岩	12.60	0.53	1.23	13.06	245.97	1.37	37.34	2.29	0.35	109.50
几何平均值		45.72	1.80	7.22	46.31	147.02	17.63	177.23	11.53	2.13	195.09
CV 值		2.41	0.71	0.90	1.01	0.78	0.61	0.85	2.41	1.18	0.95
KK 值		1.43	0.47	0.72	0.31	0.43	0.61	1.04	0.58	0.57	0.30
地壳克拉克值（维氏，1962）		32.00	3.80	10.00	150.00	340.00	29.00	170.00	20.00	3.70	650.00
样品号	岩石名称	Hf	Ta	W	Th	U	Mo	Co	Ga	Cu	Pb
D2104/1	钙质绿泥板岩	14.67	32.24	1.00	9.97	2.42	0.81	15.01	18.26	26.68	4.26
D2104/2	钙质绿泥板岩	11.45	5.63	0.21	8.81	0.86	0.39	47.20	20.31	14.56	9.38
D2104/3	粉砂泥板岩	6.85	3.68	1.91	16.19	2.32	0.71	23.66	17.92	85.05	11.42
D2104/4	泥质石英粉砂岩	8.48	0.69	0.63	12.61	1.80	0.06	11.03	15.31	28.21	9.60

续表 2-11

样品号	岩石名称	Hf	Ta	W	Th	U	Mo	Co	Ga	Cu	Pb
D2104/5	石英粉砂岩	5.58	1.63	1.75	17.79	3.08	—	12.04	35.75	48.26	6.75
D2105/1	含钙泥质粉砂岩	7.44	1.59	1.07	11.93	1.93	0.73	10.40	16.69	35.24	13.27
D2105/2	粉砂泥板岩	6.75	2.62	0.45	12.69	1.99	0.37	15.54	21.96	31.55	16.63
D2105/3	泥质灰岩	3.35	2.99	0.39	7.45	1.38	0.02	17.53	14.08	53.22	9.34
D2105/6	粉砂泥板岩	9.16	9.00	1.86	19.52	2.33	0.68	8.89	24.34	33.74	19.71
D2105/7	泥质板岩	2.60	0.67	0.12	8.05	1.23	0.01	12.89	14.05	48.36	6.81
D2105/10	粉晶灰岩	0.43	0.16	0.10	0.74	1.10	0.23	2.49	3.51	43.46	5.53
D2108/1	细晶砂质灰岩	4.84	0.23	0.35	4.62	0.85	1.04	1.43	2.54	4.46	7.69
D2111/4	细晶白云岩	0.68	0.17	0.34	1.08	1.19	0.59	1.55	8.77	19.04	114.20
几何平均值		4.50	1.57	0.52	7.43	1.60	0.25	9.32	13.52	30.01	11.12
CV 值		0.91	5.51	1.28	0.79	0.43	1.37	1.28	0.65	0.68	2.63
KK 值		4.50	0.63	0.40	0.57	0.64	0.23	0.52	0.71	0.64	0.70
地壳克拉克值(维氏,1962)		1.00	2.50	1.30	13.00	2.50	1.10	18.00	19.00	47.00	16.00

(四)沉积相及沉积环境分析

该群下组灰岩中含有较多的浅海生物化石,亦可见灰岩中球状叠层石(图版Ⅰ-2)砂质灰岩、砾屑灰岩、竹叶状灰岩等,局部砂岩中可见交错层理,应为浅海台地相高能环境下沉积。上组岩石以泥质灰岩、泥质板岩、含粉砂泥质板岩为主,夹有含砾内碎屑砂岩。粉砂板岩中水平层理发育,局部可见小型沙纹层理。总之上组沉积环境表现为水体较深、沉积速率较慢的特征,应为陆棚边缘沉积物。

(五)关于形成时代

冬瓜山群中生物化石丰富,前人在图区采到三叶虫 *Illaenus* sp.,*Ptychopyge*? sp.;海林檎 *Sphaeronites* sp.,*Aristocystis* sp.;角石 *Chisiloceras* sp.,*C. chaohuense*,*Dideroceras endocylindricum*,*D. meridonale*,*D. stenosiphonatum*,*D.* cf. *grabaui*,*D. subtriangulum*,*D. hexianense*,*Changyangoceras jurongense*,*Protocycloceras* cf. *lamarcki* 等化石,据此将冬瓜山群时代置于早—中奥陶世。

神仙湾幅区调(2003)在该组中所采生物化石主要为头足类及海百合茎,经西北大学地质系张兴亮、郭洪祥鉴定有头足类:凹形珠角石 *Actinoceras concareum* Endo,米契林角石 *Michelinoceras densam*(Yu).,米契林角石(未定种)*Michelinoceras* sp.,其中头足类化石 *Michelinoceras densum*(Yu).时代为中奥陶世晚期(O_2^2),即达威尔期,与新疆柯坪地区中奥陶统坎岭组—其浪组可对比。本次区调在肖尔克谷地及天神达坂一带发现冬瓜山群上组与温泉沟群为整合接触关系,依据所采化石综合分析,将冬瓜山群时代置于奥陶纪。

二、温泉沟群(S_1W)

(一)概述

温泉沟群由新疆地质局区调大队张玉谦、赵明钰、焦生瑞(1976)创名,创名地叶尔羌河上游,原始定义:上覆达坂沟群与其整合接触,由一套海相碎屑岩夹碳酸盐岩组成,碎屑岩中含黄铁矿,纵横向稳定。现在定义：岩性以浅变质的碎屑岩为主，有钙质粉砂岩、石英砂岩、千枚岩，顶界与达坂沟群整合接触，与下伏地层接触关系不明。1984 年新疆地质局第一区调大队第四队和第十分队西昆仑1：100万地质调查，1990 年《新疆古生界》(上)均使用温泉沟群，1993 年《新疆维吾尔自治区区域地质志》改用温泉沟组。《新疆维吾尔自治区岩石地层》(1999)沿用温泉沟群名称，定义为"岩性以浅变质的碎屑岩为主，有钙质粉砂岩、石英砂岩、千枚岩，顶界与达坂沟群整合接触，与下伏地层关系不明"，时代为早志留世，本次工作沿用该划分，将其进一步划分为上、中、下 3 个岩组。

图区温泉沟群出露于肖尔克谷地—湖西梁一带，与下伏冬瓜山群为整合接触，总面积约 2 000km^2(图 2－6)。

(二)地层特征

温泉沟群主要为一套细碎屑岩夹硅质岩，局部夹有少量火山岩。局部岩石变质变形较强，发育尖棱褶皱及同斜褶皱(图版Ⅱ－1)，变质达低绿片岩相。该群与下伏冬瓜山群为整合接触关系，与上覆泥盆系落石沟组呈微角度不整合接触。依据岩石组合，可进一步划分粉砂岩组、砂岩组及板岩组。出露总厚度为 5 410.54m。

温泉沟群粉砂岩组现以新疆和田市克孜勒吉勒干温泉沟群粉砂岩组实测剖面(图 2－11)介绍如下，剖面位置：N35°35′33″、E78°57′50″。

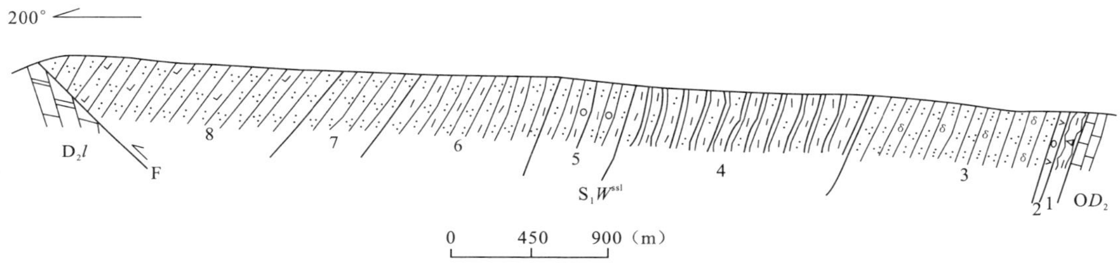

图 2－11 新疆和田市克孜勒吉勒干温泉沟群粉砂岩组实测地层剖面图

(未见顶)

断 层

温泉沟群粉砂岩组(S_1W^{ssl})	**5 410.54m**
8. 灰—深灰色中薄层状石英粉砂岩夹灰色含钙石英粉砂岩	1 247.92m
7. 灰—深灰色厚层状石英粉砂岩	603.14m
6. 深灰色薄板状泥质石英粉砂岩	668.50m
5. 灰色薄层状泥质粉砂岩夹砂泥质结核	488.80m
4. 深灰色粉砂泥板岩	1 219.08m
3. 深灰色中薄层状石英粉砂岩夹灰色细砂岩条带	1 154.11m
2. 灰色中厚层状蚀变杏仁状安山岩	9.66m
1. 浅灰绿色含岩屑泥质板岩	19.33m

整 合

下伏：冬瓜山群(OD_2)深灰色薄板状粉晶灰岩

剖面上温泉沟群粉砂岩组，与下伏冬瓜山群呈整合接触，剖面未见顶。岩性主要为深灰色中薄层状石英粉砂岩、灰色中厚层状含钙石英粉砂岩、灰色薄层状泥质粉砂岩。岩石总体颜色呈灰色。该组下部主要以石英粉砂岩夹泥质粉砂岩为主，上部主要以较纯的石英粉砂岩为主。剖面中由砂岩—粉砂岩构成的韵律清楚，单个韵律厚约 20～40cm，粉砂岩中水平纹层发育。总体上反映出该套岩石为一套较深水的复理石建造。

粉砂岩组下部见有蚀变杏仁状安山岩夹层，厚约10m，岩石总体呈灰—灰绿色，具块状构造、杏仁状结构，为中性喷出岩。说明当时有火山活动。

温泉沟群砂岩组和板岩组现以新疆和田市红山湖东温泉沟群实测地层剖面(图2－12)介绍如下，剖面位置：N35°34′18″、E78°54′39″。其中砂岩组未见底，与板岩组为整合接触关系，与上覆恰提尔群为断层接触关系。

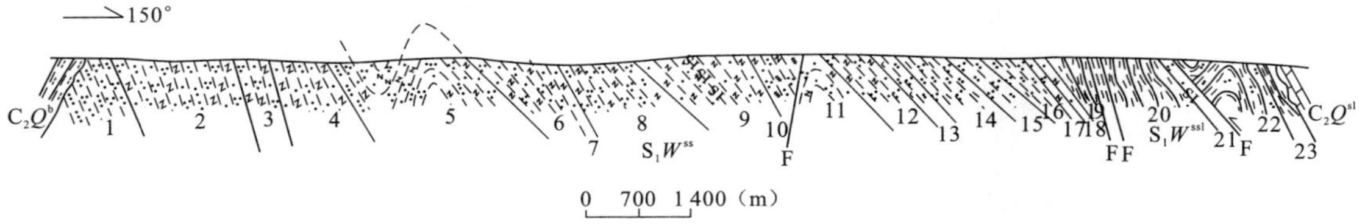

图2－12　新疆和田市红山湖东温泉沟群实测地层剖面图

剖面地层由南向北列述如下：

上覆地层：石炭系恰提尔群浅灰色中—薄层状粉晶灰岩

═══════ 断　层 ═══════

温泉沟群板岩组(S_1W^{ssl})	**475.64m**
23.深灰色泥质板岩夹粉砂岩	75.26m
22.浅灰色粉砂泥板岩夹粉砂岩	123.56m
═══════ 断　层 ═══════	
21.灰色泥质板岩、硅质石英砂岩夹硅质砾岩透镜体	5.04m
20.深灰色泥质板岩	49.46m
═══════ 断　层 ═══════	
19.深灰色强硅化泥质板岩夹绿泥板岩	222.32m
温泉沟群砂岩组(S_1W^{ss})	**6 369.83m**
18.浅灰绿色薄层细粒长石砂岩	150.50m
17.灰色细粒长石石英砂岩	46.20m
16.灰黄色泥质石英粉砂岩	277.02m
15.浅灰绿色厚层状石英粉砂岩夹薄层硅质岩	261.09m
14.灰黄色泥质石英粉砂岩	370.72m
13.灰色中层状石英粉砂岩夹钙质粉砂岩	116.47m
12.灰黄色中—薄层状细粒长石石英砂岩	233.25m
11.灰绿色中—厚层状中粒长石砂岩夹细粒长石石英砂岩	14.93m
═══════ 断　层 ═══════	
10.灰绿色中—厚层状中细粒长石石英杂砂岩夹粉砂岩	147.90m
9.灰绿色中—厚层状中细粒长石砂岩夹薄层硅质岩	1 158.84m
8.浅灰绿色中—薄层状长石石英粉砂岩、长石石英砂岩	317.55m
7.灰色厚层状中细粒长石砂岩	109.30m
6.灰色中—薄层状长石石英砂岩	401.18m
5.浅灰色细粒长石石英砂岩夹细砂岩	281.77m
4.深灰色中—厚层状细粒长石砂岩夹粉砂岩	684.80m
3.灰绿色中—厚层状细粒长石石英砂岩	404.42m
2.灰色中—厚层状中粒长石石英砂岩夹粉砂岩	1 176.05m
1.浅灰绿色中—厚层状石英粉砂岩夹细砂岩	217.84m

(未见底)

剖面上砂岩组未见底，与板岩组为整合接触关系，出露厚度为 6 369.83m。依据岩石特征，可进一步划分为上、下两个部分。下部岩性以砂岩为主，夹有少量粉砂岩及硅质岩，岩性有长石石英砂岩、长石砂岩、长石石英杂砂岩、石英粉砂岩等；上部岩性以泥质石英粉砂岩、石英粉砂岩为主，夹有长石石英砂岩、长石砂岩、硅质岩等。砂岩总体成分和结构成熟度均不高，碎屑物中长石含量较高，具有近源快速堆积特征。由下到上总体具有岩层越来越薄、砂粒越来越细、杂基含量越来越高的趋势。地层中的粒序层理、水平层理、平行层理发育。由砂岩—粉砂岩构成的韵律清楚，单个韵律厚约 30～50cm，主要包括鲍马序列的 B、C、D、E 段。

剖面上板岩组与上覆石炭系恰提尔群呈微角度不整合接触，出露厚度为 475.64m。岩性主要为泥质板岩、泥质石英粉砂岩、硅质石英粉砂岩等，其间夹有硅质砾岩透镜体。硅质砾岩在地层中总体为透镜状，砾石成分主要为石英岩屑和硅质岩屑等，砾径大小为 2～8mm，形状呈次棱角状，磨圆度和分选性都较差。该砾岩具有水下滑塌快速堆积特征。板岩组岩石总体以薄层为主，由粉砂岩—泥质板岩构成的韵律构造极为发育。总体具斜坡扇堆积特征。

图区温泉沟群其岩性、岩相较稳定，横向变化不大。在红山湖东一带板岩组中夹有较多的硅质岩。

（三）岩石地球化学特征

1. 岩石化学特征

温泉沟群岩石化学分析结果见表 2－12。由表可见，岩石化学成分总体变化较小，SiO_2、Al_2O_3、CaO、Fe_2O_3、K_2O 含量较高，而 TiO_2、MgO、MnO、P_2O_5 等含量较低。其中 SiO_2 在 65.44%～74.85%之间，Al_2O_3 在 10.28%～14.34%之间，TiO_2 在 0.53%～1.01%之间。

表 2－12 温泉沟群硅酸盐岩分析结果表 (%)

样品号	岩石名称	SiO_2	TiO_2	Al_2O_3	Fe_2O_3	MgO	MnO	CaO	Na_2O	K_2O	P_2O_5	LOI	Σ
D1410/1	中粒长石石英砂岩	65.92	0.53	10.29	2.09	1.90	0.07	5.87	0.35	5.93	0.13	6.92	100.00
D1412/3	石英细砂岩	74.85	0.74	10.11	4.71	1.10	0.03	0.86	3.36	2.08	0.17	2.02	100.03
D1417/1	石英粉砂岩	74.42	0.74	10.28	4.63	1.24	0.03	0.85	3.52	2.07	0.19	2.08	100.05
D2106/3	石英粉砂岩	67.93	0.75	11.89	7.64	2.08	0.12	1.58	2.23	1.96	0.10	3.71	99.99
D2106/6	泥质石英粉砂岩	65.44	1.01	14.34	5.97	1.51	0.07	2.23	1.32	3.21	0.09	4.81	100.00

2. 微量元素特征

温泉沟群粉砂岩组微量元素分析结果见表 2－13，由表中可以看出 Be、Rb、Zr、Ba、Ta、Mo、Co、Cu 等元素含量变化较大。Zr、Hf 等元素几何平均值明显高于地壳克拉克值，Rb、Sr、Ba、Mo 等元素几何平均值明显低于地壳克拉克值，其余元素则与地壳克拉克值较为接近。微量元素聚集类型：Hf 为强聚集型，Li、Zr 等元素属于聚集型，Sc、Cs、Th、Cu 等元素为弱聚集型，Be、Rb、Y、Nb、Ta、W、Mo、Co、Ga、Pb 等元素为分散型，其余元素为极分散型。微量元素分异类型：Ta、Cu 等元素为强分异型，Mo 为分异型，Be、Sr、Co、Pb 为弱分异型，其余元素为均匀分布型。粉砂岩组中 Cu 为弱聚集型和强分异型，几何平均值大于地壳克拉克值，所以粉砂岩组为 Cu 有利成矿层位。

表 2-13　温泉沟群粉砂岩组微量元素分析结果　　($\times 10^{-6}$)

样品号	岩石名称	Li	Be	Sc	Rb	Sr	Y	Zr	Nb	Cs	Ba
D702/1	泥质板岩	19.12	0.48	4.41	23.16	111.81	18.66	381.48	9.60	1.53	132.01
D2106/1	含岩屑泥板岩	74.45	3.66	15.97	76.44	350.97	22.10	302.30	27.90	3.48	414.17
D2106/3	石英粉砂岩	62.81	1.16	8.98	57.08	133.99	20.65	189.90	15.36	3.52	320.72
D2106/5	含粉砂泥板岩	98.73	3.92	18.01	120.83	129.45	29.83	245.39	14.32	4.88	417.34
D2106/7	泥质石英粉砂岩	68.64	3.97	14.32	93.78	162.52	23.99	261.24	18.79	5.62	265.02
D2106/8	石英粉砂岩	63.79	2.98	11.69	104.70	57.69	23.44	237.48	11.67	4.63	381.74
D2106/9	石英粉砂岩	61.27	2.90	11.97	107.71	225.80	26.29	284.83	12.21	4.02	377.08
几何平均值		58.58	2.23	11.25	74.65	146.39	23.32	266.30	14.83	3.70	310.65
CV 值		0.40	0.62	0.40	0.46	0.65	0.16	0.23	0.41	0.36	0.33
KK 值		1.83	0.59	1.13	0.50	0.43	0.80	1.57	0.74	1.00	0.48
地壳克拉克值(维氏,1962)		32.00	3.80	10.00	150.00	340.00	29.00	170.00	20.00	3.70	650.00
样品号	岩石名称	Hf	Ta	W	Th	U	Mo	Co	Ga	Cu	Pb
D702/1	泥质板岩	11.99	0.34	0.88	10.00	2.82	—	5.16	6.77	14.42	8.86
D2106/1	含岩屑泥板岩	7.31	7.86	0.67	9.73	1.41	0.56	17.09	23.35	40.98	4.30
D2106/3	石英粉砂岩	5.60	1.10	1.14	11.10	1.75	—	10.97	17.70	21.96	20.42
D2106/5	含粉砂泥板岩	7.09	4.30	0.51	19.28	2.11	0.37	25.36	26.15	82.08	21.67
D2106/7	泥质石英粉砂岩	6.98	0.47	1.38	17.26	1.64	1.81	18.43	20.21	696.11	16.26
D2106/8	石英粉砂岩	7.13	3.18	0.74	14.17	2.57	0.43	14.23	22.31	63.11	12.15
D2106/9	石英粉砂岩	7.99	3.65	0.58	18.61	2.48	0.95	8.00	20.92	43.79	19.22
几何平均值		7.54	1.83	0.80	13.79	2.05	0.69	12.64	18.31	57.38	13.03
CV 值		0.27	1.46	0.40	0.30	0.26	0.86	0.54	0.34	4.31	0.50
KK 值		7.54	0.73	0.61	1.06	0.82	0.62	0.70	0.96	1.22	0.81
地壳克拉克值(维氏,1962)		1.00	2.50	1.30	13.00	2.50	1.10	18.00	19.00	47.00	16.00

温泉沟群砂岩组微量元素分析结果见表 2-14,由表中可以看出 Li、Sr、Zr、Nb、Ta、Mo、Co、Cu 等元素含量变化较大,硅质岩数值与其他碎屑岩数值差异较大。Zr、Hf 等元素几何平均值明显高于地壳克拉克值,Rb、Sr、Nb、Cu 等元素几何平均值明显低于地壳克拉克值,其余元素则与地壳克拉克值较为接近。微量元素聚集类型:Hf 为强聚集型,Zr 属于聚集型,Li、Sc、Th、Ga 等元素为弱聚集型,Sr 为极分散型,其余元素为分散型。微量元素分异类型:Li、Sr、Nb、Ta、Mo、Cu 等元素为强分异型,Co 为分异型,Zr、Hf 为弱分异型,其余元素为均匀分布型。Cu 为分散型和强分异型,几何平均值略小于地壳克拉克值,所以砂岩组为 Cu 有利成矿层位。

温泉沟群板岩组微量元素分析结果见表 2-15,由表中可以看出 Li、Ba、Mo、Cu 等元素含量变化较大。Li、Hf 等元素几何平均值明显高于地壳克拉克值,Be、Rb、Sr、Nb、Ba、Ta、Pb 等元素几何平均值明显低于地壳克拉克值,其余元素则与地壳克拉克值较为接近。微量元素聚集类型:Li、Hf 等元素属于聚集型,Sc、Zr、Ga 等元素为弱聚集型,Y、Nb、Cs、W、Th、U、Mo、Co、Cu 等元素为分散型,其余元素为极分散型。微量元素分异类型:Ta、Mo、Cu 等元素为强分异型,Be、Rb、Ba 为分异型,Li、Cs 为弱分异型,其余元素为均匀分布型。Cu 为分散型和强分异型,几何平均值略小于地壳克拉克值,所以板岩组为 Cu 有利成矿层位。

表 2－14　温泉沟群砂岩组微量元素分析结果　　（$\times10^{-6}$）

样品号	岩石名称	Li	Be	Sc	Rb	Sr	Y	Zr	Nb	Cs	Ba
D1410/1	中粒长石石英砂岩	12.47	0.99	7.73	92.41	67.60	12.27	129.59	9.30	3.67	662.36
D1411/1	细粒长石石英砂岩	27.77	2.96	12.85	121.77	94.26	21.61	203.96	8.53	6.17	401.54
D1412/5	细粒长石石英砂岩	16.36	2.49	12.33	105.76	126.48	20.33	264.37	16.41	3.44	600.98
D1413/1	细粒长石石英砂岩	22.09	2.72	11.67	104.50	112.61	15.55	202.44	7.69	4.25	443.24
D1413/2	长石石英粉砂岩	28.64	2.49	11.49	82.63	119.35	21.80	201.86	5.90	2.52	371.12
D1413/3	中细粒长石砂岩	41.87	2.17	10.86	76.84	134.90	28.83	202.23	9.45	2.35	428.00
D1414/2	中细粒长石砂岩	35.53	2.13	12.91	62.12	126.80	26.16	304.80	13.84	1.58	413.97
D1414/3	硅质岩	172.90	4.05	25.81	12.07	564.83	40.60	714.64	94.90	1.14	149.86
D1416/3	细粒长石石英砂岩	29.40	2.60	10.98	93.34	90.27	18.17	212.93	8.48	2.03	239.89
D1416/4	泥质石英粉砂岩	36.61	2.87	13.89	119.29	102.30	28.64	245.76	11.29	3.08	349.29
D1417/1	石英粉砂岩	33.67	2.19	8.50	93.50	62.80	26.01	516.38	10.56	3.54	348.75
D1417/2	细粒长石石英砂岩	28.54	1.92	8.82	76.16	102.07	29.52	148.17	12.17	1.79	211.42
D1417/3	石英粉砂岩	43.03	1.11	8.43	79.70	52.14	27.03	397.56	20.26	4.10	446.77
几何平均值		32.26	2.22	11.44	77.67	109.44	23.32	255.75	12.51	2.77	363.39
CV 值		1.26	0.36	0.40	0.36	1.20	0.31	0.65	1.88	0.49	0.39
KK 值		1.01	0.58	1.14	0.52	0.32	0.80	1.50	0.63	0.75	0.56
地壳克拉克值(维氏,1962)		32.00	3.80	10.00	150.00	340.00	29.00	170.00	20.00	3.70	650.00

样品号	岩石名称	Hf	Ta	W	Th	U	Mo	Co	Ga	Cu	Pb
D1410/1	中粒长石石英砂岩	3.95	0.56	0.96	7.78	2.05	—	3.94	21.62	21.71	12.14
D1411/1	细粒长石石英砂岩	5.62	1.50	0.46	14.36	2.41	0.59	12.80	21.66	19.63	10.65
D1412/5	细粒长石石英砂岩	7.17	4.65	1.39	14.43	2.49	0.36	8.18	27.05	14.49	8.49
D1413/1	细粒长石石英砂岩	5.67	1.24	0.64	16.06	2.25	0.43	13.10	21.48	10.91	7.19
D1413/2	长石石英粉砂岩	5.34	1.25	0.34	10.86	2.14	1.67	13.96	20.59	11.38	10.08
D1413/3	中细粒长石砂岩	5.74	0.57	0.73	12.20	2.31	0.36	11.34	21.42	14.05	15.42
D1414/2	中细粒长石砂岩	8.60	1.11	1.30	19.49	2.67	3.11	11.85	20.67	23.88	10.77
D1414/3	硅质岩	17.84	31.89	1.12	14.72	3.22	2.15	41.47	20.72	94.26	12.49
D1416/3	细粒长石石英砂岩	5.93	0.54	0.80	15.21	2.28	0.21	12.86	17.67	14.11	6.21
D1416/4	泥质石英粉砂岩	6.86	1.36	1.24	16.15	2.42	1.06	14.06	20.89	14.53	7.08
D1417/1	石英粉砂岩	14.92	1.96	0.53	18.24	3.14	9.86	8.28	18.75	16.96	10.19
D1417/2	细粒长石石英砂岩	3.93	2.27	0.99	11.23	1.69	2.98	10.59	14.50	12.28	6.37
D1417/3	石英粉砂岩	12.07	1.68	1.66	17.01	3.42	—	6.31	19.24	14.73	12.88
几何平均值		7.13	1.65	0.85	14.06	2.46	1.08	11.17	20.30	17.57	9.62
CV 值		0.61	5.15	0.47	0.23	0.20	2.59	0.82	0.14	1.26	0.29
KK 值		7.13	0.66	0.65	1.08	0.98	0.98	0.62	1.07	0.37	0.60
地壳克拉克值(维氏,1962)		1.00	2.50	1.30	13.00	2.50	1.10	18.00	19.00	47.00	16.00

表 2-15 温泉沟群板岩组微量元素分析结果 （×10⁻⁶）

样品号	岩石名称	Li	Be	Sc	Rb	Sr	Y	Zr	Nb	Cs	Ba
D1419/1	细粒长石砂岩	23.60	2.49	10.40	94.54	106.58	10.65	212.07	12.53	2.28	334.64
D1419/2	强硅化绿泥板岩	121.47	0.88	6.28	36.25	75.40	28.02	103.45	12.38	1.17	74.21
D1420/1	泥质板岩	117.80	3.82	15.95	149.45	102.00	22.77	168.04	11.72	4.88	238.60
D1420/2	泥质板岩	109.70	3.21	15.13	133.79	87.17	23.02	193.02	18.01	3.78	249.13
D1421/2	硅质石英砂岩	130.80	0.72	7.81	32.40	196.02	18.31	204.02	8.55	1.44	700.14
几何平均值		86.51	1.81	10.42	74.01	106.97	19.56	170.75	12.29	2.35	252.85
CV 值		0.51	0.77	0.41	0.73	0.45	0.33	0.26	0.28	0.67	0.92
KK 值		2.70	0.48	1.04	0.49	0.31	0.67	1.00	0.61	0.63	0.39
地壳克拉克值(维氏,1962)		32.00	3.80	10.00	150.00	340.00	29.00	170.00	20.00	3.70	650.00
样品号	岩石名称	Hf	Ta	W	Th	U	Mo	Co	Ga	Cu	Pb
D1419/1	细粒长石砂岩	5.74	2.50	1.32	10.18	2.58	2.14	11.25	18.63	12.90	6.41
D1419/2	强硅化绿泥板岩	2.68	0.70	0.57	7.33	1.56	0.16	13.87	12.76	21.66	7.54
D1420/1	泥质板岩	4.55	0.28	1.55	14.44	2.10	0.42	19.16	21.87	111.03	5.98
D1420/2	泥质板岩	5.32	2.05	1.24	18.06	2.52	0.49	23.43	20.03	70.33	6.98
D1421/2	硅质石英砂岩	5.78	0.60	0.83	11.20	3.54	3.10	21.87	25.64	10.49	7.83
几何平均值		4.64	0.90	1.04	11.68	2.37	0.74	17.26	19.29	29.64	6.91
CV 值		0.28	1.09	0.38	0.35	0.31	1.74	0.30	0.25	1.49	0.11
KK 值		4.64	0.36	0.80	0.90	0.95	0.67	0.96	1.02	0.63	0.43
地壳克拉克值(维氏,1962)		1.00	2.50	1.30	13.00	2.50	1.10	18.00	19.00	47.00	16.00

（四）沉积相及沉积环境分析

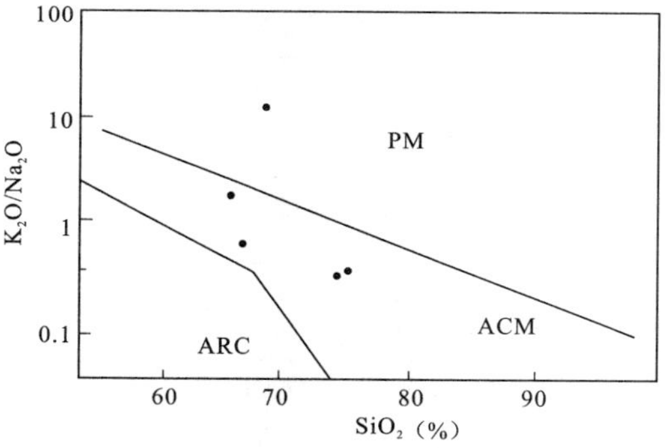

图 2-13 温泉沟群 SiO_2-(K_2O/Na_2O)判别图

ARC. 大洋岛弧边缘；ACM. 活动陆缘；PM. 被动陆缘

温泉沟群岩性主要为砂岩、粉砂岩、板岩及硅质岩等。地层中由砂岩—粉砂岩或板岩—硅质岩构成的韵律发育。沉积构造发育有水平层理、平行层理、交错层理(图版Ⅰ-4)及少量冲刷面构造。砂岩中碎屑总体磨圆不好，分选较差，成分复杂且见大量火山碎屑。上部砂岩组中可见硅质砾岩、灰质角砾岩透镜体等，具有水下滑塌成因特征。由沉积建造特征分析，该群主体为浊积岩沉积建造。利用碎屑岩化学成分 SiO_2-(K_2O/Na_2O)图解(图 2-13)判别，结果温泉沟群 5 个样品中有 4 个落入活动陆缘区，仅有 1 个样品落入被动陆缘区。进一步利用碎屑岩微量元素分析结果 La-Th-Sc 和 Th-Sc-Zr/10 图解[图 2-14(a)、(b)]判别，结果该群投影点较集中分布于大陆岛弧区及其附近，仅有极个别点分散于外围。综上所述，温泉沟群应为活动大陆边缘构造背景下的斜坡相浊积岩沉积。

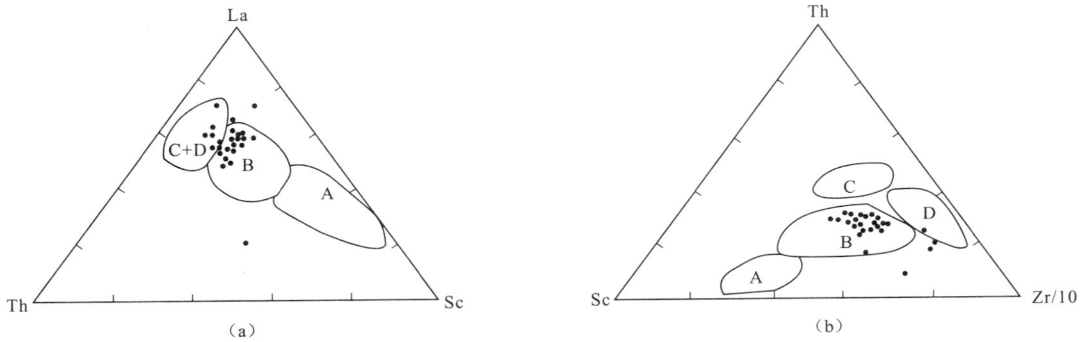

图 2-14　温泉沟群 La-Th-Sc，Th-Sc-Zr/10 判别图

A. 大洋岛弧；B. 大陆岛弧；C. 活动大陆边缘；D. 被动大陆边缘

（五）关于形成时代

温泉沟群中未采集到大化石。为确定其形成时代，本次区调在路线地质调查中，在该群板岩组中采集了大量微古样品，经中国地质科学院高联达研究员鉴定，获得了较为丰富的疑源类和几丁虫。样品中主要的疑源类有：网纹光球藻 *Leiosphaeridia tenuissima* Eisenack，沃格光球藻 *Leiosphaeridia* cf. *voigttii* Eisenack，弗洛利藻（未定种）*Florisphaeridium* sp.，几丁虫类有：细长锥几丁虫（相似种）*Conochitina* cf. *leptosoma*，长形几丁虫（相似种）*Conochitina* cf. *proboscifera* Eisenack，光锥几丁虫（相似种）*Conochitina* cf. *acumirata* Eisenack，管形锥几丁虫（相似种）*Conochitina* cf. *tuba* Eisenack，平行锥几丁虫（相似种）*Conochitina* cf. *homeclaviformis* Bauche，小锥几丁虫（相似种）*Conochitina* cf. *inceratica* Eisenack，锚刺几丁虫（未定种）*Ancyrochitina* sp.，原始锚刺几丁虫（相似种）*Ancyrochitina*cf. *primitica* Eisenack，漂砾链几丁虫（相似种）*Desmochitina* cf. *erratica* Eisenack，塔状艾森纳克几丁虫（相似种）*Eisenackitina* cf. *coster* Jansonius，锥形棒几丁虫（相似种）*Rhabdochitina* cf. *conocephala* Eisdnack，缘棒几丁虫（相似种）*Rhabdochitina* cf. *magna* Eisenack，束肋棒几丁虫（相似种）*Rhabdochitina* cf. *vorgata* Taugourdeau，筒形杯几丁虫（相似种）*Cyathiochitina* cf. *calis* Eisenack，杯几丁虫（未定种）*Cyathochitina* sp.，多性斜几丁虫（相似种）*Illichitina* cf. *multiplex* Schallrenter，斜向瓶几丁虫（相似种）*Lagenochitina* cf. *oblinges* Paris。

微体化石时代为晚奥陶世到志留纪，并主要是早志留世常见的属种，结合图区该群整合覆于奥陶系冬瓜山群之上，因此综合考虑将温泉沟群时代厘定为早志留世。

第三节　上古生界

图区上古生界地层分布广泛，地层出露较全，其中大红柳滩地层分区出露有二叠系黄羊岭群；甜水海地层分区出露有泥盆系落石沟组、天神达坂组，石炭系帕斯群、恰提尔群，二叠系红山湖组等；神仙湾地层分区出露有神仙湾组。甜水海地层分区上古生界均为稳定的台地相碳酸盐岩夹碎屑岩沉积，而神仙湾组和黄羊岭群均具有较活动的裂陷盆地复理石沉积特征。现分述如下。

一、落石沟组(D_2l)

(一)概述

落石沟组由新疆地质局第一区调大队第四分队张志德等(1984)在西昆仑康西瓦—喀喇昆仑山河尾滩一带进行1∶100万区调时创名。创名地为图区楚隆帕斯坦—落石沟—冬瓜山一带。原始定义:为一套碳酸盐岩夹碎屑岩,与下伏地层下—中奥陶统、中—上志留统,上覆地层上泥盆统、上三叠统,均为不整合。岩性为灰岩,生物灰岩夹砂岩,石英岩屑粗砂岩,时代为中泥盆世。现在定义:该组为一套碳酸盐岩夹碎屑岩建造,由灰、浅灰色灰岩、生物碎屑灰岩夹钙、泥质灰岩、石英岩屑粗砂岩,不整合在冬瓜山群或达坂沟群之上,含丰富的珊瑚、层孔虫及头足类化石。本次工作沿用该组命名及其划分。

图区该组分布较分散,主要分布于长干湖—天神达坂一带,与下伏温泉沟群为断层或不整合接触,被天神达坂组平行不整合覆盖,出露总面积约460km²(图2-15)。

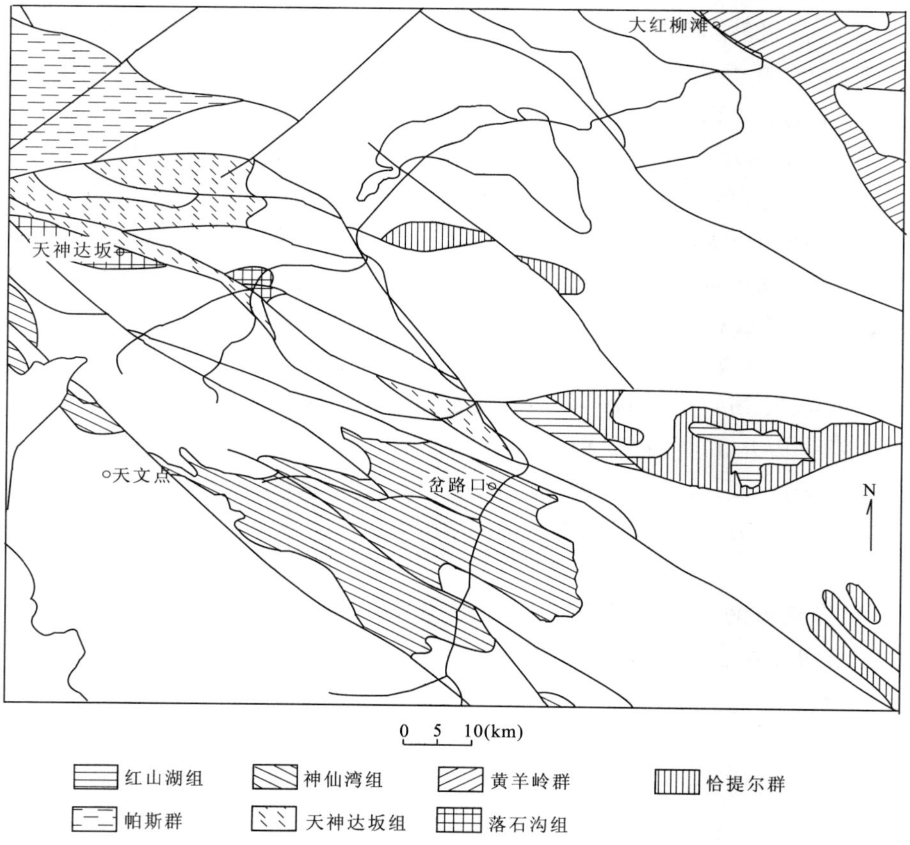

图2-15　上古生界地层分布图

(二)地层特征

落石沟组主要为一套碳酸盐岩夹少量细碎屑岩沉积,岩石中生物化石较丰富,主要有腕足类、珊瑚类及腹足类等,灰岩中发育鲕粒灰岩、砾屑灰岩及藻团粒。该组与下伏地层呈微角度不整合接触关系,天神达坂组平行不整合于其上,出露总厚度为2 881.65m。

现以新疆皮山县天神达坂北泥盆系落石沟组实测剖面(图 2-16)介绍,剖面位置:N35°41′24″、E78°04′20″,剖面上落石沟组未见底,与上覆龙山组为断层接触。

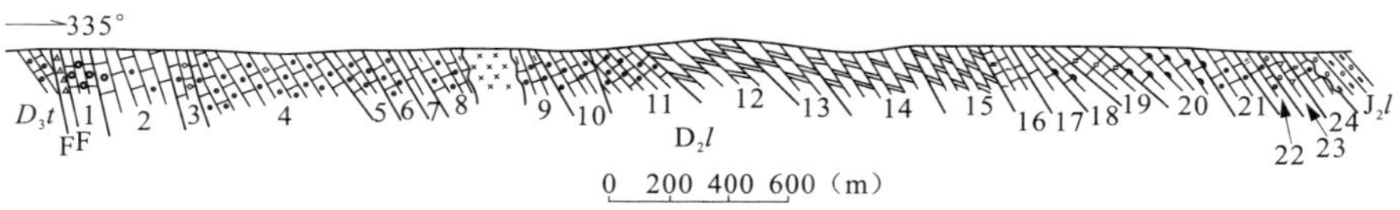

图 2-16　新疆皮山县天神达坂北泥盆系落石沟组实测地层剖面图

剖面列述如下:

龙山组:紫红色砾岩、砂砾岩

══════ 断　层 ══════

落石沟组(D_2l)	**2 881.65m**
24. 灰色中厚层状含生屑亮晶砂屑灰岩	40.76m
23. 灰色薄层泥—微晶灰岩、砾屑灰岩、角砾状灰岩	34.73m
22. 灰—深灰色薄层状硅质条带白云岩化生屑泥—微晶灰岩	52.25m
21. 紫红色中薄层状微晶生屑灰岩	106.68m
20. 灰—浅灰色块状礁灰岩(珊瑚、层孔虫、藻)	224.16m
19. 灰色中厚层状亮晶藻团粒灰岩	116.62m
18. 灰白色块状礁灰岩	10.20m
17. 灰—深灰色中厚层状亮晶藻团粒灰岩	57.30m
16. 浅灰色局部肉红色中厚层状粉晶灰岩夹白云岩化粉晶灰岩	112.61m
15. 灰色中薄层状粉—细晶白云岩	165.62m
14. 灰白色中厚层状—块状细晶白云岩	387.43m
13. 灰—深灰色中厚层状粉晶白云岩	66.22m
12. 灰—浅灰白色中厚层状细晶白云岩	134.76m
11. 灰—深灰色中薄层状含生屑团粒微晶灰岩	107.03m
══════ 断　层 ══════	
10. 紫红—灰黄色中厚层状微晶生屑灰岩	177.51m
9. 灰—灰黄色薄层状泥质生屑灰岩夹钙质细粒长石砂岩	148.87m
8. 灰—灰黄色条纹条带状灰岩夹钙质细粒岩屑杂砂岩	136.24m
7. 灰色中厚层状微晶生屑灰岩夹强白云岩化亮晶鲕粒灰岩	70.62m
6. 灰黄色中厚层状微晶生屑灰岩夹紫红色生屑微晶灰岩	96.00m
5. 灰—深灰色中厚层状微晶生屑灰岩夹白云石化泥—微晶灰岩	218.84m
══════ 断　层 ══════	
4. 灰—深灰色中薄层状微晶生屑灰岩、亮晶鲕粒灰岩	92.04m
3. 灰—浅灰色中厚层状含硅质条带生屑泥—微晶灰岩	40.39m
2. 灰色厚层—块状白云石化残余亮晶生屑、砂屑灰岩	201.93m
1. 灰黄色中厚层状白云石化生屑泥—微晶灰岩夹生屑微晶灰岩	82.84m

══════ 断　层 ══════

(未见底)

剖面上落石沟组未见底。依据岩石特征,可进一步划分为 3 个段。下段为剖面上的第 1—10 自然层,下部主要为生屑灰岩、砂屑灰岩,上部主要为条纹条带状灰岩、泥质灰岩、白云岩、砂岩等;中段为剖面上的第 11—16 自然层,岩性主要为一套白云岩,岩石质硬性脆,其中藻纹层、栉壳构造发育,总体为非正常盐度的浅海沉积,有时出现暴露面;上段为剖面上的第 17—24 自然层,下部岩性主要为浅灰白色块状礁灰岩、中厚层状亮晶藻团粒灰岩等，造礁生物有珊瑚类、层孔虫、苔藓虫等。上部岩性为硅质条带灰岩、白云岩化生屑灰岩、砾屑灰岩、角砾状灰岩等，该组总体为一套碳酸盐台地相沉积。

现以新疆和田市长干湖落石沟组实测剖面(图 2－17)介绍如下，剖面位置：N35°25′09″、E78°43′13″，剖面上落石沟组与下伏温泉沟组和上覆龙山组均为断层接触，地层出露厚度为 2 221.20m。

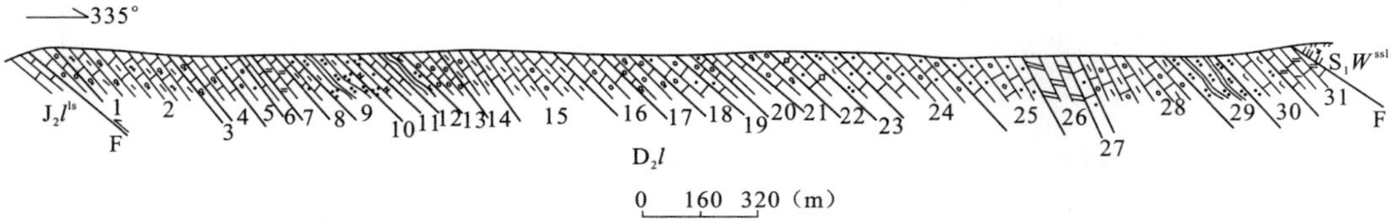

图 2－17 新疆和田市长干湖干落石沟组实测地层剖面图

上覆：龙山组(J_2l)灰色厚层状微晶灰岩夹砾屑微晶灰岩

断 层

落石沟组(D_2l)	**2 221.20m**
31. 浅灰色中薄层状中晶灰质白云岩	45.05m
30. 灰—灰黄色钙质粉砂岩夹泥质灰岩	76.13m
29. 灰色粉砂质板岩夹细粒长石石英砂岩	64.48m
28. 灰色薄层状含生物碎屑泥质灰岩	184.88m
27. 灰色中薄层状微晶砂质灰岩夹砂质灰岩	25.25m
26. 灰白色中厚层状细晶白云岩	161.94m
25. 灰色中—厚层状微晶砂质灰岩夹少量生物碎屑灰岩	186.55m
24. 灰色中厚层状含生屑粉晶灰岩、微晶砂屑灰岩	180.91m
23. 灰色中薄层状砂质灰岩夹钙质粉砂岩、微晶生屑灰岩	59.60m
22. 浅灰色中薄层状亮晶砂屑灰岩	72.23m
21. 灰色厚层条带状砾屑灰岩夹粉晶白云质灰岩	63.36m
20. 灰色薄层状粉晶灰岩	70.66m
19. 浅灰色粉晶灰岩夹微晶砂屑砾屑灰岩	30.03m
18. 灰—深灰色生屑、砂屑微晶灰岩	52.30m
17. 灰色中厚层状局部条带状生屑微晶灰岩	53.96m
16. 浅灰色薄层状粉晶灰岩夹生屑灰岩	60.87m
15. 深灰色薄层状泥质灰岩夹少量生屑灰岩	99.42m
14. 灰色中—薄层状泥质灰岩夹生物碎屑灰岩及少量硅质岩	36.67m
13. 浅灰色中—薄层状微晶砾屑灰岩	72.57m
12. 深灰色含钙粉砂质板岩	32.17m
11. 灰色强劈理化泥质灰岩	29.13m
10. 灰色薄层状细粒长石石英砂岩夹粉砂质板岩	33.83m
9. 深灰色含钙石英粉砂岩夹(互)粉砂质板岩	70.34m
8. 灰—深灰色中—薄层状含泥质砂屑微晶灰岩	29.00m
7. 浅灰色纹层状粉晶白云质灰岩夹微晶砾屑灰岩	38.46m
6. 深灰色薄板状细晶灰岩	29.89m
5. 浅灰色薄层状微晶砾屑、砂屑灰岩	37.90m
4. 灰色纹层状灰岩夹微晶砾屑灰岩	66.17m
3. 灰—浅灰白色条带状粉晶灰岩	15.27m

2. 灰色中—薄层状微晶灰岩、泥质灰岩(条纹、条带状) 213.45m

1. 灰—浅灰色薄层状含砾屑粉晶灰岩 28.73m

═══════ 断 层 ═══════

下伏:温泉沟组(S_1W)灰绿色硅质泥板岩夹硅质岩

剖面上落石沟组未见顶、底。依据岩石特征,可进一步划分为4段,Ⅰ段为剖面上的第1—7自然层,岩性为一套浅灰色中—薄层状砾屑灰岩、粉晶灰岩及条纹条带状灰岩,砾屑灰岩为高能环境的沉积物,而条纹条带状灰岩则为水动力条件较弱的环境,故该段地层形成于水动力条件频繁变化的环境;Ⅱ段为剖面上的第8—12自然层,岩性为中—薄层状泥质灰岩、含钙粉砂岩、粉砂质板岩等,该段地层中陆源碎屑物较多,水动力作用较强,具潮坪沉积特征;Ⅲ段为剖面上的第13—22自然层,岩性主要为生屑灰岩、砾屑灰岩及条纹条带状灰岩、砂质灰岩等,生屑主要为腕足类、海百合茎等,均呈碎片状,该段地层具浅海高能台地相沉积特征;Ⅳ段为剖面上的第23—31自然层,岩性有钙质粉砂岩、砂质灰岩、生屑灰岩、白云岩、砾屑灰岩等,含菊石、腕足类、珊瑚等化石,为潮坪高能环境的沉积物。由上可见,该组沉积环境总体为一套浅水环境下的碳酸盐台地相。

图区内该组横向变化较大,长干湖一带该组岩石中见有较多的陆源碎屑物,应靠近海岸线,而天神达坂、南长沟一带陆源碎屑极少,且发育生物礁,应为碳酸盐台地内部或靠近台缘。

(三)地球化学特征

1. 岩石化学特征

落石沟组中碳酸盐岩岩石化学分析结果见表2-16a。由表可见,岩石化学成分总体变化较大,SiO_2、Al_2O_3、CaO、Fe_2O_3、K_2O含量较高,而TiO_2、MgO、MnO、P_2O_5等含量较低。碳酸盐岩化学成分平均值与世界碳酸盐岩平均值(涂和费,1961)相比,SiO_2、Al_2O_3、Fe_2O_3、Na_2O、K_2O明显偏高,而MgO偏低,说明该岩组的碳酸盐岩中含有较多的陆源碎屑物。

落石沟组中碎屑岩岩石化学分析结果见表2-16b。由表可见,岩石化学成分总体变化较大,SiO_2、Al_2O_3、Fe_2O_3、CaO含量较高,而TiO_2、MgO、MnO、K_2O、P_2O_5等含量较低。其中SiO_2在50.23%~60.89%之间,Al_2O_3在9.86%~10.95%之间,TiO_2在0.50%~1.30%之间。

表2-16a 落石沟组碳酸盐岩化学分析结果 (%)

样品号	岩石名称	SiO_2	TiO_2	Al_2O_3	Fe_2O_3	MgO	MnO	CaO	Na_2O	K_2O	P_2O_5	LOI	Σ
D697/4	粉晶灰岩	9.69	0.26	2.84	1.63	5.67	0.02	40.64	0.40	0.57	0.22	38.27	100.21
D697/6	微晶砾屑灰岩	6.33	0.22	1.73	1.11	2.06	0.03	47.80	0.40	0.33	0.06	39.86	99.93
D698/15	微晶砂屑灰岩	37.98	0.62	5.12	4.08	1.40	0.43	26.11	0.37	0.54	0.09	22.84	99.58
D699/2	细晶白云岩	2.97	0.10	0.92	0.65	18.95	0.03	31.24	0.15	0.19	0.06	44.90	100.16
D771/5	生屑微晶灰岩	9.69	0.23	2.59	1.70	0.95	0.04	46.31	0.27	0.50	0.13	37.30	99.71
D771/6	含生屑微晶灰岩	10.25	0.20	1.84	1.18	1.11	0.04	46.71	0.14	0.39	0.05	37.85	99.76
D772/4	含生屑微晶灰岩	2.24	0.10	0.87	0.88	0.62	0.05	53.02	0.12	0.17	0.05	42.14	100.26
D772/13	微晶生屑灰岩	6.33	0.12	1.23	1.21	1.03	0.19	49.41	0.12	0.17	0.44	40.11	100.36
D773/2	细晶白云岩	11.53	0.12	2.72	2.84	1.32	0.40	44.48	0.21	0.35	0.13	36.06	100.16
D773/9	亮晶藻团粒灰岩	0.99	0.05	0.38	0.20	1.03	0.02	53.88	0.06	0.05	0.03	42.91	99.60
平均值		9.80	0.20	2.02	1.55	3.41	0.13	43.96	0.22	0.33	0.13	—	
碳酸盐岩平均值(涂和费,1961)		5.19	0.06	0.81	0.33	7.90	0.12	42.01	0.04	0.03	0.03	—	

表 2-16b 落石沟组碎屑岩岩石化学分析结果 (%)

样品号	岩石名称	SiO_2	TiO_2	Al_2O_3	Fe_2O_3	MgO	MnO	CaO	Na_2O	K_2O	P_2O_5	LOI	Σ
D697/12	石英粉砂岩	60.89	0.50	10.95	5.02	1.36	0.13	8.31	2.68	1.56	0.12	8.43	99.95
D698/1	石英粉砂岩	50.23	1.30	9.86	8.89	3.62	0.23	16.44	1.06	1.11	0.30	6.94	99.98

2. 微量元素特征

落石沟组微量元素分析结果见表 2-17，由表中可以看出所有元素含量变化均较大，Zr、Nb、Cs、Ba、Hf、Co、Cu 等元素几何平均值明显高于碳酸盐岩平均值，Sr、Y、U 等元素几何平均值明显低于地壳克拉克值，其余元素则与地壳克拉克值较为接近。微量元素聚集类型：Nb、Co、Cu 等元素属于强聚集型，Sc、Rb、Zr、Ba、Hf 等元素为聚集型，Th、Pb 等元素为弱聚集型，Li、Mo、Ga 等元素为分散型，其余元素为极分散型。微量元素分异类型：该组岩石中微量元素总体分异程度较高，U 元素为分异型，Pb 为弱分异型，其余元素均为强分异型。

表 2-17 落石沟组微量元素分析结果 ($\times10^{-6}$)

样品号	岩石名称	Li	Be	Sc	Rb	Sr	Y	Zr	Nb	Cs	Ba
D771/1	生屑泥微晶灰岩	1.79	0.20	1.33	4.21	261.51	0.89	27.08	0.75	0.25	34.76
D771/2	白云岩化残余亮晶鲕粒灰岩	1.14	0.12	1.02	2.41	206.67	1.20	20.43	0.32	0.16	45.71
D771/3	生屑微晶灰岩	3.68	0.71	2.39	18.94	224.40	9.14	72.59	5.18	2.02	65.54
D771/4	白云岩化生屑泥微晶灰岩	3.25	0.71	2.94	17.02	249.19	11.04	55.93	4.69	1.77	89.35
D771/5	生屑微晶灰岩	2.58	0.36	1.78	7.99	295.76	6.04	37.86	1.44	0.83	67.67
D771/6	含生屑微晶灰岩	4.08	0.40	1.76	9.00	261.79	5.15	39.02	3.52	0.76	78.42
D771/7	白云岩化残余亮晶生屑灰岩	2.05	0.16	1.08	2.24	228.53	1.43	22.47	1.99	0.23	39.76
D771/8	生屑泥晶—微晶灰岩	2.13	0.35	1.01	2.74	294.52	3.74	30.97	2.21	0.28	32.60
D771/9	微晶生屑灰岩	0.85	0.13	0.92	3.91	364.13	1.87	23.80	1.37	0.22	36.04
D772/2	微晶生屑灰岩	1.94	0.16	1.29	2.61	372.15	1.88	25.35	0.23	0.28	47.66
D772/3	白云岩化生屑泥微晶灰岩	1.47	0.15	1.37	4.35	332.67	3.67	33.74	0.88	0.29	38.03
D772/5	微晶生屑灰岩	13.22	1.01	5.12	19.94	78.84	13.30	90.21	4.07	1.85	218.82
D772/6	生屑微晶灰岩	2.69	0.66	2.28	18.45	248.22	8.73	122.50	16.89	1.88	58.23
D772/8	生物碎屑灰岩	1.62	0.16	1.18	3.76	224.18	2.82	52.48	0.50	0.18	59.70
D772/10	生屑微晶灰岩	9.07	0.50	1.91	7.00	307.84	8.18	126.46	5.17	0.53	56.91
D772/13	微晶生屑灰岩	6.35	0.64	2.76	15.23	332.87	11.68	59.32	5.40	0.97	104.53
D773/1	团粒微晶灰岩	5.91	0.49	1.99	13.26	455.83	14.41	148.20	5.73	0.47	160.01
D773/2	细晶白云岩	0.89	0.07	1.02	0.82	356.13	7.88	8.73	1.70	0.07	30.83
D773/5	细晶白云岩	2.74	0.12	1.11	2.64	117.06	0.85	22.55	0.62	0.11	29.80
D773/7	粉—细晶白云岩	2.14	0.18	0.97	2.89	88.70	2.66	24.95	0.87	0.22	33.56
D773/8	粉晶灰岩	3.24	0.24	1.15	5.36	185.59	4.70	31.28	2.47	0.59	42.18

续表 2-17

样品号	岩石名称	Li	Be	Sc	Rb	Sr	Y	Zr	Nb	Cs	Ba
D773/9	亮晶藻团粒灰岩	0.81	0.08	0.72	0.63	165.03	0.65	17.47	0.62	0.07	15.17
D773/10	亮晶含团粒珊瑚灰岩	2.61	0.12	1.53	8.13	196.53	21.65	22.34	1.18	0.26	37.27
D773/11	亮晶藻团粒灰岩	0.87	0.08	0.96	0.20	221.31	1.50	13.34	1.05	0.11	19.30
D773/12	亮晶含团粒珊瑚灰岩	1.33	0.09	0.85	0.39	163.42	1.46	22.36	0.21	0.14	31.32
D773/13	微晶生屑灰岩	9.21	0.29	1.30	1.87	216.24	8.34	12.85	0.48	0.51	4.39
D773/14	白云石化生屑泥微晶灰岩	5.04	0.19	1.09	5.26	337.98	23.45	40.73	5.18	0.37	58.05
D773/15	泥—微晶灰岩	17.75	0.16	1.10	1.17	789.00	2.57	13.88	0.57	0.13	0.19
D774/1	亮晶砂屑灰岩	2.34	0.14	0.98	0.28	216.80	1.64	7.29	0.57	0.22	21.56
D697/1	微晶砾屑灰岩	43.68	1.05	7.83	50.88	151.93	17.44	130.67	9.22	3.35	204.90
D698/1	泥质灰岩	61.35	1.55	12.04	32.07	443.15	27.99	202.03	39.14	3.14	145.62
D699/1	微晶砂屑灰岩	38.37	2.34	13.24	75.65	248.65	25.03	187.53	20.96	5.29	225.76
D699/2	细晶白云岩	13.03	0.30	1.10	2.24	240.54	3.58	14.17	0.95	0.42	29.75
D699/3	微晶砂质灰岩	62.42	4.49	6.65	73.62	183.64	26.14	369.29	67.80	5.11	252.32
D699/4	泥质灰岩	54.08	2.44	6.46	19.83	1 086.61	19.32	212.85	39.03	1.36	117.63
D699/5	细粒长石石英砂岩	16.82	1.06	5.19	32.02	91.64	14.92	101.54	9.75	0.88	122.85
D699/6	泥质灰岩	55.22	2.77	7.26	77.97	214.18	19.10	144.70	13.49	5.29	262.93
D699/7	中晶砂质白云岩	10.21	0.48	1.54	7.00	523.81	9.50	23.71	8.60	0.52	93.88
几何平均值		4.91	0.35	1.91	5.65	249.41	5.50	42.15	2.50	0.51	49.53
CV 值		4.78	3.70	2.17	5.14	1.04	1.82	2.46	7.59	3.88	1.85
KK 值		0.98	—	1.91	1.88	0.41	0.18	2.22	8.32		4.95
碳酸盐岩平均值(涂和费,1961)		5.00	0.00	1.00	3.00	610.00	30.00	19.00	0.30	0.00	10.00

样品号	岩石名称	Hf	Ta	W	Th	U	Mo	Co	Ga	Cu	Pb
D771/1	生屑泥微晶灰岩	0.63	0.01	0.09	0.83	0.59	0.42	1.20	2.81	50.45	10.77
D771/2	白云岩化残余亮晶鲕粒灰岩	0.54	0.03	0.06	0.66	0.32	0.26	0.61	1.81	134.05	9.58
D771/3	生屑微晶灰岩	1.70	0.15	0.35	3.49	0.53	0.37	2.47	5.06	69.34	10.32
D771/4	白云岩化生屑泥微晶灰岩	1.25	0.16	0.30	3.36	0.79	0.37	5.28	5.28	11.74	9.32
D771/5	生屑微晶灰岩	0.60	0.07	0.14	1.62	0.33	0.25	2.74	2.69	17.42	9.58
D771/6	含生屑微晶灰岩	0.94	0.10	0.22	1.63	0.45	0.33	2.75	4.06	25.48	10.62
D771/7	白云岩化残余亮晶生屑灰岩	0.51	0.04	0.08	0.74	0.35	0.33	1.34	1.64	9.23	8.88
D771/8	生屑泥晶—微晶灰岩	0.72	0.02	0.08	0.95	1.07	0.44	1.09	2.15	12.18	8.94
D771/9	微晶生屑灰岩	0.54	0.03	0.04	0.79	0.60	0.32	0.96	1.70	12.51	9.32
D772/2	微晶生屑灰岩	0.56	0.04	0.08	0.86	0.61	0.30	1.01	2.55	3.11	8.57
D772/3	白云岩化生屑泥微晶灰岩	0.51	0.01	0.12	0.98	0.86	0.39	1.19	1.60	5.29	10.13
D772/5	微晶生屑灰岩	2.69	0.04	0.54	8.19	2.16	0.44	8.68	13.23	85.61	26.61
D772/6	生屑微晶灰岩	2.96	0.36	0.39	3.83	0.51	0.44	1.37	4.77	57.59	9.27

续表 2-17

样品号	岩石名称	Hf	Ta	W	Th	U	Mo	Co	Ga	Cu	Pb
D772/8	生物碎屑灰岩	1.05	0.09	0.09	0.95	0.29	0.28	1.18	3.23	29.73	8.79
D772/10	生屑微晶灰岩	2.74	0.09	0.33	2.75	0.70	0.32	3.08	3.54	10.13	11.16
D772/13	微晶生屑灰岩	1.51	0.18	1.30	4.89	0.53	0.34	2.97	5.23	23.97	11.48
D773/1	团粒微晶灰岩	3.71	0.19	0.33	4.29	1.73	0.36	3.66	6.52	25.25	16.80
D773/2	细晶白云岩	0.21	0.02	0.08	0.68	1.51	0.75	1.78	0.98	46.94	15.73
D773/5	细晶白云岩	0.48	0.04	0.09	0.50	1.35	0.44	0.79	1.92	22.85	9.24
D773/7	粉—细晶白云岩	0.49	0.04	0.06	0.07	2.80	0.37	0.95	0.58	16.95	8.83
D773/8	粉晶灰岩	0.70	0.06	0.13	1.05	0.79	0.45	1.41	2.94	17.21	8.03
D773/9	亮晶藻团粒灰岩	0.32	0.02	0.04	0.29	1.37	0.40	0.77	0.14	3.95	13.73
D773/10	亮晶含团粒珊瑚灰岩	0.46	0.07	0.32	9.18	3.16	0.22	1.09	2.05	45.60	12.50
D773/11	亮晶藻团粒灰岩	0.26	0.01	0.07	0.47	1.09	0.45	0.90	0.58	36.11	8.20
D773/12	亮晶含团粒珊瑚灰岩	0.50	0.01	0.10	0.46	0.72	0.31	1.14	1.29	27.67	7.98
D773/13	微晶生屑灰岩	0.29	0.05	0.16	0.94	0.27	0.06	4.08	1.24	258.78	5.99
D773/14	白云石化生屑泥微晶灰岩	0.80	0.40	0.28	7.49	3.45	1.31	0.97	2.53	41.92	10.83
D773/15	泥—微晶灰岩	0.31	0.03	0.09	0.33	3.07	0.33	3.35	0.71	35.98	6.26
D774/1	亮晶砂屑灰岩	0.14	0.03	0.11	0.32	0.80	0.60	4.01	1.73	16.66	6.34
D697/1	微晶砾屑灰岩	3.83	0.67	1.51	7.95	2.16	—	7.77	13.25	22.02	12.88
D698/1	泥质灰岩	4.88	1.61	0.97	9.46	1.72	—	17.58	11.96	57.40	18.69
D699/1	微晶砂屑灰岩	5.57	4.10	1.25	10.12	2.17	0.32	28.32	14.24	66.08	22.29
D699/2	细晶白云岩	0.39	0.10	0.12	0.63	0.93	0.19	4.35	2.23	9.12	8.64
D699/3	微晶砂质灰岩	10.51	8.89	0.91	14.02	1.59	0.18	27.45	14.59	30.04	11.90
D699/4	泥质灰岩	6.21	2.43	0.92	10.92	1.72	0.48	16.61	8.82	62.95	14.81
D699/5	细粒长石石英砂岩	2.69	0.19	0.91	6.25	1.37	1.50	11.34	10.04	23.63	18.05
D699/6	泥质灰岩	4.67	2.10	1.36	10.78	2.75	0.58	16.57	12.24	24.67	19.43
D699/7	中晶砂质白云岩	0.63	0.21	0.21	1.14	0.93	0.10	4.99	3.65	8.61	3.63
几何平均值		0.98	0.10	0.21	1.72	0.99	0.36	2.73	2.95	25.01	10.61
CV 值		3.07	23.05	2.50	2.86	0.95	1.16	3.37	1.89	2.32	0.51
KK 值		3.26	—	0.35	1.01	0.45	0.89	27.26	0.74	6.25	1.18
碳酸盐岩平均值(涂和费,1961)		0.30	0.00	0.60	1.70	2.20	0.40	0.10	4.00	4.00	9.00

3. 主要成矿元素特征

主要成矿元素由表 2-17 可见,成矿元素均未见明显的富集(成矿),虽然 Cu 属强聚集型和强分异型,其几何平均值明显高于碳酸盐岩平均值,但该值明显低于地壳克拉克值,所以落石沟组对 Cu 成矿不甚有利。

(四)沉积相及沉积环境分析

落石沟组下部岩性主要为微晶灰岩、亮晶砂屑灰岩、生物碎屑灰岩、竹叶状灰岩(图版Ⅰ-3)夹少量泥质灰岩等,化石主要有腕足类、腹足类、角石、海百合茎等,化石一般保存不完整,呈碎片状。

该组上部主要为白云岩、礁灰岩、亮晶藻团粒灰岩等，白云岩中栉壳构造发育，礁灰岩中造礁生物主要为珊瑚类，附礁生物有腕足类、海百合茎、藻类等。该组上部见有少量紫红色泥质生屑灰岩。落石沟组沉积相有鲕状灰岩相、白云岩相、礁灰岩相等，沉积环境总体为浅海碳酸盐台地相环境。

（五）关于形成时代

本次区调地质填图及实测剖面工作中采集到了大量珊瑚类、腕足类和菊石化石（图版Ⅲ-2），经西北地质研究所曹宣铎、付力甫研究员等鉴定，主要有：*Dolorthoceras*? sp. 短剑直角石；*Pterinopecten*（*Pterinopecten*）*toliensis* Yang 托里羽海扇，珊瑚：*Favosites favosiformis dissimites* King 蜂巢形蜂巢珊瑚双形亚种，*Scoliopora* cf. *denticulata*（M. edwards et Haime）锯齿状弯孔珊瑚（相似种），*Thamnopora paraminima* Tchi 似小型灌木孔珊瑚，*Alaiophyllum* sp. 阿莱珊瑚；双孔层孔虫 *Amphipora* sp.。前人在楚隆帕斯坦一带采到珊瑚：*Gephuropora* sp.，*Squameofavosites*? sp.，*Favosites favosiformis dissimites* King，*Digonophyllm* sp.；层孔虫：*Amphipora* sp. 及海百合茎。在冬瓜山一带采到珊瑚：*Grypophyllum* sp.，*Thamnopora* sp.，*Favosites favosiformis dissimifes* King，*Thamnopora paraminima* Tchi；层孔虫：*Amphipora* sp.，*Clathrodictyella* sp.，*Stromatopora* sp. 以及苔藓虫、海百合茎等。在甜水湖一带采到珊瑚：*Scoliopora* cf. *denticulata*（M. edwards et Haime），*Gephuropora* sp.，*Thamnopora paraminima* Tchi；双孔层孔虫 *Amphipora* sp. 等。综上所述，落石沟组时代为中泥盆世无疑。

二、天神达坂组（D_3t）

（一）概述

前人将图区一套灰紫色砂岩、砂砾岩夹长石石英砂岩的地层时代定为晚泥盆世，但未命名。陕西省地质调查院神仙湾幅区调（2004）将该套地层命名为天神达坂组，本次工作沿用该命名及划分。该组下部主要为灰—紫红色砾岩、含砾砂岩夹泥质粉砂岩、钙质砂岩；上部为灰—灰白色钙质粉砂岩夹灰岩。总体为一套陆相—浅海滨岸相沉积。

图区该组主要分布于天神达坂—乔尔天坦北一带，与落石沟组和冬瓜山群为平行不整合（图 2-18）或断层接触，出露总面积约 50km²。

（二）地层特征

现以新疆皮山县天神达坂北泥盆系天神达坂组实测剖面介绍，剖面位置：N35°40′27″、E78°02′14″，剖面上天神达坂组顶、底未见，与下伏落石沟组为断层接触（图 2-19），总厚度 1 679.86m。

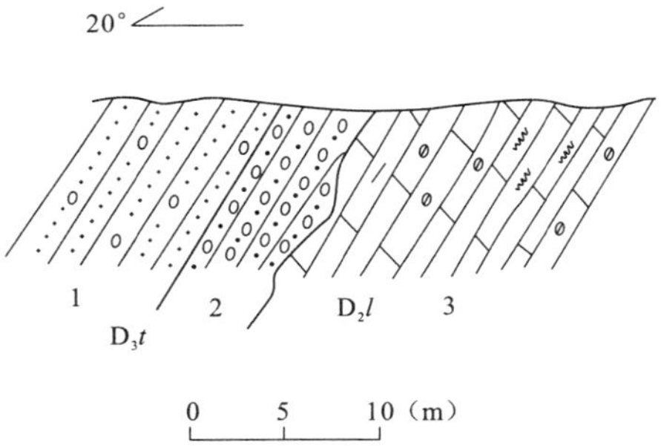

图 2-18　天神达坂组与落石沟组平行不整和关系素描图

1. 含粒粗砂岩；2. 石英质砾岩；3. 条纹状生屑灰岩

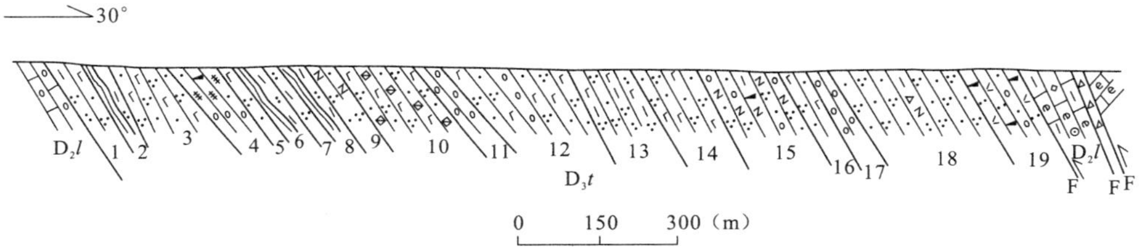

图 2-19　新疆皮山县天神达坂北泥盆系天神达坂组实测地层剖面图

剖面由北向南列述如下：

（未见顶）

断　层

天神达坂组(D_3t)	**1 679.86m**
19.灰色中薄层状英安质玻屑凝灰岩夹砂砾岩	120.00m
18.灰—灰黄色中细粒石英砂岩夹含泥岩屑长石粉砂岩	248.49m
17.灰—灰白色砾岩夹砂砾岩、石英砂岩	48.33m
16.灰黄色中厚层状中粒含钙石英砂岩	43.98m
15.灰黄色中厚层状含砾长石石英砂岩夹含泥岩屑长石粉砂岩	165.07m
14.灰黄色中厚层状中粒含钙石英砂岩	103.30m
13.灰黄色中厚层状含钙泥质石英粉砂岩夹石英砂岩	112.85m
12.灰黄色中厚层状中粒含钙石英砂岩夹砾岩	229.68m
11.灰黄色砾岩	33.80m
10.褐红色褐铁矿化中粒含钙石英砂岩	134.18m
9.灰黄—灰绿色细粒长石石英砂岩夹石英粉砂岩	44.95m
8.灰绿色粉砂质泥板岩夹少量泥质石英粉砂岩	44.99m
7.灰—灰黄色中—薄层状泥质石英粉砂岩	18.00m
6.灰黄—灰绿色含粉砂泥质板岩偶夹薄层长石石英砂岩	44.99m
5.灰黄色中厚层状细粒含钙石英砂岩夹砾岩	18.00m
4.灰—灰绿色不等粒含砾岩屑杂砂岩夹砾岩、砂砾岩	73.50m
3.灰—灰绿色中厚层状细粒含钙石英砂岩	94.30m
2.灰—灰绿色粉砂质泥板岩夹细粒含钙石英砂岩	30.50m
1.灰—灰绿色泥质石英粉砂岩夹含钙石英砂岩	70.95m

断　层

下伏：落石沟组(D_2l)灰色中厚层状含生屑亮晶砂屑灰

天神达坂组剖面上未见顶、底，与下伏落石沟组呈断层接触。岩石以碎屑岩为主，有砂岩、粉砂岩、砾岩、板岩等，另夹有少量英安质玻屑凝灰岩。岩石总体呈灰黄—灰绿色，局部紫红色。砂岩主要为钙质石英砂岩、泥质石英砂岩、长石石英砂岩等，形成于稳定的水流环境，砂岩中粒序层理及水平纹层发育（图 2 - 20）。粉砂岩一般为含钙泥质石英粉砂岩和含泥岩屑长石粉砂岩等，板岩多为含粉砂泥板岩，为泥质岩石与粉砂岩的过渡类型。砾岩中砾石成分主要为硅质，其次为灰岩、泥质砾石等。砾岩总体呈透镜状，横向上不稳定。该套地层总体韵律发育，由砂岩—粉砂岩—泥板岩构成的基本层序较为清楚，单个基本层序为一个向上变细的正粒序。

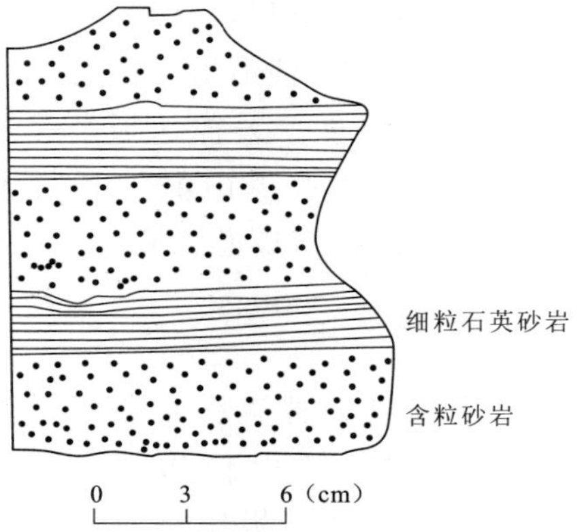

图 2 - 20　天神达坂组下部砂岩中粒序层理及水平纹层素描图

该组图区横向上岩性变化较大，在西部天神达坂一带总体呈灰黄—褐红色，以砾岩为主，夹有砂砾岩、长石石英砂岩等，平行不整合于冬瓜山群之上（图 2 - 21），具有河流-浅海滨岸相沉积建造特征。在楚隆帕斯坦一带该组下部以紫红色砾岩为主，上部为砂质灰岩、白云岩、微晶灰岩等。由上可见，该组由下而上总体显示为一套海侵序列特征。

(三)地球化学特征

1. 岩石化学特征

天神达坂组中碎屑岩岩石化学分析结果见表2-18。由表可见,岩石化学成分总体变化较大,SiO_2、Al_2O_3、Fe_2O_3、CaO、K_2O含量较高,而TiO_2、MnO、P_2O_5等含量较低。其中SiO_2在66.20%~72.16%之间,Al_2O_3在7.78%~12.31%之间,TiO_2在0.23%~0.95%之间,一般CaO>MgO、K_2O>Na_2O。

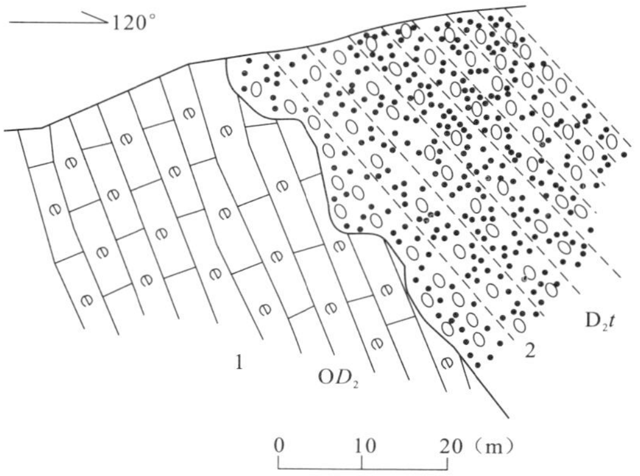

图2-21 落石沟北天神达坂组平行不整和于冬瓜山群之上素描图

1. 深灰色生屑灰岩;2. 紫红色复成分砾岩

2. 微量元素特征

天神达坂组微量元素分析结果见表2-19,由表中可以看出Rb、Sr、Mo、Cu等元素含量变化较大,其余元素数值变化幅度不大。Hf元素几何平均值明显高于地壳克拉克值,Rb、Sr、Nb等元素几何平均值明显低于地壳克拉克值,其余元素则与地壳克拉克值较为接近。微量元素聚集类型:Hf、Pb等元素为聚集型,Li、W等元素为弱聚集型,Be、Rb、Sr、Ta等元素为极分散型,其余元素为分散型。微量元素分布类型:Pb元素为强分异型,Li、Sr、Cu为分异型,Mo、Cs等元素为弱分异型,其余元素均为均匀分布型。

表2-18 天神达坂组岩石化学分析结果 (%)

样品号	岩石名称	SiO_2	TiO_2	Al_2O_3	Fe_2O_3	MgO	MnO	CaO	Na_2O	K_2O	P_2O_5	LOI	Σ
D769/4	粉砂质泥板岩	66.20	0.95	12.31	5.71	1.98	0.12	2.98	1.20	2.27	0.23	5.57	99.52
D769/6	细粒含钙石英砂岩	72.16	0.23	11.24	2.00	0.46	0.06	2.59	2.94	2.57	0.04	5.71	100.00
D769/20	中粒含钙石英砂岩	68.15	0.62	10.88	3.93	1.09	0.17	2.68	0.88	2.68	0.12	8.93	100.12
D769/28	中粒含钙石英砂岩	68.77	0.41	7.78	2.76	1.39	0.06	6.87	0.11	1.73	0.08	10.08	100.04
D769/35	粗粒含砾石英砂岩	71.88	0.52	8.08	4.03	2.87	0.14	6.49	0.67	1.30	0.09	3.82	99.89

表2-19 天神达坂组微量元素分析结果 ($\times10^{-6}$)

样品号	岩石名称	Li	Be	Sc	Rb	Sr	Y	Zr	Nb	Cs	Ba
D769/2	泥质石英粉砂岩	34.96	1.95	4.54	81.27	35.40	20.12	156.89	13.96	5.40	243.38
D769/3	细粒含钙石英砂岩	26.87	1.19	5.76	83.03	56.63	18.38	159.02	9.95	5.39	420.34
D769/4	粉砂质泥板岩	49.54	2.49	7.73	107.70	77.62	21.92	172.65	11.51	10.72	389.17
D769/5	细粒含钙石英砂岩	29.86	1.23	7.30	59.07	99.51	22.68	144.25	11.01	3.87	224.97
D769/6	细粒含钙石英砂岩	42.32	1.12	8.62	89.00	103.41	20.27	181.49	12.56	6.84	438.50
D769/14	含粉砂泥板岩	78.64	2.64	8.62	99.91	56.10	21.45	160.87	11.70	8.81	461.10
D769/15	泥质石英粉砂岩	34.65	1.56	10.50	75.11	66.97	24.95	199.30	14.23	4.48	387.86
D769/16	砂质白云岩	54.25	1.99	7.57	72.47	64.19	22.82	201.42	13.52	5.25	389.91

续表 2-19

样品号	岩石名称	Li	Be	Sc	Rb	Sr	Y	Zr	Nb	Cs	Ba
D769/17	泥质石英粉砂岩	53.85	2.77	13.97	144.41	109.56	27.37	206.17	17.39	9.67	495.85
D769/18	中细粒长石石英砂岩	45.81	1.50	10.68	53.33	94.18	22.40	203.74	14.89	3.28	771.22
D769/19	中粒含钙石英砂岩	61.24	1.61	9.56	52.82	46.44	17.55	132.20	8.98	3.92	252.72
D769/22	中粒含钙石英砂岩	29.03	1.01	6.51	37.77	193.26	16.30	108.41	7.83	3.28	288.58
D769/24	含钙泥质石英粉砂岩	203.30	2.34	7.12	66.68	137.09	22.76	196.81	12.50	5.61	291.94
D769/26	含砂质泥板岩	58.60	2.63	16.14	134.03	314.41	26.72	158.39	15.81	8.93	447.03
D769/28	中粒含钙石英砂岩	55.81	0.99	8.27	46.31	170.54	18.56	115.75	8.80	3.62	486.24
D769/31	粗粒含砾石英砂岩	22.28	0.96	4.45	57.29	35.09	16.03	85.73	11.12	2.49	212.01
D769/34	英安质玻屑凝灰岩	26.99	1.78	4.27	65.52	46.69	23.17	140.66	11.48	2.55	374.96
几何平均值		45.48	1.64	7.80	73.19	83.11	21.13	155.94	11.93	5.02	366.33
CV 值		0.91	0.39	0.41	0.40	0.86	0.16	0.23	0.22	0.51	0.37
KK 值		1.42	0.43	0.78	0.49	0.24	0.73	0.92	0.60	1.36	0.56
地壳克拉克值(维氏,1962)		32.00	3.80	10.00	150.00	340.00	29.00	170.00	20.00	3.70	650.00

样品号	岩石名称	Hf	Ta	W	Th	U	Mo	Co	Ga	Cu	Pb
D769/2	泥质石英粉砂岩	4.42	1.23	1.53	9.67	2.06	1.05	12.48	18.96	31.23	31.68
D769/3	细粒含钙石英砂岩	4.83	0.73	1.19	7.15	1.88	1.46	12.05	14.39	46.76	38.16
D769/4	粉砂质泥板岩	5.87	1.86	2.18	6.48	2.98	0.63	17.25	14.09	68.43	71.99
D769/5	细粒含钙石英砂岩	4.09	0.84	1.42	7.63	1.59	1.36	12.02	11.81	52.27	60.06
D769/6	细粒含钙石英砂岩	6.40	1.06	2.01	10.96	2.68	—	9.81	16.24	46.44	84.96
D769/14	含粉砂泥板岩	5.05	2.06	1.88	8.87	2.86	0.52	19.81	15.54	20.45	44.16
D769/15	泥质石英粉砂岩	5.24	1.55	1.45	10.14	2.34	1.15	15.80	14.55	47.67	40.34
D769/16	砂质白云岩	6.04	1.45	1.37	4.18	2.43	0.37	20.02	16.39	55.27	22.59
D769/17	泥质石英粉砂岩	5.66	2.16	1.89	13.45	2.77	1.44	16.74	17.87	35.67	9.45
D769/18	中细粒长石石英砂岩	5.54	1.38	1.30	10.13	1.96	0.46	19.81	22.76	42.27	10.81
D769/19	中粒含钙石英砂岩	3.81	0.55	0.84	7.40	1.63	0.45	10.51	13.06	34.07	9.08
D769/22	中粒含钙石英砂岩	2.71	0.52	0.73	5.81	1.16	2.03	11.04	10.14	67.65	9.64
D769/24	含钙泥质石英粉砂岩	6.16	1.58	1.42	8.02	2.59	1.18	16.55	14.60	157.48	21.97
D769/26	含砂质泥板岩	4.56	1.09	1.61	12.38	2.36	0.45	18.09	16.95	14.75	23.22
D769/28	中粒含钙石英砂岩	3.42	0.60	0.90	6.70	1.65	—	10.18	18.50	32.54	12.02
D769/31	粗粒含砾石英砂岩	2.40	0.78	0.69	7.20	1.22	0.47	4.18	8.85	14.78	6.54
D769/34	英安质玻屑凝灰岩	4.65	1.64	1.02	19.82	3.84	2.06	4.00	18.84	87.46	90.22
几何平均值		4.60	1.13	1.31	8.61	2.13	0.85	12.38	15.11	42.30	24.99
CV 值		0.26	0.47	0.34	0.42	0.33	0.68	0.41	0.23	0.80	1.10
KK 值		4.60	0.45	1.00	0.66	0.85	0.77	0.69	0.80	0.90	1.56
地壳克拉克值(维氏,1962)		1.00	2.50	1.30	13.00	2.50	1.10	18.00	19.00	47.00	16.00

主要成矿元素见表2－19，由表2－19可见含矿元素均未见明显的富集（成矿），Pb元素属聚集型和强分异型，其几何平均值明显高于碳酸盐岩平均值，说明背景值较高，所以天神达坂组对Pb元素成矿有利。

该组碎屑岩利用微量元素分析结果Th－Sc－Zr/10图解（图2－22）判别，结果投影点较集中分布于大陆岛弧区及其附近，仅有极个别点分散于外围。说明天神达坂组物源主要来自大陆岛弧区。

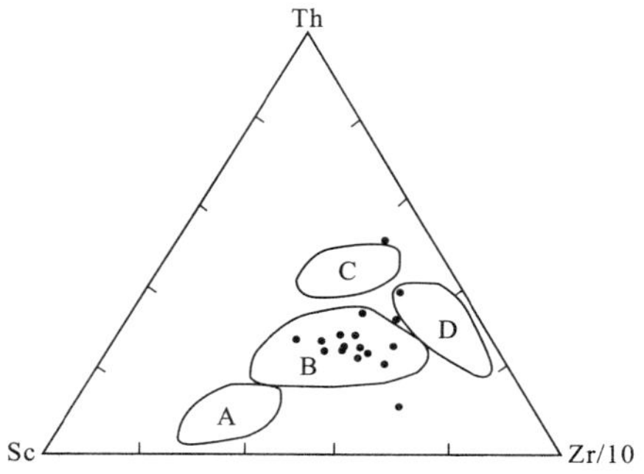

图2－22　天神达坂组Th－Sc－Zr/10判别图

A. 大洋岛弧；B. 大陆岛弧；C. 活动大陆边缘；D. 被动大陆边缘

（四）沉积相及沉积环境分析

天神达坂组下部砂岩以石英砂岩为主，砂岩中局部可见斜层理，碎屑一般分选较好但磨圆较差，形成于稳定水流环境。地层中局部夹有煤线，含有大量炭化的植物茎干化石及许多叶座碎片，反映为近岸沉积区特征。上部砾岩中砾石磨圆较好，分选一般，定向性明显，具有河流相砾岩特征，在楚隆帕斯坦一带该组上部夹有砂质灰岩、白云岩、微晶灰岩等。综上所述，天神达坂组下部为河口三角洲沉积环境，上部为河流－浅海滨岸相沉积环境。

（五）地层对比及形成时代

该组与塔里木地层区奇自拉夫组岩性、岩相特征基本相似，可以对比。岩石总体呈灰黄、灰绿—紫红色，均为陆相河流、湖泊建造。图区加里东造山运动后处于伸展背景下，形成了晚泥盆世陆相－浅海滨岸相沉积地层。

图区原1∶100万区域地质调查时将该套地层划为上泥盆统，没有化石依据。本次工作亦未采到有价值的生物化石，依据该套地层平行不整合于中泥盆统之上及区域地层对比，本次区调工作暂将天神达坂组时代划归为晚泥盆世。

三、帕斯群（C_1P）

（一）概述

该群系本次区调从原划泥盆系落石沟组中新解体出来的岩石地层单位，经区域对比，重新厘定为早石炭世帕斯群。该群由别良耶夫斯基（1946）创名“帕斯岩系”，因缺少资料无原始定义。现在定义：恰提尔群整合于其上，下未见底的一套含化石门类单调、种属较少的碳酸盐岩夹碎屑岩沉积。岩性为浅灰色白云质灰岩、灰红色厚层块状和灰黑色燧石灰岩、黄灰色角砾状灰岩、灰色生物灰岩和灰色、紫色页岩组成，局部有薄层状中基性火山岩出现。新疆地质局区调大队第十分队在西昆仑叶尔羌河上游卡帕浪沟一带划分出帕斯群。

图区帕斯群主要出露于向阳峰一带，与上覆、下伏地层均为断层接触，可进一步划分为白云岩组和灰岩组（图2－15），出露总面积约250km^2。

（二）地层特征

1. 灰岩组（C_1P^a）

灰岩组出露于阿克塔河南部，呈东西带状分布于断层之间。南侧与白云岩组呈断层接触，北侧以断层与不同地层接触。出露面积为220km^2。现以新疆皮山县大黄山石炭系帕斯群灰岩组路线地质剖面(图 2－23)为例介绍如下：

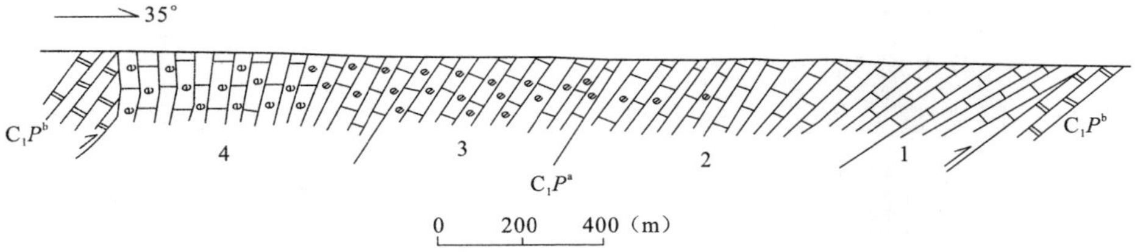

图 2－23　新疆皮山县大黄山石炭系帕斯群灰岩组实测地质剖面图

灰岩组(C_1P^a)　　>2 500m

帕斯群白云岩组(C_1P^b)灰白色厚层状白云岩

断　层

4. 深灰色中厚层状生物粉晶灰岩	1 000m
3. 深灰色厚层状生物微晶灰岩(珊瑚礁体)	480m
2. 深灰色厚层状生物微晶灰岩	250m
1. 深灰色中厚层状含生物粉晶灰岩	770m

(未见底)

剖面上该组未见顶、底，出露厚度大于 2 500m。岩性比较简单，总体为一套浅海相碳酸盐岩，岩性主要有粉晶灰岩、生物微晶灰岩，局部可见珊瑚礁体。剖面上可划分两个大型沉积旋回，即下部由粉晶灰岩、上部由生物微晶灰岩组成。其下部的生物灰岩中见大量的珊瑚群体，局部呈礁体出现，并见有少量腕足类化石；上部生物微晶灰岩中可见大量的腕足类、珊瑚类，珊瑚以单体珊瑚为主，个体较大。

图区该组横向上变化较大，在西部地层中见有数层紫红色砂质灰岩、灰色灰岩呈韵律出现，代表碳酸盐岩台地起伏震荡频繁。在南部出露少量的深灰色板岩夹厚层状细晶灰岩。

2. 白云岩组(C_1P^b)

帕斯群白云岩组与灰岩组为断层接触，以断块状夹持于灰岩组中，总体构成向斜的核部，图区呈近东西向展布，出露面积约为 $30km^2$。

现以新疆叶城县叶尔羌河上游帕斯群白云岩组路线地质剖面(图 2－24)介绍如下：

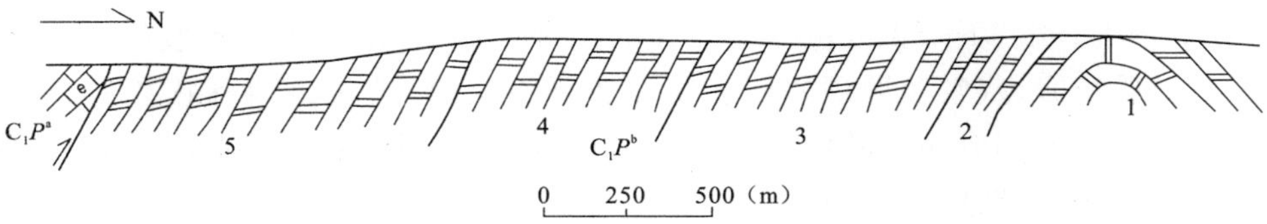

图 2－24　新疆叶城县叶尔羌河上游帕斯群白云岩组路线地质剖面图

灰岩组(C_1P^a)深灰色中厚层状生物粉晶灰岩

断　层

白云岩组(C_1P^b)　　>2 880m

5. 浅灰色中厚层状微晶白云岩	1 100m
4. 浅灰色中厚层状微晶白云岩夹深灰色薄层状白云岩	680m
3. 灰白色中层状微晶白云岩	800m

2.深灰色中薄层状微晶白云岩 200m

1.灰白色厚层状微晶白云岩 >100m

（未见底）

剖面上白云岩组未见顶、底，出露厚度为2 880m。其岩性比较单一，主要为中厚层状微晶白云岩、中薄层状微晶白云岩夹深灰色薄层状白云岩。白云岩的单层厚度为25～50cm不等，薄层状白云岩为10～20cm。

图区该组横向上变化较小，在西部地层中分布有少量的灰色薄层状灰岩。地层中未见生物化石。

帕斯群图区分布范围局限，岩性单调，地层横向变化不大。

（三）地球化学特征

1.岩石化学特征

灰岩组岩石化学分析结果见表2-20，由表2-20中可以看出岩石化学组分以CaO和CO_2为主，约占岩石的100%。其含量与碳酸盐岩平均值（涂和费，1961）相比，灰岩中的SiO_2、TiO_2、MgO明显偏低。说明在灰岩中的陆源碎屑物含量较少，岩石成分纯净，沉积环境稳定；灰岩已构成可用矿产资源（CaO 54.37%）。

表2-20 帕斯群灰岩组碳酸盐岩化学分析结果一览表 （%）

样品号	岩石名称	SiO_2	Al_2O_3	Fe_2O_3	FeO	CaO	MgO	MnO	TiO_2	P_2O_5	Na_2O	K_2O	CO_2	Σ
D1021/2CS	微晶灰岩	0.25	0.16	0.24	0.14	54.37	0.74	0.01	0.05	<0.01	0.09	0.07	46.62	102.74
D1021/3CS	粉晶灰岩	3.36	1.64	0.51	0.33	47.05	4.94	0.01	0.10	<0.03	0.02	0.08	40.07	98.11
几何平均值		1.81	0.9	0.38	0.24	50.71	2.84	0.01	0.08	0.02	0.06	0.08	43.35	
碳酸盐岩平均值（涂和费，1961）		5.19	0.81	0.15	0.16	42.01	7.9	0.12	0.06	0.03	0.036	0.025	42.25	

白云岩组岩石化学分析结果见表2-21，由表2-21中可以看出岩石化学组分以CaO和CO_2为主，约占岩石的77%。其含量与碳酸盐岩平均值（涂和费，1961）相比，白云岩中的SiO_2、TiO_2明显偏低，MgO明显偏高。说明白云岩沉积远离陆源碎屑，岩石成分较纯，沉积环境稳定。

表2-21 帕斯群白云岩组碳酸盐岩化学分析结果一览表 （%）

样品号	岩石名称	SiO_2	Al_2O_3	Fe_2O_3	FeO	CaO	MgO	MnO	TiO_2	P_2O_5	Na_2O	K_2O	CO_2	Σ
D1022/1CS	微晶灰岩	0.42	0.17	0.24	0.15	31.59	20.57	0.01	0.15	<0.01	0.04	0.03	46.70	100.07
D1023/1CS	粉晶灰岩	2.80	1.35	0.51	0.35	29.76	19.45	0.01	0.20	0.01	0.42	0.72	43.51	99.09
几何平均值		11.60	0.76	0.38	0.25	30.68	20.01	0.01	0.18	0.01	0.23	0.38	45.11	
碳酸盐岩平均值（涂和费，1961）		5.19	0.81	0.15	0.16	42.01	7.90	0.12	0.06	0.03	0.036	0.025	42.25	

（四）沉积相及沉积环境分析

该群出露的岩性主要为碳酸盐岩，含大量的生物化石，局部见有紫红色灰岩。地层中发育水平层理，栉壳构造及波痕、遗迹化石等。生物化石主要为固着生存的珊瑚类、腕足类，局部具有礁体特征。地层中出露的紫红色灰岩,代表浅水氧化环境。根据以上特征分析帕斯群灰岩组的沉积环境应为碳酸盐台地的浅水礁滩沉积。

白云岩组出露的岩性主要为白云岩,局部夹少量的薄层灰岩。岩矿资料认为白云岩为成岩白云岩。依据该组的岩石特征及岩矿资料综合分析,其沉积环境为半封闭海湾稳定沉积环境,局部发生有海水加深现象,形成少量薄层状灰岩。

(五)关于形成时代

本次区调在帕斯群生物灰岩中采集到了大量的生物化石,经西北地质矿产研究所曹宣铎研究员鉴定,主要有:不规则顿河珊瑚 *Dinophyllum irregulare* Wang,瑶岭石柱珊瑚 *Lithostrotion yaolingense*(Chu)等,时代为早石炭世早期。同时见跨时代的生物有:笛管珊瑚 *Syringopora* sp.,犬齿珊瑚 *Caninia* sp.,灌木珊瑚 *Thamnopora* sp.;盖天螺 *Stegocoelia* sp.;双板贝 *Dielasma* sp. 等,时代为奥陶纪—二叠纪。

前人在该套地层中采集到的生物化石主要有:腕足类:*Gigantoproductus* cf. *moderatus*,*Antiquatonia* cf. *hinidi*,*Cyrtospirifer* sp.;珊瑚:*Lithostrotion* cf. *martini*,*Caninia* sp.,其中 *Gigantoproductus* cf. *moderatus* 为早石炭世的标准分子,*Cyrtospirifer* sp. 在世界和我国均见于石炭纪。综上所述,帕斯群的地层时代应为早石炭世无疑。

四、恰提尔群(C_2Q)

(一)概述

该群由别良耶夫斯基(1946)在恰提尔河地区首建恰提尔岩系。原始定义暂缺。现在定义:指与上覆空喀山口组断层接触,与下伏帕斯群整合接触的一套含丰富的䗴、珊瑚礁灰岩,夹少量黑灰色泥质粉砂岩和板岩。新疆和田地质大队(1960)于卡帕浪沟测制剖面并划分出了恰提尔群;新疆地质局第一区调大队第十分队(1984)沿用恰提尔群,本次区调沿用该群命名。

图区该群主要分布于红山湖和多坦塔格山一带(图 2-15),与温泉沟群为微角度不整合或断层接触,与上覆红山湖组为平行不整合接触,出露总面积约 380km^2。

(二)地层特征

恰提尔群主要为一套细碎屑岩夹碳酸盐岩沉积,其下部主要为砂岩、粉砂岩夹砂质灰岩,上部主要为灰岩、生屑灰岩夹钙质砂岩。砂岩中发育交错层理、冲刷面及粒序层理等沉积构造。现以新疆和田市红山湖东恰提尔群实测地层剖面(图 2-25)介绍如下,剖面位置:N35°34′18″、E78°54′39″,剖面上恰提尔群与下伏温泉沟群板岩组为角度不整合接触,顶部被断层破坏,出露总厚度为 1 748.47m。

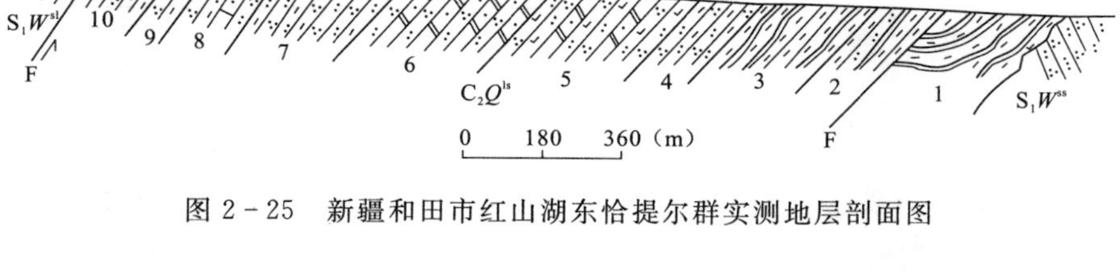

图 2-25 新疆和田市红山湖东恰提尔群实测地层剖面图

剖面地层列述如下：

（未见顶）

═══════ 断　层 ═══════

恰提尔群（C_2Q）　　**1 748.47m**

10.灰色中厚层状泥质石英粉砂岩夹粉砂质灰岩　　176.02m

9.灰色泥质石英粉砂岩夹粉砂质灰岩，局部夹含砾钙质岩屑杂砂岩　　49.98m

8.灰色泥质石英粉砂岩夹粉砂质灰岩　　140.00m

7.灰色中—厚层状泥质石英粉砂岩　　221.11m

6.灰色中—薄层状石英粉砂岩夹（互）砂质白云岩　　275.32m

5.灰色中—薄层状含钙质石英粉砂岩夹砂质白云岩　　295.86m

4.灰色泥质石英粉砂岩　　134.23m

3.灰色含泥质板岩夹浅灰绿色泥岩　　190.96m

2.浅灰绿色中—薄层状泥岩夹粉砂质板岩　　70.73m

═══════ 断　层 ═══════

1.深灰色泥板岩夹钙质泥板岩　　194.26m

～～～～～～～～～ 角度不整合 ～～～～～～～～～

下伏：温泉沟群深灰色粉砂质板岩

剖面上该群未见顶，地层出露不全，仅见下部。与下伏温泉沟群为角度不整合接触（图 2－26）。该群下部岩石主要有灰—灰绿色泥质板岩、泥岩、泥质石英粉砂岩等，具有海陆交互相沉积特征；上部主要为泥质石英粉砂岩、钙质石英粉砂岩夹（互）砂质白云岩、砂质灰岩等，岩石中交错层理（图版Ⅰ－5）、冲刷面构造及水平虫迹发育（图 2－27、图版Ⅰ－6）。该群顶部基本层序由砂质灰岩—砂质白云岩组成，为向上变浅、变厚的进积层序。由上可见，该组总体反映了水动力条件比较动荡，可能为一个浅海高能滨岸相沉积环境。

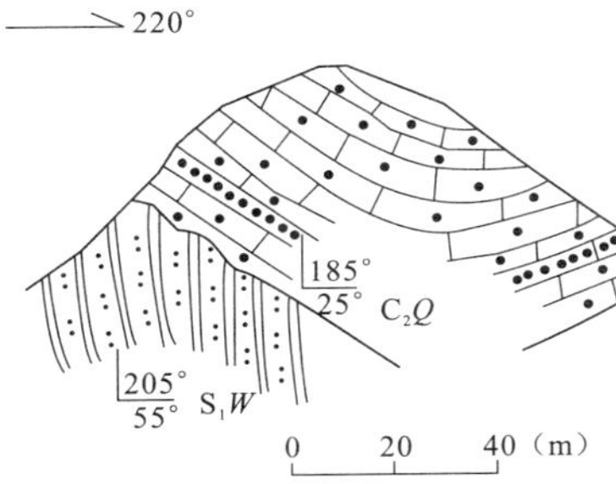

图 2－26　红山湖南恰提尔群与温泉沟群角度不整合关系素描图

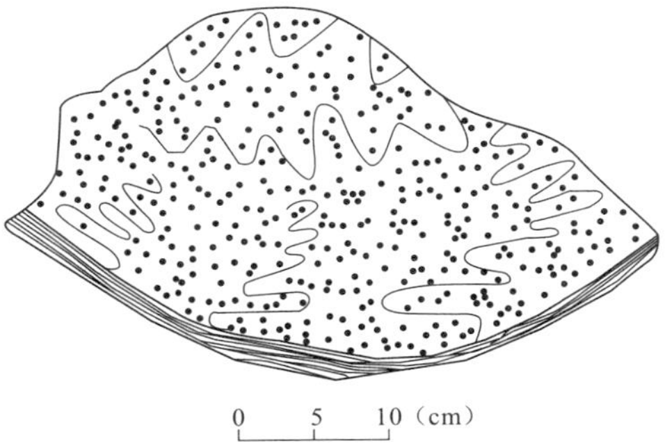

图 2－27　恰提尔群砂岩中水平虫迹素描图

图区恰提尔群分布零散，横向变化较大，在红山湖南一带该群上部见有厚层状石英砂岩，砂岩成分以石英为主，结构和成分成熟度较高，具有滨岸砂岩特征。在红山顶及多坦塔格山一带，该群以碳酸盐岩为主，陆源碎屑岩较少。

（三）岩石地球化学特征

1.岩石化学特征

恰提尔群中碎屑岩岩石化学分析结果见表 2－22。由表可见，岩石化学成分总体变化较大，SiO_2、Al_2O_3、Fe_2O_3、CaO 含量较高，而 TiO_2、MgO、MnO、Na_2O、P_2O_5 等含量较低。其中 SiO_2 在

63.71%～75.43%之间，Al_2O_3在3.68%～8.17%之间，TiO_2在0.44%～0.86%之间，一般CaO>MgO、K_2O>Na_2O。

表2-22　恰提尔群硅酸盐岩分析结果　　(%)

样品号	岩石名称	SiO_2	TiO_2	Al_2O_3	Fe_2O_3	MgO	MnO	CaO	Na_2O	K_2O	P_2O_5	LOI	Σ
D701/4	石英粉砂岩	63.71	0.86	8.17	3.07	0.90	0.07	10.37	0.67	2.31	0.08	9.71	99.92
D702/2	细粒石英岩状砂岩	75.43	0.44	3.68	3.41	0.86	0.18	7.05	0.45	0.74	0.04	7.65	99.93

2. 微量元素特征

恰提尔群微量元素分析结果见表2-23，由表2-23中可以看出，微量元素含量变化均较大。Zr、Hf元素几何平均值明显高于地壳克拉克值，Rb、Sr、Cs、Ba等元素几何平均值明显低于地壳克拉克值，其余元素则与地壳克拉克值较为接近。微量元素聚集类型：Hf元素为强聚集型，Zr元素为聚集型，Li、Mo等元素为弱聚集型，Be、Rb、Cs、Ba等元素为极分散型，其余元素为分散型。微量元素分布类型：Sc、Sr、Nb、Ta、Mo、Co元素为强分异型，Li、Rb、Cs、Cu为分异型，Be、Ba、Pb等元素为弱分异型，其余元素均为均匀分布型。

表2-23　恰提尔群微量元素分析结果　　($\times10^{-6}$)

样品号	岩石名称	Li	Be	Sc	Rb	Sr	Y	Zr	Nb	Cs	Ba
D701/1	细粒钙质石英砂岩	14.23	0.60	3.82	18.90	190.70	16.92	374.59	9.88	0.29	108.70
D701/2	细粒石英杂砂岩	25.21	1.00	3.04	24.82	574.31	15.37	338.54	8.36	1.12	192.75
D701/4	石英粉砂岩	21.64	1.05	6.79	62.77	167.85	26.01	356.17	13.82	3.36	413.27
D701/5	细晶石英砂岩	15.53	0.93	3.98	40.44	49.48	20.17	335.65	5.62	0.66	224.67
D701/6	中细粒石英杂砂岩	91.81	1.07	4.31	17.03	77.32	29.49	230.05	11.94	1.25	154.87
D1406/2	泥质石英粉砂岩	25.96	1.93	8.46	78.33	160.23	25.49	347.60	24.23	3.47	461.02
D1406/6	泥质石英粉砂岩	13.66	1.32	6.89	47.51	292.15	21.54	330.98	15.89	2.40	278.97
D1407/1	白云质泥板岩	96.09	2.08	27.69	26.74	1 411.45	30.88	497.51	70.26	1.53	198.72
D1407/4	含钙石英粉砂岩	66.68	2.60	12.79	81.01	162.31	30.24	319.76	33.79	3.66	446.08
D1408/3	泥板岩	55.23	3.61	14.63	120.59	69.76	24.18	196.64	26.30	5.80	476.18
几何平均值		32.68	1.41	7.26	42.61	187.12	23.43	323.50	16.85	1.73	263.86
CV值		0.99	0.66	1.04	0.79	2.21	0.23	0.25	1.14	0.99	0.53
KK值		1.02	0.37	0.73	0.28	0.55	0.81	1.90	0.84	0.47	0.41
地壳克拉克值(维氏,1962)		32.00	3.80	10.00	150.00	340.00	29.00	170.00	20.00	3.70	650.00
样品号	岩石名称	Hf	Ta	W	Th	U	Mo	Co	Ga	Cu	Pb
D701/1	细粒钙质石英砂岩	11.03	1.24	0.85	5.47	1.47	5.70	6.63	6.39	21.38	7.49
D701/2	细粒石英杂砂岩	10.73	0.97	0.94	9.68	2.45	7.17	12.95	7.02	16.80	27.15
D701/4	石英粉砂岩	10.63	0.46	1.10	13.59	3.38	—	6.74	15.94	20.84	10.25
D701/5	细晶石英砂岩	6.95	0.16	0.80	8.54	1.98	3.19	8.61	9.65	22.28	18.32
D701/6	中细粒石英杂砂岩	7.34	1.91	1.03	7.02	1.92	0.62	9.32	8.46	55.17	10.03
D1406/2	泥质石英粉砂岩	9.74	2.65	1.36	12.29	1.83	0.52	8.92	17.38	33.02	19.95
D1406/6	泥质石英粉砂岩	9.20	1.78	1.28	10.48	2.23	1.64	5.33	10.96	16.12	6.20

续表 2-23

样品号	岩石名称	Hf	Ta	W	Th	U	Mo	Co	Ga	Cu	Pb
D1407/1	白云质泥板岩	11.78	4.78	1.51	13.30	2.98	1.04	46.69	14.49	102.66	4.38
D1407/4	含钙石英粉砂岩	8.95	4.69	1.80	17.10	2.55	1.39	21.72	17.32	49.52	20.54
D1408/3	泥板岩	4.90	3.48	2.29	15.13	1.81	0.28	18.27	21.10	39.48	16.57
几何平均值		8.86	1.51	1.23	10.67	2.20	1.45	11.51	11.94	31.57	12.16
CV 值		0.24	1.09	0.38	0.34	0.27	1.71	1.08	0.42	0.84	0.61
KK 值		8.86	0.60	0.95	0.82	0.88	1.32	0.64	0.63	0.67	0.76
地壳克拉克值(维氏,1962)		1.00	2.50	1.30	13.00	2.50	1.10	18.00	19.00	47.00	16.00

3.主要成矿元素特征

主要成矿元素见表 2-23,由表 2-23 可见含矿元素均未见明显的富集(成矿),Cu 元素属分散型和分异型,Pb 元素属分散型和弱分异型,但二者几何平均值均低于地壳克拉克值,说明背景值较低,所以恰提尔群对 Cu、Pb 元素成矿不甚有利。

(四)沉积相及沉积环境分析

恰提尔群下部岩性主要为泥岩、泥质板岩、粉砂质板岩、泥质石英粉砂岩等,具海陆交互相三角洲相沉积特征;上部岩性主要为砂质灰岩、砂质白云岩、石英粉砂岩、钙质石英砂岩等。砂岩中斜层理、交错层理发育,砂岩多为厚层状石英砂岩,成分、结构成熟度均较高,具有滨岸砂特征。另外局部岩石中蠕虫迹发育,虫迹主要为觅食迹,反映了水动力条件较弱的环境。该群总体应为三角洲-浅海滨岸相环境的沉积物。

(五)关于形成时代

在东部卡帕浪沟一带,该群与帕斯群为整合接触,图区该群与上覆下二叠统为平行不整合接触。该群前人所采化石包括晚石炭世的主要化石分子,主要有:*Fusulinella*,*Psudostaffella*,*Choristites*及 *Branneroceras* 等,故该群时代应为晚石炭世。

五、黄羊岭群(PH)

(一)概述

黄羊岭群由新疆地矿局第一区调大队第一分队齐德义等(1986)在木孜塔格以西独高山、黄羊岭一带创建,并分为上、中、下 3 个亚组。原始定义:下亚组为灰褐色砂岩、粉砂岩、钙质石英岩屑砂岩夹灰岩、粗砂岩。灰岩中含䗴、腕足类等化石。中上亚组为深灰色长石岩屑砂岩、石英岩屑砂岩及砂岩不均匀互层夹放射虫硅质岩、泥岩、钙质粉砂岩、灰岩,含䗴及腕足类化石。上部与云雾岭群下亚组断层接触,下部未见底。现在定义:分上、下亚组,上亚组同原定义的上亚组,下亚组同原定义的中下亚组,岩性一致。

新疆地矿局第一区调大队孙巧缡(1993)在《新疆昆仑山黄羊岭—木孜塔格一带早二叠世的䗴》一文中将黄羊岭分为上、下两个亚群;《新疆维吾尔自治区岩石地层》改用黄羊岭组,并划分为上、下两个亚组。本次调查沿用该群命名,岩性相当于定义中的中上亚组,但未见大化石,仅见微古孢粉化石(康西瓦幅)。依据该群出露的化石及岩性特征将其时代置于二叠纪。

本次区调首次在前人原划三叠系克勒青河群中采集到了大量的二叠纪饱粉化石,依据生物化石资料，结合区域对比，将该套地层时代重新厘定为二叠系黄羊岭群。依据岩石组合，可进一步划分为上、中、下3个组。

图区该群位于巴颜喀拉地层区，大红柳滩地层分区。主要分布于大红柳滩、苏盖提达坂—哈巴克达坂一带，与其上、下地层均为断层接触(图2-15)，出露总面积约1 000km²。

（二）地层特征

该群主要为一套细碎屑岩夹少量碳酸盐岩及中基性火山岩，与下伏下元古界康西瓦岩群呈韧性剪切带接触关系，与上覆三叠系巴颜喀拉山群为断层接触，局部地段被侏罗纪花岗岩侵蚀。图区出露不全，总厚度为5 676.38m。

现以新疆和田市大红柳滩黄羊岭群实测地层剖面(图2-28)介绍如下，剖面位置：N35°53′31″、E79°19′27″。

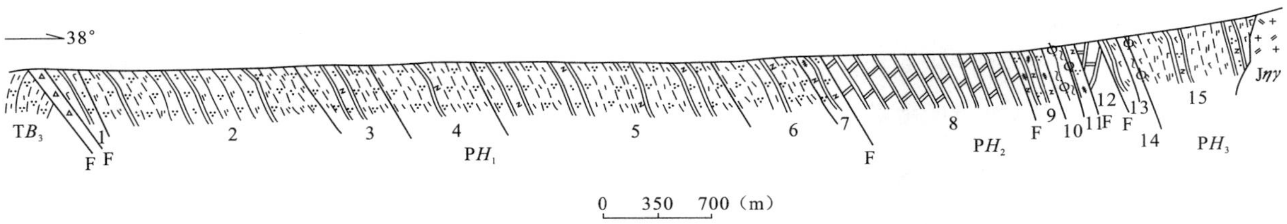

图2-28　新疆和田市大红柳滩黄羊岭群实测地层剖面图

剖面由北向南列述如下：

上覆：巴颜喀拉山群(TB_3)深灰色石英云母千枚岩

断　层

黄羊岭群上组(PH_3)	**>939.56m**
15.变质钙质长石石英粉砂岩夹(互)钙质绢云千枚岩	939.56m
黄羊岭群中组(PH_2)	**1 918.24m**
14.灰—灰绿色绿帘绿泥片岩夹绢云板岩	73.12m
13.灰色钙质绢云千枚岩夹变质钙质长石石英粉砂岩	146.19m
12.大理岩滑块	187.28m
11.灰色变质细粒长石石英杂砂岩	73.19m
10.灰—灰绿色绿帘绿泥片岩(原岩可能为基性熔岩类)	144.40m
9.灰色变质细粒长石石英杂砂岩夹石英云母千枚岩	218.38m
8.含白云质大理岩、含碳质灰岩滑体	1 075.68m
黄羊岭群下组(PH_1)	**2 818.58m**
7.深灰色变质长石石英粉砂岩夹变质细粒石英杂砂岩	119.40m
6.深灰色石英云母千枚岩夹千枚状变质长石石英粉砂岩	457.95m
5.深灰色石英云母千枚岩夹(互)千枚状变质长石石英粉砂岩	242.01m
4.深灰色石英云母千枚岩夹千枚状变质长石石英粉砂岩	565.44m
3.深灰色石英云母千枚岩夹(互)千枚状变质长石石英粉砂岩	458.46m
2.深灰色石英绢云千枚岩夹千枚状变质石英粉砂岩	832.21m
1.灰色变质不等粒含钙石英砂岩夹(互)千枚状变质长石石英粉砂岩	143.11m

(未见底)

剖面上黄羊岭群未见顶、底。依据岩石组合，可进一步分为3个组，各组之间均为整合接触关系。

下组岩性主要为深灰色石英云母千枚岩夹千枚状变质长石石英粉砂岩、变质不等粒含钙石英砂岩夹变质细粒石英杂砂岩等，剖面出露厚度为2 818.58m。地层中总体韵律极为发育，一般由长石石英粉砂岩—石英云母千枚岩或不等粒含钙石英砂岩—粉砂岩构成二分韵律，单个韵律厚约30～50cm。砂岩中砂粒成分主要为石英、长石等，磨圆、分选较差，呈棱角—次棱角状，总体表现为近源快速堆积特征。

中组岩性主要为灰色变质细粒长石石英杂砂岩、石英云母千枚岩夹灰绿色绿帘绿泥片岩及白云质大理岩等，剖面出露厚度为1 918.24m。该段以夹有大量火山岩及大理岩、灰岩以滑块表现为主要特征。火山岩主要为基性熔岩类和火山凝灰岩等。大理岩和灰岩总体呈透镜状展布，局部具角砾状构造(图2-29)，与碎屑岩接触关系截然，大理岩层理产状与地层状多数不一致，应为外来滑块。大理岩透镜体在卫片上呈灰白—肉红色调，影像特征明显，延伸可达30km。该段地层总体具快速堆积特征。

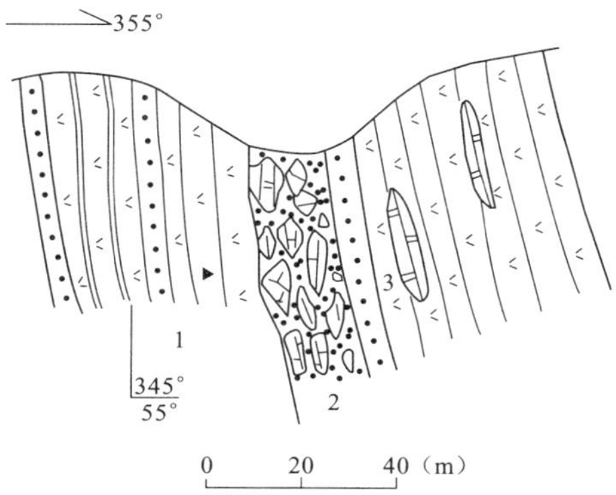

图2-29 黄羊岭群中角砾状大理岩及大理岩透镜体素描图

1. 凝灰岩夹砂岩；2. 角砾状大理岩；3. 大理岩透镜体

上组剖面未见顶，剖面出露厚度大于939.56m。岩性为变质钙质长石石英粉砂岩夹(互)钙质绢云千枚岩，砂岩具中—薄层状构造，细粒砂状结构，层厚5～10cm，砂粒成分主要为石英、长石，磨圆分选较差，表现为成分和结构成熟度较低的特征。地层中由砂岩—千枚岩构成的韵律发育。

图区该群横向变化较大，在苏盖提达坂一带该群岩石基本未变质，岩性有长石石英砂岩、粉砂岩、粉砂质板岩等，岩石特征与大红柳滩一带相差甚远。在大红柳滩北一带该群中夹有硅质岩，该群由下而上碎屑粒度由细变粗。

（三）地球化学特征

1. 微量元素特征

黄羊岭群微量元素分析结果见表2-24，由表2-24中可以看出，微量元素含量变化均较大。Hf元素几何平均值明显高于地壳克拉克值，Rb、Sr、Nb、Ba、Ta、U等元素几何平均值明显低于地壳克拉克值，其余元素则与地壳克拉克值较为接近。微量元素聚集类型：Hf元素为聚集型，Sc、Cr等元素为弱聚集型，Ta、U等元素为极分散型，其余元素为分散型。微量元素分布类型：Co为分异型，Sr、Ba等元素为弱分异型，其余元素均为均匀分布型。

2. 主要成矿元素特征

由表2-24中可以看出，主要成矿元素均未见明显的富集(成矿)，几何平均值均低于地壳克拉克值，主要成矿元素背景值较低。成矿元素聚集类型：Zn为弱聚集型，Au、Ag、Cu、Pb元素属分散型，Sb、Hg为极分散型。成矿元素分异类型：Sb、Cu为强分异型，Au、Hg为分异型，Ag、Pb、Zn属均匀分布型。综上所述，黄羊岭群对以上主要成矿元素的成矿不甚有利。

表 2-24　黄羊岭群微量元素分析结果

样品号	岩石名称	Sc	Cr	Rb	Sr	Zr	Nb	Ba	Hf	Ta	Th	U
D800/3	绢云石英千枚岩	13.80	85.10	122.00	170.00	194.00	13.40	602.00	4.96	0.97	9.57	1.22
D800/4	变质细粒长石石英砂岩	10.60	94.90	90.50	194.00	149.00	11.80	266.00	4.20	0.87	10.50	1.25
D802/1	变质细粒长石石英砂岩	12.00	78.50	108.00	143.00	192.00	11.30	547.00	4.80	0.86	7.55	1.06
D802/4	变质细粒石英砂岩	2.79	44.40	34.30	70.80	162.00	5.46	208.00	4.15	0.45	5.38	0.65
D802/5	石英绿泥绢云千枚岩	15.50	90.80	106.00	219.00	135.00	17.00	215.00	3.53	1.16	13.20	0.92
D802/6	变质含钙石英粉砂岩	14.00	83.20	142.00	96.90	158.00	13.50	927.00	4.71	0.97	9.17	1.34
D803/1	变质不等粒含钙石英砂岩	9.05	93.90	53.80	459.00	141.00	11.50	245.00	3.55	0.81	11.30	1.45
D803/2	变质长石石英粉砂岩	11.30	87.00	94.60	216.00	146.00	12.60	400.00	4.11	0.89	9.35	1.11
D803/4	石英绢云千枚岩	14.40	78.10	89.30	162.00	178.00	11.50	510.00	4.38	0.85	8.84	1.18
D803/6	石英云母千枚岩	15.90	132.00	166.00	178.00	140.00	11.90	677.00	4.35	0.88	12.10	2.11
D805/1	变质细粒长石石英杂砂岩	10.40	83.60	84.50	165.00	184.00	13.20	424.00	5.00	0.96	10.90	1.51
D805/3	绿泥绿帘片岩	25.50	136.00	28.30	526.00	150.00	34.50	175.00	3.82	2.02	3.21	0.53
D846/3	粉砂质板岩	6.67	72.60	57.10	183.00	129.00	8.84	212.00	3.20	0.67	7.98	1.25
D846/5	变质中粒长石砂岩	8.68	63.90	73.70	233.00	160.00	10.50	320.00	4.16	0.80	8.96	1.31
D846/6	变质细粒石英砂岩	7.95	74.20	80.00	220.00	210.00	9.52	253.00	5.18	0.73	9.07	1.34
D846/7	粉砂质板岩	10.55	83.10	88.45	248.00	197.00	12.80	334.00	5.16	0.93	10.30	1.82
D846/11	变质细粒石英砂岩	8.07	74.20	61.40	217.00	253.00	10.70	215.00	6.45	0.88	10.80	1.31
D846/12	变质细粒长石石英砂岩	10.40	79.60	96.60	248.00	152.00	12.70	306.00	3.71	0.85	9.01	1.56
几何平均值		10.57	82.93	80.38	198.07	165.75	12.10	338.69	4.35	0.88	8.92	1.22
CV 值		0.46	0.26	0.43	0.56	0.19	0.49	0.60	0.18	0.35	0.26	0.30
KK 值		1.06	1.00	0.54	0.58	0.98	0.61	0.52	4.35	0.35	0.69	0.49
地壳克拉克值(维氏,1962)		10.00	83.00	150.00	340.00	170.00	20.00	650.00	1.00	2.50	13.00	2.50

样品号	岩石名称	P	Co	Ni	Ga	Sb	Hg	Au	Ag	Cu	Pb	Zn
D800/3	绢云石英千枚岩	975.00	14.60	42.70	21.90	0.23	0.05	1.00	0.06	93.20	15.70	121.00
D800/4	变质细粒长石石英砂岩	838.00	8.40	28.10	15.10	0.14	0.03	2.00	0.03	27.50	14.60	86.10
D802/1	变质细粒长石石英砂岩	763.00	12.50	31.90	18.10	0.61	0.02	2.00	0.05	79.50	27.10	151.00
D802/4	变质细粒石英砂岩	175.00	3.16	8.99	5.05	0.20	0.02	6.00	<0.02	14.50	16.60	29.90
D802/5	石英绿泥绢云千枚岩	755.00	26.50	52.80	22.20	0.10	0.05	5.00	<0.02	167.00	20.80	160.00
D802/6	变质含钙石英粉砂岩	931.00	13.20	36.00	21.60	0.22	0.02	4.00	<0.02	27.60	10.90	96.00
D803/1	变质不等粒含钙石英砂岩	651.00	6.44	20.40	12.30	0.09	0.02	5.00	0.04	9.72	18.20	52.50
D803/2	变质长石石英粉砂岩	866.00	10.70	32.80	17.90	0.29	0.02	4.00	0.04	128.00	15.60	121.00
D803/4	石英绢云千枚岩	884.00	15.70	40.40	20.60	0.04	0.02	5.00	<0.02	21.00	14.80	95.60
D803/6	石英云母千枚岩	605.00	21.60	91.80	21.70	0.58	0.03	7.00	<0.02	78.80	22.00	155.00
D805/1	变质细粒长石石英杂砂岩	952.00	12.00	29.70	16.10	0.25	0.03	2.00	0.03	60.70	21.90	111.00
D805/3	绿泥绿帘片岩	1 311.00	43.30	86.30	23.90	1.07	0.02	2.00	<0.02	134.00	5.21	134.00
D846/3	粉砂质板岩	488.00	7.69	21.70	9.07	0.28	0.02	3.00	<0.02	16.40	14.10	51.00

续表 2－24

样品号	岩石名称	P	Co	Ni	Ga	Sb	Hg	Au	Ag	Cu	Pb	Zn
D846/5	变质中粒长石砂岩	625.00	8.32	24.50	15.20	0.53	0.02	3.00	0.03	18.50	15.40	69.20
D846/6	变质细粒石英砂岩	621.00	6.38	23.60	9.89	0.02	0.03	3.00	0.05	9.69	13.80	70.10
D846/7	粉砂质板岩	694.00	9.94	33.70	13.85	<0.01	0.13	5.00	0.04	17.10	14.95	82.40
D846/11	变质细粒石英砂岩	598.00	6.53	20.80	9.81	0.18	0.03	10.00	0.04	20.30	11.50	55.80
D846/12	变质细粒长石石英砂岩	575.00	8.73	28.20	13.10	0.19	0.02	17.00	0.03	24.50	16.20	76.70
几何平均值		691.42	10.91	31.68	14.91	0.20	0.03	3.83	0.04	34.83	15.28	87.38
CV 值		0.35	0.87	0.68	0.36	1.33	0.97	0.98	0.27	1.42	0.32	0.44
KK 值		0.74	0.61	0.55	0.78	0.40	0.33	0.89	0.55	0.74	0.95	1.05
地壳克拉克值(维氏,1962)		930.00	18.00	58.00	19.00	0.50	0.08	4.30	0.07	47.00	16.00	83.00

注：表中除 Au 元素含量单位为$\times10^{-9}$外，其他元素含量单位均为$\times10^{-6}$。

（四）沉积相及沉积环境分析

黄羊岭群在图区出露的岩性主要为一套细粒碎屑岩夹火山岩和少量硅质岩，岩石颜色为灰—深灰色，地层中韵律发育，由薄层细砂岩—粉砂岩或粉砂质板岩构成，主要包括鲍马序列的 C、D、E 段。中组地层中见大量火山岩、大理岩或灰岩滑块，滑体局部具角砾状构造。下组地层中局部可见代表深水化学沉积的硅质岩。以上特征总体反映黄羊岭群为深水环境下的浊积岩。利用碎屑岩微量元素分析结果，用 Th－Sc－Zr/10 图解（图 2－30）判别，结果投影点集中分布于大陆岛弧区，仅有 1 个点分布于周围。因此，黄羊岭群构造背景应为大陆岛弧或物源主要来自于大陆岛弧，沉积环境可能为深水浊积岩弧前盆地。

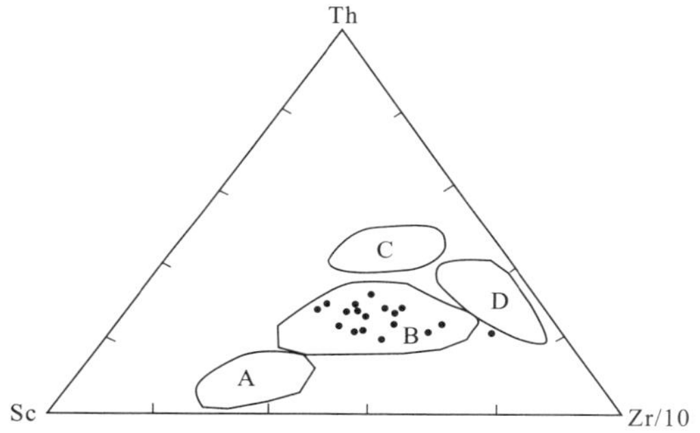

图 2－30　黄羊岭群 Th－Sc－Zr/10 图解
A. 大洋岛弧；B. 大陆岛弧；C. 活动大陆边缘；
D. 被动大陆边缘

（五）关于形成时代

本次区调工作在图区北邻康西瓦幅哈巴克达坂南苏盖提达坂一带地质填图中，在黄羊岭群中采集到了大量的微古化石，经中国地质科学院地质研究所高联达鉴定有 21 个种：*Calamospora breradiata* Kosanke, *Punctatisporites obliquus* Kosank, *Cyclogranisporites micrograms* Bharadwaj, *Raistrickia* sp., *Brialatisporites incundus* (Kaiser) Gao, *Lundblandispora* sp., *Laevigatosporites perminutus* Alpern, *Protohaploxypinus perfeciformis* Pulukhina, *Corisaccites alatus* Venkatachala and Ker, *Crucisaccites monolatus* Maithy, *Alisporites* sp., *Alisporites spleendens* (Leschik) Foster, *Pteruchipollenites indarraensis* (Segrove) Foster, *Protopodocarpus* sp., *Vitreisporites signatus* (＝*V. pallidus*) (Reissinger) Balme. 等。其中典型分子：记号开通缝孢 *Vitreisporites signatus*(＝*V. pallidus*)(Reissinger)Balme 是世界性分子，出露于世界各地晚二叠世早期沉积物中，在我国主要出现在华北晚二叠世早期上石盒子组及其相当的沉积物中，其他分子为二叠纪常见分子。综上所述，黄羊岭群时代应为二叠纪无疑。

大红柳滩一带出露二叠系黄羊岭群，其形成时代主要依据东邻阿克萨依湖幅，在该地层中采集到的大化石资料，图区该套地层时代划分依据不足。主要存在有下列疑问：①大红柳滩北一带包括剖面上地层中未见任何化石，与东邻图幅含化石地层特征有差异；②大红柳滩一带地层变质较深，主要为千枚岩、片岩、变砂岩等，而区域上黄羊岭群基本未变质(如苏盖提达坂一带)；③剖面上该套地层岩石特征与苏巴什南一带原1：100万区调资料所划寒武系黑黑孜群基本相同，而东部伯力克幅在原黑黑孜群火山岩中获得同位素单矿物U－Pb法年龄为(416±1.3)Ma。所以大红柳滩一带出露的二叠系黄羊岭群，其形成时代可能为志留纪。但由于在图区划分依据不很充分，依据东邻图幅资料暂将其时代划归为二叠纪。

六、神仙湾组($P_{1-2}s$)

(一)概述

神仙湾组是本次区调在图区岔路口南一带出露原划二叠系加温达坂组的一套海相碎屑岩，哑地层中采集到了大量饱粉化石，经中国地质科学院高联达研究员鉴定，其时代为早中二叠世。由1：100万康西瓦—河尾滩地区区调报告，将该套地层划归为二叠系加温达坂组，而区域上加温达坂组命名地位于空喀山口断裂以南，且该套碎屑岩建造特征与加温达坂组命名剖面相差甚远，沿用其名称不妥。故将该地层新建立为早中二叠统神仙湾组岩石地层单位。其定义为“位于神仙湾地层分区，出露于神仙湾—岔路口一带，呈北西—南东向分布的一套地层，依据岩石组合划分为下、中、上3个段，各段之间均为整合接触”。

图区该组主要分布在乔尔天山—岔路口断裂以南的广泛地区，下未见底，被龙山组不整合覆盖(图2－31)，依据岩石组合，可进一步划分为3个段，出露总面积约1 200km²。

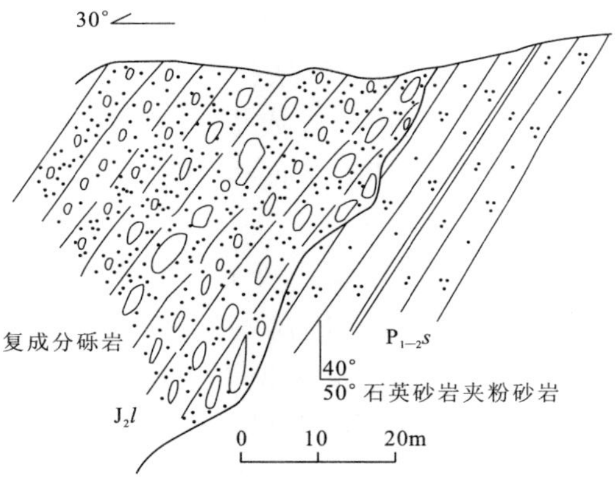

图2－31 龙山组平行不整合于神仙湾组之上素描图

(二)地层特征

神仙湾组在岔路口地区出露的岩石主要为一套深水相碎屑岩，主要岩性为灰—深灰色中—厚层状细粒石英砂岩、石英粉砂岩夹绢云母板岩，局部夹少量硅质岩、玄武岩、火山角砾岩等。现以新疆和田市岔路口神仙湾组实测地层剖面(图2－32)介绍如下，剖面位置：N35°14′28″、E78°45′37″。

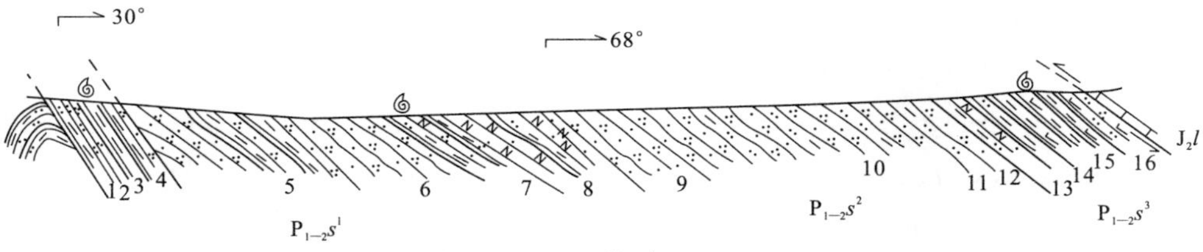

图2－32 新疆和田市岔路口神仙湾组实测地层剖面图

上覆：龙山组(J_2l)灰色片理化灰岩

断 层

神仙湾组($P_{1-2}s$)	**4 008.0m**
上段($P_{1-2}s^3$)	**1 403.3m**
16.深灰色含钙粉砂质板岩夹含钙石英粉砂岩及微晶白云质灰岩透镜体	259.0m
15.深灰色含粉砂钙质泥板岩夹微晶含白云质灰岩透镜体,产孢粉化石	608.5m
14.深灰色含粉砂泥板岩	163.1m
13.深灰色含粉砂泥板岩夹深灰色中薄层状中粒长石砂岩,偶夹石英砂岩	372.7m
中段($P_{1-2}s^2$)	**1 088.9m**
12.浅灰色中厚层状中粗粒石英砂岩夹少量粉砂岩	153.2m
11.深灰色中厚层状泥质石英粉砂岩夹(互)中粒长石砂岩,偶夹石英砂岩	372.7m
10.灰色中厚层状中细粒石英砂岩夹深灰色薄层泥质石英粉砂岩	516.1m
9.浅灰色中厚状细粒石英砂岩,岩石底部发育有重荷模	46.9m
下段($P_{1-2}s^1$)	**1 515.8m**
8.浅灰色中厚层状细粒长石砂岩夹灰色粉砂泥板岩	242.6m
7.深灰色中厚层状粉砂质泥板岩夹(互)细粒长石石英砂岩及少量复成分砾岩、硅质岩、泥质灰岩,产孢粉化石	290.8m
6.浅灰色厚层状中粒石英砂岩夹深灰色粉砂岩	126.3m
5.浅灰色块状中粒石英砂岩夹深灰色粉砂质板岩	225.4m
======== 断　层 ========	
4.深灰色泥质板岩夹(互)浅灰色不等粒石英砂岩	150.4m
3.深灰色泥质板岩,产孢粉化石	171.0m
2.深灰色薄层状粉砂岩夹细粒石英砂岩	197.1m
1.浅灰色细粒石英砂岩夹石英粉砂岩	112.2m

(未见底)

剖面下段未见底,与中段为整合接触关系,出露厚度为 1 515.8m。岩性主要为深灰色薄层状石英粉砂岩、粉砂质板岩、泥质板岩、石英砂岩、细粒长石砂岩等。总体为一套较细的碎屑岩间夹石英砂岩、长石砂岩、少量细砾岩等。该段中由砂岩和粉砂岩组成的沉积韵律极为发育,单个韵律厚度为 20～50cm,局部粉砂岩中水平纹层发育。该套地层总体具复理石沉积特征。下段地层与中段地层为岩性渐变接触关系。

剖面中段出露厚度为 1 088.9m,下部主要为浅灰色细粒石英砂岩;中部主要为中厚层状中细粒石英砂岩夹深灰色薄层泥质石英粉砂岩、泥质石英粉砂岩夹(互)中厚层状中粗粒石英砂岩等;上部泥质石英粉砂岩夹(互)中厚层状中粗粒石英砂岩。局部砂岩中水平纹层、粒序层理发育。总体由细粒砂岩和粉砂岩构成的韵律层清楚,单个韵律一般厚约 40～60cm,主要包括鲍马序列的 B、C、D 段。总体具较深水的复理石沉积建造特征。

剖面上段未见顶,与上覆龙山组为断层接触,出露厚度为 1 403.3m。底部为深灰色含粉砂泥板岩夹深灰色中薄层状中粒长石砂岩,偶夹石英粉砂岩;中部为深灰色粉砂钙质泥板岩,偶夹微晶含白云质灰岩透镜体;上部为深灰色含钙粉砂质板岩夹含钙石英粉砂岩及微晶含白云质灰岩透镜体,局部可见少量硅质岩。地层中水平层理、平行层理发育。该段地层中由砂岩—石英粉砂岩—钙质粉砂岩—硅质岩构成基本层序(图 2-33),主要包括鲍马序列的 C、D、E 段。

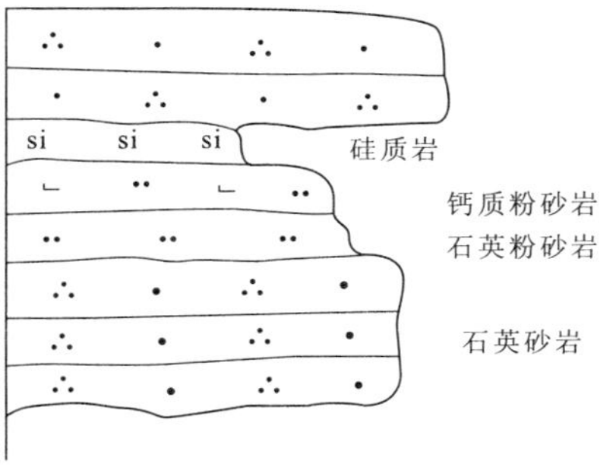

图 2-33　神仙湾组上段基本层序素描图

图区神仙湾组岩性、岩相较稳定,横向变化

不大。在河岔口及黑山顶南一带该组中段见有玄武岩、火山角砾岩夹层。在图区西侧神仙湾一带该组中见有大量滑塌成因的角砾状灰岩、灰质角砾岩等。

（三）地球化学特征

1.岩石化学特征

神仙湾组中碎屑岩岩石化学分析结果见表 2－25。由表 2－25 可见，岩石化学成分总体变化较大，SiO_2、Al_2O_3、CaO 含量较高，而 TiO_2、MgO、MnO、P_2O_5 等含量较低。其中 SiO_2 在 63.40%～93.37%之间，Al_2O_3 在 2.06%～13.29%之间，TiO_2 在 0.18%～0.70%之间，一般 CaO＞MgO、K_2O＞Na_2O。其中的石英砂岩 SiO_2 含量为 93.37%，较为纯净，可用作玻璃原料。

表 2－25　神仙湾组岩石化学分析结果　（%）

样品号	岩石名称	SiO_2	TiO_2	Al_2O_3	Fe_2O_3	MgO	MnO	CaO	Na_2O	K_2O	P_2O_5	LOI	Σ
D712/1	含砂质泥板岩	78.73	0.34	4.96	1.55	0.65	0.08	5.68	1.14	1.55	0.06	5.26	100.00
D713/1	泥质石英粉砂岩	63.40	0.70	13.29	3.46	2.99	0.10	3.63	1.66	3.44	0.13	7.18	99.80
D713/3	中粗粒石英砂岩	93.37	0.18	2.06	1.85	0.25	0.03	0.73	0.13	0.62	0.03	0.76	100.00

2.微量元素特征

神仙湾组下段微量元素分析结果见表 2－26，由表 2－26 中可以看出微量元素含量变化均较大。Hf 元素几何平均值明显高于地壳克拉克值，Rb、Sr、Co 等元素几何平均值明显低于地壳克拉克值，其余元素则与地壳克拉克值较为接近。微量元素聚集类型：Hf 元素为强聚集型，Zr、Cs 等元素为弱聚集型，Sr、Co 等元素为极分散型，其余元素为分散型。微量元素分布类型：微量元素总体分异程度较高，Cs、Ta、Mo、Co、Cu 等元素为极分异型，Zr、Hf、U 等元素为均匀分布型，Nb、Th 等元素为弱分异型，其余元素均为强分异型。

表 2－26　神仙湾组下段微量元素分析结果　（$\times10^{-6}$）

样品号	岩石名称	Li	Be	Sc	Rb	Sr	Y	Zr	Nb	Cs	Ba
D707/1	石英粉砂岩	11.73	4.37	6.52	144.49	34.66	23.28	260.59	11.72	10.61	151.86
D707/2	中细粒石英砂岩	16.14	2.99	3.33	90.49	21.37	5.98	201.10	6.46	8.06	154.78
D707/5	粉砂泥板岩	57.96	4.85	12.56	230.09	73.44	34.36	306.19	24.20	16.25	957.45
D707/6	细粒石英砂岩	18.10	8.13	13.61	235.56	29.90	33.16	259.93	21.38	11.85	394.00
D707/8	泥质板岩	45.78	4.69	14.65	162.45	175.78	34.67	281.77	24.58	15.67	980.36
D707/9	不等粒石英砂岩	15.17	4.13	4.23	123.96	61.88	15.12	180.20	9.73	9.06	310.84
D708/1	泥质板岩	20.76	2.66	3.96	71.34	30.06	71.04	130.37	9.38	3.73	135.55
D708/3	中粒石英砂岩	12.29	0.34	3.37	13.91	76.40	12.77	213.24	8.00	1.53	75.92
D708/4	泥质板岩	34.98	5.23	14.10	184.82	35.80	31.61	336.10	30.02	10.96	934.76
D710/1	中粒石英砂岩	13.50	0.95	2.10	38.41	27.14	6.62	225.84	4.04	2.35	195.91
D710/2	粉砂质泥板岩	34.98	4.79	12.11	160.61	79.01	32.70	298.29	24.43	4.37	543.18

续表 2－26

样品号	岩石名称	Li	Be	Sc	Rb	Sr	Y	Zr	Nb	Cs	Ba
D710/7	泥质板岩	35.44	3.08	12.48	113.27	90.18	29.20	259.90	10.42	1.13	554.71
D710/8	细粒长石砂岩	9.06	1.57	5.43	52.01	101.25	17.23	312.43	9.24	1.72	451.54
几何平均值		21.31	2.90	6.86	99.62	53.37	21.86	243.93	12.59	5.35	335.89
CV 值		0.72	0.71	0.71	0.71	0.81	0.78	0.24	0.69	1.01	0.98
KK 值		0.67	0.76	0.69	0.66	0.16	0.75	1.43	0.63	1.45	0.52
地壳克拉克值(维氏,1962)		32.00	3.80	10.00	150.00	340.00	29.00	170.00	20.00	3.70	650.00

样品号	岩石名称	Hf	Ta	W	Th	U	Mo	Co	Ga	Cu	Pb
D707/1	石英粉砂岩	7.82	2.33	2.79	7.86	1.79	0.82	6.56	10.11	13.05	10.33
D707/2	中细粒石英砂岩	5.85	0.57	1.61	4.34	0.92	2.21	1.37	9.45	12.51	6.68
D707/5	粉砂泥板岩	9.54	5.89	1.88	18.31	2.65	0.33	9.17	32.27	9.87	10.37
D707/6	细粒石英砂岩	8.03	5.40	3.53	16.61	2.78	0.77	9.81	21.64	11.61	8.52
D707/8	泥质板岩	8.64	5.36	0.92	19.90	2.87	0.82	22.44	37.79	11.51	21.55
D707/9	不等粒石英砂岩	4.77	0.20	3.08	5.41	1.18	2.47	3.59	14.16	27.42	20.98
D708/1	泥质板岩	3.93	0.64	2.77	5.13	1.25	0.27	18.89	9.71	170.49	24.31
D708/3	中粒石英砂岩	5.51	0.16	1.02	10.76	1.63	—	2.57	4.65	17.54	16.71
D708/4	泥质板岩	9.76	4.78	5.76	11.75	2.81	0.23	2.73	36.71	140.99	31.07
D710/1	中粒石英砂岩	6.56	0.19	0.68	4.80	0.78	5.21	0.96	4.33	20.73	4.39
D710/2	粉砂质泥板岩	9.40	5.46	2.42	16.02	1.96	0.44	9.22	25.63	26.75	5.79
D710/7	泥质板岩	7.39	3.63	1.34	12.36	1.91	1.08	11.58	24.30	23.20	8.18
D710/8	细粒长石砂岩	9.15	1.55	0.81	4.15	1.10	3.61	3.11	18.06	10.86	11.81
几何平均值		7.15	1.45	1.82	9.08	1.66	0.95	5.32	15.46	22.35	11.79
CV 值		0.27	1.62	0.78	0.63	0.46	1.65	1.26	0.75	2.36	0.70
KK 值		7.15	0.58	1.40	0.70	0.67	0.86	0.30	0.81	0.48	0.74
地壳克拉克值(维氏,1962)		1.00	2.50	1.30	13.00	2.50	1.10	18.00	19.00	47.00	16.00

神仙湾组中段微量元素及主要成矿元素分析结果见表 2－27,由表 2－27 中可以看出微量元素含量变化均较大。Zr、Hf 等元素几何平均值明显高于地壳克拉克值,Be、Rb、Sr、Co 等元素几何平均值明显低于地壳克拉克值,其余元素则与地壳克拉克值较为接近。微量元素聚集类型:Hf 元素为强聚集型,Zr、Mo、Pb 等元素为聚集型,Be、Sc、Sr、Rb、Nb、Ta、Co 等元素为极分散型,其余元素为分散型。微量元素分布类型:微量元素总体分异程度较高,Be、Cs、Ta、Pb 等元素为强分异型,Li、Nb、Ba、W、Ga 等元素为均匀分布型,Sr、Y、Th、U、Co 等元素为弱分异型,其余元素均为分异型。

神仙湾组上段微量元素见表 2－28,由表 2－28 中可以看出微量元素含量变化均较大。Hf 元素几何平均值明显高于地壳克拉克值,Sr、Mo、Co 等元素几何平均值明显低于地壳克拉克值,其余元素则与地壳克拉克值较为接近。微量元素聚集类型:Hf 元素为强聚集型,Li、Zr、Pb 等元素为弱聚集型,Sr、Mo、Co 等元素为极分散型,其余元素为分散型。微量元素分布类型:微量元素总体分异程度不高,Cu 为分异型,Li、Sc、Nb、Cs、Ta、W、Th、U 等元素为弱分异型,其余元素均为均匀分布型。

表 2-27　神仙湾组中段微量元素分析结果　　($\times10^{-6}$)

样品号	岩石名称	Li	Be	Sc	Rb	Sr	Y	Zr	Nb	Cs	Ba
D713/1	泥质石英粉砂岩	24.04	1.79	9.13	92.60	151.30	29.49	211.75	15.77	6.99	550.58
D713/2	中粗粒石英砂岩	13.27	0.74	3.13	35.34	65.70	13.93	173.28	8.76	1.83	351.49
D712/3	细粒石英砂岩	40.57	0.75	3.44	86.06	53.23	22.44	725.04	6.22	4.54	478.52
D712/4	中细粒石英砂岩	13.75	0.76	3.31	34.81	49.60	16.16	402.49	5.06	0.14	299.94
D712/5	泥质石英粉砂岩	25.31	3.33	9.53	98.66	96.38	33.42	537.07	20.43	2.74	612.24
D713/3	中粗粒石英砂岩	23.96	0.43	2.30	15.60	28.94	6.13	154.96	3.61	1.87	206.17
几何平均值		21.82	1.01	4.39	49.71	64.68	17.68	310.21	8.27	1.86	389.76
CV 值		0.46	1.08	0.75	0.72	0.68	0.58	0.74	0.81	1.30	0.40
KK 值		0.68	0.27	0.44	0.33	0.19	0.61	1.82	0.41	0.50	0.60
地壳克拉克值(维氏,1962)		32.00	3.80	10.00	150.00	340.00	29.00	170.00	20.00	3.70	650.00
样品号	岩石名称	Hf	Ta	W	Th	U	Mo	Co	Ga	Cu	Pb
D713/1	泥质石英粉砂岩	6.80	1.32	1.63	15.88	3.80	—	5.24	23.25	65.74	53.50
D713/2	中粗粒石英砂岩	4.55	0.88	0.82	5.23	1.06	4.08	2.21	10.01	30.60	114.61
D712/3	细粒石英砂岩	21.28	1.14	1.67	15.49	2.54	3.92	2.20	17.25	13.41	15.49
D712/4	中细粒石英砂岩	11.40	0.71	1.03	7.31	1.48	0.38	2.65	13.09	7.19	40.75
D712/5	泥质石英粉砂岩	15.89	3.59	1.43	15.49	3.84	3.70	5.99	25.95	27.99	15.68
D713/3	中粗粒石英砂岩	4.61	0.21	0.77	3.96	1.24	—	2.70	7.72	37.10	9.20
几何平均值		9.05	0.94	1.17	9.12	2.04	2.18	3.21	14.81	24.21	28.70
CV 值		0.75	1.25	0.35	0.62	0.62	0.81	0.52	0.49	0.85	1.38
KK 值		9.05	0.38	0.90	0.70	0.82	1.98	0.18	0.78	0.52	1.79
地壳克拉克值(维氏,1962)		1.00	2.50	1.30	13.00	2.50	1.10	18.00	19.00	47.00	16.00

表 2-28　神仙湾组上段微量元素分析结果　　($\times10^{-6}$)

样品号	岩石名称	Li	Be	Sc	Rb	Sr	Y	Zr	Nb	Cs	Ba
D713/4	含粉砂泥板岩	42.02	3.19	13.54	136.53	197.54	31.61	275.73	20.55	6.88	787.02
D713/5	中细粒长石砂岩	15.00	1.76	2.56	44.14	118.24	11.41	121.53	7.24	1.29	367.67
D713/6	含粉砂泥板岩	54.33	4.22	7.72	103.57	79.37	22.13	202.65	28.19	3.92	312.19
D713/7	含粉砂泥板岩	70.38	4.92	8.26	125.08	99.15	21.89	168.87	29.15	5.87	408.83
几何平均值		39.40	3.29	6.86	94.00	116.44	20.44	184.02	18.70	3.78	438.38
CV 值		0.59	0.42	0.65	0.44	0.44	0.40	0.35	0.54	0.65	0.49
KK 值		1.23	0.86	0.69	0.63	0.34	0.70	1.08	0.93	1.02	0.67
地壳克拉克值(维氏,1962)		32.00	3.80	10.00	150.00	340.00	29.00	170.00	20.00	3.70	650.00
样品号	岩石名称	Hf	Ta	W	Th	U	Mo	Co	Ga	Cu	Pb
D713/4	含粉砂泥板岩	7.84	2.69	1.55	17.08	2.65	0.54	12.23	22.63	27.76	27.00
D713/5	中细粒长石砂岩	3.05	0.62	0.43	2.83	0.73	0.33	3.56	20.27	6.78	15.63
D713/6	含粉砂泥板岩	5.69	2.50	1.41	14.80	1.77	0.53	8.85	26.13	42.58	11.22
D713/7	含粉砂泥板岩	4.92	2.62	2.12	20.00	3.10	0.49	10.96	30.06	65.43	15.47
几何平均值		5.09	1.82	1.19	10.94	1.81	0.46	8.06	24.50	26.91	16.45
CV 值		0.39	0.55	0.59	0.69	0.58	0.21	0.47	0.17	0.92	0.41
KK 值		5.09	0.73	0.91	0.84	0.72	0.42	0.45	1.29	0.57	1.03
地壳克拉克值(维氏,1961)		1.00	2.50	1.30	13.00	2.50	1.10	18.00	19.00	47.00	16.00

总之，神仙湾组下、中、上3段地层岩石的微量元素特征基本相近，无明显差别。

（四）沉积相及沉积环境分析

神仙湾组岩性主要为石英砂岩、石英粉砂岩、长石石英砂岩、长石砂岩、粉砂质板岩及少量火山岩等，地层中发育水平层理、粒序层理及重荷模构造(图版Ⅰ-7)，总体韵律性强，鲍马序列发育，为较深水的浊积岩建造。在西邻图区该组中可见大量滑塌堆积的角砾状灰岩、灰质角砾岩等，另夹有基性火山岩。其玄武岩地球化学投影点落入板内玄武岩区(详见第四章第三节)，应为盆地裂解期产物。将该组碎屑岩微量元素分析结果，用La-Th-Sc和Th-Sc-Zr/10图解[图2-34(a)、(b)]判别，结果在La-Th-Sc图中投影点较集中分布于大陆岛弧区及其附近，在Th-Sc-Zr/10图中投影点较为分散，但亦相对集中分布于大陆岛弧区、被动大陆边缘区及附近。综上所述，神仙湾组应为大陆岛弧背景下的裂陷盆地沉积。

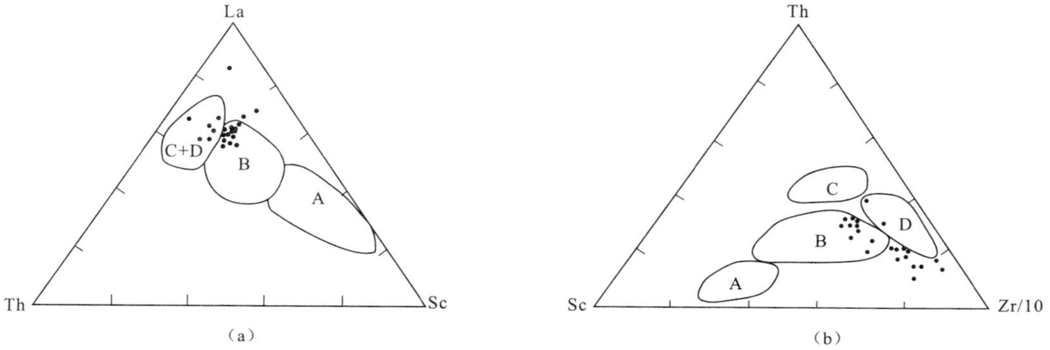

图2-34 La-Th-Sc和Th-Sc-Zr/10判别图
A. 大洋岛弧；B. 大陆岛弧；C. 活动大陆边缘；D. 被动大陆边缘

（五）关于形成时代

本次区调在神仙湾组实测剖面第3、7、15层中采集到了大量的孢粉化石，经中国地质科学院高联达研究员鉴定，主要有：具饰柯达粉 *Cordaitina ornatus* (Luber) Samolovich；奇特单缝双囊粉 *Limitisporites monstruosus* (Balme and Hennelly) Hart；单缝双囊粉：*Limitisporites* sp.；萨氏单束细勒粉 *Protohaploxypinus samolovichii* (Jansonius) Hart；薄原始粉 *Primuspollenites levicus* Tiwari等。其中具饰柯达粉 *Cordaitina ornatus* (Luber) Samolovich是俄罗斯地台和乌拉尔地区孔谷阶典型分子，该种在中国华北和西北(不包括新疆北部和甘肃北部的安加拉植物地理区)以及华南和西南晚二叠世沉积中都有发现。其他均为二叠纪常见分子。另外神仙湾幅区调(2003)在图区西部该组(灰岩滑块中)采集到䗴、珊瑚类等化石，鉴定有假纺锤䗴 *Pseudofusulina* sp.，拟纺锤䗴 *Parafusulina* sp.，亚曾珊瑚 *Yatsengia* sp.，圆圆茎 *Cyclocyclicus* sp.，生物面貌总体为早中二叠世。综合上述生物化石特征将神仙湾组时代划归为早中二叠世。

七、红山湖组(P_1^2h)

（一）概述

红山湖组为本次区调工作从原划石炭系恰提尔群中解体出来的一套碳酸盐岩夹少量细碎屑岩，并依据生物化石资料，新建立为二叠系红山湖组岩石地层单位，定义为：出露于图区红山湖南一带的一套以碳酸盐岩为主的地层，岩性主要有生物灰岩、粉晶灰岩、角砾状灰岩、砾屑灰岩、白云岩等。该组与下伏恰提尔群为平行不整合接触。图区该套地层主要分布于独立山、红山湖南一带，未见顶，出露总面积约 120km^2。

（二）地层特征

现以新疆和田市红山湖南红山湖组实测地层剖面（图 2－35）介绍如下，剖面位置：N35°25′03″、E78°55′49″，剖面上该组未见顶，依据岩石组合特征可进一步划分上、下两个段，该组与下伏温泉沟群为断层接触，出露总厚度为 2 243.37m。

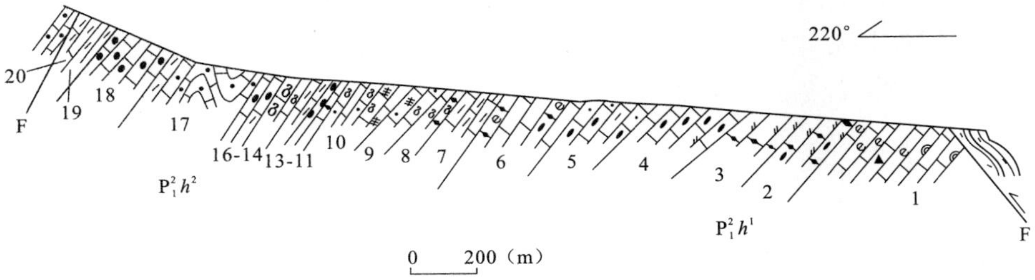

图 2－35　新疆和田市红山湖南红山湖组实测地层剖面图

（未见顶）

红山湖（P_1^2h）	**2 243.37m**
上段（$P_1^2h^2$）	**1 149.81m**
20. 紫红色中薄层状泥质灰岩	45.68m
19. 灰绿色中薄层状钙质粉砂岩	71.7m
═══ 断　层 ═══	
18. 紫红色中薄层状粉晶砾屑灰岩	192.15m
17. 灰色中薄层状砂质灰岩夹泥灰岩（交错层理）	133.34m
16. 灰色厚层—块状含生屑微晶砂屑灰岩	26.73m
15. 深灰色中—薄层状含砂屑生屑微晶灰岩夹泥质灰岩（灰泥韵律）	61.63m
14. 浅灰色—紫红色条带状粉晶灰岩（灰泥韵律）	68.35m
13. 灰色中薄层状含泥质灰岩	58.03m
12. 浅灰色厚层状含生屑粉晶白云岩	24.87m
11. 灰色厚层状微晶砾屑白云质灰岩	16.77m
10. 深灰色条纹条带状微晶白云质灰岩夹粉晶白云质灰岩	199.17m
9. 灰黄—深灰色条纹条带状微晶白云质灰岩偶夹砾屑灰岩	98.25m
8. 浅灰色中—薄层状亮晶含砾屑砂屑灰岩夹（互）深灰色条带状微晶灰岩（小型斜层理）	46.63m
7. 灰色薄层状泥质灰岩	106.51m
——— 整　合 ———	
下段（$P_1^2h^1$）	**1 093.56m**
6. 灰色中—薄层状中晶灰岩夹（互）亮晶含生屑砾屑灰岩	210.5m
5. 深灰色中—薄层状微晶含生屑砂屑灰岩夹泥质灰岩、生屑灰岩（粒序层）	157.57m
4. 浅灰色中—薄层状微晶灰岩夹含砾屑白云石化泥晶灰岩	215.57m
3. 灰—浅灰色中—薄层状含砾屑白云石化泥晶灰岩	144.67m
2. 浅灰色含砾屑白云石化泥晶灰岩夹粉晶灰岩	120.21m
1. 灰—浅灰色薄层状粉晶灰岩夹角砾状灰岩、生物点礁灰岩，产蜓化石	245.04m
═══ 断　层 ═══	

下伏：温泉沟群（S_1W）深灰色粉砂质泥板岩夹少量硅质岩

剖面上该组未见顶、底，下段下部主要为灰—浅灰色薄层状粉晶灰岩夹角砾状灰岩、生物灰岩，局部见生物点礁(图版Ⅱ-3)，造礁生物主要为珊瑚类，附礁生物为腕足类、蜓、腹足类等，礁灰岩中生物含量在50%左右，礁体规模较小。角砾状灰岩(图版Ⅱ-4)具角砾状结构，角砾成分主要为生物灰岩、礁灰岩等，大小混杂(图2-36)，应为礁前塌积角砾岩。中部岩石中有砾屑灰岩、白云岩化灰岩、白云岩、生屑灰岩等，岩石中粒序层理、交错层理、冲刷面构造发育，局部为条纹条带状灰岩，总体为潮坪高能环境的产物。上部岩性为生屑微晶砂屑灰岩、砂质灰岩、砾屑灰岩、泥质灰岩等，为滨岸砂泥坪沉积。上段岩性主要为灰绿色中薄层状钙质粉砂岩夹紫红色中薄层状泥质灰岩等。反映为浅水潮坪沉积。该组下部基本层序由砾屑灰岩—粉晶灰岩—泥质灰岩组成(图2-37)，为向上变细、变深的退积型层序；上部基本层序由泥质灰岩—灰岩—白云岩组成，为向上变粗、变浅的进积型层序，沉积方式以退积—进积为主，代表相对海平面由深变浅，即由海侵体系域到高水位体系域的一个完整旋回，顶部出现含鲕粒白云岩。

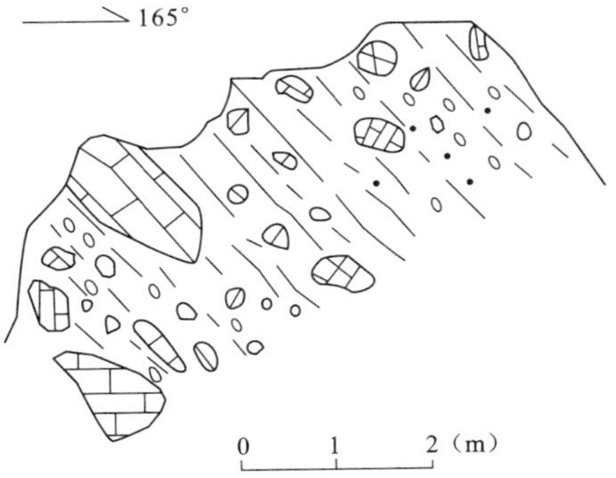

图2-36 红山湖组上部塌积角砾岩素描图

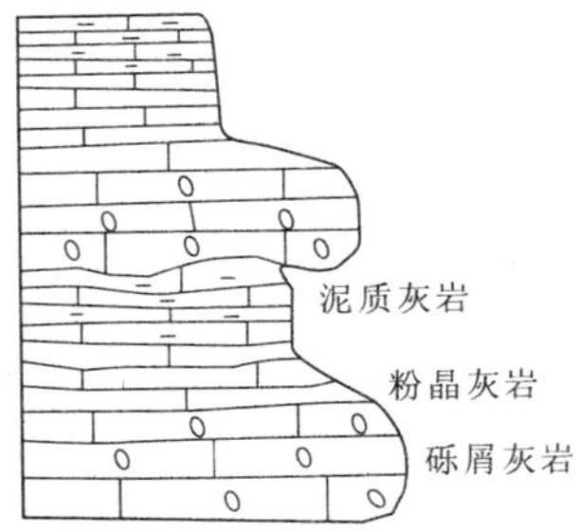

图2-37 红山湖组下部基本层序模式图

在图区独立山一带红山湖组与下伏石炭系地层为微角度不整合接触关系(图2-38)，底部见一层厚约20m的灰质砾岩，呈灰—浅灰色，砾石成分以灰岩为主，另有少量砂岩。砾石磨圆、分选均较好，呈次浑圆状，大小一般2～5cm，自下而上砾径由大到小，胶结物为灰质。总体具底砾岩特征。

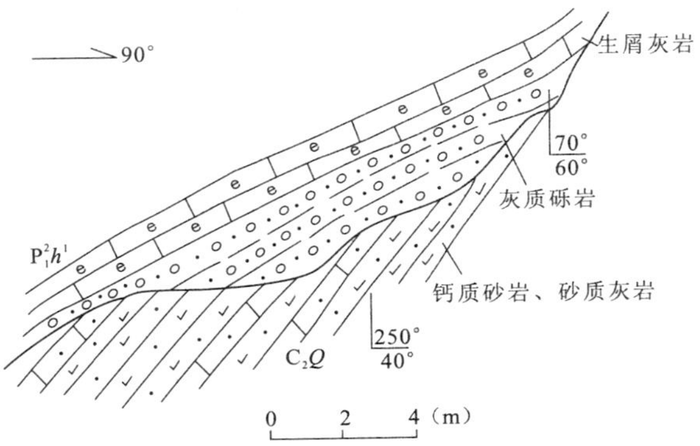

图2-38 红山湖组与恰提尔群微角度不整合关系素描图

(三)地球化学特征

1.岩石化学特征

红山湖组中碳酸盐岩岩石化学分析结果见表2-29。由表2-29可见，岩石化学成分总体变化较大，SiO_2、MgO、CaO等含量较高，而TiO_2、MnO、Na_2O、K_2O、P_2O_5等含量较低。碳酸盐岩化学成分平均值与世界碳酸盐岩平均值(涂和费，1961)相比，SiO_2、TiO_2、Al_2O_3、Fe_2O_3、Na_2O、K_2O明显偏高，而MgO则偏低，说明该岩组的碳酸盐岩中含有较多的陆源碎屑物。

表 2 - 29　红山湖组岩石化学分析结果　（%）

样品号	岩石名称	SiO_2	TiO_2	Al_2O_3	Fe_2O_3	MgO	MnO	CaO	Na_2O	K_2O	P_2O_5	LOI	Σ
D704/4	白云石化泥晶灰岩	8.41	0.18	1.96	1.73	10.59	0.06	36.68	0.27	0.18	0.10	39.84	100.00
D705/1	微晶含生屑砂屑灰岩	16.06	0.32	2.81	4.73	2.14	1.90	38.69	0.22	0.15	0.13	33.32	100.47
D705/5	亮晶含砾屑砂屑灰岩	1.72	0.05	0.27	0.39	0.87	0.05	53.65	0.08	0.09	0.05	42.71	99.93
D705/7	微晶白云质灰岩	5.97	0.12	1.37	0.82	3.30	0.02	46.88	0.15	0.26	0.08	40.80	99.77
平均值		8.04	0.17	1.60	1.92	4.23	0.51	43.98	0.18	0.17	0.09	—	
碳酸盐岩平均值(涂和费,1961)		5.19	0.06	0.81	0.33	7.90	0.12	42.01	0.04	0.03	0.03	—	

2. 微量元素特征

红山湖组微量元素分析结果见表 2 - 30，由表 2 - 30 中可以看出，微量元素含量变化均较大。Li、Be、Sc、Nb、Ba、Co、Cu 等元素几何平均值明显高于碳酸盐岩平均值，Y、U 等元素几何平均值明显低于碳酸盐岩平均值，其余元素则与碳酸盐岩平均值较为接近。微量元素聚集类型：Nb、Co、Cu 等元素为强聚集型，Li、Sc、Ba、Hf 等元素为聚集型，Rb、Zr 等元素为弱聚集型，Y、W、U 等元素为极分散型，其余元素为分散型。微量元素分布类型：微量元素总体分异程度较高，除 Sr、Cu 为弱分异型外，其余元素均为强分异型或分异型。

表 2 - 30　红山湖组微量元素分析结果　（$\times10^{-6}$）

样品号	岩石名称	Li	Be	Sc	Rb	Sr	Y	Zr	Nb	Cs	Ba
D704/2	生物灰岩	6.43	0.32	1.14	1.78	426.14	7.79	20.55	1.75	0.37	134.77
D704/3	白云石化泥晶灰岩	5.38	0.26	1.01	1.00	383.93	5.04	9.83	1.15	0.17	21.07
D704/4	白云石化泥晶灰岩	4.15	0.17	1.04	1.06	315.27	4.72	2.13	1.20	0.22	91.52
D704/5	微晶灰岩	5.15	0.31	1.57	0.20	461.95	14.84	19.91	0.91	0.09	39.82
D705/1	微晶含生屑砂屑灰岩	65.59	1.03	5.02	7.12	851.06	24.11	67.79	10.96	1.01	45.55
D705/2	亮晶含生屑砾屑灰岩	3.82	0.23	1.49	1.01	527.85	9.18	8.04	0.55	0.21	27.62
D705/3	中晶灰岩	11.85	0.69	2.81	5.40	992.65	22.56	32.51	4.22	0.66	36.73
D705/4	泥质灰岩	94.62	2.89	9.73	35.53	418.47	25.58	299.83	61.88	1.58	154.07
D705/5	亮晶含砾屑砂屑灰岩	6.98	0.30	1.53	1.64	363.96	7.66	19.21	2.10	0.17	15.31
D705/6	微晶灰岩	17.09	0.46	1.54	6.30	1440.16	5.33	16.78	1.70	0.52	33.81
D705/7	微晶白云质灰岩	8.32	0.38	1.63	4.73	963.06	3.72	17.13	1.28	0.47	28.27
D705/8	粉晶白云质灰岩	49.41	2.17	5.64	42.67	859.41	13.99	177.35	14.16	4.75	101.00
D705/10	微晶砾屑白云质灰岩	8.80	0.46	1.86	6.03	487.18	4.14	20.43	1.45	0.50	65.75
D705/11	粉晶白云岩	13.98	0.19	2.01	1.71	167.30	0.89	6.99	1.62	0.21	19.22
D705/12	含泥质灰岩	81.84	2.42	7.10	49.78	622.56	22.16	313.41	35.05	3.32	112.86
D705/13	砂质微晶灰岩	5.91	0.33	1.82	0.10	779.57	6.79	5.22	0.21	0.07	16.31
D705/14	微晶砂屑灰岩	8.34	0.56	3.20	7.80	466.14	16.56	24.02	2.31	1.44	25.64
D705/15	粉晶粒屑灰岩	23.88	1.65	6.55	59.24	425.84	16.93	110.88	10.49	2.53	369.53
几何平均值		13.05	0.54	2.43	3.79	539.81	8.87	25.91	2.77	0.51	48.73
CV 值		2.21	1.58	1.05	5.08	0.58	0.90	3.79	5.69	2.56	1.75
KK 值		2.61	—	2.43	1.26	0.88	0.30	1.36	9.24	—	4.87
碳酸盐岩平均值(涂和费,1961)		5.00	0.00	1.00	3.00	610.00	30.00	19.00	0.30	0.00	10.00
样品号	岩石名称	Hf	Ta	W	Th	U	Mo	Co	Ga	Cu	Pb
D704/2	生物灰岩	0.55	0.17	0.17	0.71	0.84	0.14	6.55	3.67	23.54	16.98
D704/3	白云石化泥晶灰岩	0.25	0.04	0.09	0.52	0.57	0.0n	4.15	1.63	39.61	11.16

续表 2－30

样品号	岩石名称	Hf	Ta	W	Th	U	Mo	Co	Ga	Cu	Pb
D704/4	白云石化泥晶灰岩	0.09	0.04	0.08	0.36	0.44	0.03	9.35	1.49	6.38	1.66
D704/5	微晶灰岩	0.53	0.23	0.21	1.07	0.31	0.23	3.19	2.11	27.00	8.89
D705/1	微晶含生屑砂屑灰岩	2.03	0.84	0.81	8.24	2.09	0.56	39.35	4.53	48.36	41.40
D705/2	亮晶含生屑砾屑灰岩	0.17	0.08	0.09	0.69	1.71	0.47	4.09	0.53	15.12	7.13
D705/3	中晶灰岩	1.00	0.31	0.51	3.29	1.70	3.97	7.15	1.04	37.92	12.97
D705/4	泥质灰岩	7.91	6.58	1.25	9.79	2.12	0.76	8.95	11.84	68.11	10.26
D705/5	亮晶含砾屑砂屑灰岩	0.51	0.18	0.12	0.96	0.37	0.09	6.00	1.50	24.97	5.75
D705/6	微晶灰岩	0.45	0.14	0.15	1.37	1.62	0.48	6.59	1.68	7.76	28.55
D705/7	微晶白云质灰岩	0.47	0.13	0.13	1.22	1.64	0.26	3.84	1.13	17.22	3.80
D705/8	粉晶白云质灰岩	5.46	0.25	0.79	7.55	1.74	0.48	13.37	7.05	50.27	7.30
D705/10	微晶砾屑白云质灰岩	0.59	0.13	0.15	1.23	2.95	0.08	3.14	2.79	19.56	7.55
D705/11	粉晶白云岩	0.16	0.05	0.08	0.48	0.29	0.19	5.38	2.97	18.87	3.54
D705/12	含泥质灰岩	8.78	0.72	1.03	9.72	1.84	0.88	15.21	10.26	42.44	6.87
D705/13	砂质微晶灰岩	0.12	0.04	0.05	0.44	0.72	0.09	29.49	1.22	22.35	4.09
D705/14	微晶砂屑灰岩	0.68	0.23	0.22	1.78	0.54	0.22	5.36	2.42	21.56	11.45
D705/15	粉晶粒屑灰岩	3.45	1.16	1.19	7.64	0.51	0.38	12.85	12.10	38.89	12.70
几何平均值		0.72	0.20	0.23	1.68	0.96	0.28	7.69	2.62	25.04	8.51
CV 值		3.82	7.46	1.81	2.12	0.83	3.26	1.25	1.45	0.65	1.14
KK 值		2.39	—	0.39	0.99	0.43	0.70	76.90	0.66	6.26	0.95
碳酸盐岩平均值(涂和费,1961)		0.30	0.00	0.60	1.70	2.20	0.40	0.10	4.00	4.00	9.00

3. 主要成矿元素特征

由表 2－30 中可以看出,红山湖组主要成矿元素均未见明显的富集(矿化),Cu 元素几何平均值虽明显高于碳酸盐岩平均值,但低于维氏地壳克拉克值(47.00),显示为较低的背景,虽为强聚集型但却为弱分异型,故红山湖组 Cu 元素成矿条件较差;Pb 属分散型和强聚集型,几何平均值均低于碳酸盐岩平均值和地壳克拉克值,成矿条件较差。

(四)沉积相及沉积环境分析

该组上段为浅灰色泥质灰岩、角砾状灰岩,下部紫红色泥质灰岩夹灰黄色泥质灰岩(含珊瑚类、腕足类化石);下段为灰—浅褐色薄层状灰岩,砂质灰岩夹生物碎屑灰岩,局部角砾状灰岩(发育生物点礁),岩石中发育交错层理、粒序层理、生物介壳层等,局部具风暴沉积特征,反映其沉积环境为浅海高能碳酸盐台地相沉积。

(五)形成时代及地层对比

本次区调在该组下段灰岩中采集到了大量生物化石,主要有䗴、腕足类、珊瑚类等,经长安大学古生物室汪明洲教授鉴定,主要有 *Parafusulina decora* Han(美丽拟纺锤䗴);*Rugosofusulina* sp.(皱壁䗴未定种);*Parafusulina yiwaensis*(益哇拟纺锤䗴)等(图版Ⅲ－7、图版Ⅲ－8),时代为中二叠世栖霞期,故红山湖组其形成时代为早中二叠世。

八、甜水海地层分区古生界层序地层特征

(一)概述

20 世纪 80 年代诞生的层序地层学被认为有可能为沉积岩分析的应用提供一个完整统一的地

层学概念,它像板块构造学说曾经提供一个完整统一的构造概念一样,改变了分析世界地层记录的基本原则,从而开创了了解地球历史的一个新阶段。甜水海陆块北为西昆仑古生代复合造山带,南为羌塘陆块。陆块上古生界地层发育较全,相对连续稳定的海相沉积给层序地层学研究提供了良好的条件。

本次工作运用系统的生物地层定年,在详细收集和研究了地层基本层序、沉积相、层序界面资料的基础上,对甜水海陆块古生界地层进行了详细的划分和厘定。共识别出 7 个三级层序(相当于 Vail 等所划的三级层序),其中包含 14 个体系域(图 2-39)。在此基础上对该区古生代相对海平面变化进行了研究,并绘制了相对海平面变化曲线。将该曲线与全球相对海平面变化曲线进行对比,结果极为相似,说明图区古生代相对海平面变化主要受控于全球海平面变化,是由全球气候变化引起的自旋回,进而说明古特提斯洋相对海平面变化具有全球性。现将各层序特征分述如下。

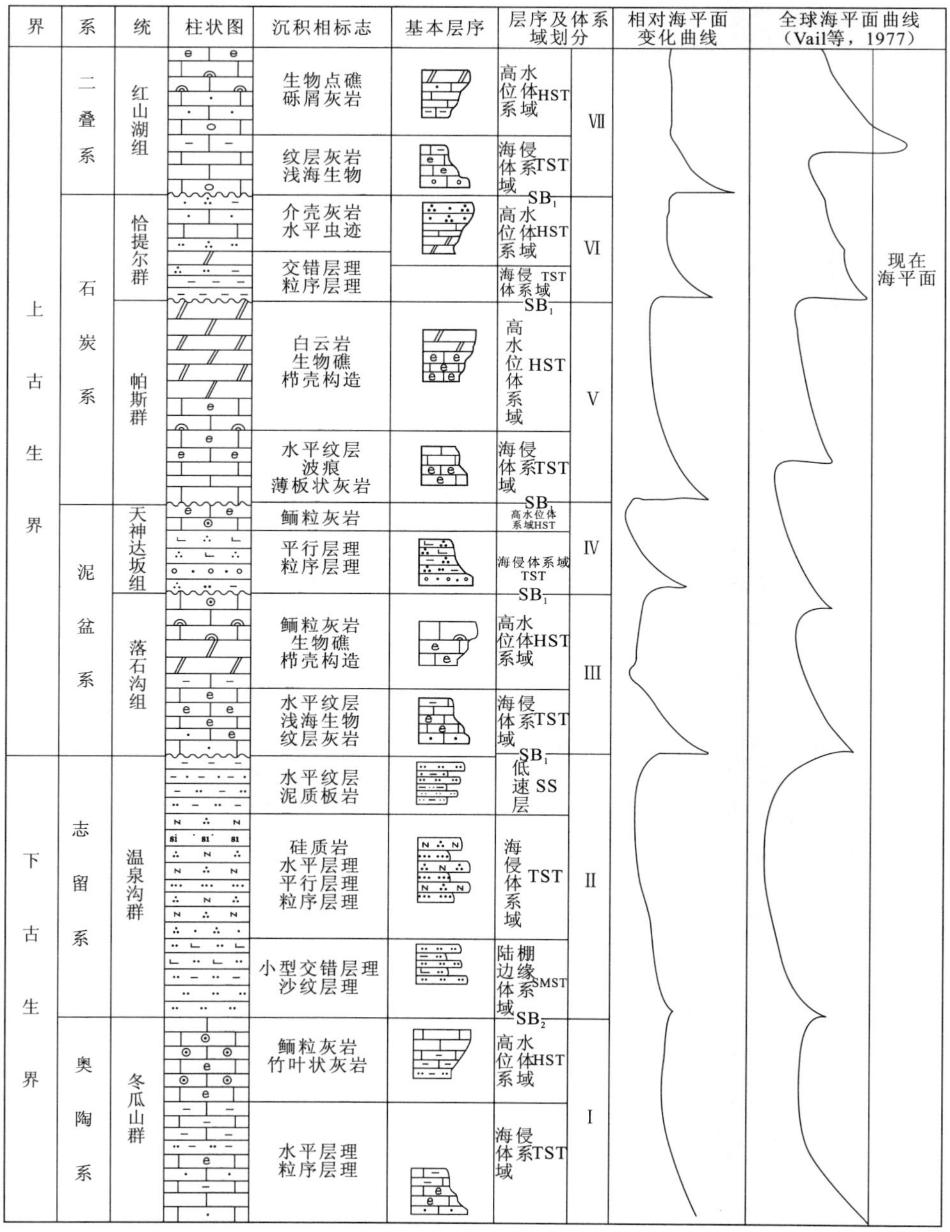

图 2-39　甜水海地层分区古生界层序地层综合柱状图

(二)层序特征

层序Ⅰ:下未见底,顶部为一 SB_2 型不整合界面,其中包括一个海侵体系域和一个高水位体系域。海侵体系域(TST):由冬瓜山群下岩组构成,岩性有泥质灰岩、砂质灰岩、生屑灰岩及钙质粉砂岩等,砂岩中水平层理发育,局部可见粒序层理。由砂质灰岩—生屑灰岩—泥质灰岩构成退积型基本层序,为海侵体系域环境下沉积,此时沉积水体较深;高水位体系域(HST):由冬瓜山群上岩组构成,岩性以泥质板岩、竹叶状灰岩、含粉砂泥质板岩为主,夹有含砾内碎屑砂岩。灰岩中发育砾屑及鲕粒,代表浅水潮坪高能环境,地层中由泥质板岩—灰岩构成的韵律清楚,为向盆内进积的准层序组。总之上岩组表现为沉积水体较浅、沉积速率较快的特征,应为高水位体系域沉积物。顶部灰岩中发育古溶洞,为局部暴露标志。

层序Ⅱ:为Ⅱ型层序,主要包括温泉沟群,底部为一 SB_2 型不整合界面。该界面野外不易识别,在肖尔克谷地一带表现为冬瓜山群顶部灰岩的古溶洞等暴露标志,在克孜勒吉勒干一带则没有明显的沉积间断,表现为其上地质体的向陆上超。该层序中陆棚边缘体系域(SMST):包括温泉沟群粉砂岩组,沉积物主要为粉砂岩、钙质粉砂岩夹少量砂岩,为重力流沉积成因,其中准层序难以识别,剖面上仅表现为加积型特征。粉砂岩中可见小型交错层理、粒序层理等。海侵体系域(TST):包括温泉沟群砂岩组,沉积物主要为长石石英砂岩、石英砂岩夹粉砂岩等,其间水平层理、粒序层理发育,可见荷模构造。由砂岩—粉砂岩构成的韵律清楚。由下而上层变薄、粒度变细、砂泥比值变小,表现为退积型特征,顶部夹有薄层状硅质岩。低速层(SS):为最大海泛面,包括温泉沟群板岩组,沉积物主要为泥质板岩、含粉砂泥板岩、粉砂岩等,发育水平层理、沙纹层理。表现为沉积水体较深,沉积速率小,沉积物细而薄,为相对海平面上升速率不断降低、缓慢下降时形成的沉积物。该低速层顶部为 SB_1 型不整合界面。

层序Ⅲ:底部为 SB_1 型不整合界面,主要包括落石沟组,由海侵体系域和高水位体系域构成。海侵体系域(TST):包括落石沟组下部,岩性主要为微晶灰岩、亮晶砂屑灰岩、生物碎屑灰岩夹少量泥质灰岩等,局部可见纹层灰岩,发育水平层理、粒序层理。总体为浅海潮下带沉积。地层中基本层序由砂屑灰岩—生屑灰岩—泥质灰岩构成,为向上变细、变薄的退积型副层序,为相对海平面上升时期的产物。高水位体系域(HST):底部为一明显的下超面,主要包括落石沟组上部地层,岩性主要为白云岩、鲕粒灰岩、礁灰岩、亮晶藻团粒灰岩等,总体为高能台地碳酸盐相沉积。地层中基本层序由泥质灰岩—生屑灰岩—礁灰岩构成,为向上变粗、变厚的进积型副层序,为相对海平面缓慢下降期产物,顶部为暴露侵蚀面。

层序Ⅳ:底部为 SB_1 型不整合界面,主要包括天神达坂组,由海侵体系域和高水位体系域构成。海侵体系域(TST):底部为不整合面,下部岩性主要为灰色砾岩、砂砾岩、含石英砂岩等,为陆相河流沉积,代表为河流回春的海侵体系域;上部岩石为灰—灰绿色石英砂岩、粉砂岩、生物灰岩、鲕粒灰岩等,天神达坂组上部砂岩以石英砂岩为主,砂岩中可见交错层理、平行层理等,碎屑一般分选较好但磨圆较差,形成于稳定水流环境。反映为浅海滨岸相沉积。高水位体系域(HST):为顶部生物灰岩、鲕粒灰岩,代表浅海高能环境沉积物。总体由下而上显示海侵。高水位体系域图区部分地段缺失,为高水位期相对海平面由快速上升转为缓慢下降的产物。

层序Ⅴ:底部为 SB_1 型不整合界面,主要包括帕斯群,由海侵体系域和高水位体系域构成。海侵体系域(TST):为帕斯群灰岩组,岩性有生物灰岩、微晶灰岩、纹层灰岩等。地层中发育水平层理,以及波痕、遗迹化石等,为浅海滨岸相沉积。地层中基本层序由生物灰岩—微晶灰岩构成,为向上变细、变薄的退积型副层序,属相对海平面上升期产物。高水位体系域(HST):包括帕斯群礁灰岩、白云岩组,岩性主要为一套微晶白云岩,局部夹少量薄层状灰岩,灰岩中可见栉壳构造,局部见有紫红色灰岩。代表其环境为高能碳酸盐台地相。地层中基本层序由灰岩—薄层状白云岩—厚层状白云岩构成，为向上变粗、变厚的进积型副层序。属相对海平面缓慢下降期产物。

层序Ⅵ：底部为 SB_1 型不整合界面，主要包括恰提尔群，由海侵体系域和高水位体系域构成。海侵体系域(TST)：为恰提尔群砂岩组，底部为一不整合面。岩性主要为石英砂岩、钙质砂岩、泥质板岩、粉砂质板岩等，砂岩中发育粒序层理、交错层理、水平虫迹等沉积构造，砂岩多为厚层状石英砂岩，成分、结构成熟度均较高，具有滨岸砂特征。为河流-浅海滨岸相沉积。高水位体系域(HST)：主要为该群灰岩组，岩性主要为砂质灰岩、砂质白云岩、砾屑灰岩等。灰岩组总体应为滨岸-潮坪环境的沉积物。地层中基本层序由砂质灰岩—砂质白云岩—生物灰岩构成，为向上变浅的进积型副层序，代表相对海平面缓慢下降，顶部为暴露侵蚀面。

层序Ⅶ：底部为 SB_1 型不整合界面，主要包括红山湖组，由海侵体系域和高水位体系域构成。海侵体系域(TST)：底部为一 SB_1 型不整合界面，见有底砾岩，砾石成分复杂，磨圆、分选均较好，为海平面下降至沉积坡折以下陆棚上的河流相沉积。底砾岩之上岩性主要为一套碳酸盐岩，主要有生屑灰岩、纹层灰岩、泥质灰岩。基本层序由生屑灰岩—纹层灰岩—泥质灰岩构成，为向上变细、变深旋回，为退积型副层序。其中岩性为灰色薄层泥质灰岩，灰岩层厚一般 0.5～4cm，泥质含量较高，发育纹层状构造，具凝缩段低速沉积特征，此时海侵面最大。高水位体系域(HST)：沉积物主要有白云质灰岩、粉晶—微晶灰岩及少量砂质灰岩、泥质灰岩、砾屑砂屑灰岩，局部为生物礁灰岩等，代表为浅海高能碳酸盐台地相。基本层序表现为泥质灰岩—灰岩—白云岩的向上变粗、变浅旋回，为进积型副层序，沉积方式以加积—进积为主，为相对海平面缓慢下降期沉积。

（三）结论

甜水海陆块古生界地层出露较全，沉积环境稳定，地层中生物化石丰富，可以提供相对准确的时代定年。该陆块可视为羌塘地块的北部被动陆缘，古生代构造背景较稳定，地层中层序界面清楚，为层序地层研究提供了良好的条件。我们依据层序地层划分及微相分析绘制了该陆块古生代相对海平面变化曲线，将其与 Vail 等(1977)所作的全球海平面变化曲线进行对比，二者极为相似。充分说明图区古生代相对海平面变化主要受控于全球海平面变化，是由全球气候变化引起的异旋回，进而说明古特提斯洋相对海平面变化具有全球性。

第四节　中生界

图区中生界巴颜喀拉地层分区仅出露三叠系巴颜喀拉山群，在北羌塘地层区主要出露有上河尾滩组、巴工布兰萨组、龙山组、铁隆滩群等岩石地层单位。其中巴颜喀拉山群和上河尾滩组具有较深海复理石沉积特征，巴工布兰萨组主体为海陆交互相沉积，龙山组和铁隆滩群下部均为陆相河流沉积，上部为浅海高能碳酸盐沉积建造。

一、巴颜喀拉山群(T*B*)

（一）概述

1961 年由原北京地质学院创建，青海区调队 1970 年在 1∶100 万《玉树幅区域地质调查报告》中介绍，原始定义：指一套厚度巨大的类复理石杂砂质碎屑建造，分别称上巴颜喀拉山群、中巴颜喀拉山群和下巴颜喀拉山群，分别代表三叠系上、中、下三统。现在定义：指分布于可可西里—巴颜喀拉山地区的一套厚度巨大，几乎全由砂岩、板岩组成的地层，未见顶、底。化石稀少，属种单调，有双壳类、腕足类和头足类。西藏区调队(1986)引用巴颜喀拉山群一名，时代限定为晚三叠世。新疆地矿局第一区调大队第十分队(1984)1∶100万区调工作将其划分为上三叠统克勒青河群。《西藏自治区岩石地层》(1997)沿用巴颜喀拉山群，时代为三叠纪。本次工作沿用该群名称及划分。

图区巴颜喀拉山群出露大红柳滩南一带(图2-40)，与下伏地层二叠系黄羊岭群为断层接触。被侏罗纪花岗岩侵入破坏，图区出露不全，总面积约750km²。

图2-40　中生界地层分布图

(二)地层特征

巴颜喀拉山群主要为一套碎屑岩夹少量碳酸盐岩建造，依据岩石组合，可进一步划分为上、中、下3个组级地层单位，出露总厚度为10 529.43m。

现以新疆和田市大红柳滩巴颜喀拉山群实测地层剖面(图2-41)介绍如下，剖面位置：N35°48′06″、E79°24′06″。

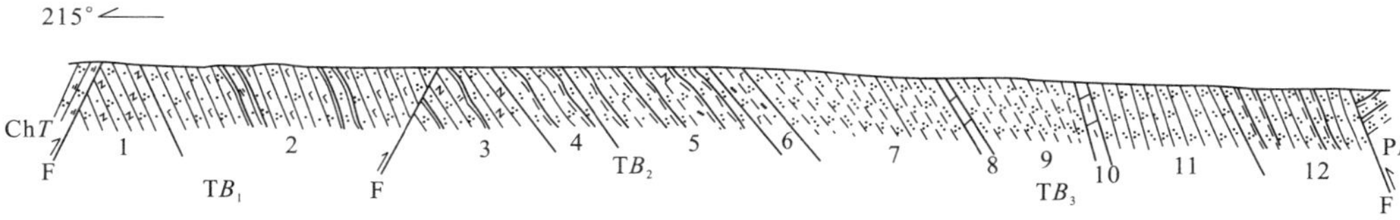

图2-41　新疆和田市大红柳滩巴颜喀拉山群实测地层剖面图

剖面地层列述如下：

(未见顶)

断　层

巴颜喀拉山群(TB)	**10 529.43m**
上组(TB_3)	**4 484.78m**
12.深灰色变质细粒石英砂岩夹粉砂质板岩	864.38m
11.深灰色厚层状变质细粒石英砂岩夹粉砂岩	956.97m
10.灰黑色角岩化薄层状泥灰岩	76.34m
9.灰色厚层状变质细粒石英砂岩夹粉砂岩	1 235.68m
8.灰黑色薄层状角岩化泥灰岩夹少量石英粉砂岩	25.79m
7.灰褐色变质细粒石英砂岩夹少量石英粉砂岩	1 325.62m
中组(TB_2)	**1 875.22m**
6.灰色变质细粒含钙石英杂砂岩夹少量粉砂质板岩	131.44m
5.灰色粉砂质板岩夹变质中细粒长石石英杂砂岩	1 021.53m
4.深灰色粉砂质板岩夹(互)变质细粒石英砂岩	402.15m
3.灰色变质细粒石英砂质夹变质细粒长石石英砂岩	320.10m

═════ 断　层 ═════

下组(TB_1)	**4 169.43m**
2.深灰色变质细粒含钙石英砂岩夹少量粉砂质板岩	3 620.42m
1.深灰色变质中细粒长石石英砂岩夹粉砂质板岩	549.01m

═════ 断　层 ═════

(未见底)

剖面上该群顶、底均为断层,下组与中组之间为断层接触,依据岩石组合可进一步划分3个组级岩石地层单位。

下组岩性主要为细粒长石石英砂岩、含钙石英砂岩夹少量粉砂质板岩。该套地层总体以砂岩为主。该组地层中由砂岩—板岩构成的粗细韵律极为发育,单个韵律厚约30~60cm,其中砂岩和板岩的比例为8∶2,地层总体具较深水的复理石沉积特征。

中组岩性主要为深灰色粉砂质板岩、绢云母板岩夹变质中细粒长石砂岩。地层中由砂岩—板岩构成的韵律发育,总体为较深水的复理石建造。

上组岩性主要为灰—灰褐色变质细粒石英砂岩夹石英粉砂岩、粉砂质板岩及泥灰岩等。该岩组以泥质灰岩的出现为主要特征,灰岩具薄层状构造,层厚一般5~10cm,泥质含量较高。砂岩主要为石英砂岩,粉砂岩具粉砂结构、薄层状构造。该组中由砂岩—粉砂岩、板岩构成的韵律发育(图2-42),单个韵律厚约40~60cm,其中砂岩与粉砂岩、板岩比例约为7∶3。总体具复理石建造特征。

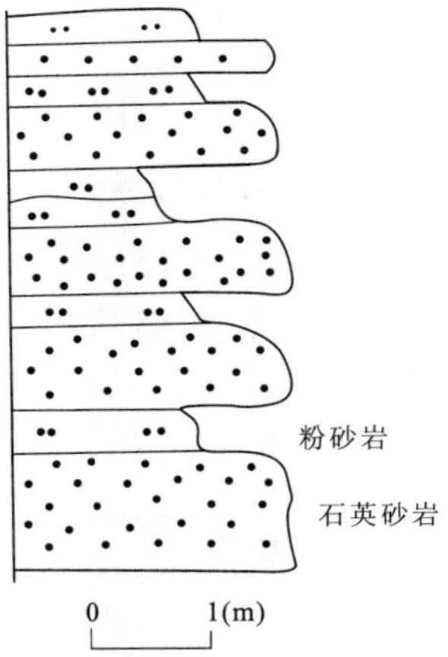

图2-42　巴颜喀拉山群中砂岩—粉砂岩韵律模式图

图区巴颜喀拉山群总体岩性单调,横向变化不大。在三十里营房南一带该群岩石热变质及动力变质较强,岩性主要有含碳红柱云母千枚岩、云母石英千枚岩等。

(三)岩石地球化学特征

1.微量元素特征

巴颜喀拉山群微量元素分析结果见表2-31,由表2-31中可以看出,微量元素含量变化均不大。Hf元素几何平均值明显高于地壳克拉克值，Rb、Nb、Ba、Ta、Co、Ni等元素几何平均值明显低于地壳克拉克值，其余元素则与地壳克拉克值较为接近。微量元素聚集类型：Hf元素为聚集型，Zr、Au、Pb等元素为弱聚集型，Ta、Co、Ni、Sb、Cu等元素为极分散型，其余元素为分散型。微量元素分布类型：微量元素总体分异程度不高，Cu为强分异型，Sb、Hg、Au、Ag为分异型，其余元素均为均匀分布型。

表2-31　巴颜喀拉山群微量元素分析结果

样品号	岩石名称	Sc	Cr	Rb	Sr	Zr	Nb	Ba	Hf	Ta	Th	U
D846/3	粉砂质板岩	6.67	72.60	57.10	183.00	129.00	8.84	212.00	3.20	0.67	7.98	1.25
D846/5	变质中粒长石砂岩	8.68	63.90	73.70	233.00	160.00	10.50	320.00	4.16	0.80	8.96	1.31
D846/6	变质细粒石英砂岩	7.95	74.20	80.00	220.00	210.00	9.52	253.00	5.18	0.73	9.07	1.34
D846/7	粉砂质板岩	10.55	83.10	88.45	248.00	197.00	12.80	334.00	5.16	0.93	10.30	1.82
D846/11	变质细粒石英砂岩	8.07	74.20	61.40	217.00	253.00	10.70	215.00	6.45	0.88	10.80	1.31
D846/12	变质细粒长石石英砂岩	10.40	79.60	96.60	248.00	152.00	12.70	306.00	3.71	0.85	9.01	1.56
D848/1	砂质绢云板岩	10.70	79.10	90.70	175.00	177.00	10.80	425.00	4.28	0.82	8.01	1.23
D848/6	变质中粒长石砂岩	8.91	67.10	81.40	387.00	151.00	9.61	488.00	3.90	0.74	9.15	1.42
D848/8	变质细粒含钙石英砂岩	9.90	81.60	86.10	266.00	185.00	11.00	320.00	4.63	0.81	8.49	1.11
D848/10	碳质板岩	14.60	81.70	166.00	408.00	199.00	14.50	750.00	4.82	1.06	11.40	2.03
D848/11	砂质绢云板岩	14.30	84.10	148.00	119.00	178.00	13.50	617.00	4.57	1.01	10.20	1.45
几何平均值		9.80	76.20	88.95	232.93	178.19	11.19	355.84	4.48	0.84	9.34	1.42
CV值		0.26	0.09	0.38	0.37	0.19	0.16	0.48	0.20	0.14	0.12	0.19
KK值		0.98	0.92	0.59	0.69	1.05	0.56	0.55	4.48	0.34	0.72	0.57
地壳克拉克值(维氏,1962)		10.00	83.00	150.00	340.00	170.00	20.00	650.00	1.00	2.50	13.00	2.50

样品号	岩石名称	P	Co	Ni	Ga	Sb	Hg	Au	Ag	Cu	Pb	Zn
D846/3	粉砂质板岩	488.00	7.69	21.70	9.07	0.28	0.02	3.00	<0.02	16.40	14.10	51.00
D846/5	变质中粒长石砂岩	625.00	8.32	24.50	15.20	0.53	0.02	3.00	0.03	18.50	15.40	69.20
D846/6	变质细粒石英砂岩	621.00	6.38	23.60	9.89	0.02	0.03	3.00	0.05	9.69	13.80	70.10
D846/7	粉砂质板岩	694.00	9.94	33.70	13.85	<0.01	0.13	5.00	0.04	17.10	14.95	82.40
D846/11	变质细粒石英砂岩	598.00	6.53	20.80	9.81	0.18	0.03	10.00	0.04	20.30	11.50	55.80
D846/12	变质细粒长石石英砂岩	575.00	8.73	28.20	13.10	0.19	0.02	17.00	0.03	24.50	16.20	76.70
D848/1	砂质绢云板岩	676.00	10.10	25.50	16.20	0.34	0.04	10.00	0.03	80.70	20.30	102.00
D848/6	变质中粒长石砂岩	523.00	5.34	21.00	14.90	0.70	0.04	5.00	0.05	13.10	21.10	62.10
D848/8	变质细粒含钙石英砂岩	611.00	7.49	21.50	15.80	0.38	0.02	6.00	<0.02	17.90	17.10	61.70
D848/10	碳质板岩	841.00	12.70	40.70	20.60	0.82	0.05	5.00	0.05	69.30	26.70	127.00
D848/11	砂质绢云板岩	786.00	11.80	40.20	20.80	0.57	0.07	3.00	<0.02	28.90	29.20	107.00
几何平均值		632.26	8.36	26.58	13.97	0.29	0.04	5.35	0.04	22.99	17.52	75.63
CV值		0.17	0.28	0.28	0.28	0.86	0.93	0.82	0.30	1.02	0.32	0.32
KK值		0.68	0.46	0.46	0.74	0.58	0.43	1.24	0.52	0.49	1.09	0.91
地壳克拉克值(维氏,1962)		930.00	18.00	58.00	19.00	0.50	0.08	4.30	0.07	47.00	16.00	83.00

注：表中除Au元素单位含量为$\times10^{-9}$外，其他元素单位含量均为$\times10^{-6}$

2. 主要成矿元素特征

由表 2-31 中可以看出，巴颜喀拉山群中主要成矿元素均未见明显的富集(成矿)，几何平均值均低于或接近于地壳克拉克值，说明主要成矿元素背景值不高。成矿元素聚集类型：Au、Pb 等元素为弱聚集型，其余均为分散型。成矿元素分异类型：Cu 为强分异型，Sb、Hg、Au 为分异型，Ag、Pb、Zn 属均匀分布型。

(四)沉积相及沉积环境分析

该群中、下组主要为陆源碎屑岩，有长石砂岩、长石石英砂岩、石英杂砂岩、石英砂岩、粉砂岩、粉砂质板岩等。砂岩中碎屑物磨圆、分选均较差，成分和结构成熟度不高。地层中由砂岩—粉砂岩(粉砂质板岩)构成的韵律清楚，具有较深水复理石沉积特征。该群上组中夹有少量泥质灰岩层，表明沉积水体较深。将该群碎屑岩微量元素分析结果用 Th-Sc-Zr/10 图解(图 2-43)判别，结果投影点全部集中分布于大陆岛弧区。综上所述，巴颜喀拉山群应为大陆岛弧构造背景(或物源主要来源于岛弧)下的深水的浊积岩盆地沉积。

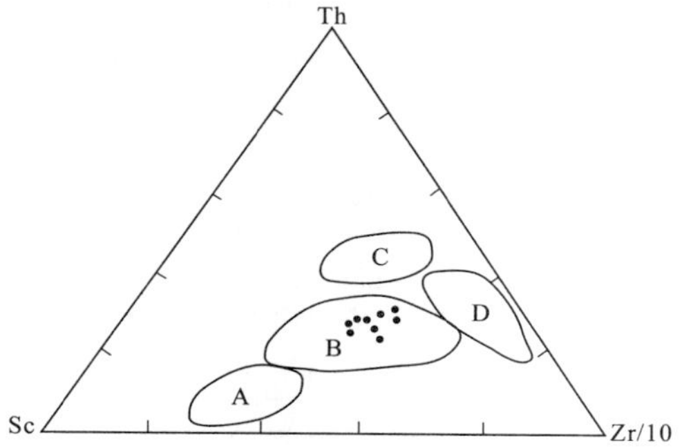

图 2-43　巴颜喀拉山群 Th-Sc-Zr/10 判别图

A. 大洋岛弧；B. 大陆岛弧；C. 活动大陆边缘；D. 被动大陆边缘

(五)关于形成时代

该套地层中大化石稀少，本次工作未采到。东部羊湖幅 1∶25 万区调报告(2002)记录在该套地层中采集到大量牙形石及孢粉，鉴定结果该群下部时代为早三叠世，而地层上部时代为晚三叠世。另外在西邻图幅中该群被晚三叠世花岗岩侵入(U-Pb 年龄 214Ma、224Ma、229Ma)。同时，结合区域资料综合分析，将巴颜喀拉山群形成时代划归为三叠纪。

二、上河尾滩组(T_2s)

(一)概述

新疆区域地层编写组(1981)在河尾滩创名，原称下河尾滩群、上河尾滩群，原始定义：分布于林济塘、河尾滩、喀喇昆仑山口之北及克勒青河上游等地，主要为灰岩、鲕粒灰岩，夹砂岩及泥岩，局部夹砾岩，含珊瑚类、双壳类、腕足类等化石。现在定义：岩性为浅灰—深灰色薄—中层状灰岩、生物灰岩、粉砂岩、细砂岩、硅质岩，少量硅质灰岩、白云岩、泥灰岩等，其下与空喀山口组以平行不整合接触，上与克勒青河群整合接触或被龙山组不整合超覆。新疆地矿局第一区调大队第四分队(1984)在该地区进行 1∶100 万地质调查时，将下、上河尾滩群称上河尾滩群，另划出一块地质体称下河尾滩群。本次区调由于图区出露较少，将其群降为组，时代为中三叠世。

图区上河尾滩组出露比较零散，主要分布于河尾滩西、克兹尔塔格、岔路口东、长干湖一带，与下伏地层为断层接触，龙山组或铁隆滩群不整合覆于其上，总面积约 240km²。

(二)地层特征

现以新疆和田市上河尾滩组实测地层剖面(图 2-44)介绍如下，剖面位置：N35°05′17″、E78°32′03″。剖面上，上河尾滩组主要岩性为一套海相碎屑岩。下未见底，与上覆侏罗系龙山组平行(或角度)不整合接触(图 2-45),出露总厚度 1 375.30m。

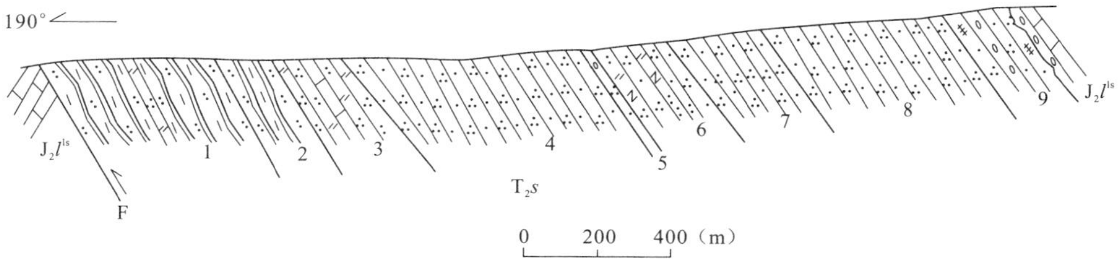

图 2-44　新疆和田市上河尾滩组实测地层剖面图

剖面地层列述如下:

上覆地层:龙山组灰色厚层状灰岩

～～～～～～～～～～～　平行不整合　～～～～～～～～～

上河尾滩组(T_2s)	**1 375.30m**
9.紫灰色厚层状杂砂岩夹(互)绿灰色厚层状杂砂岩	84.92m
8.紫灰色中厚层状石英砂岩夹(互)绿—灰色中厚层状石英砂岩	305.16m
7.绿灰色中厚层状细粒石英砂岩夹中薄层状石英粉砂岩	113.07m
6.灰色中层状细粒石英砂岩夹灰黑色薄层状含云母质长石石英粉砂岩	98.25m
5.紫灰色中厚层状细粒石英砂岩(偶含砾)	23.43m
4.灰色中薄层状石英细砂岩夹紫灰色中厚层状细粒石英砂岩	327.81m
3.灰绿色中薄层状含白云质粉砂岩夹灰黑色石英粉砂岩,局部夹灰岩,灰岩上产双壳类化石	104.56m
2.深灰色粉砂质泥板岩	84.95m
1.深灰色粉砂质泥板岩夹薄层白云质石英粉砂岩	233.15m

(未见底)

剖面上,上河尾滩组未见底,依据岩石特征,可进一步分为上、下两部分。下部主要为一套深水类复理石建造,主要岩性为深灰色粉砂质泥板岩夹薄层白云质石英粉砂岩等。沉积物中粗—细韵律特别发育。颜色主要为深灰色,反映出还原环境。总体上表现出较深水复理石建造特征。上部岩性主要为石英砂岩、杂砂岩夹石英粉砂岩、长石石英粉砂岩,局部夹有少量中层状灰岩,灰岩中见双壳类化石。由下向上,碎屑物由细变粗、层由薄变厚,沉积物颜色由灰、灰绿变为紫红色,沉积物由下部的灰色中薄层石英细砂岩变为紫灰色、灰绿色中厚层状杂砂岩,反映出水体越来越浅、沉积速率越来越快、沉积环境由还原环境转变为氧化环境。

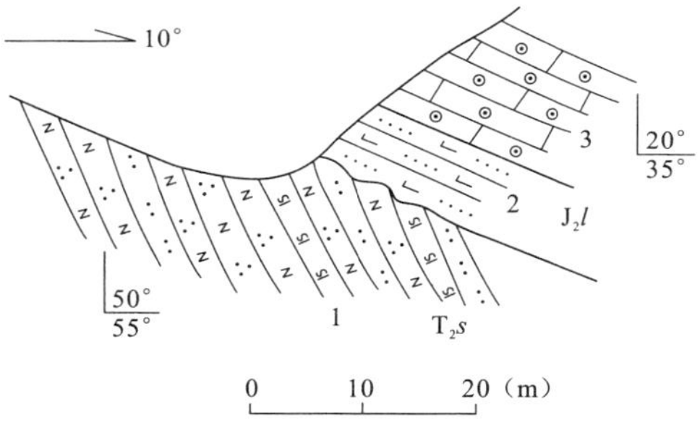

图 2-45　龙山组与上河尾滩组不整合关系素描图

1.长石石英砂岩夹粉砂岩、硅质岩;

2.钙质砂岩;3.鲕粒灰岩

该组在图区分布零散,变化较大。在长干湖一带该组变形较强,岩性以石英砂岩、粉砂岩为主,层极薄。在克兹尔塔格一带该组中夹有深水硅质岩,基本层序由长石石英砂岩—粉砂岩—硅质岩构成(图 2-46),包括鲍马序列的 C、D、E 段。

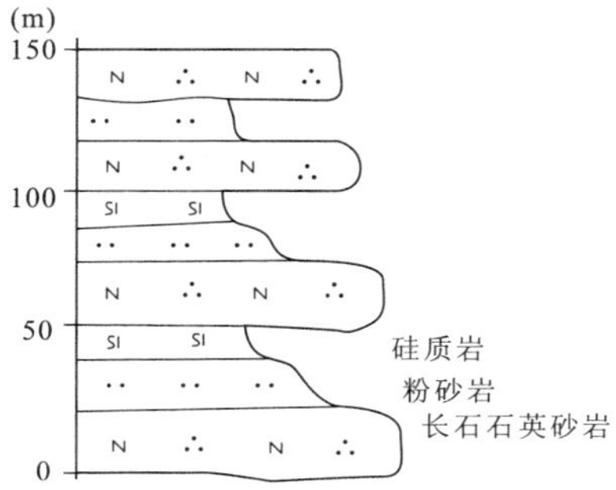

图 2-46　上河尾滩组中基本层序模式图

(三)沉积相及沉积环境分析

上河尾滩组下部岩性主要为粉砂岩、粉砂质泥板岩，局部见深海硅质岩等，地层中由粉砂岩—泥板岩构成的韵律清楚，具有深水浊积岩沉积特征。该组上部以紫灰色中厚层状细粒石英砂岩为主，夹有厚层状杂砂岩、粉砂岩等，砂岩局部含砾。砂岩局部夹有少量中层状灰岩，灰岩中见双壳类化石。所以该组上部应为浅海滨岸相沉积。

(四)关于形成时代

本次工作在上河尾滩组中未采集到化石，该套地层中前人采集到了大量生物化石，主要有双壳类 *Montiultia* sp.，*Daonella* sp.，*D. indica*，*Plagiostoma* sp.，*Halobia* sp.，*H.* cf. *talauana*，*H.* cf. *planicosta*，*H. bagiugensis*，*H. arthaberi*，*Bakevelloides* sp.；腹足类 *Fustiaria* sp.；菊石 *Rimkinites* sp.；珊瑚 *Thamnasteria* sp.，*Epistreptophyllum* sp.，*Thecosmilia* sp.，*Chactetes* sp.；海百合茎 *Cyclocyclicus* sp.；腕足类 *Rhynchonellidae*，*Montlivaltia* sp. 等，其时代为中三叠世无疑。

三、巴工布兰萨组(J_1b)

(一)概述

该群由新疆区域地层表编写组(1981)创名，命名地为图区巴工布兰萨附近，原始定义：该群为一套海陆交互相沉积，岩性为砂质页岩、砂岩、砾岩、泥质岩及灰岩，含有丰富的动植物化石。《新疆维吾尔自治区岩石地层》重新命名：指不整合于中泥盆统落石沟组之上、龙山组之下的一套海陆交互相沉积，岩性为砂质页岩、砂岩、粉砂岩、碳质粉砂岩、灰岩、鲕状灰岩、燧石灰岩及沥青质灰岩序列，灰岩中产双壳类、菊石、苔藓虫等化石，碎屑岩中产植物化石。图区该套地层出露范围非常局限，本次区调将其群降为组。图区该组仅分布于甜水海西一带(图 2-41)，与落石沟组为断层接触，总面积约 20km²。

(二)地层特征

现以新疆皮山县尖刀山北巴工布兰萨组路线地质剖面(图 2-47)介绍如下，剖面位置：N35°47′35″、E78°12′58″，剖面上该组顶、底均未见，推测与落石沟组为断层接触，出露厚度 1 500m。

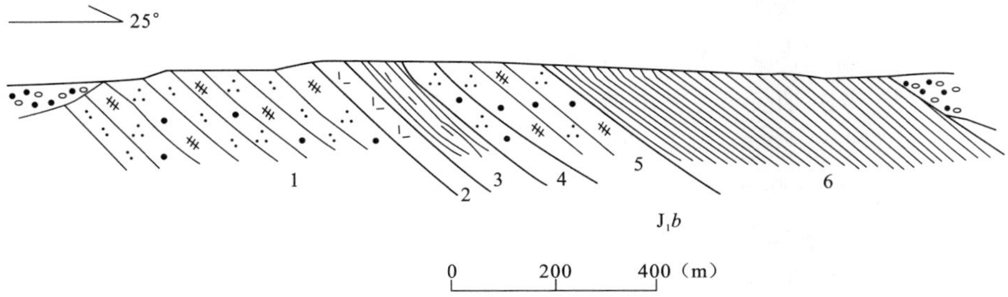

图 2-47　新疆皮山县尖刀山北巴工布兰萨组路线地层剖面图

(未见顶)

巴工布兰萨组(J_1b)	**1 500m**
6. 深灰色页岩	800m
5. 灰黄色薄层状细粒石英杂砂岩	130m

4. 浅灰色中细粒石英砂岩　　50m

3. 深灰色绢云母板岩　　70m

2. 蚀变流纹岩　　50m

1. 浅灰色薄层状中细粒石英杂砂岩夹少量泥质粉砂岩　　400m

（未见底）

巴工布兰萨组剖面未见顶、底，出露厚度为1 500m。岩石组合主要为一套碎屑岩夹少量火山岩。主要岩性为页岩、石英砂岩、石英杂砂岩、粉砂岩、绢云母板岩、蚀变流纹岩等。页岩呈深灰色，页理发育，质地较软，成分主要为泥质；砂岩主要为细粒石英砂岩、石英杂砂岩等，砂粒分选、磨圆均不好；板岩具板状构造，成分主要为粘土矿物、绢云母等；蚀变流纹岩呈灰白色，具块状构造、残余流纹构造，斑状结构，为火山熔岩类岩石。

该组虽然分布局限，但横向变化较大。砂岩在横向上可相变为砾岩，页岩在相邻路线上含大量植物化石。该组沉积环境总体为一套陆相-浅海滨岸相。

（三）岩石地球化学特征

1. 岩石化学特征

巴工布兰萨组中碎屑岩岩石化学分析结果见表2-32。由表2-32可见，岩石化学成分总体变化较大，SiO_2、Al_2O_3、Fe_2O_3、MgO、K_2O等含量较高，而TiO_2、MnO、CaO、P_2O_5等含量较低。其中SiO_2在55.78%～70.16%之间，Al_2O_3在14.31%～18.97%之间，TiO_2在0.76%～0.83%之间，一般K_2O>Na_2O、MgO>CaO。

表2-32　巴工布兰萨组硅酸盐岩分析结果　（%）

样品号	岩石名称	SiO_2	TiO_2	Al_2O_3	Fe_2O_3	MgO	MnO	CaO	Na_2O	K_2O	P_2O_5	LOI	Σ
D1644/1	变质细粒石英杂砂岩	70.16	0.76	14.31	2.90	1.28	0.01	0.92	2.34	3.69	0.22	3.28	99.87
D1644/3	绢云母板岩	56.90	0.78	18.41	7.81	3.76	0.03	0.46	1.65	5.55	0.18	4.48	100.01
D1644/6	薄层状页岩	55.78	0.83	18.97	7.34	3.20	0.03	0.71	0.39	7.56	0.20	5.03	100.04

2. 微量元素特征

巴工布兰萨组微量元素分析结果见表2-33，由表2-33中可以看出微量元素含量变化均较大。Sc、Hf等元素几何平均值明显高于地壳克拉克值，Sr、Cu、Pb等元素几何平均值明显低于地壳克拉克值，其余元素则与地壳克拉克值较为接近。微量元素聚集类型：Hf元素为强聚集型，Sc、W、Th、Ga等元素为弱聚集型，Sr、Cu、Pb等元素为极分散型，其余元素为分散型。微量元素分布类型：微量元素总体分异程度不高，Cs、Mo、Cu为分异型，Rb为弱分异型，其余元素为均匀分布型。

3. 主要成矿元素特征

由表2-33中可以看出，巴工布兰萨组中主要成矿元素均未见明显的富集（成矿），Cu、Pb等元素几何平均值均明显低于地壳克拉克值，说明元素成矿背景值不高。二者均属极分散型，弱分异或均匀分布型，所以该组对Cu、Pb成矿条件不好。

表 2-33 巴工布兰萨组微量元素分析结果 (×10⁻⁶)

样品号	岩石名称	Li	Be	Sc	Rb	Sr	Y	Zr	Nb	Cs	Ba
D1644/1	变质中细粒石英杂砂岩	19.07	1.59	8.78	91.13	76.50	23.60	188.08	12.83	3.17	593.92
D1644/3	绢云母板岩	35.36	2.73	15.39	132.68	43.84	27.72	122.52	13.81	4.76	827.76
D1644/4	变质中细粒石英砂岩	12.90	1.74	10.92	69.31	82.29	31.75	197.08	11.97	1.99	380.43
D1644/5	变质中细粒石英杂砂岩	16.14	1.70	11.51	65.12	85.89	29.47	200.54	12.67	2.16	415.51
D1644/6	薄层状页岩	35.15	3.23	15.88	184.99	53.05	26.35	142.64	15.83	9.48	788.18
几何平均值		21.81	2.11	12.19	100.19	66.05	27.64	167.00	13.34	3.61	572.04
CV 值		0.49	0.35	0.25	0.50	0.28	0.11	0.21	0.11	0.86	0.36
KK 值		0.68	0.55	1.22	0.67	0.19	0.95	0.98	0.67	0.98	0.88
地壳克拉克值(维氏,1962)		32.00	3.80	10.00	150.00	340.00	29.00	170.00	20.00	3.70	650.00
样品号	岩石名称	Hf	Ta	W	Th	U	Mo	Co	Ga	Cu	Pb
D1644/1	变质中细粒石英杂砂岩	5.98	1.17	1.59	16.16	2.25	—	5.52	23.79	27.09	8.02
D1644/3	绢云母板岩	4.18	1.26	1.91	15.68	2.61	—	12.75	30.70	17.46	5.41
D1644/4	变质中细粒石英砂岩	5.55	1.49	1.04	13.18	1.83	0.37	9.73	15.03	9.82	5.09
D1644/5	变质中细粒石英杂砂岩	6.01	1.58	1.40	13.77	1.86	1.31	13.54	15.55	44.29	6.97
D1644/6	薄层状页岩	4.49	1.41	2.11	18.47	3.03	—	13.00	33.37	13.96	7.44
几何平均值		5.18	1.37	1.56	15.34	2.27	0.69	10.38	22.44	19.57	6.48
CV 值		0.16	0.12	0.27	0.14	0.23	0.97	0.32	0.38	0.70	0.20
KK 值		5.18	0.55	1.20	1.18	0.91	0.63	0.58	1.18	0.42	0.41
地壳克拉克值(维氏,1962)		1.00	2.50	1.30	13.00	2.50	1.10	18.00	19.00	47.00	16.00

(四)关于形成时代

岩性主要为砂岩、粉砂岩、砂质页岩等,为陆相-浅海滨岸相沉积。前人在该组中采集到了大量的植物化石,主要有:*Cladophlebis* cf. *haicurensis*, *Ptilophyllum cutchense* Morris, *Phonicopsis speciosa* Heer, *Pityophyllum nordesrioldi* Heer, *Phonicopsis lation* Heer, *Kluria tibeica* sp. nov., *Elatocladus* sp. 等,在河尾滩附近该组灰岩中含菊石 *Harpoceras phinectatum*,双壳类 *Posidonia* aff. *alplna*。该组所产化石组合中的 *Harpoceras phinectatum* 可与西欧下侏罗统阿林阶及托尔阿的带化石对比,植物化石可与叶尔羌群对比。结合其与龙山组地层关系将该组时代归为早侏罗世。

四、龙山组(J_2l)

(一)概述

新疆地矿局第一区调大队第四分队张志德等(1984)创名,创名地位于喀喇昆仑山萨利吉勒干南库勒湖湖西。原始定义:为一套浅海相碳酸盐岩沉积或碳酸盐岩夹碎屑岩,局部夹火山岩、石膏层,含极丰富的动物化石。现在定义:指不整合于克勒青河群之上、整合于红其拉甫组之下的一套浅海相碳酸盐岩夹碎屑岩,局部夹火山岩。本次区调沿用该划分方案,并依据其岩石组合特征,将其划分为上、下两段,即灰岩段(J_2l^b)和砂砾岩段(J_2l^a)。

图区龙山组广泛分布于北羌塘地区,呈北西—南东向带状展布,多呈角度不整合覆于下伏不同层位地层之上,其上被白垩纪地层角度不整合覆盖,总面积为 1 900km²。

(二)地层特征

现以新疆和田市岔路口龙山组实测地层剖面(图 2-48)介绍如下,剖面位置:N35°14′01″、E78°56′39″,剖面上该组与下伏神仙湾组呈微角度不整合接触(图 2-49),其上未见顶,砂砾岩段出露厚度 987.4m,灰岩段出露厚度 1 623.1m。

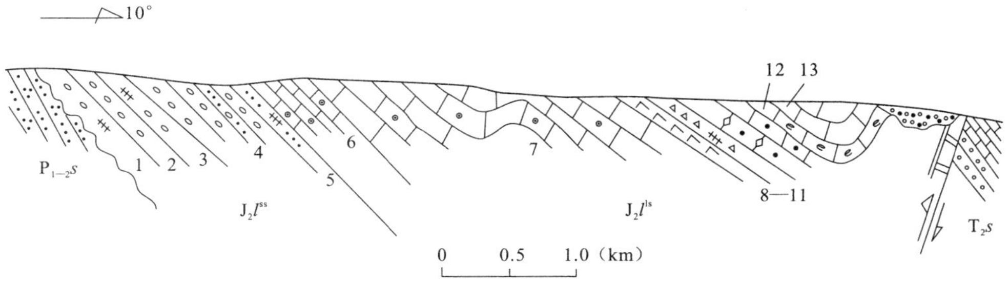

图 2-48 新疆和田市岔路口龙山组实测地层剖面图

剖面地层列述如下:

(未见顶)

龙山组(J_2l)	**2 610.5m**
龙山组灰岩段(J_2l^{ls})	**1 623.1m**
13.灰色厚层状微晶灰岩	513.0m
12.深灰色薄层状含生物碎屑灰岩	93.0m
11.灰色厚层状砂质微晶灰岩	85.4m
10.灰色中层状亮晶鲕粒灰岩	268.3m
9.紫灰色中—厚层状复成分角砾岩	6.4m
8.灰绿色杏仁状玄武岩	9.9m
7.深灰色中—厚层状含鲕粒灰岩夹砾屑灰岩(产群体珊瑚化石)	423.1m
6.深灰色薄层状微晶鲕粒灰岩	224.0m
砂砾岩段(J_2l^{ss})	**987.4m**
5.紫红色中—薄层状复成分含砾砂岩夹钙质砂岩	6.2m
4.紫红色厚层状砾岩夹含砾钙质砂岩	528.5m
3.灰—灰绿色厚层状复成分砾岩夹含砾钙质岩屑砂岩	141.0m
2.紫红色厚层状砾岩夹含砾钙质岩屑砂岩	144.9m
1.灰绿色厚层状复成分砾岩	166.8m

~~~~~~~~~~~~~~ 微角度不整合 ~~~~~~~~~~~~~~

二叠系神仙湾组:灰色中层状中细粒石英砂岩

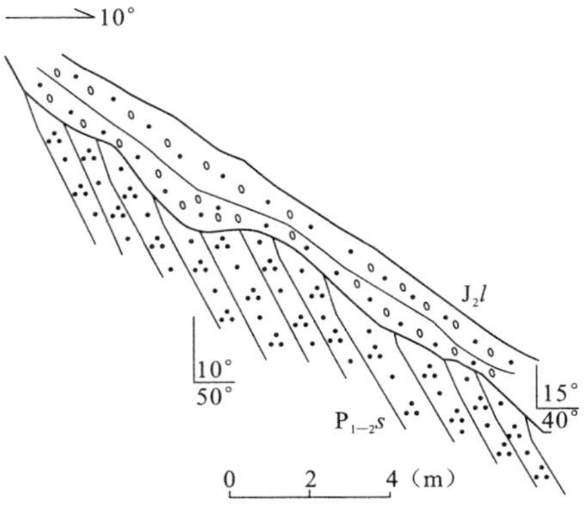

图 2-49 龙山组不整合于神仙湾组之上素描图

剖面上砂砾岩段与下伏神仙湾组呈微角度不整合接触。主要岩石为一套陆相粗碎屑岩建造。岩性主要为灰绿色—紫红色复成分砾岩夹含砾钙质岩屑砂岩、钙质砂岩等,以紫红色为主要外观特征。砾岩中砾石较为粗大,一般 10~30cm,也有2~5cm,砾石成分复杂,有灰岩、玄武岩、砂岩、粉砂岩等,磨圆度中等或较差,分选一般,局部可见粒序层理(图版Ⅱ-6),胶结物为砂泥质。砂岩多呈透镜状夹于砾岩中,一般含砾,主要为含钙岩屑
~~~~~~~~~~~~~~

砂岩，碎屑物磨圆、分选均较差，具近源快速堆积特征。该段自下而上含砾砂岩越来越多，由透镜状变为夹层出现，反映其沉积作用由河流沉积向浅海滨岸相演变。该段底部砾岩局部呈叠瓦状排列（图2－50），砂岩中斜层理发育，反映古水流方向由北向南，沉积盆地中心位于南边。

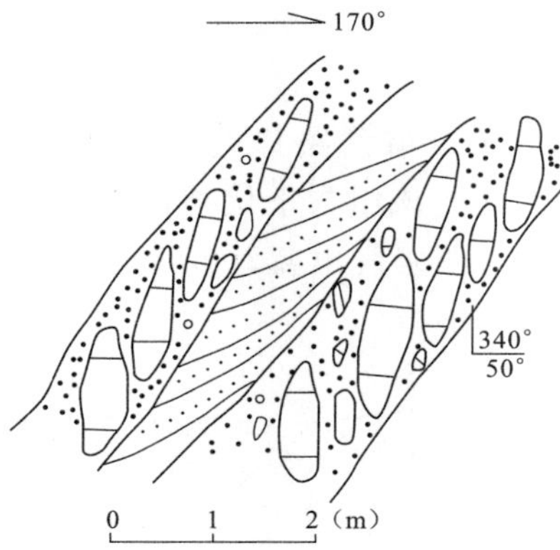

图2－50　龙山组底部砾岩中砾石呈叠瓦状排列及砂岩中斜层理反映古水流方向由北向南

剖面上灰岩段与砂砾岩段为整合过渡接触关系。该段主要为一套浅海碳酸盐岩夹火山岩建造。该段下部主要为鲕粒灰岩、砾屑灰岩、生物灰岩夹玄武岩等；上部主要为微晶灰岩、砂屑微晶灰岩、生物碎屑灰岩等，局部出现生物点礁。总之，该套地层总体为浅海高能碳酸盐台地相，个别层位（腕足碎片富集成层）还显示边滩相堆积特征。

灰岩段中夹有厚约15m的玄武质角砾岩和杏仁状玄武岩，岩石呈绿灰色，具斑状结构，基质具粗玄结构，块状构造、杏仁状构造。火山岩相邻上部层位中出现厚约7m的复成分角砾岩，角砾大小2～4mm，呈棱角—次棱角状，砾石成分复杂，主要有玄武岩屑、安山岩屑、灰岩岩屑、石英岩岩屑，这些特征均显示为陆相原地或近源堆积的产物，反映该期存在一个小的沉积间断，该区地壳经历过一次快速上升运动，并且很可能就在这次运动过程中引发了火山活动。

现以新疆皮山县天神达坂龙山组（灰岩层）实测地层剖面（图2－51）介绍如下，剖面位置：N35°38′10″、E78°02′21″，剖面上该组未见顶、底，出露厚度488.28m。

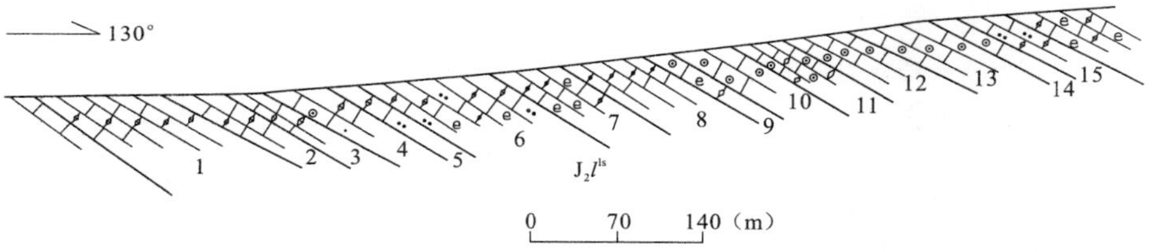

图2－51　新疆皮山县天神达坂龙山组（灰岩层）实测剖面图

剖面地层列述如下：

上覆地层：龙山组灰色厚层块状生屑、团粒泥微晶灰岩

—————— 整　合 ——————

龙山组礁灰岩	**488.28m**
16. 浅灰色中薄层状粉砂质泥晶灰岩	35.67m
15. 灰色厚层状鲕粒灰岩	28.28m
14. 浅灰绿色中—薄层状鲕粒灰岩	57.91m
13. 灰色厚层状鲕粒灰岩夹生物碎屑灰岩	46.38m
12. 浅灰绿色中—薄层状亮晶鲕粒灰岩	38.05m
11. 灰色厚层状含鲕粒灰岩	43.93m
10. 浅紫灰色中层状亮晶鲕粒灰岩夹生物碎屑灰岩	17.49m
9. 浅灰色薄层状泥晶灰岩	46.22m
8. 浅灰色厚层状含生屑泥微晶灰岩	28.06m
7. 浅灰色中层状含粉砂泥晶灰岩夹生物碎屑灰岩层	36.79m

6. 浅灰色薄层状含粉砂泥晶灰岩　14.37m
5. 灰色薄层状泥晶灰岩夹砂质鲕粒灰岩　26.49m
4. 浅灰色薄板状泥晶灰岩　19.54m
3. 浅灰色薄层状泥晶灰岩　9.16m
2. 浅灰色中层状泥晶灰岩　15.25m
1. 浅灰色薄层状泥晶灰岩　24.69m

（未见底）

从剖面岩石组成及构造特征分析，自下而上，可进一步划分为上、下两部分。下部第1—4层，以浅灰色泥晶灰岩为主要岩性，薄层构造为主要特征，生物活动微弱，显示开阔台地相沉积环境；上部第5—16层以中—薄层状鲕粒灰岩、生物碎屑灰岩为主要岩性，发育鲕粒构造，生物活动频繁，考虑到剖面侧旁礁灰岩发育的情况，应为一种高能台地相沉积环境。该地层可与岔路口剖面上灰岩段下部对比。

龙山组在图区岩性、岩相稳定，横向变化不大。自下而上由陆相沉积快速演变为浅海相碳酸盐台地相沉积，总体为一个海侵序列。在天文点西一带该组上部夹有石膏层，石膏层厚达20m，延伸上百米，质地纯净，反映了该组顶部海水变浅，并转变为局限滞留沉积环境。

（三）岩石地球化学特征

1. 岩石化学特征

龙山组灰岩段岩石化学分析结果见表2-34。由表2-34可见，岩石化学成分总体变化较大，一般$K_2O>Na_2O$。碳酸盐岩化学成分平均值与世界碳酸盐岩平均值（涂和费，1961）相比，TiO_2、Al_2O_3、Fe_2O_3、CaO、Na_2O、K_2O明显偏大，而SiO_2、MgO、MnO偏小，说明该组的碳酸盐岩陆源碎屑物含量较小，碳酸盐岩较纯净。

表2-34　龙山组灰岩段碳酸盐岩分析结果　（%）

样品号	岩石名称	SiO_2	TiO_2	Al_2O_3	Fe_2O_3	MgO	MnO	CaO	Na_2O	K_2O	P_2O_5	LOI	Σ
D1402/1	微晶鲕粒灰岩	7.71	0.15	1.73	0.98	1.52	0.03	48.37	0.10	0.35	0.08	39.15	100.17
D1402/7	亮晶鲕粒灰岩	3.16	0.06	1.10	0.82	0.91	0.04	52.16	0.08	0.17	0.05	41.79	100.34
D1402/10	亮晶鲕粒灰岩	2.63	0.06	1.14	0.72	1.57	0.04	51.47	0.16	0.22	0.06	41.89	99.96
平均值		4.50	0.09	1.32	0.84	1.33	0.04	50.67	0.11	0.25	0.06	—	
碳酸盐岩平均值（涂和费，1961）		5.19	0.06	0.81	0.33	7.90	0.12	42.01	0.04	0.03	0.03	—	

龙山组砂砾岩段岩石化学分析结果见表2-35。由表2-35可见，砂砾岩中SiO_2含量相对较低，而TiO_2、CaO含量相对较高，说明砂岩具成分成熟度较低的特征。其中的火山岩SiO_2含量较低，为38.01%，TiO_2、Na_2O含量较高，说明岩浆具有幔源特征。

表2-35　龙山组砂砾岩段硅酸盐岩分析结果　（%）

样品号	岩石名称	SiO_2	TiO_2	Al_2O_3	Fe_2O_3	MgO	MnO	CaO	Na_2O	K_2O	P_2O_5	LOI	Σ
D1401/6	不等粒含砾钙质岩屑砂岩	41.61	1.55	7.16	8.10	4.98	0.11	18.48	0.44	0.23	0.16	17.29	100.11
D1403/2	杏仁状玄武岩	38.01	1.41	11.66	8.76	3.08	0.14	19.89	3.92	0.58	0.21	12.31	99.97

2. 微量元素特征

龙山组砂砾岩段微量元素分析结果见表 2－36，由表 2－36 可以看出，微量元素含量变化均较大。Hf 元素几何平均值明显高于地壳克拉克值，Be、Rb、Sr、Ba、Ta、W、Th、U、Mo 等元素几何平均值明显低于地壳克拉克值，其余元素则与地壳克拉克值较为接近。微量元素聚集类型：Hf、Co 等元素为聚集型，Li、Sc 等元素为弱聚集型，Y、Zr、Nb、Cs、Ga、Cu、Pb 等元素为分散型，其余元素为极分散型。微量元素分布类型：微量元素总体分异程度不高，Rb、W、Pb 为分异型，Li、Cs、Ba、Ta、Th、U 为弱分异型，其余元素均为均匀分布型。

表 2－36　龙山组砂砾岩段微量元素分析结果　　（$\times10^{-6}$）

样品号	岩石名称	Li	Be	Sc	Rb	Sr	Y	Zr	Nb	Cs	Ba
D1401/2	复成分砾岩	25.03	1.25	11.34	45.68	200.43	22.11	151.23	15.40	5.75	157.12
D1401/3	中粒含砾钙质岩屑杂砂岩	34.42	0.81	15.03	39.67	182.92	20.85	110.23	12.16	2.52	147.20
D1401/4	复成分砾岩	34.98	0.59	15.29	27.15	170.57	17.76	81.20	8.55	2.51	105.42
D1401/6	不等粒含砾钙质岩屑砂岩	46.54	0.84	14.87	8.54	154.82	15.77	107.53	16.14	2.36	387.84
D1401/7	不等粒含砾钙质岩屑杂砂岩	75.09	1.36	9.53	14.33	107.22	16.05	118.30	15.94	1.43	81.06
D1401/8	含砾砂岩	30.67	0.69	14.26	24.84	314.31	18.65	98.80	12.96	2.00	163.06
D1404/4	中细粒岩屑石英砂岩	94.25	1.36	7.26	61.39	76.91	18.20	130.07	14.52	3.60	271.46
几何平均值		43.70	0.94	12.11	26.50	158.47	18.36	112.01	13.40	2.64	165.44
CV 值		0.59	0.35	0.26	0.70	0.48	0.13	0.20	0.20	0.54	0.65
KK 值		1.37	0.25	1.21	0.18	0.47	0.63	0.66	0.67	0.71	0.25
地壳克拉克值(维氏,1962)		32.00	3.80	10.00	150.00	340.00	29.00	170.00	20.00	3.70	650.00

样品号	岩石名称	Hf	Ta	W	Th	U	Mo	Co	Ga	Cu	Pb
D1401/2	复成分砾岩	3.47	0.51	0.60	4.54	1.18	0.82	27.05	10.57	56.20	44.50
D1401/3	中粒含砾钙质岩屑杂砂岩	2.81	0.35	0.47	3.39	0.81	0.48	30.81	10.89	40.75	12.82
D1401/4	复成分砾岩	2.11	0.37	0.27	1.90	0.53	0.28	29.46	9.97	26.09	9.33
D1401/6	不等粒含砾钙质岩屑砂岩	3.09	1.00	0.37	2.47	0.92	—	26.12	17.08	60.13	7.57
D1401/7	不等粒含砾钙质岩屑杂砂岩	2.70	1.24	0.29	2.11	0.51	0.38	54.82	12.22	17.84	11.11
D1401/8	含砾砂岩	2.62	0.37	0.35	2.10	0.89	0.35	27.15	11.22	30.19	13.50
D1404/4	中细粒岩屑石英砂岩	3.31	1.09	1.25	6.15	1.90	0.54	14.84	11.90	27.52	30.44
几何平均值		2.84	0.62	0.45	2.96	0.88	0.45	28.19	11.81	34.07	15.16
CV 值		0.16	0.63	0.77	0.54	0.54	0.43	0.43	0.20	0.47	0.91
KK 值		2.84	0.25	0.34	0.23	0.35	0.41	1.57	0.62	0.72	0.95
地壳克拉克值(维氏,1962)		1.00	2.50	1.30	13.00	2.50	1.10	18.00	19.00	47.00	16.00

龙山组灰岩段微量元素分析结果见表2-37,由表2-37中可以看出微量元素含量变化均较大。Be、Zr、Nb、Co、Pb等元素几何平均值明显高于碳酸盐岩平均值,Y、U等元素几何平均值明显低于碳酸盐岩平均值,其余元素则与该值较为接近。微量元素聚集类型:Ba、Co等元素为强聚集型,Sc、Rb、Zr、Nb、Hf、Pb等元素为聚集型,Ga元素为弱聚集型,Y、Mo等元素为分散型,其余元素为极分散型。微量元素分布类型:微量元素总体分异程度较高,Sc、Zr、U、Co、Cu等元素为弱分异型,Mo、Sr等元素为均匀分布型,其他元素为强分异型或分异型。

表2-37 龙山组灰岩段微量元素分析结果 ($\times10^{-6}$)

样品号	岩石名称	Li	Be	Sc	Rb	Sr	Y	Zr	Nb	Cs	Ba
D1402/1	微晶鲕粒灰岩	2.13	0.19	1.08	4.69	278.94	2.26	21.05	0.84	0.31	32.84
D1402/2	亮晶鲕粒灰岩	1.36	0.13	0.89	3.31	856.58	0.86	33.30	0.33	0.11	48.97
D1402/6	亮晶砾屑灰岩	1.00	0.10	0.81	0.36	578.97	3.76	22.04	0.28	0.09	26.23
D1402/7	亮晶鲕粒灰岩	0.15	0.05	0.80	0.36	193.55	0.61	14.39	0.13	0.04	12.76
D1402/10	亮晶鲕粒灰岩	1.46	0.12	0.99	0.44	282.41	10.10	25.74	0.33	0.08	24.00
D1403/5	亮晶砂屑灰岩	5.26	0.35	2.01	14.31	440.34	5.71	40.71	2.91	0.58	73.32
D1403/6	亮晶鲕粒灰岩	1.98	0.26	0.86	6.08	222.56	0.31	42.64	0.45	0.13	62.25
D1403/7	砂屑微晶灰岩	2.78	0.17	1.01	9.14	139.67	0.41	39.04	0.36	0.29	432.80
D1403/9	微晶灰岩	3.14	0.35	1.30	10.51	335.03	2.70	30.82	0.56	2.41	56.93
D1403/8	含生物碎屑灰岩	12.49	0.60	1.69	26.37	318.74	10.28	83.73	2.49	1.98	173.16
D1404/1	含生物碎屑灰岩	7.07	0.48	1.81	14.40	287.82	9.30	45.37	1.77	1.74	54.12
D1404/2	细晶大理岩	6.44	0.40	1.66	16.41	396.42	7.46	37.57	2.83	0.52	74.36
D1404/5	微晶灰岩	3.32	0.21	1.20	5.26	362.22	9.13	24.70	0.46	0.45	322.75
D1450/1	泥晶灰岩	12.77	0.73	2.37	23.81	276.15	9.30	53.02	2.60	1.58	103.90
D1450/2	泥晶灰岩	27.99	1.70	4.24	64.70	309.05	14.00	93.42	7.65	5.71	94.22
D1450/3	泥晶灰岩	24.93	1.22	3.46	43.64	297.26	11.52	75.26	5.54	3.53	169.04
D1450/4	泥晶灰岩	21.77	1.28	3.74	44.33	271.18	12.22	75.85	5.77	3.75	80.37
D1450/8	含粉砂泥质灰岩	22.59	1.17	3.36	43.47	321.21	12.31	96.50	6.37	3.34	116.52
D1450/11	生屑泥微晶灰岩	9.17	0.43	2.08	17.27	281.14	6.24	40.07	1.88	1.08	52.56
D1451/1	亮晶鲕粒灰岩	4.12	0.16	1.18	3.71	384.37	16.15	25.48	0.90	0.35	30.18
几何平均值		4.60	0.33	1.58	8.23	317.60	4.53	40.13	1.19	0.62	70.02
CV值		1.93	1.41	0.68	2.21	0.48	1.09	0.63	1.95	2.59	1.50
KK值		0.92	0.00	1.58	2.74	0.52	0.15	2.11	3.98	0.00	7.00
碳酸盐岩平均值(涂和费,1961)		5.00	0.00	1.00	3.00	610.00	30.00	19.00	0.30	0.00	10.00
样品号	岩石名称	Hf	Ta	W	Th	U	Mo	Co	Ga	Cu	Pb
D1402/1	微晶鲕粒灰岩	0.22	0.05	5.41	0.34	0.64	0.45	2.93	3.33	5.88	6.82
D1402/2	亮晶鲕粒灰岩	0.22	0.02	0.03	0.15	0.33	0.31	1.85	3.69	4.08	4.22
D1402/6	亮晶砾屑灰岩	0.24	0.02	0.03	0.18	0.28	0.21	1.69	4.36	3.16	3.18
D1402/7	亮晶鲕粒灰岩	0.07	0.01	0.01	0.08	0.31	0.30	1.01	2.59	3.01	40.51
D1402/10	亮晶鲕粒灰岩	0.21	0.02	0.04	0.24	0.36	0.30	1.76	2.23	10.18	9.66
D1403/5	亮晶砂屑灰岩	0.53	0.20	0.28	0.79	0.43	0.28	5.57	5.96	8.94	8.97
D1403/6	亮晶鲕粒灰岩	0.48	0.04	0.05	0.26	0.71	0.33	1.98	4.13	2.16	219.53
D1403/7	砂屑微晶灰岩	0.58	0.01	0.15	0.32	0.26	0.29	1.54	15.58	3.90	32.45

续表 2－37

样品号	岩石名称	Hf	Ta	W	Th	U	Mo	Co	Ga	Cu	Pb
D1403/9	微晶灰岩	0.31	0.05	0.10	0.44	0.66	0.42	2.00	3.60	17.63	381.95
D1403/8	含生物碎屑灰岩	1.50	0.17	0.28	2.71	0.87	0.30	2.58	9.19	6.44	44.08
D1404/1	含生物碎屑灰岩	0.58	0.12	0.17	1.07	0.47	0.46	3.78	1.29	4.22	25.00
D1404/2	细晶大理岩	0.58	0.17	0.16	0.85	0.46	0.30	5.33	4.49	9.14	8.01
D1404/5	微晶灰岩	0.25	0.03	0.04	0.35	0.54	0.34	1.92	12.70	5.82	314.21
D1450/1	泥晶灰岩	0.86	0.11	0.27	2.18	0.46	0.23	3.94	8.27	5.14	4.04
D1450/2	泥晶灰岩	2.08	0.65	0.94	6.90	1.19	0.37	7.14	10.30	12.68	17.38
D1450/3	泥晶灰岩	1.62	0.46	0.64	4.80	0.94	0.36	5.73	12.22	8.78	9.27
D1450/4	泥晶灰岩	1.58	0.53	0.68	4.74	0.92	0.34	5.81	8.71	11.26	9.71
D1450/8	含粉砂泥质灰岩	2.38	0.62	1.17	5.20	1.08	0.38	5.98	9.52	10.99	11.79
D1450/11	生屑泥微晶灰岩	0.55	0.11	0.18	1.54	0.57	0.89	2.64	7.35	5.36	4.02
D1451/1	亮晶鲕粒灰岩	0.55	0.03	0.14	0.86	0.37	0.54	1.21	0.51	3.55	10.79
几何平均值		0.53	0.08	0.17	0.80	0.54	0.35	2.82	4.99	6.15	17.57
CV 值		1.28	2.75	7.01	2.59	0.52	0.42	0.68	0.84	0.65	6.28
KK 值		1.77		0.28	0.47	0.24	0.88	28.17	1.25	1.54	1.95
碳酸盐岩平均值(涂和费,1961)		0.30	0.00	0.60	1.70	2.20	0.40	0.10	4.00	4.00	9.00

3. 主要成矿元素特征

由表 2－36 和表 2－37 可以看出，龙山组中主要成矿元素均未见明显的富集(成矿)，Cu、Pb 等元素几何平均值与地壳克拉克值或碳酸盐岩平均值较为接近，说明元素成矿背景值不高。在碎屑岩中 Cu、Pb 均为分散型，Pb 为分异型，Cu 为均匀分布型，在碳酸盐岩中二者为聚集型，Pb 为强分异型，Cu 为弱分异型。综上所述，该组对 Cu、Pb 成矿条件不甚好。

(四)沉积相及沉积环境分析

龙山组砂砾岩段岩石总体呈紫红色，局部灰—灰绿色，砾岩中砾石成分复杂(图版Ⅱ－7)，分选一般，砂岩结构和成分成熟度均较低，总体特征反映为炎热、干燥环境下的陆相河流沉积。灰岩段岩性主要为微晶灰岩、生屑灰岩、鲕粒灰岩、砂屑灰岩等，局部可见礁灰岩，应为浅海高能碳酸盐台地相沉积。另顶部灰岩段局部夹有石膏层，具有咸化潟湖沉积特征。

(五)关于形成时代

该组灰岩段中含大量的生物化石(图版Ⅲ－3、图版Ⅲ－4、图版Ⅲ－7、图版Ⅲ－8)，本次区调在地质填图中采集到了大量生物化石，经陕西省区域地质矿产研究院古生物专家史秉德鉴定，主要有：始中齿蛤(未定种)*Eomiodon* sp.；膨凸同海螂 *Homomya gibbosa* (Sowerby)(J_2)；梯氏刮具海扇 *Chlamys* (*Radolopecten*) *tippericox* (J_2)；近坚实岔套海扇 *Camptonectes* (*Camptochlamys*) *subrigidus* Liu (J_2)；毕尼斜铿蛤(相似种)*Plagiostoma* cf. *biiuieusis* Cox (J_2)；小水斜铿蛤 *Plagiostoma xiaoshuiensis* Fan (J_{1-2})；斜铿蛤(未定种)*Plagiostoma* sp. (T — K)；棱笋海螂 *Pholadomya corfnata* Goldfuss (J_2)；桶头菊石 *Dolikephalites* sp. (J_2)；亚洲缅甸贝 *Burmirhynchia asiatica* Buckman (J_2)；滚古拉沟孔贝 *Holcothyris tanggulaica* Ching Sun et Ye (J_2)；格尔木沟孔贝 *Holcothyris golmuensis* Ching Sun et Ye (J_2)；短根沟孔贝 *Holcothyris breviseptata* Ching Sun et Ye (J_2)；潞江缅甸贝 *Burmirhynchia luchungensis* Reed (J_2)；*Radiolites* sp.（辐射蛤、未定种）；*Aulacosphinctes* sp.（沟旋菊石、未定种）；*Kellawagsites* sp.（凯拉维斯菊石、未定种）等。所以龙山组时代应划归中侏罗世无疑。

五、铁隆滩群(K_2T)

（一）概述

新疆地质局区测二大队二连二排李双喜等（1972）创建，创名地位于图区新藏公路甜水海兵站东南阿克萨依湖。原始定义：灰色灰岩及杂色生物灰岩，夹泥灰岩、砂岩、砾岩及石膏，富含海相化石。吴瑞忠等（1987）将该套地层分为下部砂岩组和上部灰岩组，时代为白垩纪。《新疆维吾尔自治区岩石地层》（1999）重新定义：为一套以紫红、砖红、粉红色为主，黄灰、黄白、灰色、灰白色为次，中厚层状灰岩、生屑灰岩、生物灰岩夹砂岩、粉砂岩、泥灰岩和泥岩，下部局部夹石膏，底部有时可见砾岩。本次区调工作划分与岩石地层定义基本一致，仍沿用该名称及其划分。

该群广泛分布于图区西南部（图 2-41），与下伏地层均为角度不整合接触，上未见顶，依据岩石组合，可进一步划分为砂砾岩组和灰岩组，图区出露总面积约 1 600km²。

（二）地层特征

现以新疆和田市长红山铁隆滩群实测地层剖面（图 2-52）介绍如下，剖面位置：N35°23′16″、E78°44′07″，剖面上该群地层出露较全，未见顶，与其下伏龙山组为角度不整合接触（图 2-53），灰岩组出露厚度为 539.44m，砂砾岩组出露厚度 608.21m。

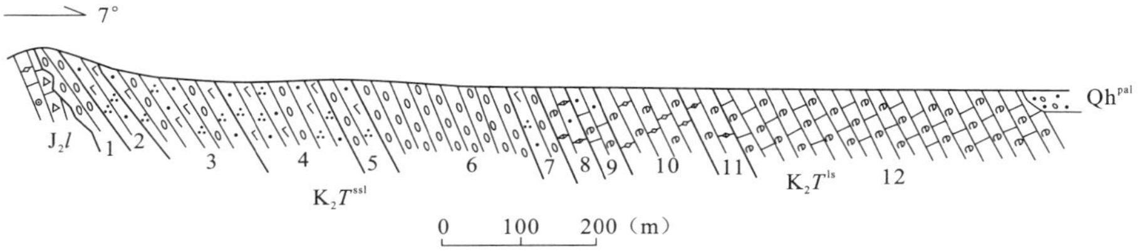

图 2-52　新疆和田市长红山铁隆滩群实测地层剖面图

（未见顶）

铁隆滩群灰岩组(K_2T^{ls})	**539.44m**
12. 浅灰白色局部肉红色厚层—块状生屑灰岩	311.80m
11. 褐红色局部紫色厚层—块状生屑泥晶灰岩	47.74m
10. 浅灰色局部肉红色厚层块状亮晶生屑、藻屑灰岩、生物碎屑灰岩	100.65m
9. 褐红色中厚层状细晶含砂屑、生屑灰岩	34.11m
8. 褐红色中厚层状泥晶含砂屑、生屑灰岩	45.14m
铁隆滩群砂砾岩组(K_2T^{ssl})	**608.21m**
7. 灰黄—褐红色砾岩夹细粒钙质石英砂岩	37.53m
6. 灰—褐红色厚层—块状砾岩	182.01m
5. 灰红—褐红色砾岩夹细粒钙质石英砂岩	45.13m
4. 黄褐色细粒钙质石英砂岩偶夹砾岩	124.67m
3. 黄褐色细粒钙质石英砂岩夹砾岩	128.02m
2. 紫红色中厚层状细粒钙质石英砂岩夹含砾砂岩	47.28m
1. 灰黄—紫红色厚层—块状砾岩	43.57m

～～～～～～～～～～ 角度不整合 ～～～～～～～～～～

下伏地层龙山组(J_2l)：深灰色泥晶含生屑鲕粒灰岩

剖面上砂砾岩组与下伏龙山组为角度不整合接触(图版Ⅱ-5)。总体为一套紫红色河流相粗碎屑岩。该组可进一步分为上、中、下3部分。下部主要为灰黄—紫红色砾岩,砾岩中砾石成分复杂(图版Ⅱ-8),有灰岩、硅质岩、砂岩等,砾径一般3~7cm,分选、磨圆均较差,呈次圆—次棱角状,胶结物为含钙的砂泥质,砾岩局部定向性明显、粒序层理发育(图2-54);中部岩性主要为钙质砂岩夹砾岩,砂岩中粒序层理、水平纹层发育,局部含砾;上部岩性为一套砾岩夹少量钙质砂岩,砾石成分较单一,主要为灰岩,分选、磨圆均较差。砂砾岩组中砾石成分明显受周围岩性控制,具有陆相河流沉积特征。

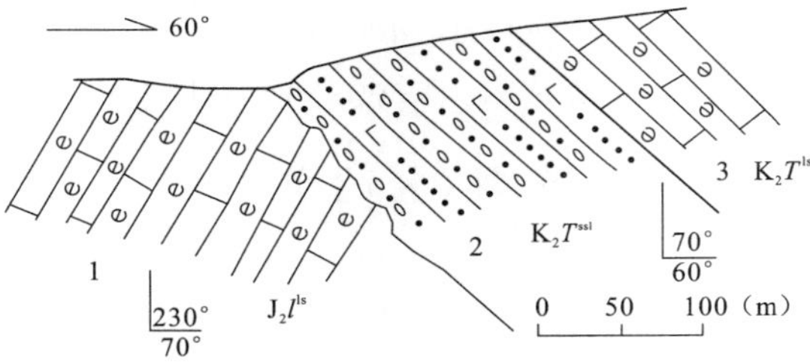

图2-53　铁隆滩群角度不整合于龙山组上素描图

1.灰色生屑灰岩;2.紫红色砾岩、砂岩;3.肉红色生屑灰岩

剖面上灰岩组与下伏砂砾岩组为整合渐变关系(图2-55),未见顶。以灰黄色为主要外观特征。岩性主要为一套浅灰白色局部褐红色生屑灰岩、生物灰岩夹少量泥质灰岩、礁灰岩等。灰岩一般具厚层—块状构造,微晶结构,含大量生物,主要有瓣鳃类、海百合茎、腕足类等,瓣鳃类个体直径较粗大,可达5cm左右。该套地层总体为局限浅海碳酸盐台地相沉积。

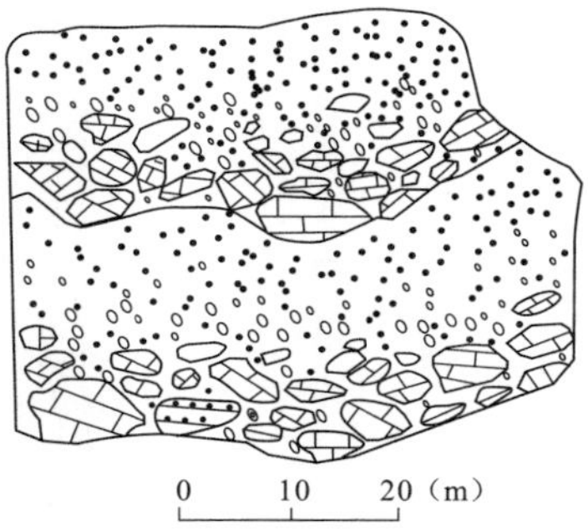

图2-54　铁隆滩群砂砾岩组中砾石粒序层素描图

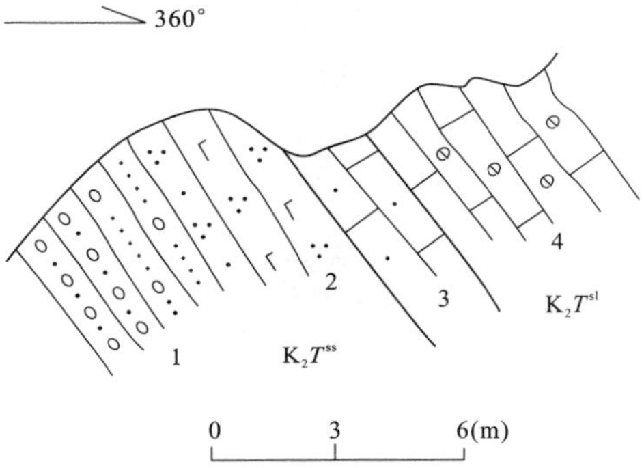

图2-55　铁隆滩群灰岩组与砂砾岩组渐变关系素描图

1.紫红色砾岩、砂砾岩;2.钙质砂岩;3.紫红色砂质灰岩;4.紫红—灰黄色生屑灰岩

图区铁隆滩群岩性、岩相稳定,横向变化不大,但由于该群角度不整合于下伏不同层位地层之上,局部地段缺失下部砂砾岩组地层。该群自下而上由陆相河流沉积快速演化为浅海碳酸盐台地相沉积,代表了一次海侵。该时期海水范围有限,总体为一个局限浅海高能碳酸盐台地相沉积。

(三)岩石地球化学特征

1.岩石化学特征

铁隆滩群灰岩组岩石化学分析结果见表2-38。由表2-38可见,岩石化学成分总体变化较小,SiO_2、Al_2O_3、CaO等含量较高,而TiO_2、MnO、Na_2O、K_2O、P_2O_5等含量较低。碳酸盐岩化学成分平均值与世界碳酸盐岩平均值(涂和费,1961)相比,SiO_2、TiO_2、Al_2O_3、Fe_2O_3、Na_2O、K_2O明显偏大,而MgO、MnO偏小,说明该岩组的碳酸盐岩中含有较多的陆源碎屑物,该组碳酸盐岩不很纯净。

表 2-38　铁隆滩群碳酸盐岩分析结果　(%)

样品号	岩石名称	SiO_2	TiO_2	Al_2O_3	Fe_2O_3	MgO	MnO	CaO	Na_2O	K_2O	P_2O_5	LOI	Σ
D695/1	泥晶含砂屑生屑灰岩	7.67	0.13	1.93	1.14	1.03	0.02	48.14	0.17	0.35	0.09	39.08	99.75
D695/4	生物碎屑灰岩	5.34	0.10	1.50	1.08	0.95	0.02	50.49	0.21	0.18	0.05	40.23	100.15
平均值		6.51	0.12	1.72	1.11	0.99	0.02	49.32	0.19	0.27	0.07	—	
碳酸盐岩平均值(涂和费,1961)		5.19	0.06	0.81	0.33	7.90	0.12	42.01	0.04	0.03	0.03	—	

2. 微量元素特征

铁隆滩群砂砾岩组微量元素分析结果见表 2-39,由表 2-39 中可以看出微量元素含量变化均较大。Hf 元素几何平均值明显高于地壳克拉克值,Rb、Nb、Ba、Ta、Th、Co、Cu 等元素几何平均值明显低于地壳克拉克值,其余元素则与地壳克拉克值较为接近。微量元素聚集类型:Li、Sr、Cs、Hf 等元素为聚集型,Pb 元素为弱聚集型,Sc、Zr、W、U、Mo、Ga 等元素为分散型,其余元素为极分散型。微量元素分布类型:微量元素总体分异程度不高,Ta、Pb 等元素为强分异型,Mo、Cu 等元素为分异型,Sc、Th 等元素为弱分异型,其余元素均为均匀分布型。

表 2-39　铁隆滩群砂砾岩段微量元素分析结果　($\times10^{-6}$)

样品号	岩石名称	Li	Be	Sc	Rb	Sr	Y	Zr	Nb	Cs	Ba
D694/6	钙质砂岩	64.98	1.23	7.09	56.28	510.09	17.19	176.92	12.00	9.88	173.76
D694/7	钙质砂岩	62.75	1.14	5.97	41.69	445.54	15.79	190.14	10.56	9.24	124.78
D694/8	钙质含砾砂岩	34.57	0.75	5.66	24.96	466.53	11.00	141.95	12.46	2.09	161.25
D694/9	长石岩屑砂岩	103.33	1.65	3.72	52.96	392.02	13.88	85.59	6.60	7.00	251.19
D694/10	钙质砂岩	58.45	0.66	16.21	18.56	789.17	11.23	83.97	3.64	5.25	188.88
D694/12	钙质砂岩	51.47	0.93	6.80	28.68	556.97	11.78	130.33	6.01	9.78	198.94
几何平均值		59.38	1.01	6.79	34.38	513.20	13.28	128.36	7.82	6.40	179.10
CV 值		0.38	0.36	0.65	0.45	0.27	0.19	0.35	0.46	0.48	0.24
KK 值		1.86	0.27	0.68	0.23	1.51	0.46	0.76	0.39	1.73	0.28
地壳克拉克值(维氏,1962)		32.00	3.80	10.00	150.00	340.00	29.00	170.00	20.00	3.70	650.00
样品号	岩石名称	Hf	Ta	W	Th	U	Mo	Co	Ga	Cu	Pb
D694/6	钙质砂岩	4.88	1.81	1.10	6.67	1.81	0.76	12.44	11.67	16.78	10.97
D694/7	钙质砂岩	5.12	0.82	1.26	5.11	2.00	0.88	7.82	8.92	19.18	21.82
D694/8	钙质含砾砂岩	3.85	1.82	0.76	4.04	1.75	2.38	8.65	8.37	34.10	30.29
D694/9	长石岩屑砂岩	1.96	0.52	0.70	4.68	1.46	0.65	7.16	14.65	42.98	15.60
D694/10	钙质砂岩	2.30	0.37	1.14	0.83	0.80	0.37	10.45	10.44	9.25	87.34
D694/12	钙质砂岩	3.62	0.15	0.54	4.11	1.38	0.85	7.63	9.87	10.26	13.78
几何平均值		3.41	0.65	0.88	3.61	1.47	0.83	8.85	10.47	18.84	22.68
CV 值		0.38	1.12	0.33	0.53	0.29	0.86	0.23	0.22	0.72	1.28
KK 值		3.41	0.26	0.67	0.28	0.59	0.75	0.49	0.55	0.40	1.42
地壳克拉克值(维氏,1962)		1.00	2.50	1.30	13.00	2.50	1.10	18.00	19.00	47.00	16.00

铁隆滩群灰岩组微量元素分析结果见表 2－40，由表 2－40 中可以看出微量元素含量变化均较大。Nb、Cs、Ba、Pb 等元素几何平均值明显高于碳酸盐岩平均值，Y、U、Ga 等元素几何平均值明显低于碳酸盐岩平均值，其余元素则与该值较为接近。微量元素聚集类型：Nb、Ba 等元素为强聚集型，Rb、Pb 等元素为聚集型，Hf、Mo 等元素为弱聚集型，Sr、Zr 等元素为分散型，其余元素为极分散型。微量元素分布类型：微量元素总体分异程度较高，Rb、Ba、Ga 等元素为强分异型，Hf、Mo、Pb 等元素为分异型，Zr、Cs、Th 等元素为弱分异型，其他元素均为均匀分布型。

表 2－40　铁隆滩群灰岩段微量元素分析结果　　($\times10^{-6}$)

样品号	岩石名称	Rb	Sr	Y	Zr	Nb	Cs	Ba
D695/1	泥晶含砂屑生屑灰岩	4.13	655.02	3.91	16.30	4.21	3.17	680.98
D695/2	细晶含砂屑生屑灰岩	18.84	515.75	5.08	43.02	4.85	3.40	154.36
D695/3	亮晶砂屑藻屑灰岩	11.41	413.10	3.90	28.00	3.52	2.87	108.50
D695/4	生物碎屑灰岩	1.71	419.45	3.38	18.57	2.63	1.05	45.64
D695/5	生屑泥晶灰岩	6.94	347.99	3.44	12.10	2.85	1.31	36.92
D695/6	生物碎屑灰岩	4.32	201.46	1.98	10.34	3.39	0.51	45.49
D695/7	生物碎屑灰岩	3.90	237.36	1.38	5.15	3.51	1.35	191.96
D695/8	生屑泥晶灰岩	11.77	350.45	2.30	30.07	4.97	3.67	75.27
D695/9	生物碎屑灰岩	1.14	207.62	1.89	21.10	4.52	2.05	132.61
几何平均值		5.11	345.89	2.80	17.44	3.74	1.82	105.90
CV 值		1.14	0.43	0.43	0.67	0.23	0.63	1.90
KK 值		1.70	0.57	0.09	0.92	12.47	—	10.59
碳酸盐岩平均值(涂和费,1961)		3.00	610.00	30.00	19.00	0.30	0.00	10.00
样品号	岩石名称	Hf	W	Th	U	Mo	Ga	Pb
D695/1	泥晶含砂屑生屑灰岩	0.36	0.24	0.76	0.38	0.30	12.20	11.93
D695/2	细晶含砂屑生屑灰岩	1.14	0.40	1.78	0.48	0.54	5.19	12.23
D695/3	亮晶砂屑藻屑灰岩	0.66	0.46	0.97	0.28	0.71	3.25	16.73
D695/4	生物碎屑灰岩	0.42	0.26	0.74	0.33	0.43	0.97	16.30
D695/5	生屑泥晶灰岩	0.16	0.55	0.59	0.30	0.51	0.23	9.62
D695/6	生物碎屑灰岩	0.16	0.14	0.32	0.20	0.29	1.09	59.36
D695/7	生物碎屑灰岩	0.28	0.22	0.51	0.31	1.19	4.58	57.86
D695/8	生屑泥晶灰岩	0.73	0.27	1.25	0.46	0.59	0.52	25.90
D695/9	生物碎屑灰岩	0.26	0.23	0.44	0.24	1.76	0.24	60.03
几何平均值		0.38	0.28	0.72	0.32	0.59	1.45	23.33
CV 值		0.86	0.47	0.64	0.29	0.81	2.68	0.96
KK 值		1.26	0.47	0.42	0.15	1.48	0.36	2.59
碳酸盐岩平均值(涂和费,1961)		0.30	0.60	1.70	2.20	0.40	4.00	9.00

(四)沉积相及沉积环境分析

铁隆滩群砂砾岩组岩石总体呈褐红色，底部砾岩中砾石定向排列明显，其间可见砂岩透镜体，并发育大型槽状交错层理，上部砂岩中发育小型交错层理、平行层理，泥质粉砂岩中可见水平层理，所以砂砾岩组应为炎热、干燥条件下的陆相河流沉积。灰岩组岩石层一般较厚，含大量生物碎屑及陆源碎屑，应为浅海环境下的局限碳酸盐台地相沉积。

（五）关于形成时代

该群砂砾岩组中未见化石，灰岩组中化石极为丰富，主要有双壳类、腹足类等（图版Ⅲ-5、图版Ⅲ-6），本次区调在地质填图中采集到了大量生物化石，经陕西省区域地质矿产研究院古生物专家史秉德鉴定主要为晚白垩世分子，主要有：新疆杜兰蛤 *Durania xinjiangensis* Yang（K_2），放射杜兰蛤 *Durania radiatus* Yang（K_2），昆仑萨氏蛤 *Sauvagesia kunlunensis* Yang（K_2），新疆萨氏蛤 *Sauvagesia xinjiangensis* Yang（K_2），赫氏前射蛤 *Paraeradiolites hedini* Douville（K_2）；戴氏牡蛎 *Ostrea delettrei* Coquand（K_2），光蛎 *Liostrea* sp.；斜铿蛤 *Plagiostoma* sp.；新疆直孔贝（相似种）*Rectithyris* cf. *sinkiangensis* Wang（K_2）；等脊简棱海扇 *Naithea aequicostata*（K_2）；小葱螺 *Crommium* sp. 等。依据所含生物化石时代，确定铁隆滩群时代为晚白垩世无疑。

第五节　新生界

图区出露新生界主要为新近系阿图什组、泉水沟火山岩和第四系，全为陆相沉积。阿图什组为河湖沉积，固结程度一般；火山岩仅分布在大红柳滩一带河床阶地砂砾层中；第四系堆积则较为松散，有河流、湖泊、冰川、残坡积等多种成因类型。

一、阿图什组（N_2a）

新疆区域地层表编写组（1981）创名，创名地位于阿图什市西北约20km的塔朗河西岸，原始定义：灰、灰黑色、浅棕色泥岩和砂岩，偶夹灰绿色砂岩。现在定义：指整合于西域组之下、帕卡布拉克组之上的灰色、灰褐色、浅棕色的泥岩和砂岩，有绿色砂岩夹层的湖相沉积序列。本次区调工作经区域对比研究后，将图区一套肉红色泥岩、粉砂岩划为新近系，沿用阿图什组名。

图区阿图什组零星分布于楚隆帕斯坦和西大沟一带，总面积约10km²。该组角度不整合于不同层位之上，地层一般呈水平或微倾斜状，岩石固结成岩较差。在楚隆帕斯坦一带该组分布于河谷两侧（图2-56），下部为肉红色含砾泥岩，上部为肉红色泥岩，出露厚度约50m，总体为湖相沉积。在西大沟一带该组主要为紫红色泥岩、粉砂岩等，出露厚度约70m，仍为湖相沉积。

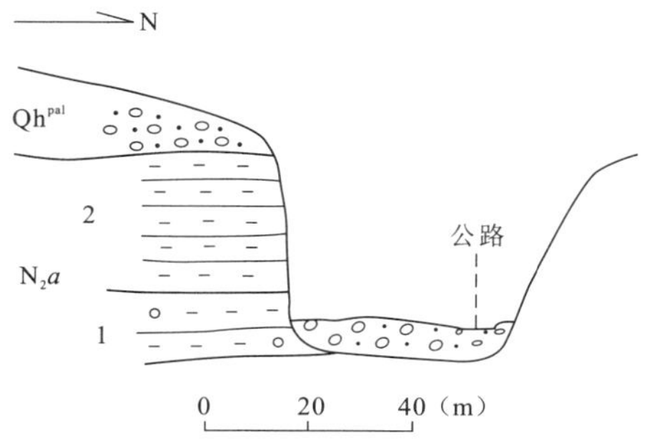

图2-56　天神达坂南新近系剖面图
1. 肉红色含砾泥岩；2. 肉红色泥岩

图区阿图什组地层总体呈水平或微倾斜状，进一步说明了中新世后图区表现为总体抬升的垂向运动，而横向挤压缩短不明显。

二、泉水沟火山岩（N_2q）

泉水沟火山岩图区主要见于大红柳滩滚石河沟口一带，面积约5km²。火山岩夹于河流Ⅰ级阶地砾石层中，可分为上、下两个火山岩层（图2-57）。

（一）下火山岩层

该火山岩层下部为安山质火山角砾岩，上部为辉石安山岩。火山角砾岩一般呈灰色，角砾多数呈次棱角状，大小 2～5cm，少数为椭圆形，粒径较大，为火山弹，大小 10～20cm，为同成分火山质胶结，厚度 0.5～2m。辉石安山岩呈灰色，为溢流相熔岩，内含同成分火山岩角砾，大小一般 2～10cm，熔岩厚度 2～5m。

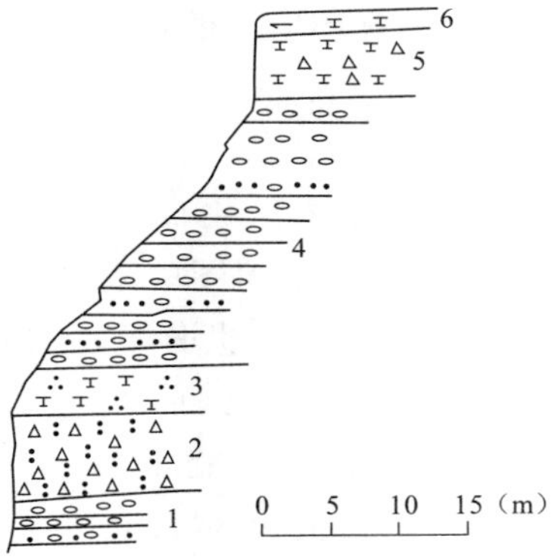

图 2－57　大红柳滩新近纪火山岩垂直剖面图

1. 灰色砂砾石层；2. 灰色凝灰质火山角砾岩；3. 灰色含角砾石英橄榄粗面岩；4. 灰色砂砾石层；5. 褐色含角砾橄榄粗面岩；6. 褐色气孔状橄榄辉石粗面岩

（二）上火山岩层

该火山岩层下部为褐色含角砾橄榄粗面岩，厚度为 5m，火山岩角砾含量 10%；上部为褐色气孔状橄榄辉石粗面岩，厚度为 1～3m。火山岩中见超基性岩包体，说明岩浆来源于上地幔。

中国地质科学院万渝生等在图区康西瓦一带火山岩中作的同位素年龄为 3.8Ma（离子探针 SHRIMP U－Pb）。在命名地泉水沟一带该火山岩与下伏阿克萨依湖组（$N_{1-2}a$）为平行接触，本次区调综合分析，将泉水沟火山岩时代定为上新世。

三、第四系

第四系成因类型复杂，沉积类型多种多样，包括规模宏大的各期冰碛、冲洪积物，也有湖积物等，形成时代从更新世到全新世，不同时代的沉积物特征明显，易于划分区别。本次区调工作，按照成因类型分大类，再按照时代顺序进行划分的原则。

（一）冲洪积物

图区冲洪积层广泛分布于山间断陷盆地及河谷中，图区总面积约 800km²。现图区所见冲洪积物大多数为全新世以来的松散堆积，更新世冲洪积物较少。

1. 晚更新世冲洪积层（Qp^{3pal}）

图区分布于甜水海、肖尔克谷地、独立山、红山湖一带，主要见于新生代盆地及喀拉喀什河流Ⅱ级阶地之上，为固结—半固结砂砾石层，厚度 20～150m 不等，砾石成分复杂，磨圆较好，呈次棱角—次圆状，砾径一般 3～10cm。其间夹有透镜状细砂层或粉砂层。细砂层为河流成因，而粉砂层为风积成因。其上被松散全新世堆积物覆盖。该套堆积物特征类似于新疆群，形成时代为晚更新世。

2. 全新世冲积层（Qh^{al}）

现代冲洪积层主要分布于现代河床、河漫滩及山口冲积扇平原上，厚度不大，仅 3～15m。砾石层呈灰色松散状，磨圆度较好，具一定分选性，成层性较差，砾间砂泥质充填，其上风积砂较少。

（二）湖沼沉积物

1. 更新世湖沼沉积物（Qp^{3l}）

图区分布于甜水海、肖尔克谷地、红山湖等地，一般分布于现代湖泊周围及已干涸的湖泊中，见于2～3级湖蚀阶地上，总面积约200km²。

沉积物主要为细粉砂、亚粘土、腐殖亚粘土、硝类等，表面常有一层白色无机盐。沉积物呈松散状，粒度较细，粉砂层和粘土层交互出现，构成清楚的韵律，其间偶夹有薄层细砾石层。由于主要见于2～3级湖蚀阶地上，前人（据孢粉测试分析）将该类湖积物时代定为晚更新世。

2. 全新世湖沼沉积物(Qh^{l})

图区分布于甜水湖、红山湖、鸳鸯湖等现代湖沼区，主要为灰黑色粉砂、淤泥等，总面积约80km²。

图区湖泊主要靠冰川融水、大气降水及地下水（泉水）补给。由于近年来全球气候日趋变暖，加之高海拔引起的低气压使藏北高原区蒸发量非常大，季节性的冰川融水及大气降水又非常有限，图区湖泊水位快速下降，湖泊面积在迅速缩小，许多湖泊已干涸。

（三）冰碛物

1. 晚更新世冰碛层(Qp^{3gl})

图区分布于谷顶雪山北及滚石河一带，面积约20km²。可见终碛垄、侧碛堤等，由冰积砾石构成，一般呈松散状，分布于全新世冰碛层外围，海拔5 000～5 200m，终碛垄虽遭切割，但其形态保存完好。该冰碛层相当于郑兴本等命名的里田冰碛层，同位素测年为(30 915±1 700)～(18 250±625)a B P之间，时代为晚更新世，相当于庐山冰期，可与欧洲的里斯冰期对比。

2. 全新世冰碛层(Qh^{gl})

在现代冰川前缘一般都有全新世冰碛层，海拔为5 500m左右，郑兴本等将其命名为崇测冰碛层。终碛垄、侧碛堤等保存完整，冰碛砾石呈松散堆积状，非常新鲜，其上很少发育植被。该冰碛层^{14}C测年为(3 522±117)a B P(郑兴本，1987)，为全新世冰碛层，可与大理冰期及欧洲的玉木冰期对比。

近年来许多地质学家在昆仑山一带陆续发现了更新期的冰期，称为小冰期或现代冰期，时间大约为17—19世纪。图区该冰碛层在山脊南侧的冰川前缘可见及，可进一步分辨出两个冰碛垄，高约10m，由冰湖粉砂泥和冰碛砾石构成。

（四）现代冰雪

图区现代冰雪主要分布于屏顶雪山、团结峰一带的高山之上，总面积约500km²。在雪山南坡雪线较高，一般为5 800～6 000m，北坡雪线较低，一般5 500m左右，局部雪线低于5 000m。

图区冰川前沿高一般为20～60m，冰面有明显裂纹及消融的槽沟，冰川内具层状构造，节理发育，夹有大量冰蚀作用的角砾、粉砂、泥等。冰川下部可见由层理形成的平卧褶皱，为冰川运动所致。

图区大多数冰川前（尤其是山脊南坡）均有大量冰碛物，冰面上有明显的消融迹象，表明为冰退，这与全球气候变暖、气温升高相一致。然而图区局部冰川前无冰碛物，冰面未见有明显消融迹象，表现为基本平衡或冰进的反常现象，这种反常在地形较陡的山峰表现得异常明显，我们认为究其原因大致有两点：其一，是由于包括西昆仑在内的青藏高原现今持续不断隆升（青藏高原西部上升速度42mm/a，昆仑山西段北坡6～8mm/a)，而这种隆升是有一定差异的（整体隆升，局部下降），海拔的增高可能抵消了气温升高对冰川的影响作用（尽管目前还不清楚海拔增高和气温升高共同作用，影响冰川进退的细节，但两种作用无疑是相互消减的）；其二，是由于地形上的差异，坡度陡的地方冰川在自身重力作用下易向下运动，但如果是这种因素起主导作用的话，那么所表现出来的冰川前进也并非真正意义上的冰进。

图区冰雪层可谓是巨大的陆上淡水资源库，在西部干旱—半干旱地区显得尤其重要，冰川融水主要向北流入塔里木盆地，为当地生产、生活用水的主要来源。但近年来的科学观测表明，昆仑山冰雪覆盖区面积正以惊人的速度逐年递减，若干年后将消失殆尽。到时主要依靠冰川融水补给的玉龙喀什、喀拉喀什、叶尔羌等河流水量势必锐减，将给依靠这几大河流供水的南疆各县带来严重影响，这是河流中下游各县可持续发展面临的又一难题。

第三章　沉积岩

图区内出露沉积岩以碳酸盐岩、碎屑岩为主，另有少量泥岩，硅质岩等，对其分类参照成都地质学院《沉积岩石学》(1980)的分类方案(表3-1)，按其物质来源分为陆源沉积岩、火山物源沉积岩和内源沉积岩三大基本岩类，在基本岩类中按成分、结构、成因等细分，其间有大量中间类型岩石。

表3-1　沉积岩分类总表

陆源沉积岩(按结构细分，mm)		火山物源沉积岩(按结构细分，mm)		内源沉积岩		
				蒸发岩	非蒸发岩	可燃有机岩
砾岩 砂岩 粉砂岩 泥质岩	>2 2～0.062 5 0.062 5～0.003 9 <0.003 9	集块岩 火山角砾岩 凝灰岩	>64 64～2 <2	岩盐 石膏 硬石膏	石灰岩、白云岩、磷质岩、铁质岩、硅质岩、锰质岩、铝质岩、铜质岩、沸石质岩	煤、油页岩

第一节　陆源沉积岩类

图区内陆源碎屑岩分布较广，几乎每个晚古生代以来地层单元中均有分布，按结构可将其进一步分为砾岩、砂岩、粉砂岩和泥岩等。

一、砾岩

按砾石成分不同可将测区出露砾岩进一步分为单成分砾岩和复成分砾岩两类。

(一)单成分砾岩

灰岩质底砾岩　见于上河尾滩组、红山湖组中，岩石具砾状结构、块状构造。砾石成分：微晶灰岩岩屑为48%～50%、含粉砂灰岩岩屑为3%～5%；碎屑成分：石英12%～15%、微晶灰岩屑7%～8%、斜长石小于1%、硅质岩屑2%～3%、石英岩屑2%、火山岩屑小于1%、砂屑灰岩屑1%～2%。方解石胶结物18%～21%。该岩石由砾石成分和胶结砾石成分的填隙物所组成，砾石成分几乎全由微晶灰岩岩屑所组成，粒径大小为2～4mm，分选性基本良好，而形状以浑圆状为主，少数次圆状，在岩石中分布不均匀。对砾石而言凡小于2mm的碎屑成分都为填隙物成分，粒径大小0.2～1.5mm，所含岩屑磨圆度好，多呈次圆状，而石英碎屑多呈次棱角状。对于碎屑的方解石胶结物其后期重结晶明显，呈细粒变晶粒状，将砂屑悬浮在方解石之中，构成基底式胶结型。

硅质砾岩　见于温泉沟群中，岩石具砾状结构、块状构造。砾石成分：石英岩屑25%，硅质岩屑20%～25%；填隙物成分：石英34%～35%，粘土矿物3%～5%，电气石小于0.5%，锆石小于

0.5%，磁铁矿小于1%，与砾石成分相同的细小岩屑10%～15%。岩石由上述砾石和填隙物组成，砾石成分为石英岩屑和硅质岩屑，粒径大小为2～8mm，形状呈次棱角状，磨圆度和分选性都较差。对砾石而言粒径小于2mm者都应属于填隙物杂基，该岩石中的填隙物成分主要为石英碎屑和与砾石成分相同的细小岩屑及个别粘土矿物等。碎屑粒径大小为0.3～1.5mm不等，填隙物成分较多，形成基底式胶结型。

单成分砾岩 见于龙山组中，岩石具砾状结构、块状构造。该岩石由砾石和填隙物两部分成分组成。砾石成分：玄武岩屑28%～30%、玻基玄武岩屑18%～20%；填隙物成分：与砾石成分相同的细岩屑20%～21%、斜长石3%～5%、方解石杂基10%～12%。砾石成分主要为单成分的玄武岩屑所组成。粒径大小为2～10mm，个别30mm(结合手标本)，分选性差，形状以棱角状占主要，少部分次圆状，磨圆度中等。对砾石而言，凡小于2mm的碎屑成分都属于填隙物成分，有与砾石成分相同的细小岩屑和个别斜长石及方解石杂基等，大部分填隙物成分对砾石来说，形成接触式胶结，而方解石杂基对碎屑而言也形成接触式胶结型，分布于碎屑之间。

(二)复成分砾岩

砂砾岩 见于天神达坂组中，岩石具砂砾状结构、块状构造。砾石成分：石英岩屑25%、硅质岩屑20%；填隙物成分：与砾石成分相同的细小岩屑20%左右、石英25%～30%、板岩屑1%～2%、白云母小于1%、粘土矿物3%～5%、方解石约为1%。岩石中的砾石成分为石英岩屑和硅质岩屑，大小以2～6mm为主，个别达10mm，部分呈次圆状，另一部分呈次棱角状，分布不均匀。对砾石而言，它的填隙物成分应是粒间小于2mm的各种碎屑成分，如上述几种成分所组成，粒径大小0.25～0.5mm及1～1.5mm，形状呈次棱角状，在碎屑之间的填隙物为少数粘土矿物和个别方解石等。砂质碎屑杂基对砾石而言，形成基底式胶结类型。

复合成分砾岩 见于龙山组中，岩石具砾状结构、块状构造。矿物成分：碎屑约占70%，其中砾石占80%，成分有以珊瑚灰岩为主，另有砂质细晶灰岩、石英粉砂岩、含生屑微晶灰岩、硅质岩、泥晶灰岩等。碎屑中砂占20%，主要由石英组成。胶结物约占30%，成分主要为亮晶粗晶方解石。岩石中砾石成分复杂、大小悬殊、呈不均匀分布。主要以珊瑚灰岩为主，含生屑微晶灰岩、砂质细晶灰岩、石英、粉砂岩等少量。在镜下砾石成分各自结构不同，易于区别。珊瑚灰岩大小在2～5mm、5～10mm、15mm，含有少量生屑、隐藻等。基质为泥晶方解石。石英砾石明显具波状消光现象，其他砾石结构清楚，大小约2～10mm，且为次圆状，次棱角状居多。砂级成分大小1～2mm；以0.5～1mm为主，呈次棱角状填集于砾石之间。胶结物中，粗晶状干净明亮方解石，多充填于大的砾石之间，并见少量粉—细晶方解石，胶结砂砾成分。为孔隙式胶结、颗粒支撑。

复成分砾岩 见于天神达坂组、上河尾滩组、铁隆滩群中，岩石具砾状结构、块状构造。砾石成分：硅质岩屑28%～30%、石英岩屑16%～18%、石英砂岩屑15%～16%；填隙物成分：与砾石成分相同细岩屑15%～17%、石英10%～12%、板岩屑约为1%、灰岩屑1%～2%、粘土矿物5%～8%、白云石2%～3%。该岩石由砾石和碎屑填隙物所组成。砾石砾径大小为2～10mm占主要，少数20～25mm，形状呈次棱角状，个别次圆状，可能受压应力作用，砾石显示明显的被压扁拉长现象，长轴平行定向排列明显。对砾石而言小于2mm的碎屑均为砾石的填隙物成分，碎屑大小0.3～1.5mm，呈次棱角状，仍显示拉长现象，粘土矿物分布于粒间，对砾石来说碎屑均匀分布于砾石之间，形成接触式胶结。

粗粒砂砾岩 见于上河尾滩组中，岩石具粗粒砂砾状结构、块状构造。砾石成分：石英岩屑13%～14%、硅质岩屑10%～18%；碎屑成分：石英19%～20%、硅质岩屑20%～22%、石英岩屑6%～8%、电气石小于0.5%、泥板岩屑1%～2%；填隙物成分：白云石胶结物16%～18%、粘土矿物2%～3%。该岩石由碎屑成分和砾石成分及填隙物成分所组成。砾石成分主要由硅质岩屑和石英岩屑所组成，粒径大小为2～10mm，形状呈次棱角状，个别呈次圆状，分选性和磨圆度都较差。小于砾石的碎屑成分，有石英和与砾石成分相同的细小岩屑，粒径大小0.6～1mm，分选性好，而磨圆度较差，以次棱角状为主，个别呈次圆状。对整个碎屑而言，填隙物成分为白云石胶结物，出现于碎屑孔隙中，形成孔隙式胶结型和颗粒支撑。

复成分钙质砾岩　见于龙山组、铁隆滩群中，岩石具砾状结构、块状构造。主要由砾石和填隙物成分所组成。砾石成分：微晶灰岩屑20%～22%、砂屑灰岩屑18%～20%、鲕粒灰岩屑8%～10%、硅质岩屑6%～7%、粉砂岩屑3%～4%、石英砂岩屑2%～3%；填隙物成分：与砾石成分相同的细岩屑20%～21%、石英4%～6%、隐晶方解石杂基12%～14%。砾石大小不等，砾径2～30mm，形状呈次棱角状，个别呈次圆状，说明分选性和磨圆度都不好。凡小于2mm的碎屑成分，对砾石来说都为填隙物成分，有个别石英和少数隐晶方解石杂基及与砾石成分相同的细小岩屑，粒径大小0.2～1.5mm，分布于砾石间和孔隙中，形成接触—孔隙式胶结型。

钙质砂砾岩　见于冬瓜山群、天神达坂组中，岩石具砂粒状结构、块状构造。砾石成分：石英岩屑28%～30%、方解石单晶4%～5%；碎屑成分：石英24%～25%、方解石单晶3%～4%、电气石小于0.5%、石英岩屑4%～5%；方解石胶结物33%～35%。该岩石由砾石和碎屑及填隙物成分所组成，砾石砾径大小为2～3mm，形状呈不规则棱角状，并具边缘参差不齐特点。碎屑成分粒径大小0.15～0.5mm不等，形状呈不规则次棱角状，杂乱分布。碎屑和砾石胶结一起的填隙物成分为方解石胶结物，方解石显示明显的后期重结晶现象，局部为基底式胶结，较多的形成接触式胶结型。

复成分含钙砾岩　见于铁隆滩群中，岩石具砾状结构、块状构造。砾石成分：微晶灰岩屑24%～26%、细粒砂岩屑18%～20%、砂屑灰岩屑13%～15%、鲕状灰岩屑6%～8%；填隙物成分：与砾石成分相同的细岩屑10%～12%、石英5%～6%、硅质岩屑1%～2%、方解石胶结物16%～18%。该岩石由砾石成分和填隙物所组成。砾石大小为2～20mm不等，分选性差，磨圆度较好，呈次圆状和少部分次棱角状。填隙物成分有石英、硅质岩屑和方解石胶结物及与砾石成分相同的细小岩屑，粒径大小0.3～1.5mm，形成接触式胶结型。

二、砂岩

本书对砂岩的分类按原成都地质学院编的《沉积岩石学》(1980年)成因分类(图3-1)。图区内砂岩分布较广，几乎包括了砂岩所有类型，砂岩沉积相有陆相和海相之分。

硅质石英砂岩　见于温泉沟群中，岩石具细粒砂状结构、块状构造。岩石主要由碎屑物和填隙物组成，碎屑成分主要为石英，约占74%～76%，碎屑粒径大小0.12～0.2mm，大多呈次棱角状，不均匀分布于岩石中；填隙物成分主要为隐晶石英和粘土矿物杂基，约占30%。隐晶石英原可能为玉髓成分，后经重结晶变隐晶石英，未形成石英碎屑加大边，仍为胶结物特点出现。

粗粒含砾石英砂岩　见于天神达坂组中，岩石具含砾砂状结构、块状构造。该岩石主要由碎屑和填隙物组成，其碎屑成分和砾石成分基本相同，碎屑形

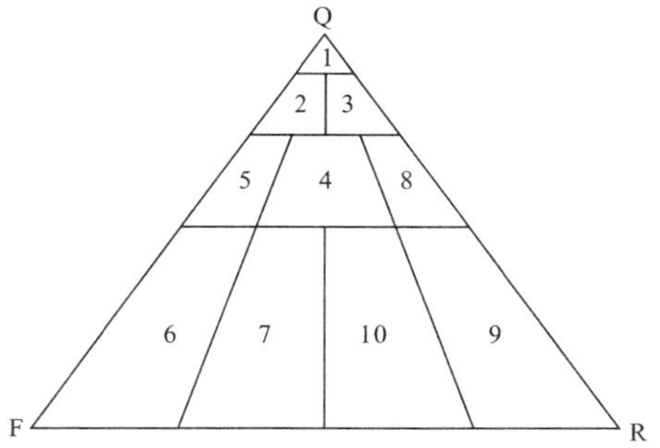

图3-1　砂岩分类三角图解

1. 石英砂岩；2. 长石石英砂岩；3. 岩屑石英砂岩；4. 长石岩屑石英砂岩；5. 长石砂岩；6. 富长石石英砂岩；7. 岩屑长石砂岩；8. 岩屑砂岩；9. 富岩屑砂岩；10. 长石岩屑砂岩。

Q. 石英端元；F. 长石端元；R. 岩屑端元

状多呈次棱角状，少部分棱角状，粒径大小 0.5～1mm，少数 1.5mm，可见砂质碎屑的分选性和磨圆度均较差。砾石大小为 2～5mm，多呈次圆状，个别呈次棱角状，岩屑内部成分和结构都清晰。填隙物成分主要为少量的粘土矿物杂基，仅分布于碎屑之间，形成接触式胶结类型和线接触性质及颗粒支撑结构。

粗粒含砾岩屑砂岩　见于天神达坂组中，岩石具含砾粗粒砂状结构、块状构造。岩石由砾石和碎屑成分组成。砾石成分：石英岩屑 4%～6%、石英单晶 4%～5%；碎屑成分：含砂绢云板岩屑 46%～47%、硅质岩屑 6%～8%、石英岩屑 8%～10%、石英 16%～18%；填隙物成分：粘土矿物＋粉砂级碎屑 10%～12%。砾石含量少，成分为石英岩屑和石英单晶等，砾径大小 2～12mm 不等，呈次圆状分布不均匀。<2mm 的碎屑成分主要为上述几种岩石成分和少数石英砂屑，粒径大小 0.6～1.2mm 不等，形状多呈棱角状，磨圆度差，反映成分和结构成熟度低的特征。填隙物成分为粘土矿物和粉砂级碎屑混合一起的杂基，分布于碎屑孔隙处，形成孔隙式胶结型和颗粒支撑结构。

粗粒含砾石英砂岩　见于天神达坂组中，岩石具含砾粗砂状结构、块状构造。岩石主要由碎屑和填隙物组成。砾石成分：泥板岩屑 3%～5%、粉砂岩屑 3%；砂屑成分：石英 52%～56%、硅质岩屑 15%～20%、粉砂岩屑 2%～3%、泥板岩屑 1%～2%、玄武岩屑约为 1%；填隙物成分：方解石胶结物小于 5%、粘土矿物杂基 8%～10%。砾石大小为 2～4mm，呈次棱角状零散分布。砂质碎屑粒径大小 0.6～1.2mm，可见分选性中等，磨圆度较好，部分呈次圆状，另一部分呈次棱角状，说明岩石成分成熟度不高，结构成熟度中等。填隙物形成孔隙式胶结及点线接触性质和颗粒支撑结构。

粗粒石英砂岩　见于天神达坂组中，岩石具粗粒砂状结构、块状构造。碎屑成分：石英 55%～57%、硅质岩屑 22%～25%、石英岩屑 5%～6%、长石小于 1%；填隙物成分：粘土矿物 8%～10%、白云石 4%～6%。岩石中碎屑成分以石英为主，其次有硅质岩屑和少数石英岩屑等组成。粒径大小 0.6～1.5mm，分选性中等，而磨圆度以次棱角状占主要，个别粒径较粗的显示次圆状特征，反映岩石成分和结构成熟度均为中等特点。填隙物有少数粘土矿物和白云石等混合一起的杂基成分，主要分布于砂屑粒屑间和孔隙中，形成接触—孔隙式胶结型和颗粒支撑结构。

粗粒含砾岩屑长石砂岩　见于神仙湾组中，岩石具含砾粗粒砂状结构、块状构造。岩石由少数砾石和主要碎屑成分组成，安山岩屑砾石占 6%～8%。碎屑成分：石英 32%～33%、斜长石 3%～4%、钾长石 3%～4%、安山岩屑 10%～13%、硅质岩屑 12%～14%；填隙物成分：铁泥质 4%～5%、方解石 3%～5%。砾石大小为 2～4mm，呈不规则棱角状和边缘参差不齐形态。碎屑粒径大小 0.6～1mm，分选性中等，而磨圆度差，呈棱角状和个别次棱角状，可见成分和结构成熟度都不高的特征。安山岩屑和硅质岩屑内部结构清楚，斜长石和钾长石都较洁净。填隙物为少数铁泥质和微晶方解石杂基，分布于孔隙中，形成孔隙式胶结和线接触性质及颗粒支撑。该岩石形成应以物理剥蚀为主，搬运不远，即快速堆积形成。

粗粒砾质钙质岩屑砂岩　见于龙山组中，岩石具砂砾状结构、块状构造。砾石成分：安山岩屑大于 8%、微晶灰岩屑小于 8%、砂屑灰岩屑 4%～5%；砂屑成分：与砾石成分相同的细岩屑 40%～42%、石英 5%～6%、钾长石 1%～2%、石英岩屑 2%～3%；填隙物方解石胶结物 23%～25%。岩石中的成分和结构较复杂，主要为少数砾石成分，砾径大小为 2～3mm，呈次圆状和个别次棱角状，杂乱分布不均匀。碎屑粒径大小 0.6～1.5mm，少数 0.3～0.5mm，分选性和磨圆度均为中等，有次圆状和次棱角状，岩石结构和成分成熟度不高。所含岩屑显示强烈风化，造成内部结构不清。填隙物成分为方解石，胶结物成分后期重结晶明显，方解石呈细晶粒状，形成接触式胶结和局部基底式胶结，总体为颗粒支撑。

粗粒含砾云质岩屑砂岩　见于温泉沟群中，岩石具含砾粗粒砂状结构、块状构造。岩石由碎屑成分和填隙物成分组成，两者界线不甚清晰。砾石成分：白云岩屑 8%～10%；碎屑成分：白云岩屑 30%～32%、绿泥板岩屑 12%～14%、泥岩屑 4%～5%、石英 3%～5%、白云石 10%～12%；填隙物成分：白云石 18%～20%、绿泥石 8%～10%。碎屑粒径大小 0.6～1.5mm 占主要，含少量 2～3mm碎屑为砾石级，此种岩屑为白云岩屑，形状极不规则，边缘参差不齐，呈棱角状杂乱分布，形成块状构造。粒屑填隙物成分为白云石和绿泥石混合一起的胶结物成分，形成接触式胶结类型和颗粒支撑结构。

粗中粒含砾石英砂岩 见于神仙湾组中，岩石具含砾粗中粒砂状结构、块状构造。岩石由碎屑成分和含少量砾石碎屑等组成。砾石成分：石英岩屑 4%～5%、硅质岩屑 3%～4%、绢云母蚀变岩屑 1%～2%；碎屑成分：石英 82%左右、与角砾成分相同的细岩屑 3%～4%、电气石小于 1%、锆石小于 0.5%；填隙物粘土矿物 3%～4%。碎屑粒径大小 0.3～0.5mm，为中粒级，约占碎屑含量的 55%～60%，其余部分 0.6～0.8mm 为粗粒级，可见碎屑分选性差，而磨圆度较好，呈次圆状，少数次棱角状。所含砾石大小为 2～4mm，呈次棱角状，不均匀分布于岩石中。填隙物成分很少，为粘土矿物，出现于碎屑孔隙中，基本为无胶结物式颗粒接触及颗粒支撑，反映稳定的水流沉积环境。

中粗粒含钙岩屑砂岩 见于铁隆滩群中，岩石具中粗粒砂状结构、块状构造。碎屑成分：微晶灰岩屑 33%～35%、粉晶灰岩屑 30%左右、硅质岩屑 4%～5%、石英 13%～15%、钾长石 1%～2%、含生屑灰岩屑 2%～3%；方解石胶结物 12%～15%。岩石中的碎屑成分以灰岩岩屑为主，仅含少量石英和其他岩屑成分，粒径 0.3～0.5mm 为中粒级，约占砂屑含量的 60%～65%，其余部分为 0.6～0.7mm 系粗砾级。反映分选性差，形状为次棱角状，磨圆度差，成熟度不高。碎屑之间的填隙物成分为方解石胶结物，晶体重结晶明显，多分布在碎屑空隙中形成孔隙式胶结型和颗粒支撑结构。

中粗粒石英砂岩 见于神仙湾组中，岩石具中粗粒砂状结构、块状构造。岩石主要由碎屑物和填隙物组成。碎屑成分：石英 75%～80%、硅质岩屑约为 1%、泥岩屑小于 1%、电气石小于 0.5%；填隙物成分：粘土矿物＋粉砂碎屑占 8%～10%，石英碎屑大小可分为 0.3～0.5mm 的中粒级约占 30%～40%，其余碎屑为粒径 0.6～1.5mm 的粗粒级，呈次圆状和少数次棱角状，分选性较差，而磨圆度较好，反映结构成熟度不高而成分成熟度较高。填隙物形成孔隙式胶结和颗粒支撑。

中粗粒含云质石英砂岩 见于龙山组中，岩石具中粗粒砂状结构、块状构造。岩石主要由碎屑成分和填隙物成分组成。碎屑成分：石英 43%～44%、硅质岩屑 23%～26%、石英岩屑 4%～5%、斜长石 1%～2%、钾长石约为 1%、板岩屑 2%～3%；填隙物成分：白云石胶结物 16%～18%、粘土矿物杂基 3%～4%。碎屑粒径大小可分为：0.25～0.5mm 中粒级，约占砂屑含量的 50%，其余部分 0.6～0.8mm 为粗粒级，可见分选性较差，而磨圆度中等，有次棱角状和少部分次圆状。从上述特点仍可以看出岩石成分和结构成熟度不高的特点。填隙物成分主要为白云石胶结物，白云石呈细晶—中晶粒状，重结晶明显，形成接触—孔隙式胶结和颗粒支撑。

中粗粒含铁质石英砂岩 见于恰提尔群中，岩石具中粗粒砂状结构、块状构造。砂屑成分：石英 79%～81%、石英岩屑 1%～2%、黑云母小于 1%、绿泥石约为 1%、锆石小于 0.5%；填隙物铁质胶结物 13%～15%。岩石中的碎屑粒径大小不等，可分为 0.6～0.8mm 粗粒级，约占碎屑含量的 55%～60%，其余部分 0.25～0.5mm 为中粒级，可见分选性差，但磨圆度较好，多呈浑圆状，少数次圆状，反映岩石成分和结构成熟度较高。填隙物成分为铁质（含磁铁矿）胶结物，出现在粒间和孔隙中，形成接触—孔隙式胶结和线接触性质及颗粒支撑。

中粒石英砂岩 见于神仙湾组中，岩石具中粒砂状结构、块状构造。该岩石主要由碎屑成分和硅质胶结物所组成。碎屑成分：石英 80%、钾长石 2%～3%、白云母小于 1%、火山岩屑约为 1%、电气石小于 1%、锆石小于 1%、磁铁矿小于 1%；填隙物硅质石英 10%～13%。碎屑粒径大小 0.3～0.5mm 占优势，少数 0.6～0.8mm，分选性较差但磨圆度稍好，多数呈次圆状，少部分呈次棱角状，较均匀分布，形成块状构造。填隙物成分较少，主要为硅质极细小的石英成分，形成一种接触式胶结和颗粒支撑，说明岩石仍形成于稳定的水流沉积环境。

中粒白云质砂岩 见于恰提尔群中，岩石具中粒砂状结构、平行构造。岩石主要由碎屑物和填隙物组成。碎屑成分：白云石单晶52%～54%、白云岩屑5%～6%、黑云母15%～18%、石英2%～3%、磷灰石小于1%；填隙物成分以粘土矿物为主，次为绿泥石，约占10%～15%，白云石5%～7%。碎屑粒径大小0.3～0.4mm为中粒级，呈次棱角和次圆状，分选性和磨圆度中等，所含黑云母碎屑由于岩石挤压作用使解理明显弯曲折断等。岩石所含碎屑成分，从特点分析，主要为白云石单晶碎屑和少许白云岩屑及较多的黑云母碎屑成分，主要特点是这些单矿物碎屑周围均被填隙物成分胶结，碎屑中基本不含石英砂屑，为一种特殊的砂岩。填隙物形成接触式胶结和颗粒支撑。

中粒含砾岩屑石英砂岩 见于龙山组中，岩石具含砾中粒砂状结构、块状构造。岩石由碎屑成分和砾石及填隙物成分组成。砾石成分：硅质岩屑约为3%、泥板岩屑2%～3%、泥板粉砂岩屑2%～3%；碎屑成分：石英48%～50%、钾长石3%～4%、石英岩屑3%～4%、与砾石成分相同的细岩屑18%～20%；填隙物方解石胶结物15%～17%。所含砾石大小为2～6mm，形状多呈次棱角状，分布不均匀。碎屑粒径大小0.25～0.5mm为中粒级，分选性中等，而磨圆度相对砾石而言要圆滑些，多呈次圆状，少数呈次棱角状，反映成分和结构成熟度都不高。填隙物成分为方解石胶结物，形成接触式胶结型和颗粒支撑及接触性质。

中粒钙质岩屑砂岩 见于神仙湾组中，岩石具中粒砂状结构、块状构造。岩石由碎屑成分和填隙物成分所组成。碎屑成分：微晶灰岩屑33%～35%、石英40%～42%、生屑灰岩屑2%～3%、白云母小于1%、石英岩屑1%～2%、方解石单晶3%～5%；填隙物方解石胶结物16%～18%。碎屑粒径大小0.25～0.5mm占优势，少数0.6mm，极少数0.15mm，分选性中等但磨圆度较好，多呈次圆状，少数呈次棱角状。反映岩石成分成熟度不高，而结构成熟度中等。岩石碎屑中的灰岩碎屑中有个别含生物碎屑。填隙物成分为方解石，胶结物方解石显示重结晶现象，呈细晶状，形成接触—孔隙式胶结型和颗粒支撑结构。说明岩石形成于水流稳定的沉积环境中。

中细粒石英砂岩 见于神仙湾组中，岩石具中细粒砂状结构、块状构造。岩石主要为碎屑成分所组成，仅含很少填隙物成分。碎屑成分：石英88%左右、钾长石约为2%、斜长石1%～2%、硅质岩屑约为2%、板岩岩屑约为1%、火山岩屑约为1%；填隙物方解石胶结物2%～3%。碎屑粒径大小可分为0.15～0.25mm细粒级，占碎屑含量的60%左右，其余部分0.3～0.5mm为中粒级，少数0.6～0.8mm，可见分选性差而磨圆度较好，中粒级碎屑多呈次圆状，而细粒级多呈次棱角状，反映岩石成分成熟度高而结构成熟中等。填隙物很少，仅见个别微晶方解石出现于孔隙中，基本为无胶结物式，颗粒经压实直接接触，为颗粒支撑。

中细粒长石砂岩 见于神仙湾组中，岩石具中细粒砂状结构、块状构造。岩石主要为碎屑成分所组成，仅含很少填隙物成分。碎屑成分：石英55%～56%、斜长石26%～28%、钾长石6%～8%、板岩屑约为1%、火山岩屑约为1%、硅质岩屑约为2%；填隙物粘土矿物3%～4%。碎屑粒径大小可分为0.15～0.25mm细粒级，约占60%～65%，其余部分0.3～0.5mm为中粒级，形状仍显示中粒级为次圆状，而细粒级为次棱角状，可见分选性差，磨圆度中等，反映岩石成分和结构成熟度都不高。填隙物成分很少，为粘土成分，仍为无胶结式，颗粒接触和颗粒支撑结构。

不等粒长石砂岩 见于温泉沟群中，岩石具不等粒砂状结构、块状构造。岩石由碎屑成分和填隙物成分组成。碎屑成分：石英：39%～40%、斜长石36%～38%、钾长石5%～6%、硅质岩屑3%～4%、绿泥片岩屑2%～3%、电气石小于1%；填隙物粘土矿物杂基8%～10%。碎屑粒径大小不等，0.1～0.2mm为细粒级，约占碎屑总量的40%；0.25～0.5mm为中粒级，约占碎屑总量的30%；其余0.6～1mm为粗粒级，约占碎屑总量的30%。可见分选性和磨圆度均较差，呈次棱角状和少数棱角状，反映岩石成熟度不高的特征。填隙物为泥质杂基，分布于孔隙中，形成孔隙式胶结和线接触性质及颗粒支撑。

不等粒白云质岩屑砂岩 见于温泉沟群中，岩石具不等粒砂状结构、块状构造。岩石由碎屑和填隙物等成分组成。碎屑成分：白云岩屑38%～40%、白云石单晶22%～25%、硅质岩屑10%～12%；填隙物成分：绿泥石16%～18%、白云石8%～10%。碎屑粒径大小不等，0.15～0.6mm约占碎屑成分含量的65%～70%，其余有1～1.5mm和少数2～3mm，分选性差，形态以不规则状为主，边缘参差不齐，呈次棱角状等。碎屑之间填隙物形成接触式胶结类型，另外碎屑成分和填隙物之间界限不够明显，并且较混杂。

不等粒含砾岩屑杂砂岩 见于天神达坂组中，岩石具含砾不等粒砂状结构、块状构造。岩石由砾石和砂质碎屑及填隙物成分组成。砾石成分：粉砂质泥板岩屑5%～8%、微晶灰岩岩屑7%；砂质碎屑成分：灰岩岩屑32%～36%、粉砂泥板岩屑3%～4%、泥板岩屑3%～5%、石英约为10%、斜长石小于1%；填隙物粘土矿物杂基30%～35%。砾石成分由两种岩屑组成，呈次棱角状，大小为2～6mm不等，内部结构清楚。砂质碎屑粒径大小不等，0.15～0.3mm的中粒砂约占25%～30%，其余部分0.6～1mm和1～1.5mm为粗粒级，形状多呈次圆状和少数次棱角状，说明分选性差而磨圆度较好，反映岩石结构和成分成熟度都不高。填隙物形成基底式胶结型和杂基支撑结构，说明岩石具重力流和密度流快速堆积的特征。

不等粒石英砂岩 见于神仙湾组、恰提尔群和上河尾滩组中，岩石具不等粒砂状结构、块状构造。岩石由碎屑和少许填隙物所组成。碎屑成分：石英85%左右、钾长石约为2%、斜长石1%～2%、泥板岩屑1%～2%、石英岩屑约为1%、硅质岩屑小于1%、白云母小于1%、锆石小于0.5%；填隙物成分：粘土矿物(主)粉砂碎屑(少)6%～8%。碎屑粒径大小不等，大致可分为：0.15～0.25mm为细粒级，含量约占碎屑的30%；0.3～0.5mm为中粒级，约占40%；其余0.6～1mm为粗粒级。可见分选性差，而磨圆度较好，多数呈次圆状，少部分呈次棱角状。说明岩石成分成熟度高，而结构成熟度中等。填隙物成分很少，基本为无胶结物式，颗粒接触，仅在孔隙中出现少量粘土矿物和粉砂级碎屑混合一起的杂基，为颗粒支撑结构。

不等粒钙质岩屑砂岩 见于铁隆滩群中，岩石具不等粒砂状结构、块状构造。岩石由碎屑成分和填隙物成分组成。碎屑成分：微晶灰岩屑52%、硅质岩屑6%～7%、细砂岩屑2%～3%、粉砂岩屑2%～3%、石英15%～18%、褐铁矿小于1%；填隙物方解石胶结物18%～20%。碎屑粒径大小不等，可分为0.15～0.3mm，约占碎屑含量的15%～18%，而此粒级多为石英碎屑，另一种0.6～0.8mm为粗粒级，占50%以上，其余部分达1～2mm，可见分选性差，而磨圆度以次棱角状为主，少部分呈次圆状，说明岩石的成熟度不高。填隙物成分为方解石胶结物，由于后期重结晶作用使方解石呈中—粗粒晶体，将碎屑呈接触式胶结一起，呈颗粒支撑结构。

含砾钙质不等粒岩屑杂砂岩 见于恰提尔群中，岩石具含砾不等粒砂状结构、中厚层状构造。主要由碎屑和填隙物组成。砾石成分：灰岩岩屑小于15%、泥板岩屑约为3%；碎屑成分：灰岩岩屑小于15%、泥板岩屑大于10%、千枚岩屑约为8%、粉砂岩屑7%～8%、硅质岩屑3%～5%、石英约为10%；填隙物成分：微晶方解石杂基30%～35%、铁泥质杂基3%～5%。岩石中的成分较复杂，砾石大小为2～8mm，分选性差而磨圆度中等，呈次圆状或椭圆形。碎屑大小不等，可分为0.2～0.5mm的中粒级，约占30%～35%，其余部分为0.6～0.8mm及1～1.5mm均系粗粒级，形状多数呈次棱角状和压扁拉长状，个别岩屑呈长条状，如千枚岩和泥板岩。碎屑之间的填隙物形成基底式胶结和杂基支撑结构，反映重力流和密度流快速堆积的特征。

白云质岩屑杂砂岩 见于恰提尔群中，岩石具不等粒砂状结构、平行构造。岩石主要由碎屑和填隙物成分组成。碎屑成分：白云岩屑20%～25%、白云石单晶20%～25%、石英5%～8%；填隙物成分以粘土矿物为主，绿泥石少量，约占47%～50%。碎屑粒径大小不等，0.15～0.6mm约占碎屑总量的55%～60%，其余部分1～1.5mm，形状为次棱角状，分选性和磨圆度均较差。填隙物由于压实固结作用使得粘土矿物显示重结晶，形成少部分绿泥石和部分呈细小鳞片状平行定向排列形成平行构造。填隙物成分较多，形成基底式胶结和杂基支撑结构.

白云质含砾岩屑杂砂岩　见于恰提尔群中，岩石具含砾砂状结构、块状构造。岩石主要由碎屑和填隙物成分组成。碎屑成分：白云岩屑＋泥质白云岩屑占29%～30%、白云石单晶15%、绿泥石5%～7%；砾石成分：硅化白云岩屑10%左右、泥质白云岩屑8%左右；填隙物成分：粘土矿物＋绿泥石约为15%、白云石10%～12%、隐晶石英5%～6%。碎屑成分和砾石成分很特殊，以基本不含长英质碎屑为特点。砾径大小为2～6mm者为砾石级，其余0.2～0.6mm及1～1.5mm不等，分选性极差，磨圆度也差，呈棱角状，碎屑中的绿泥石原为黑云母，后期蚀变形成绿泥石，岩石由强挤压作用造成有些岩屑和绿泥石发生弯曲变形。填隙物形成接触—孔隙式胶结和颗粒支撑。

细粒长石石英杂砂岩　见于上河尾滩组、巴工布兰萨群中，岩石具细粒砂状结构、层状构造。该岩石由碎屑和填隙物两部分成分组成。碎屑成分：石英67%～68%、斜长石(主)＋钾长石(少)8%～9%、硅质岩屑2%～3%、绢云母2%～3%、锆石小于0.5%、白云母1%～2%、电气石小于0.5%；填隙物粘土矿物杂基15%～17%。碎屑成分以石英为主，其次有少数长石和岩屑等，粒径大小0.1～0.15mm占优势为细粒级，少部分0.05～0.08mm为粉砂级，说明分选性和磨圆度均较差，呈棱角状。反映岩石成分和结构成熟度都不高。填隙物成分为粘土矿物和碎屑中的绢云母混合一起，分布于碎屑之间，形成接触式胶结和线接触性质及颗粒支撑结构。

细粒石英砂岩　见于恰提尔群、巴工布兰萨群中，岩石具细粒砂状结构、块状构造。岩石由碎屑和填隙物两部分成分组成。碎屑成分：石英80%～82%、斜长石约为3%、锆石小于0.5%、电气石小于0.5%、褐铁矿小于1%；填隙物成分：粘土矿物杂基13%～15%。碎屑成分以石英为主，含个别斜长石和重矿物等，粒径大小0.1～0.2mm，分选性良好而磨圆度差，呈棱角状和次棱角状，反映成分成熟度高，而结构成熟度中等。斜长石碎屑洁净，基本无蚀变现象。填隙物成分为粘土矿物，明显分布于碎屑之间，形成接触式胶结和线接触性质及颗粒支撑结构。

细粒钙质石英杂砂岩　见于神仙湾组中，岩石具细粒砂状结构、块状构造。岩石由碎屑成分和填隙物成分组成。砂屑成分：石英45%～47%、硅质岩屑6%～7%、石英岩屑约为4%、灰岩屑3%～4%；填隙物成分：微晶方解石杂基32%～35%、铁泥质5%～8%。碎屑粒径大小0.15～0.2mm，少数0.3mm，分选性基本较好而磨圆度较差，呈次棱角状，个别呈次圆状，较均匀分布，形成块状特征。填隙物成分为较多的微晶方解石杂基，后期显示重结晶作用，形成定向丝状形状，仍混入少数铁泥质成分，造成碎屑呈悬浮形态，形成基底式胶结型，使碎屑颗粒基本不接触，形成杂基支撑。

细粒石英杂砂岩　见于恰提尔群中，岩石具细粒砂状结构、块状构造。岩石由碎屑成分和填隙物成分组成。碎屑成分：石英75%左右、斜长石约为1%、泥岩屑小于1%、电气石小于1%、锆石小于0.5%；填隙物成分以泥质杂基为主，极细碎屑杂基少量，约占15%～20%。碎屑以石英砂屑为主，主要呈细砂级，大小0.1～0.12mm，呈次棱角状，分选性较好而磨圆度差。填隙物中的杂基成分形成接触式胶结和局部基底式胶结，总体仍具颗粒支撑结构。

细粒含钙石英砂岩　见于天神达坂组中，岩石具细粒砂状结构、块状构造。岩石由碎屑和填隙物成分所组成。碎屑成分：石英62%～65%、硅质岩屑10%～15%、泥板岩屑1%～2%、斜长石3%～4%；填隙物成分：铁泥质杂基3%～5%、方解石胶结物10%～15%。碎屑成分中以石英为主，其次含少部分岩屑，粒径大小0.15～0.25mm，分选性良好，磨圆度较差，呈次棱角状和少部分棱角状。可反映岩石的成分和结构成熟度不高的特点。碎屑之间的填隙物形成接触式胶结和颗粒支撑。岩石特征反映出稳定的水流沉积环境。

细粒长石砂岩　见于恰提尔群、神仙湾组及上河尾滩组中，岩石具细粒砂状结构、块状构造。该岩石主要由碎屑成分组成，仅含个别填隙物成分。碎屑成分：石英50%～52%、斜长石33%～

35%、钾长石 6%～7%、火山岩屑 1%～2%；填隙物粘土矿物约为 3%。碎屑粒径大小 0.15～0.2mm，分选性良好而磨圆度中等，呈次棱角状和少数次圆状均匀分布，形成块状构造。岩石中的斜长石和钾长石均较新鲜，聚片双晶和格子双晶都较清楚。此岩石中的填隙物极少，形成颗粒接触及颗粒支撑，该岩石一般形成于稳定的水流沉积环境。

细粒岩屑钙质砂岩 见于冬瓜山群中，岩石具细粒砂状结构、层状构造。碎屑成分：方解石单晶 59%～62%、泥板岩屑 8%～10%、斜长石约为 1%、石英 4%～5%、灰岩屑约为 2%、火山岩屑 2%～3%；填隙物成分：泥质 12%～14%、绿泥石 5%～8%。该岩石特征很特殊，它的碎屑成分中，不是以石英和长石为主，而是以方解石单晶为碎屑成分，其次有少量的岩屑和个别长石、石英等。粒径大小 0.1～0.15mm，分选性良好而磨圆度差，呈次棱角状，少数次圆状。填隙物成分为泥质和混入少量绿泥石成分，分布于碎屑之间形成接触式胶结和颗粒支撑。

细粒长石石英砂岩 见于温泉沟群中，岩石具细粒砂状结构、块状构造。岩石由碎屑和填隙物两部分成分组成。碎屑成分：石英 74%～76%、斜长石 6%～8%、钾长石 3%～4%、方解石约为 1%、白云母约为 2%、电气石小于 0.5%、锆石小于 0.5%；填隙物成分：粘土矿物杂基 10%～12%。碎屑成分以石英为主，其次含少量长石等，碎屑粒径大小 0.1～0.25mm 占主要，少数0.3mm，分选性中等，形状多数为次棱角状，磨圆度较差，岩石成分和结构成熟度不高。斜长石碎屑一般保存较新鲜，仅轻微蚀变。填隙物成分为少部分粘土矿物，分布于碎屑粒间和空隙中，形成接触—孔隙式胶结和颗粒支撑结构。

灰质极细粒长石砂岩 见于落石沟组中，岩石具极细砂结构、缝合线构造。岩石主要由碎屑物和填隙物成分组成。碎屑中砂占 70%，成分有石英、钾长石、斜长石、云母、泥岩屑、泥晶灰岩、白云石屑、有机质碎片等；粉砂占 19%，成分有石英、长石、电气石、榍石等；泥质物占 1%，成分为水云母及粉砂有机质；胶结物占 30%，主要为粉—细晶方解石充填孔隙交代碎屑。岩石中碎屑物粒径以0.13～0.06mm 为主，为极细砂，这些碎屑呈次棱角状均匀分布，局部粉砂富集成层，偶见粘土杂基，成分为水云母等。石英约占碎屑含量 60%，长石约占 30%～35%，岩屑和其他矿物少量。胶结物形成基底式胶结、颗粒支撑。缝合线发育，缝内为泥质物有机质充填占全岩面积的 1%。

三、粉砂岩

图区内粉砂岩分类参照砂岩分类方案，该类岩石多见于海相地层中，陆相地层中有少量分布。

含泥岩屑长石粉砂岩 见于天神达坂组、神仙湾组中，岩石具粉砂结构、薄层状构造。岩石主要由碎屑和填隙物成分组成。碎屑占 79%，其中粉砂占 63%，砂占 22%，成分主要为石英、长石、泥板岩、云母、硅质岩、电气石等；盆内碎屑占 15%，有微晶云岩、白云石屑等；填隙物占 18%，成分为水云母及泥状白云石；胶结物占 3%，主要为微晶白云石。该岩石主要由陆源碎屑和盆内碎屑混积而成，粒径以粉砂级为主，少数为极细砂级、细砂级，呈次棱角状均匀分布，分选中等。其中长石占碎屑含量的 20%～25%、石英约 60%；填隙物隐—微晶状水云母及泥状白云石形成孔隙式—颗粒支撑—点线状接触。

含泥砾泥质石英粉砂岩 见于神仙湾组、温泉沟群中，岩石具粉砂结构、块状构造。岩石中含有较多泥砾，成分以绢云母集合体为主，含少量粉砂。碎屑约占 50%，其中石英 95%、钾长石＋斜长石 2%、岩屑 3%（泥岩、泥晶云岩、白云石屑）；胶结物中铁白云石占 10%、泥质 25%（成分为隐晶状绢云母）、泥砾 15%（成分为绢云母集合体，含少量粉砂，呈透镜状不均匀分布）。粉砂大小在 0.063～0.01mm 之间，一般呈次棱角不均匀分布。泥质物不均匀分布，并略有定向排列。局部见次生白云石沿岩石溶沟充填，含量约 2%。岩石具基底式—孔隙式胶结，颗粒支撑。

钙质岩屑粉砂岩 见于铁隆滩群、温泉沟群、阿图什组中，岩石具粉砂状结构、块状构造。岩石由粉砂碎屑和填隙物成分组成。碎屑成分：泥板岩屑 27%左右、灰岩岩屑 28%～30%、石英

18%～20%、硅质岩屑约为1%、砂岩岩屑1%～2%；填隙物成分：微晶方解石10%～12%、铁泥质杂基10%～13%。粉砂碎屑粒径大小0.05～0.1mm，少数0.15mm，分选性中等，形状多呈棱角状和次棱角状，磨圆度差，较均匀分布，形成块状构造。填隙物成分为铁泥质和微晶方解石混合一起的杂基，将粉砂碎屑胶结一起。

石英粉砂岩　见于温泉沟群、神仙湾组中，岩石具粉砂状结构、块状构造。岩石由石英粉砂碎屑和少量填隙物成分组成。碎屑中石英占84%～85%、白云母1%～2%、白云石2%～3%、电气石小于0.5%、锆石小于0.5%；填隙物成分：粘土矿物6%～8%、铁泥质约为0.3%。粉砂碎屑粒径大小0.05～0.1mm，个别0.12mm，可见分选性良好，而磨圆度差，呈棱角状，较均匀分布于岩石中，形成块状构造。粉砂碎屑之间填隙物成分为粘土矿物和铁泥质成分混合一起的杂基成分，均匀分布于碎屑之间。

长石石英粉砂岩　见于温泉沟群、神仙湾组、上河尾滩组中，岩石具粉砂状结构、块状构造。碎屑成分：石英82%～84%、斜长石12%～14%、钾长石2%～3%；岩石中的矿物成分，以石英粉砂为主，其含少量长石碎屑，碎屑粒径大小0.05～0.1mm，少数0.12mm，形态多呈次棱角状，少部分呈棱角状，均匀分布。碎屑分选性较好，而磨圆度差。岩石碎屑之间为无填隙物成分，属无胶结物式接触，颗粒接触，经本身压实堆积形成。岩石中的碎屑石英和长石均较洁净、新鲜。

含钙石英粉砂岩　见于上河尾滩组中，岩石具粉砂状结构、块状构造。该岩石由粉砂碎屑和方解石填隙物组成。碎屑成分：石英62%、硅质岩屑4%～5%、斜长石4%～5%、钾长石1%～2%、白云母小于1%、海绿石约为1%、锆石0.5%、电气石小于0.5%；填隙物成分：方解石胶结物18%～20%、绿泥石5%～7%。粉砂碎屑以石英为主，其次含少量的长石，硅质岩屑和其他海绿石及重矿物等。碎屑大小0.05～0.1mm占优势，少数0.12mm，以粉砂级为主，呈棱角状和尖棱角状，均匀分布，形成块状构造。粉砂之间的填隙物成分为方解石胶结物和少数绿泥石等，形成孔隙式胶结型。

白云质石英粉砂岩　见于温泉沟群中，岩石具粉砂状结构、块状构造。碎屑成分：石英70%～72%；填隙物成分：铁白云石胶结物26%～28%、粘土矿物约为2%。岩石中的碎屑成分以石英为主，粒径大小0.05～0.1mm，少数0.12mm，形状呈次棱角状，粒径大小分选性好而磨圆度较差，石英碎屑洁净且均匀分布，形成块状构造。填隙物成分为铁白云石胶结物，由于分布不均匀局部造成石英无胶结物式，颗粒连接接触。岩石中所含铁白云石成分呈碎屑形状出现，不完全呈为胶结物形式出现。

钙质石英粉砂岩　见于恰提尔群、巴工布兰萨群中，岩石具粉砂状结构、块状构造。碎屑成分：石英69%～70%、斜长石3%～4%、锆石小于0.5%、电气石小于0.5%、褐铁矿小于1%、白云母小于1%；填隙物成分：方解石胶结物25%～27%。岩石中的碎屑成分以石英为主，含少许斜长石，粒径大小0.05～0.1mm，少部分0.12mm，可见分选性良好，而磨圆度差，呈次棱角状和棱角状，分布均匀形成块状构造。碎屑之间填隙物成分为方解石胶结物，方解石晶粒大小0.05～0.1mm，呈细粒状分布于石英砂屑粒间和孔隙中，形成接触—孔隙式胶结型和线接触性质及颗粒支撑。

四、泥岩

泥岩　见于恰提尔群、阿图什组中，岩石具泥质结构、块状构造。岩石中的成分主要为泥质矿物和少许其他石英、方解石等。泥质成分占88%左右、石英2%～3%、绿泥石3%～5%、方解石约为5%。岩石中的泥质矿物虽经压实作用未发生重结晶作用，使泥质矿物仍呈质点状或似均质特点，不具明显的光性特征，平行定向也极不明显，劈理、层理极不清楚，仍具块状构造。

页岩　见于巴工布兰萨群中，岩石呈灰—灰黄色，页理发育。成分主要为泥质，占90%以上，另有少量石英、长石粉砂及绿泥石、方解石等。岩石质地较软，抗风化能力不强，野外露头较差。

第二节 火山物源沉积岩

本书对火山碎屑岩分类采用《沉积岩石学》(成都地质学院、1984)分类方案，将图区内火山碎屑岩分为两大类，即火山碎屑熔岩类和正常火山碎屑岩类，向沉积岩过渡的火山碎屑岩类在图区内未见。

一、火山碎屑熔岩类

玄武质凝灰角砾熔岩 见于神仙湾组、龙山组中，岩石具角砾凝灰熔岩结构、块状构造。岩石成分较复杂，由熔岩胶结物成分和火山岩碎屑成分组成。斑晶成分：辉石(蚀变)4%～5%、角闪石(蚀变)4%～5%；基质成分：斜长石为20%左右、火山玻璃13%～16%；隐晶质成分10%～12%、杏仁体(方解石及绿高岭石各自充填)3%～4%；火山角砾成分：玄武岩屑26%～28%、凝灰质玄武岩屑14%～16%。岩石中熔岩具斑状结构，斑晶成分为强蚀变辉石和蚀变角闪石，粒径大小0.6～1.5mm，前者被方解石替代，后者被绿泥石代替。基质成分板条状斜长石微晶，长径0.06～0.15mm，杂乱排列形成的间隙中充填有火山玻璃成分和隐晶质成分，形成间隐结构。杏仁体大小0.3～0.6mm，呈圆形和个别不规则扁圆，一种由方解石充填，另一种由绿高岭石充填。在熔岩中杂乱出现的火山碎屑成分有角砾成分，几乎全为玄武岩屑，大小2～8mm，呈棱角状和边缘参差不齐形态，所含凝灰碎屑主要是玄武岩屑，大小0.3～1.5mm不等，呈棱角状杂乱分布于岩石中。

二、正常火山碎屑岩类

英安质玻屑凝灰岩 见于天神达坂组中，岩石具晶屑、玻屑凝灰结构，块状构造。岩石主要由火山碎屑和少许陆源碎屑成分组成。火山碎屑成分以玻屑为主，其次有火山灰尘和晶屑、岩屑等，粒径表现大小不等，小者火山灰尘小于0.01mm，其他晶屑、岩屑0.25～0mm、4～2mm皆有，少数岩屑2～3mm，十分杂乱。所见晶屑呈尖棱角状和石英晶屑，普遍具蚀湾特征和个别三角形等，主要玻屑形状为鸡骨状、弓状和凹面棱角状，个别显示塑性拉长形态，现全脱玻化变长英质成分。少许火山岩屑，呈棱角状形态，个别粒径达2～3mm。另外岩石中含有个别陆源岩屑成分，多呈次圆状，可能为火山喷发时的盖层部分。

绢云母化含流纹质玻屑晶屑凝灰岩 见于天神达坂组中，岩石具含玻屑、晶屑凝灰结构，块状构造。矿物成分：晶屑大于30%，主要为石英、斜长石、钾长石等；玻屑20%，已绢云母化；岩屑8%，为英安岩、粉砂岩等；基质小于40%，已绢云母化(火山灰脱玻化)，成分为隐晶状石英、绢云母、方解石等。岩石中晶屑成分为石英、长石。在镜下石英表面洁净，呈不规则棱角状杂乱分布。大小不等，大者有3mm，小者约0.2mm，一般在0.5～1.5mm，个别大的石英边缘具熔蚀现象。长石与石英晶屑大小相当，呈不规则板状、棱角状。基本上被方解石、硅质、绢云母所交代，仅保留外形轮廓特征。两者含量各占15%左右。玻屑呈凹面棱角状、鸡骨状、镰刀状，大小在0.1～0.5mm间，脱玻化后被隐晶状绢云母及硅质所交代。偶见较大英安岩屑，其大小在5mm(火山角砾)部分蚀变结构消失。基质已全部蚀变为隐-微晶状绢云母，而明显填集在上述碎屑间。

第三节 内源沉积岩

图区内出露的该大类岩石按成分及成因可进一步分为灰岩、白云岩和硅质岩等。灰岩和白云岩进一步划分是按结构结合成因进行的，其间有大量过渡类型。

一、灰岩

该类岩石广泛出露于图区石炭纪、二叠纪及三叠纪地层中，本书对灰岩分类采用曾允孚等(1980)的结构-成因分类方案(表3-2)，分为微—泥晶灰岩类、颗粒灰岩类、重结晶灰岩类和原地固着生物灰岩四大类。

表3-2　灰岩的结构-成因分类(曾允孚，1980)

<table>
<tr><th rowspan="2">颗粒含量</th><th rowspan="2">主要填隙物</th><th colspan="6">颗粒灰岩类(2)</th><th rowspan="2">原地固着生物灰岩类(3)</th></tr>
<tr><th>内碎屑</th><th>生物(屑)</th><th>鲕(豆)粒</th><th>团粒</th><th>团块</th><th>三种以上颗粒混合</th></tr>
<tr><td rowspan="2">>50%</td><td>亮晶</td><td>亮晶内碎屑灰岩</td><td>亮晶生物屑灰岩</td><td>亮晶鲕(豆)粒灰岩</td><td>亮晶团粒灰岩</td><td>亮晶团块灰岩</td><td>亮晶颗粒灰岩</td><td rowspan="5">1. 生物(珊瑚、红藻、苔藓虫、海绵、层孔虫等)礁灰岩
2. 生物(海百合茎、层孔虫、藻类)层灰岩
3. 生物(枝状珊瑚、海绵、苔藓虫、藻类等)丘灰岩</td></tr>
<tr><td>灰泥</td><td>微晶内碎屑灰岩</td><td>微晶生物(屑)灰岩</td><td>微晶鲕(豆)粒灰岩</td><td>微晶团粒灰岩</td><td>微晶团块灰岩</td><td>微晶颗粒灰岩</td></tr>
<tr><td>50%～25%</td><td>灰泥</td><td>内碎屑微晶灰岩</td><td>生物(屑)微晶灰岩</td><td>鲕(豆)粒微晶灰岩</td><td>团粒微晶灰岩</td><td>团块微晶灰岩</td><td>颗粒微晶灰岩</td></tr>
<tr><td>25%～10%</td><td>灰泥</td><td>含内碎屑微晶灰岩</td><td>含生物(屑)微晶灰岩</td><td>含鲕(豆)粒微晶灰岩</td><td>含团粒微晶灰岩</td><td>含团块微晶灰岩</td><td>含颗粒微晶灰岩</td></tr>
<tr><td><10%</td><td>灰泥</td><td colspan="6">微晶或泥晶灰岩类(1)</td></tr>
<tr><td colspan="2">重结晶灰岩类(4)</td><td colspan="7">具残余结构(各种颗粒或生物礁)晶粒(粗晶、中晶、细晶)
灰岩如具残余结构的巨晶、中晶灰岩</td></tr>
</table>

(一)微—泥晶灰岩类

泥晶灰岩　见于龙山组中，岩石具泥晶结构、块状构造。岩石主要由方解石和少量粉砂级碎屑组成。方解石占95%、粉砂+砂占5%。岩石中大量方解石质点大小约0.001～0.002mm，呈泥晶状接触。在此基底背景中不均匀散布有少量粉砂级碎屑，成分为石英、长石、云母等，大小分别在0.01～0.06mm和0.06～0.15mm。微粒状黄铁矿个别。

含粉砂泥晶灰岩　见于龙山组中，岩石具泥晶结构、微层状构造。岩石主要由方解石和少量粉砂级碎屑组成。方解石占88%、粉砂占12%。岩石中粉砂成分为石英、长石、云母片等，粒径在0.01～0.06mm，呈棱角状不均匀散布在泥晶方解石基质中，局部粉砂富集呈宽为0.1mm左右的纹层，或者富集砂层与贫砂层呈弯曲波状不整合接触。

薄板状微晶泥质灰岩　见于龙山组中，岩石具薄板状构造、微晶结构。岩石主要由微粒状方解石和显微鳞片状绢云母组成。方解石45%～50%、绢云母40%～45%(内含碳质物)、石英2%。岩石中大量方解石呈微晶状彼此接触而平行排列，强烈的压实挤压，泥质物新生的绢云母集结平行排列，在绢云母中夹有少数微粒状方解石，且呈小的透镜状平行产出，或压扁伸长定向分布。由于绢云母平行排列，并构成密集的平行板理面，才决定岩石为板状构造。偶见棘屑压扁变形，被绢云母所围绕，含量约占1%。局部见新生成的黄铁矿及粒状石英，并在黄铁矿晶体边缘见压力影现象。

白云石化泥晶灰岩　见于红山湖组中，岩石具残余泥晶结构、块状构造。岩石主要由方解石、白云石和少量泥质组成。方解石占55%～60%、白云石占35%～40%、泥质占3%～5%。岩石中的基质成分为泥晶方解石组成，结晶程度极差，高倍镜下粒径勉强可识别，粒径0.001～

0.01mm，少量泥质成分混入其中。岩石中具明显的较强的白云石化作用，即白云石交代泥晶方解石清楚，由于不规则交代，残余的泥晶方解石有时呈不规则的块体，即似假角砾特征，有时残余部分极不规则。白云石呈自形晶体，部分呈菱形，粒径大小0.1～0.25mm。

含泥质砂屑微晶灰岩 见于落石沟组中，岩石具泥质砂屑微晶结构、层状构造。该岩石中的成分由微晶基质和砂屑内碎屑及泥质、石英碎屑等组成。基质微晶方解石占50%～60%、内碎屑(隐晶方解石组成)25%～30%、石英3%～5%、泥质10%～15%、铁质小于1%。微晶基质结晶程度差，呈它形晶体不清，大小约为0.01mm。在均匀的基底中散布有内碎屑中的砂屑，由隐晶方解石组成，呈次圆形和椭圆形态，直径大小0.1～0.25mm。所含其他成分有石英碎屑和泥质成分，沿层理分布，呈定向排列，也造成层理构造特征。

泥质灰岩 见于落石沟组中，岩石具泥质微晶结构、层状构造。该岩石中的矿物成分主要为微晶方解石和较多的粘土矿物等组成。方解石50%～60%、石英3%～5%、粘土矿物35%～40%、绢云母约为1%、硅质岩屑1%～2%。方解石结晶程度差，呈它形微晶粒状，粒径小于0.01mm，较均匀分布于岩石中。在微晶方解石之间较均匀地散布有粘土矿物和个别石英及硅质岩屑。

（二）颗粒灰岩类

白云石化残余亮晶鲕粒灰岩 见于落石沟组中，岩石具残余鲕粒结构、层状构造。粒屑占65%，其中残余鲕粒占60%、棘屑占5%；胶结物方解石占35%。岩石经历了复杂漫长的成岩后发生变化，其原始组构发生了较大改变，可能在成岩早期—中期阶段首先是岩石中粒屑组分(鲕粒)完全与不完全被粉晶菱面体白云石交代，在镜下这些粒屑为圆形、椭圆形，不均匀分布，大小在0.25～0.7mm之间，核心有微晶方解石、棘屑等，少数核心为空洞且大小不等，为残余鲕粒。棘屑大小在0.2～0.5mm之间，呈方解石单晶体存在。胶结物第一期为粉晶方解石，含量约5%；第二期为中—粗晶状及连晶状方解石，充填胶结并在部分棘屑边缘形成共轴结晶现象。第二期方解石表面较脏，岩石轻度挤压，方解石具光性异常现象。

亮晶藻团粒灰岩 见于落石沟组中，岩石具亮晶藻团粒结构、缝合线构造。粒屑占62%，其中藻团粒、藻团块占56%，珊瑚、腕足、介形虫占6%；胶结物微晶方解石占25%；基质泥—微晶方解石占8%。岩石中含有较多藻团粒、藻团块及珊瑚等，生屑藻团粒大小在0.03～0.2mm之间，多为卵圆形，含量较多，成分为泥晶方解石，因含藻迹而颜色较暗。藻团块是不规则外形的复合颗粒，内常含藻斑点，藻迹并黏结少量生屑，大小在1.5～3mm之间，局部偶见藻丝体和不完整状蓝藻及管状体。珊瑚为圆形，大小在3～4mm及1.5mm之间，石化后内部结构不清。胶结物微晶粒状方解石充填于粒屑间，少数为细晶方解石，与粒屑界线清楚，局部见泥—微晶方解石基质。破裂缝发育，宽约0.1～0.3mm及1mm，呈网脉状相互交叉，内被粉—细晶及中晶方解石充填，含量约5%。缝合线一条，内被泥铁质充填。

硅化残余砂屑生屑灰岩 见于红山湖组中，岩石具残余生屑结构、缝合线构造。粒屑占85%，其中棘屑、腕足、有孔虫、苔藓虫占65%，砂屑占5%、硅化石英占15%；基质占13%～14%，成分为微—粉晶方解石，胶结物小于1%、泥质物1%。岩石中含有较多的粒屑组分，因受应力作用影响大多数粒屑组分被挤压破碎、变形、重结晶及波状消光，在镜下仅见生屑和少量泥晶灰岩。微晶灰岩砂屑不均匀分布，大小在0.1～1mm、1～3mm之间，各自结构特征清楚。这些粒屑组分又不同程度地遭受硅化，被微晶状石英交代，在镜下这些硅质石英又为不规则圆形、椭圆形集合体，仍保留原粒屑组分轮廓特征。基质为重结晶微—粉晶方解石，局部见棘屑，具加大边，为胶结物。

亮晶含藻团粒、藻砂—砾屑灰岩 见于铁隆滩群中，岩石具亮晶含藻团粒，藻砂—砾屑(藻屑)结构、中—厚层状构造。粒屑55%，其中藻砂—砾屑(藻屑)40%、藻团粒15%、软体＋有孔虫＋棘屑小于1%。亮晶方解石胶结物25%、泥—微晶方解石基质10%～15%。岩石结构极不均匀，局部见一些大小在 0.6～3mm 的粒屑组分，呈不规则状且不均匀分布，内含隐藻组分，可能为藻砂—砾屑和一些低等的蓝绿藻屑，成分为泥晶方解石，总含量约 40%。另一部分以基质为主，含藻粒团及藻砂屑，大小在 0.02～0.1mm，呈卵圆形，两者界线模糊不易区分。在藻砂—砾屑、藻屑间及粒间溶孔中见第一世代为微晶方解石充填，并呈马牙状丛生，第二世代为细晶状方解石充填。另见次生溶沟，内被中晶方解石充填，约 3%。

微晶砾屑灰岩　见于龙山组中，岩石具砾屑结构、块状构造。岩石中的成分为粒屑和基质组成。粒屑：砾屑（由隐晶方解石组成）占 80%～85%、砂屑（由隐晶方解石组成）占 3%～5%；基质微晶方解石占 12%～15%。粒屑成分属盆地内的内碎屑，由隐晶方解石组成的灰岩碎屑，粒径大小为 2～8mm，少数 10～12mm，形状呈不规则状，部分呈椭圆形或个别竹叶状形态，杂乱分布。另外仍含有少数砂屑，大小 0.3～1mm，呈棱角状。岩石中的填隙物为微晶基质，为微晶方解石，结晶程度差，粒径小于 0.01mm，分布于内碎屑接触之间，构成接触式胶结类型。此岩石常形成于水下高地、浅滩、潮间高能环境。

微晶砾屑砂屑灰岩　见于落石沟组中，岩石具砾屑、砂屑结构，块状构造。粒屑主要为内碎屑，砂屑（微晶方解石组成）占 40%左右、砾屑（微晶方解石组成）占 35%～40%；微晶基质占 20%～25%。该岩石属碎屑灰岩类，所含砾屑形态呈竹叶状形态，另外含较多的砂屑成分，直径大小 0.3～1.5mm不等，形态呈扁长状或小的竹叶状，大致平行排列。微晶基质填隙物为微晶方解石，主要分布于粒屑之间形成接触式胶结类型。

亮晶粒屑灰岩　见于红山湖组中，岩石具亮晶砾屑结构、块状构造。该岩石主要成分由内碎屑中的砾屑和少许砂屑及自生石英等混合组成。内碎屑：砾屑（微晶灰岩组成）46%左右、砂屑（微晶灰岩组成）10%～12%；亮晶胶结物方解石 35%～37%；其他成分：石英 4%～5%、绢云母 2%～3%。砾屑大小为 2～12mm，粒径大小不等，相差悬殊，形状呈不规则状和显示椭圆形，个别竹叶状。砂屑仍由微晶灰岩组成，大小 0.2～0.3mm 不等，呈不规则状。填隙物成分为亮晶方解石，胶结物大小 0.1～0.15mm，晶体洁净明亮，与砾屑边缘为突变关系，界线清楚。另外亮晶方解石胶结物中可见个别自生石英颗粒。

微晶核形石灰岩　见于龙山组中，岩石具微晶核形石结构、块状构造。岩石中粒屑占 62%，其中核形石 54%、棘屑＋腕足＋介形虫＋有孔虫＋软体＋骨针占 3%；砂屑占 5%、藻斑点小于 1%、自生石英个别；微晶方解石基质占 37%。岩石粒屑组分主要由核形石、砂屑、生屑组成，核形石大者在 2～5mm 及 5～8mm 之间、小者在 0.3～2mm 之间，呈不规则椭圆状、瘤状及不规则状，其内常黏结有少量生屑、藻和隐藻组分，形态又常受核心生屑大小形态而控制，并见稀疏不等的同心层圈，成分为泥晶方解石。泥晶灰岩砂屑大小在 0.3～1.5mm 之间，不具同心层构造，生屑大小在 0.3～1.5mm 之间，成分为方解石，各自形态不同。基质以微晶方解石为主，不均匀分布于粒屑组分间，局部见泥晶基质内含藻斑点。

粒屑砂屑灰岩　见于龙山组中，岩石具粒屑砂屑结构、块状构造。岩石中粒屑占 90%，其中砾屑 32%、砂屑 40%、鲕粒 8%、棘屑＋软体＋有孔虫＋藻屑为 4%、白云石 6%、自生石英小于 1%；亮晶方解石胶结物占 8%。砾屑大小在 2～3mm、3～7mm 之间，呈不规则椭圆状不均匀分布，成分为泥晶灰岩及含生屑泥晶灰岩。砂屑成分为泥晶灰岩，大小在 0.1～2mm 之间，其鲕粒结构清楚，多数为假鲕，与砂屑很难区分。生屑少量，成分为方解石。胶结物为微晶状及细晶状方解石，充填在砂屑、鲕粒之间，偶见棘屑加大现象，微晶基质少。岩石白云石化第一期为粉晶状铁白云石交代胶结物与粒屑；第二期细晶状铁白云石与第一期交代形式相同，局部呈脉状沿裂隙充填。

亮晶含生屑变形鲕粒灰岩　见于龙山组中，岩石具亮晶含生屑变形鲕粒结构、块状构造。岩石中粒屑占 72%，其中变形鲕粒 50%、棘屑 20%、自生石英 2%、白云石小于 1%；亮晶方解石胶结物占 28%。岩石分两部分：粒屑主要为变形鲕粒和生屑组成，这些鲕粒可能在早期成岩阶段的塑性变形或晚期阶段压实发生变形结果，其形态为蝌蚪状、链状等，略具半定向分布，大小多在0.2～1.5mm之间。少数仍见层圈和放射状构造，核心见有孔虫、棘屑等，多数挤压变形无核心，成分为隐晶状方解石。棘屑大小在0.3～2mm之间，以单晶方解石为特征，具波状消光、解理弯曲等现象，少数为圆形。胶结物为中晶状方解石，同样具光性变异现象，与粒屑组分界线清楚。

砂—砾屑泥晶灰岩 见于龙山组中，岩石具砂—砾屑泥晶结构、缝合线构造。岩石成分：棘屑40%、棘屑＋介形虫1%、砂—砾屑32%、粉屑5%、自生石英2%；基质泥晶方解石＋次生方解石10%、有机质小于1%。岩石中大量方解石质点大小约0.005mm，呈隐晶状接触。在此基质背景中含部分泥晶灰岩砂—砾屑组分，砂屑大小为0.1～2mm，粒屑大小为2～4.5mm，呈椭圆形及不规则状不均匀分布。粉屑大小为0.03～0.06mm，成分与砂屑相同。岩石中缝合线发育，缝内为有机质充填，自生石英不均匀散布并交代方解石，说明岩石曾暴露于近地表。

白云石化生屑泥晶灰岩 见于落石沟组中，岩石具生屑泥微晶结构、层状构造。岩石主要由生屑和基质组成。粒屑组分占30%，其中棘屑腕足＋三叶虫骨＋骨针占25%，砾屑占5%。基质占70%，其中粉晶白云石40%，泥晶方解石30%。岩石中生屑主要为棘屑、腕足、三叶虫屑、骨针等，大小不等，杂乱分布于基质中，大小多在0.1～4.5mm、0.1～1mm之间，成分为方解石，偶见自生石英交代个别生屑（硅化）。粒屑大小在2～6mm之间，为含生屑泥晶灰岩。基质方解石大小在0.001～0.008mm之间，微具重结晶现象，强烈压实—压溶粉晶菱面体状白云石多交代基质及个别生屑。

砂屑泥晶灰岩 见于铁隆滩群中，岩石具砂屑泥晶结构、缝合线构造。岩石中主要成分为方解石，含个别石英粉砂。岩石成分：粒屑占10%～29%、砂屑5%、砾屑2%～10%、有孔虫＋介形虫2%、石英＋白云石小于10%；基质占65%，主要为泥晶方解石、有机质等。方解石质点大小为0.005mm，呈泥晶状彼此接触，在此基质背景中不均匀散布有部分泥晶灰岩砂屑，大小在0.1～2mm之间，多为椭圆状。粒屑生屑少量。岩石裂缝发育，内为干净的细晶方解石充填，含量约3%～5%。偶见缝合线，内为有机质充填，粉晶状白云石交代方解石，与压溶作用有关。

亮晶豆粒—鲕粒灰岩 见于龙山组中，岩石具亮晶豆粒—鲕粒结构、块状构造。岩石中含有较多的鲕粒和豆粒。矿物成分：粒屑71%，其中鲕粒46%、豆粒25%、棘屑小于1%。亮晶方解石胶结物28%。鲕粒直径约0.2～1.8mm，呈椭圆形—圆形，不均匀分布。多数无核心，少数核心为细小棘屑等物，壳层薄厚不等，为假鲕、正常鲕、薄皮鲕。另见少许复鲕，被同一壳层所围绕。豆粒与鲕粒成分成因相同，直径大小为2～3.8mm，呈椭圆形。胶结物第一世代为微晶状马牙状方解石，丛生在粒屑周边，含量较少；第二世代为干净晶粒状方解石，充填在粒间成胶结组分。

亮晶含生屑砂屑灰岩 见于铁隆滩群中，岩石具亮晶含生屑砂屑结构、块状构造。岩石中粒屑占70%，其中砂屑45%～47%、棘屑＋有孔虫＋腕足＋介形虫＋软体为23%、石英小于1%；亮晶方解石胶结物占27%。岩石中粒屑大小在0.1～0.6mm之间，呈不规则次圆状不均匀分布，内含少许有孔虫、介形虫屑、生屑、棘屑。生屑以有孔虫为主，其他生屑少量，各自结构特征清楚，大小在0.1～1.5mm之间，成分为方解石。胶结物第一世代为微晶粒状，分布于粒屑边缘及间隙中，含量较少；第二世代为不等粒状方解石充填胶结，并在棘屑边缘见共轴结晶现象。

含砂屑生屑泥晶灰岩 见于龙山组中，岩石具含砂屑、生屑泥晶结构，块状构造。岩石中粒屑占58%，其中砂屑占15%、棘屑和腕足占25%、介形虫＋有孔虫＋石英＋长石为18%；泥晶方解石基质占40%。岩石中成分为方解石，不均匀含有少量细砂级石英、长石等，其粒屑组分见生屑和砂屑，这些生屑泥晶灰岩砂屑大小多在0.1～0.5mm之间。分选好，各自特征清楚，成分为方解石。基质为泥晶方解石，填集在粒屑间，局部尚有富集。

砾屑灰岩 见于落石沟组中，岩石具含砾屑粉晶结构、块状构造。岩石由粒屑和基质两部分组成。内碎屑中砾屑（微晶方解石组成）占70%、砂屑（微晶方解石组成）占5%～10%；基质中微晶方解石占15%、粉晶白云石约为5%、泥质占1%～2%。粒屑中的内碎屑为砾屑和砂屑，均由微晶方解石组成的灰岩屑，形状为次圆状和个别竹叶状，粒径大小为2～15mm不等，少数20～25mm。砂屑大小0.3～1.5mm，呈次圆状杂乱分布，形成块状构造特征。填隙物中的基质成分为微晶方解石和少许白云石、泥质等，方解石十分细小，晶体自形程度差，呈它形晶粒，粒径小于0.01mm。基质中所出现的白云石为白云石交代方解石形成，呈半自形、菱形晶体，大小0.02～0.05mm，为后期形成。

粉晶砾屑灰岩　见于红山湖组中，岩石具砾屑结构、块状构造。岩石主要由粒屑和基质组成。粒屑中砾屑（粉晶灰岩）占55%左右、砂屑（粉晶灰岩）占5%～8%；基质中粉晶方解石占30%～35%、铁泥质占3%～5%。岩石主要成分砾屑为内碎屑和少数砂屑，均由粉晶灰岩组成，呈圆状和次圆状，粒径大小为2～6mm占优势，少数8～12mm，杂乱分布。砂屑粒径0.3～1mm，成分与砾屑相同。基质由于重结晶作用使原方解石变为粉晶方解石，并混有铁泥质成分。

微晶砂屑灰岩　见于红山湖组中，岩石具砂屑结构、层状构造。岩石主要由内碎屑和基质成分组成。粒屑中砂屑（泥晶灰岩组成）占65%～70%、生屑占1%；基质中微晶方解石占30%～35%、泥质占3%～5%。主要内碎屑成分为砂屑，由泥晶灰岩组成，呈扁长和椭圆状，个别竹叶状，长轴大小0.3～1.5mm，定向分布，含个别生屑成分。将砂屑胶结一起的为微晶方解石和粘土质成分，形成接触式胶结，局部基底式胶结型，微晶方解石大小小于0.01mm。主要成分定向分布即形成层状构造特征。

泥晶含生屑鲕粒灰岩　见于龙山组中，岩石具含生屑鲕粒结构、块状构造。粒屑中鲕粒占43%、有孔虫＋腕足＋介形虫占10%、石英粉砂占1%；基质泥晶方解石占40%；微晶方解石胶结物占4%。岩石中粒屑组分以鲕粒为主，含少量生物碎屑。鲕粒一般为圆形、椭圆形，直径约0.15～0.2mm、0.5～1mm，核心多为有孔虫屑，大小不等，边缘壳圈厚薄不一，隐约可见同心层和放射状构造，少许核心不明显，成分为方解石。有孔虫个体较小，为0.1～0.3mm，成分为方解石。基质泥晶方解石大小为0.001～0.005mm，分布于粒屑间。胶结物为微—粉晶方解石，多见于粒屑富集部位的间隙中。岩石中裂隙发育，缝中被微细晶方解石充填，含量约2%。

细晶含砂屑生屑灰岩　见于铁隆滩群中，岩石具生物碎屑结构、中—薄层状构造。粒屑约占68%，其中棘屑、腕足、有孔虫、介形、细小刺环含量56%、砂屑占10%、石英占2%；基质以细晶方解石为主，泥晶方解石少，约占岩石的30%。岩石中粒屑组分以砂屑为主，其他少量。砂屑多为棘屑、腕足、有孔虫、介形虫及细小的砂屑刺等，由于区域性温度、应力等地质作用影响，大量生屑紧密接触和挤压重结晶，多数粒屑界线模糊，各自形态结构不同，大小在0.04～0.5mm之间，不均匀分布。生屑成分为泥晶灰岩，大小在0.1～0.5mm之间，呈不规则椭圆形散布，泥晶基质含量较少，多数地方为重结晶的细晶方解石充填，且交代生屑并与部分生屑界线不清。缝合线沿粒间分布，缝内为铁泥质充填。

生屑微晶灰岩　见于落石沟组中，岩石具生屑微晶结构、缝合线构造。粒屑占45%，主要为棘屑、腕足、软体、骨针、白云石、石英等；基质占54%，主要为微晶状方解石。岩石中含有较多的生物碎屑，主要为棘屑、腕足软体类生屑及海绵骨针，常大小不等，大者约2.5mm，一般1～2mm，小者0.1～1mm，各自形态不同，结构各异，不均匀分布于微晶基质中。基质为微晶方解石，大小在0.005～0.01mm之间，并微具重结晶而填集于生屑间隙中。缝合线发育，部分生屑与基质遭受挤压，缝中为铁泥质浸染以及粉晶铁白云石沿缝交代，自生石英个别。

亮晶生屑藻屑灰岩　见于铁隆滩群中，岩石具粒屑结构、缝合线构造。粒屑含量为69%，其中棘屑、腕足含量30%，藻屑、核形石含量38%，石英粉砂1%。亮晶方解石胶结物含量27%、泥铁质物含量3%。岩石中粒屑组分主要由藻屑和生屑组成，各自形态不同，大小不一，杂乱分布，一般大小约1～5mm，成分为方解石。生屑形态清楚，藻屑个体较大，多数不完整，并相互黏结，个别大的生屑仍被藻屑黏结围绕。核形石大小在0.5～1.5mm，胶结物为亮晶方解石，第一世代为微晶状丛生在粒屑周边，含量少；第二代为晶粒状不等晶方解石充填。岩石中缝合线发育，一般沿粒屑间不均匀产出，缝内为泥质物充填并混入少量石英粉砂。部分胶结物方解石挤压破碎，具铁染。

生物碎屑灰岩 见于铁隆滩群中，岩石具生物碎屑结构、缝合线构造。粒屑中棘屑、腕足、珊瑚、苔藓、有孔虫含量为50%，核形石、藻屑含量3%；泥晶方解石基质含量22%，亮晶方解石胶结物含量2%，次生方解石含量20%。岩石具生物碎屑结构，生屑主要以棘屑、腕足为主，其他少量，成分为方解石。棘屑、腕足个体粗大，大小约0.5～6mm，杂乱分布，因受区域性温度、压力等地质作用的影响，大部分生屑紧密靠拢，部分仍具破碎重结晶核、波状消光等现象，但仍保留原生屑形态面貌。少数结构消失，无法辨认。核形石藻屑大小在0.5～1.5mm，成分为方解石。岩石发生破裂和挤压，见粗大方解石充填分割、交代粒屑，有些粒屑无法辨认。基质泥晶方解石被挤压粒屑缝隙间，部分地方粒屑与基质相对位置仍可辨认。缝合线沿粒屑间分布，粒屑又以缝合线接触，缝内为泥铁质物充填。边缘见泥云岩薄层，厚0.5mm，与灰岩平行不整合接触。

生屑砂屑灰岩 见于铁隆滩群中，岩石具生物泥屑结构、缝合线构造。岩石由泥晶基质和粒屑两部分组成。粒屑组分中棘屑、腕足、有孔虫、介形虫、生屑刺环含量为40%，砂状凝块石含量3%；泥晶方解石基质含量56%。基质泥晶方解石质点大小0.001～0.005mm，呈泥晶状接触，在此背景中不均匀散布有部分生屑，主要有棘屑、腕足、有孔虫及细小的生屑、体刺、环等，大小混杂，大小约1.5～3mm、0.3～1.5mm、0.02～0.3mm，成分为方解石，个别达4.5～6mm。局部见砂状凝块石，大小在0.05～0.5mm之间(可能为泥晶基质磨蚀产生，成分为泥晶方解石)。

亮晶含鲕粒生屑灰岩 见于龙山组中，岩石具含鲕粒生屑结构、中—薄层状构造。粒屑含量69%，以腕足为主，次为软体、棘屑、有孔虫等，生屑约占50%、鲕粒占10%、核形石占4%、砂屑占1%、石英和长石占4%；泥晶方解石基质含量10%；亮晶方解石胶结物含量20%。岩石中粒屑组分复杂多样，且又以生屑、腕足为主，其他少量。腕足个体粗大，约1～10mm及10mm，常为弓型，部分略近一个方向展布，成分为方解石。在腕足碎片之间或腕足个体遮挡部分见有少量鲕粒，大小约0.1～0.5mm，核心为泥晶方解石、石英砂、小的生屑等，核心较大而壳层薄，为薄皮鲕、假鲕。核形石大小在0.5～2.5mm之间，偶见微晶灰岩砂屑，石英、长石细粉砂不均匀分布。胶结物多出现在鲕粒富集处及大的生屑一方，前者为微晶方解石，后者为不等晶方解石充填，微具世代性。泥晶方解石基质不均匀分布。铁白云石与缝合线有关，且部分交代基质与胶结物。

泥晶含鲕粒灰岩 见于龙山组中，岩石具粒屑结构、中—薄层状构造。粒屑含量64%，其中鲕粒含量38%、核形石含量18%、棘屑＋有孔虫＋腕足＋软体含量2%、藻斑点＋圆粒含量3%、石英3%；泥晶方解石基质含量26%；胶结物占8%。岩石中粒屑组分主要由鲕粒、核形石组成，含少量生屑、藻斑点、藻团粒等，并混入少许陆源石英、长石砂级碎屑。鲕粒为圆形—椭圆形，大小在0.1～0.6mm之间，核心大小不等，为泥晶方解石有孔虫、棘屑、石英等，层圈薄厚不一，圈数不同，为薄皮鲕、偏心鲕，成分为方解石。核形石大小约3～10mm、0.6～1mm，为不规则椭圆形，不规则状黏结生屑，具泥晶化，其形态受核心生屑形态大小控制，边缘见藻斑点，个别隐见不规则层圈。藻斑点、藻团粒大小在0.02～0.05mm之间，大小均匀为圆形，与基质界线不清，不均匀充填在粒屑间。胶结物在粒屑富集处以及大的核形石一方，第一世代不发育，为微晶粒状方解石，呈马牙状丛生；第二世代细晶方解石胶结以及界线具共轴结晶现象。

亮晶鲕粒灰岩 见于龙山组中，岩石具亮晶鲕粒结构、块状构造。岩石成分：粒屑71%，其中鲕粒70%、棘屑＋藻屑1%；方解石胶结物26%、粉—细晶方解石基质3%。鲕粒大小0.15～0.5mm、0.5～1mm及1.75mm，常为圆形—椭圆形，多数大小均匀，并具不等的同心层构造。核心为泥晶方解石，多为薄皮鲕、假鲕。又因鲕内含藻斑点、藻迹而颜色较暗，可称为藻鲕。胶结物第一世代为微晶粒状方解石丛生鲕粒，周边含量少；第二世代为晶粒状方解石，大小在粉—细晶状及中晶状充填在鲕粒间隙中。局部见粉—细晶方解石，充填鲕粒间，且交代鲕粒为基质重结晶。

亮晶含生屑藻团粒灰岩　见于落石沟组中，岩石具含生屑藻团粒结构、中—薄层状构造。粒屑含量65%，其中藻团粒含量50%、珊瑚含量15%、介形虫1%；亮晶方解石胶结物含量30%。岩石中粒屑组分以藻团粒为主，大小在0.03～0.2mm，为圆形、卵圆形泥晶方解石集合体。因富含隐藻和有机质而颜色较暗。藻团块为不规则复合颗粒，常黏结小的生屑和藻迹，大小在0.3～1mm。珊瑚为圆形—椭圆形，大小在5～15mm，内部结构有些不清，成分为方解石。胶结物为粉晶及微晶、细晶粒状方解石，充填于粒屑之间，少数具世代性，局部见次生溶孔洞，被粗大方解石充填，含量约占2%。

泥—微晶含生屑团粒灰岩　见于落石沟组中，岩石具含生屑团粒结构、块状构造。粒屑占65%，其中团粒占40%；棘屑、腕足、介形、软体、苔藓、骨针占10%；藻砂屑占5%；自生石英小于1%。泥—微晶方解石基质占30%；胶结物占5%。粒屑组分主要见有藻团粒、生屑、藻砂屑等。藻团粒大小在0.02～0.2mm之间，常为圆形，均匀分布，成分为泥晶方解石。生屑大小悬殊，形态不一，大者为3mm、小者为0.15mm、一般在0.5～1mm之间；成分为方解石。藻砂屑大小在0.2～1.5mm之间，内含藻团粒及生屑。基质不均匀分布于粒屑间，在团粒富集处见基质交代团粒组分。岩石破裂缝溶孔洞发育，内为不等晶方解石充填，并将岩石分割开来，含量约占8%。

亮晶藻砂—砾屑(藻屑)灰岩　见于铁隆滩群中，岩石具藻砂—砾屑(藻屑)结构、块状构造。岩石中粒屑占72%，其中藻砂屑26%、藻砾屑(藻屑)45%、棘屑和软体1%；方解石胶结物占28%、有机质小于1%。岩石具藻砂—砾屑(藻屑)结构。泥晶灰岩砂屑大小在0.3～2mm之间，呈不规则椭圆状不均匀散布于藻粒屑(藻屑)之间。内含有少量生屑及隐藻组分。藻粒屑(藻屑)大小为2～7mm及10mm，呈圆形、椭圆形，部分含藻屑和生屑，藻屑较不完整，很难定出名称。胶结物为晶粒状结晶方解石，明显充填于粒屑组分之间，微具世代性。缝合线一条，内为有机质充填。

亮晶砂屑灰岩　见于落石沟组中，岩石具砂屑结构、中—薄层状构造。粒屑主要为砂屑，约占60%；微晶方解石胶结物占27%；泥—微晶方解石基质占5%、次生方解石占7%、泥质物＋有机物占1%。岩石中砂屑成分为泥晶灰岩，大小在0.1～0.75mm及1.5mm，呈圆形—椭圆形，其内含少量细小生屑，大部分颗粒轮廓清楚。在成岩过程中碎屑由于挤压而发生变形，少数颗粒裂开，部分呈蝌蚪状、链状，呈半定向排列趋势。胶结物为粉晶方解石，明显受挤压呈半定向分布。岩石中裂隙发育，缝中为粉晶、细—中晶状方解石充填，含量约7%。沿缝合线和破裂缝附近基质重结晶强烈，具交代粒屑现象。

残余微—粉晶生屑灰岩　见于冬瓜山群中，岩石具残余生屑结构、层状构造。岩石成分：粒屑大于1%，棘屑、腕足60%，砂屑6%，石英＋长石5%；白云石基质占26%、微—粉晶方解石＋次生方解石2%。岩石具残余生屑结构，岩石遭受了强烈挤压，仅残余下来的粒屑成分，可见棘屑、腕足和泥晶灰岩砂屑。成分为方解石，已发生变形、裂开、重结晶、波状消光等，其结构特征多数仍可辨认。部分原始结构消失，难以辨认。自生石英和碎屑状石英、长石不均匀分布，且自生石英明显交代粒屑组分和基质。基质重结晶呈微—粉晶状方解石，少数与粒屑界线模糊。次生方解石呈团状、脉状产出，含量约2%。

残余泥晶生屑灰岩　见于铁隆滩群中，岩石具残余生屑结构、缝合线构造。粒屑占58%，其中棘屑、腕足、介形虫占56%，石英小于1%，白云石、泥质占2%；基质占40%，成分为泥质方解石。岩石中较粗大的生物碎屑成分为方解石，因遭受强烈挤压而发生破碎、重结晶、波状消光等现象，原始面貌特征基本消失，在破碎的粗大方解石中隐约可见棘屑残余特征及残余阴影，其含量约56%。基质泥质方解石不均匀充填于粒屑组分之间，在此中间仍可见到个别的棘屑、介形虫屑较为完整。缝合线发育，缝中为泥质充填，沿缝合线见粉晶白云石交代生屑与基质。裂隙内见粉—细晶方解石充填，含量约2%。

含生屑粉砂微晶灰岩　见于铁隆滩群中，岩石具粉屑微晶结构、块状构造。岩石中的成分由粒屑和基质填隙物组成。粒屑为内碎屑、粉砂(由泥晶灰岩组成)等，约占26%～28%，生物碎屑占4%～5%；基质填隙物微晶方解石占65%～67%；其他成分：石英1%～2%、黄铁矿小于1%。粒屑大小0.03～0.05mm，呈圆形，较均匀分布。另外含个别生物碎屑，由于碎屑不完整而很难确定名称，不均匀分布。填隙物粒径大小0.001～0.01mm，内碎屑基底式胶结，与粒屑界线不甚清楚。

生屑泥微晶灰岩　见于落石沟组中，岩石具生屑泥微晶结构、中薄层状构造。粒屑占36%，有棘屑、腕足、三叶虫等；基质占60%，主要为泥微晶方解石；胶结物占2%，主要为粉—细晶方解石。岩石中粒屑组分以生屑为主，少量砂—砾状核形石，生屑大小混杂，不均匀分布，大小在0.1～2.2mm之间，因冲刷搬运及压实使结构不完整，少数具破裂现象成为方解石。砂—砾状核形石大小在0.7～2mm及5mm，黏结生屑，微具白云石化现象。基质为泥—微晶方解石，大小在0.01～0.005mm之间，微具重结晶，内含少许石英粉砂及自生石英。在大的生屑遮挡部分及粒间见少量粉—细晶亮晶方解石胶结物。偶见缝合线及微裂隙。

团粒微晶灰岩　见于落石沟组中，岩石具团粒微晶结构、块状构造。粒屑占53%，其中团粒40%、腕足＋棘屑＋介形虫屑占7%、石英＋长石6%；基质占46%，主要为微晶方解石。岩石中粒屑组分以团粒为主，含少量生屑，同时混入少量陆源石英，长石粉砂—细砂级碎屑。团粒大小在0.02～0.1mm之间，大小均匀，呈卵形较均匀分布，成分由泥晶方解石和有机质等聚集而成，颜色较暗并相互黏结，部分与基质界线模糊。生屑个体小，结构形态不完整。基质微晶方解石分布于粒屑间，大小为0.01mm，重结晶后交代团粒。岩石中裂隙发育，缝内干净明亮，被粉晶方解石充填，局部见黄铁矿。

(三)原地固着生物灰岩

亮晶含团粒珊瑚灰岩　见于落石沟组中，岩石具生物碎屑结构、块状构造。粒屑含量72%，其中珊瑚占60%、藻团粒占12%；亮晶胶结物含量20%；微晶方解石基质含量5%。岩石中粒屑组分以珊瑚为主，含少量藻团粒。珊瑚碎屑个体粗大，呈圆形—椭圆形及不规则状，大小约2～10mm及30mm，内部黏结有少量生屑和隐藻、基质等组分，边缘泥晶化清楚。藻团粒呈浑圆状，大小在0.05～0.3mm之间，富藻和含有机质颜色较暗。胶结物为粉—细晶粒状方解石，在大珊瑚边缘或遮挡处可见棘屑具共轴结晶现象。基质微晶方解石与细小生屑藻团粒混生，重结晶后交代粒屑组分。不同期次裂隙发育，缝中为粉—细晶方解石充填，含量约占3%。

珊瑚灰岩　见于帕斯群中，岩石具生屑结构或珊瑚结构、块状构造。岩石中原地固着珊瑚占90%，自生石英9%，次生方解石1%。岩石中成分为方解石。在镜下为一较大的珊瑚片体斜切面。其结构还比较清楚。隔板及虫管因石化，部分结构有些消失，并不同程度地被自生石英交代。局部见次生方解石脉体穿插。

(四)重结晶灰岩类

砂质细—中晶灰岩　见于冬瓜山群中，岩石具砂质细—中晶结构、块状构造。岩石中方解石占58%、石英占42%(个别长石及泥岩屑)、自生石英小于1%(加大边)。岩石具强烈的重结晶，大量方解石晶粒大小多在0.06～0.25mm和0.25～0.5mm之间，少数达0.7mm，呈不规则它形粒状相互接触。在此中间又不均匀散布有部分砂质碎屑，成分以石英为主，大小同样在0.06～0.25mm之间，重结晶后紧密接触，偶尔又见石英次生加大边现象。

中晶灰岩　见于红山湖组中，岩石具中晶结构、块状构造。岩石中的成分为方解石和个别其他杂质石英和砂屑等。方解石占85%、石英5%～8%、隐晶石英约为3%、内碎屑中的砂屑3%～5%、斜长石小于1%。主要成分方解石由于明显的重结晶加大，故晶体大小为0.25～0.5mm变为中晶粒状,呈半自形—自形晶体,个别晶体中仍属方解石晶体。在中晶方解石晶体之间和孔隙中出现有隐晶石英等化学沉积成分及陆源石英、长石等碎屑成分,含个别内碎屑中的砂屑成分。

细晶灰岩　见于落石沟组中,岩石具细晶结构、层状构造。岩石中的主要成分为细晶方解石和个别内碎屑成分所组成。矿物组分中方解石占90%～95%、石英小于1%、内碎屑(隐晶方解石组成)占5%～10%。主要成分方解石呈结晶程度较差的它形粒状晶体,粒径大小0.08～0.1mm,系细晶颗粒,均匀分布于岩石中。在均匀的基底中含有少数内碎屑中的细砂屑,为隐晶方解石组成的圆形灰岩砂屑,大小0.05～0.07mm,均匀分布。

角砾状细晶灰岩　见于红山湖组中,岩石具细晶结构、角砾状构造。岩石中方解石大于等于90%、石英+长石5%、白云石小于1%、泥质物+粉砂2%。岩石主要由方解石组成,含少量粉砂—细砂级石英、长石等碎屑物。其大量方解石多在0.1～0.25mm之间,呈不规则细晶粒状而接触,在其内含少量微晶状方解石残余物。另外还清楚地见有一些大小在1～4mm之间、呈微晶方解石的集合体(角砾),呈不规则状、次圆状而不均匀散布于细晶方解石基质中,含量约15%。缝合线发育,沿角砾边缘方解石粒间产出,缝内为泥质物及粉砂石英充填。白云石呈细—中晶状交代方解石与泥质。

含砂质生屑细晶灰岩　见于帕斯群中,岩石具含砂质生屑细晶结构、块状构造。岩石由方解石和少数碎屑以及生物碎屑成分所组成。方解石76%～78%、石英13%～14%、斜长石小于1%、绿泥石小于1%、生物碎屑5%～8%、白云岩屑1%。主要组分方解石呈它形晶粒,粒径大小0.05～0.1mm,较均匀分布于岩石中,形成块状构造。在均匀的基底中不均匀散布有少数陆源砂屑,主要为石英,呈棱角状,大小0.1～0.15mm,个别斜长石砂质也较新鲜。另外,还含一定量的生物碎屑,有腕足和棘屑等碎屑片,不均匀出现于岩石中。

微晶白云质灰岩　见于红山湖组中,岩石具微晶结构、条带状构造。岩石中的矿物成分由方解石和少数白云石及内碎屑组成。方解石占60%～65%、白云石大于等于25%、泥质2%～3%;内碎屑由泥晶灰岩组成,约占5%～10%。主要成分方解石结晶程度差,呈微晶它形晶粒,大小约为0.01mm,均匀分布于岩石中。岩石显示白云石化特征,白云石交代方解石形成半自形粉晶状晶粒,大小0.01～0.02mm,十分均匀地分布在方解石之间。岩石具条带状构造,条带与层理方向一致,条带即由微晶粉屑灰岩部分不规则相间平行出现所形成,条带宽2～3mm不等,条带内部即由粉屑内碎屑和填隙物微晶方解石所组成。

粉晶白云质灰岩　见于落石沟组、红山湖组中,岩石具粉晶结构、块状构造。岩石主要由方解石和少部分白云石所组成。方解石65%～70%、白云石25%～30%、泥质约为1%、石英小于0.5%、内碎屑(泥晶方解石组成)2%～3%。主要矿物方解石呈它形粉晶粒状晶体,大小0.03～0.05mm,较均匀分布于岩石中。岩石又出现白云石化作用而形成的白云石晶体,呈半自形和自形菱形晶体,大小0.05～0.07mm,一般交代方解石较明显。岩石中含个别内碎屑中的粉屑,为泥晶方解石组成,大小0.03～0.05mm,呈圆形特征。

粉晶灰岩　见于落石沟组中,岩石具粉晶结构、缝合线构造。方解石大于等于99%(内含泥尘及白云石残余)、自生石英小于1%。该岩石为一种交代型岩类,其主要特征是大量粉晶状方解石,大小在0.03～0.06mm及0.06～0.1mm之间,呈不规则粒状接触,方解石晶内含有泥尘及细小白云石残晶,表面部分仍具白云石假象特征,为强烈去云化产物。缝合线及不同期次的破裂缝发育,缝内被大小不等粉晶方解石充填,并分割岩石,这些粗大方解石又明显具波状消光,双晶解理弯曲等光性变异现象,含量约占17%～20%。偶见自生石英交代方解石,以及干净的粉晶方解石充填溶孔中。

含砾屑粉晶灰岩　见于落石沟组中,岩石具含砾屑粉晶结构、层状构造。岩石由粉晶基质方解石和少数内碎屑中的砾石所组成。基质粉晶方解石占85%～90%、粒屑(由微晶方解石组成)占

10%～15%、白云石小于1%。粉晶方解石呈它形粉晶粒状，结晶程度差，粒径大小0.03～0.05mm，较均匀分布，偶尔出现结晶较大的晶体，为细晶粒状。在基质中分布少量的砾屑成分，直径大小为2～3mm，呈扁长状和似竹叶状，由微晶方解石组成。主要成分基质和所含砾屑均呈定向分布，形成层状构造特征。

粉砂质微—粉晶灰岩　见于帕斯群中，岩石具粉砂质微—粉晶结构、层状构造。岩石成分为方解石和粉砂。其中方解石占60%，粉砂占30%(石英、长石、云母片、电气石、锆石)，砂占2%(石英、长石、云母片)，泥质8%。在成岩过程中因压实、挤压而发生褶皱。组成岩石的矿物成分分布极不均匀。粉砂状石英、泥质物明显被挤入到以方解石为主的集合体中，其主要特征是：方解石呈微—粉晶状，内含较多的粉砂状石英、长石等物，含粉砂较多的部位泥质含量较多。另外尚见少量棘屑，成分为方解石，含量约2%。

二、白云岩类

图区内该类岩石分布较多，按其成因可分为同生白云岩和次生白云岩两个亚类，现分述如下。

(一)同生白云岩

含石英泥质白云岩　见于冬瓜山群中，岩石具粉晶结构、块状构造。矿物成分：白云石占64%～69%、石英占15%、泥质占15%～20%、褐铁矿占1%。主要矿物白云石结晶程度较差，呈它形粉晶粒状，大小为0.02～0.05mm，分布不均匀。在白云石粒间不均匀分布有粒状石英，大小为0.03～0.05mm，矿物洁净常成堆出现。所含泥质成分呈质点状，显示不规则带状聚集，分布于粒状矿物粒间。

藻纹层白云岩　见于帕斯群、落石沟组中，岩石具微晶—隐晶结构、纹层状构造。岩石主要由白云石组成。岩石中白云石占100%。镜下明显具明暗相间的水平—微波状，或条带状纹理，为纹层状构造。其暗层为富藻层，由隐晶白云石组成。内含较多的隐藻斑点、藻迹、藻团粒。颜色较暗，宽度不等，而呈平行—微波状条带产出。亮层又称之贫藻层，主要由微晶及粉晶白云石组成。局部层厚约0.3～1.5mm。粉晶状白云石又具鸟眼和示底构造。上为亮晶，下为微晶。另外岩石又发育溶孔、溶洞，内被干净粗晶白云石充填。

(二)次生白云岩和白云岩化岩石

中晶灰质白云岩　见于落石沟组中，岩石具中晶结构、块状构造。岩石中的成分单一，未见到内碎屑成分，主要矿物为白云石和少数方解石组成。矿物成分：白云石约为70%、方解石占25%、泥质占1%。白云石呈明显的半自形—自形晶体，少数菱形晶体，粒径大小0.25～0.3mm，晶体之间呈折线状紧密嵌接，形成块状构造。岩石中所含方解石呈粉晶晶粒和少数细晶颗粒，均残留在白云石晶粒之间。由于方解石系残余成分，故在岩石中表现不均匀出现，时多时少。该岩石应为成岩白云岩。

粉晶白云岩　见于落石沟组中，岩石具粉晶结构、块状构造。岩石中的矿物成分主要为白云石和少许其他杂质成分。矿物成分：白云石占90%左右、方解石占1%～2%、石英占1%、鲕粒占5%～8%。主要矿物白云石结晶程度较好，多数为半自形晶体，少数自形晶体，粒径大小为0.015～0.05mm，十分均匀地分布于岩石中。个别粒间出现方解石残余成分。另外，岩石中含有少数鲕粒成分，鲕粒大小1～1.5mm不等，具同心圆结构，核心为中—粗粒晶方解石和个别石英，同心圆为白云石组成。

角砾状粉晶白云岩　见于落石沟组中，岩石具粉晶结构、缝合线构造。矿物成分：白云石占95%(包括角砾和虫屑)、方解石占4%。岩石中大量粉晶状白云石晶粒大小为0.03～0.06mm及

0.1mm，呈半自形粒状接触，含量约78%。在此中间含有少量大小为7～10mm、0.2～1mm的细晶白云石、粉晶白云石、角砾等，含量约10%～13%。鉴定者认为这些角砾可能是层间溶蚀、垮塌成因，故不像砾屑。生屑、棘皮类大小不等，呈粒状及圆形切面，为单晶体，成分为白云石，含量约4%。岩石中微裂隙发育，缝中为干净方解石充填。

粉—细晶白云岩　见于落石沟组中，岩石具粉—细晶结构、缝合线构造。矿物成分：白云石占98%、方解石占1%、有机质占1%。岩石中白云石重结晶后晶粒大小为0.063～0.2mm，约占65%、0.03～0.063mm者占35%，明显呈半自形等粒径状及不规则粉晶粒状彼此接触，白云石一般表面较脏，常含泥尘。方解石沿白云石晶间孔隙充填和沿缝合线分布，缝内为有机质充填。

亮晶含生屑核形石灰质白云岩　见于冬瓜山群中，岩石具粒屑结构、块状构造。岩石主要由粒屑和胶结物组成。粒屑约占60%，其中棘屑、腕足、软体、苔藓虫、有孔虫占15%，砂、砾屑占3%，核形石占42%；微晶方解石胶结物占33%，微—粉晶方解石占5%、水云母占1%。岩石中粒屑组分主要见有核形石，次为生屑、砂—砾屑。核形石外形为椭圆形、瘤状及不规则状，大小在2～5mm及5～7mm之间，个体形态受其核心生屑形体而控制，边缘泥晶化强烈并具不等的层圈或层纹构造。生屑个体较大，结构形态清楚，大小为0.5～2mm及5mm，成分以方解石为主，个别生屑体腔内为白云石充填。砂砾屑成分为泥—微晶灰岩，边缘圆化。胶结物为干净明亮的微晶白云石，粒径大小在0.01～0.03mm，与粒屑界线清楚，方解石大小与白云石相当，且交代白云石。偶见自生石英交代生屑及胶结物，缝合线为水云母充填。

粉砂质粉晶云岩　见于冬瓜山群中，岩石具粉砂质粉晶结构、缝合线构造。白云石60%～62%、石英26%（含少量绢云母、白云母）、方解石10%。受区域性温度、压力等地质作用影响，原岩组构发生显著变化。大量白云石重结晶呈粉晶粒状，大小以0.03～0.063mm为主，少数达0.1mm，约占10%，一般白云石表面较脏，呈半自形粒状接触。石英大小在0.06～0.03mm，少数在0.7mm，而彼此嵌连，粒间夹有少量绢云母片及白云母，而不均匀分布于白云石间。缝合线内被泥质物重结晶绢云母等充填，在缝合线一侧间黄铁矿、自生石英晶出，而较粗大的不等晶方解石不均匀分布，交代白云石与石英。

粉晶云岩　见于冬瓜山群中，岩石具粉晶结构、块状构造。岩石主要由白云石组成。白云石含量100%，自生石英小于1%。大量白云石晶粒大小为0.03～0.06mm；少数为0.06～0.125mm，约占30%。明显呈半自形等径粒状及菱面体状相互接触。白云石一般表面较脏，含有泥尘，为重结晶矿物。局部见个别它形自生石英交代白云石。

含粉砂粉晶—细晶云岩　见于冬瓜山群中，岩石具粉晶—细晶结构、板状构造。矿物成分：白云石83%、石英＋长石＋云母17%。岩石轻度变质，重结晶现象比较显著。大量白云石呈半自形—自形、粉、细晶菱面体状，相互接触。大小在0.05～0.06mm和0.06～1.5mm之间，表面甚脏，在白云石晶间以及白云石稀疏地方见不规则粒状石英、长石、云母片，彼此嵌连，大小在0.05～0.1mm之间，且又以0.03～0.06mm为主，为砂质重结晶变化特征。

三、硅质岩

硅质岩　见于温泉沟群、神仙湾组、上河尾滩组中，岩石具隐晶结构、块状构造。主要矿物成分为隐晶石英和含个别杂质成分。隐晶石英占97%左右、石英占1%、泥质占1%～2%。岩石中矿物单一，主要石英呈隐晶状，粒径约为0.001mm，晶粒之间界线不清，均匀分布。在均匀的基底中偶尔散布有石英碎屑和泥质成分，主要矿物均匀分布成块状构造。

白云质硅质岩　见于温泉沟群、黄羊岭群中，岩石具隐晶—微晶结构、块状构造。矿物成分：石英62%～64%、白云石28%～30%、方解石4%～5%、泥质3%～4%。岩石中的矿物成分简单，主要成分由隐—微晶石英及粉晶白云石组成。石英呈它形微晶—隐晶粒状，粒径小于

0.001mm及部分0.001～0.005mm，晶体之间相互紧密接触，不均匀分布，形成块状构造。所含白云石晶体呈它形粒状，粒径为0.01～0.03mm，为粉晶它形粒状，分布极不均匀，显示不规则条带状聚集相间排列。

四、蒸发岩类

石膏 见于龙山组中，具粒状结构、块状构造。一般呈洁白—灰白色，层厚20～100m。石膏矿物占岩石的90%以上，较为纯净。可用于工业开采。

第四章　岩浆岩

图区岩浆岩分布较广，总面积达到 840km²，占图区总面积的 5.5%，是中生代造山带极其重要的组成部分。其中侵入岩分布占绝对优势。图区集中分布在北侧的巴颜喀拉晚古生代—中生代边缘裂陷带内及其两侧附近等（图 4－1）。

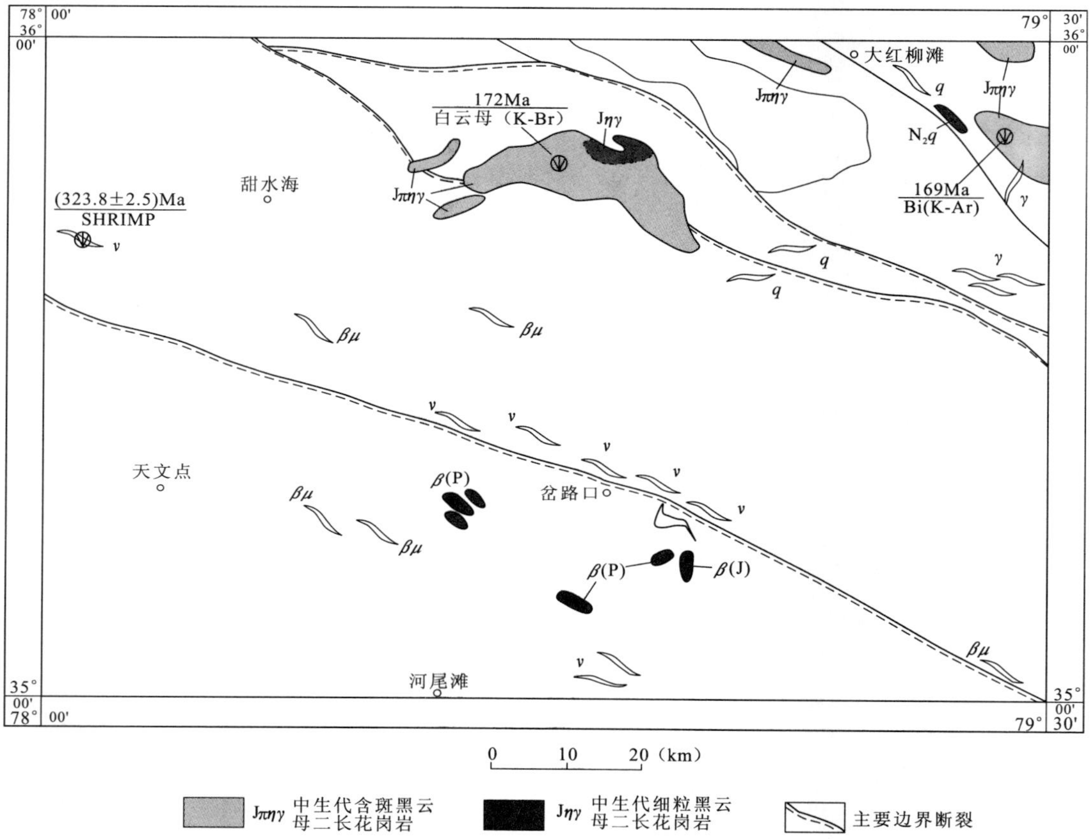

图 4－1　测区岩浆岩分布图

β(P). 二叠纪火山岩；β(J). 侏罗纪火山岩；N_2q. 新近纪火山岩；v. 辉长岩脉；βμ. 辉绿岩脉；γ. 花岗岩脉；q. 石英脉

岩浆岩岩石种类较简单，侵入岩以中酸性为主，火山岩以基性、碱性为主；岩浆活动从晚古生代以后较为活跃，形成时代主要集中在晚古生代、中生代、新生代，其中晚古生代和新生代以火山活动为主，岩浆规模极小；中生代以侵入岩为主，岩浆活动最为强烈、规模最大。其岩石组合及产出构造位置反映出岩浆岩的时空展布具有一定的规律性，即总体受巴颜喀拉晚古生代—中生代边缘裂陷带控制，反映了其与巴颜喀拉晚古生代—中生代边缘裂陷盆地的演化息息相关。

第一节 侵入岩

图区侵入岩是最主要的岩浆活动方式，分布面积达 820km²，均为侏罗纪侵入岩，岩石类型以酸性岩为主要的岩石类型。依据岩体产出构造位置、岩石组成、成因类型并结合岩石地球化学特征，将图区侵入岩解体为 7 个侵入体，归并为 2 个填图单元，其中晚期单元脉动侵入于早期单元之中，二者紧密共生，并具有基本一致的岩石地球化学特征，据此又将二者归入中生代三十里营房-泉水沟构造-岩浆岩带。

一、地质特征

侏罗纪侵入岩规模较大，多为规模巨大的岩基状产出，图区出露面积约 820km²，分布于图区北部，构造位置上属于甜水海微陆块的北缘，或巴颜喀拉晚古生代—中生代边缘裂陷带内。图区分布有 7 个侵入体，多呈长条形或近椭圆形，长轴方向为北西西—南东东向，与区域构造线相一致。规模较大的岩体边界较平整，小岩体边界见有枝杈状。岩体侵入于三叠系巴颜喀拉山群(图 4-2)、二叠系黄羊岭群及长城系甜水海岩群之中(图 4-3)，侵入界面向外陡倾，部分岩体内部和边部含有大量不规则状围岩捕虏体。围岩有较为明显的接触变质作用，发育 3～10m 的角岩带。岩体内部组构较均一，岩性有灰白色中粒含斑黑云二长花岗岩和浅肉红色中细粒黑云二长花岗岩两种，规模上以含斑黑云二长花岗岩为主，二者之间为脉动侵入关系。

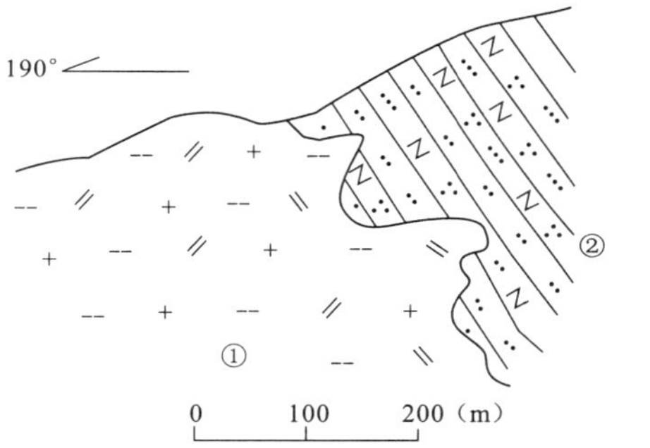

图 4-2 俘虏沟北侏罗纪花岗岩侵入于三叠系巴颜喀拉山群素描图

①灰白色中粒含斑黑云二长花岗岩($J_2\pi\eta\gamma$)；
②灰色长石石英砂岩夹粉砂岩(TB)

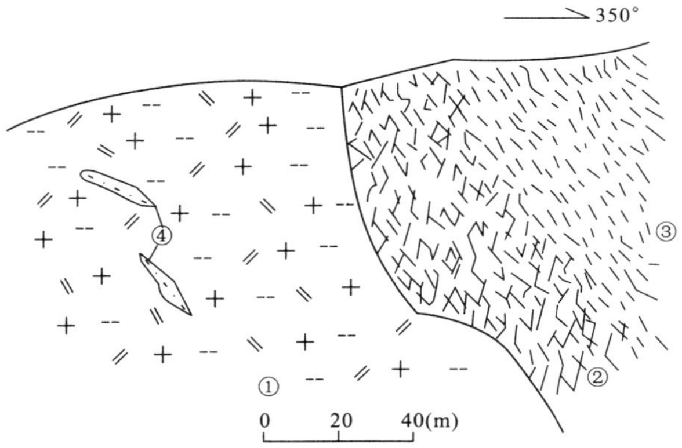

图 4-3 俘虏沟侏罗纪花岗岩侵入于长城系甜水海岩群素描图

①灰白色细粒黑云二长花岗岩($J\eta\gamma$)；
②角岩化绢云母石英片岩(Ch*T*)；
③浅灰色绢云石英片岩(Ch*T*)；④捕虏体

灰白色中粒含斑黑云二长花岗岩 岩石呈灰白色，似斑状结构、基质中粗粒半自形粒状结构，块状构造。斑晶为半自形钾长石。大小一般小于 2cm×1cm，含量小于 10%；基质矿物粒径 2～5mm，主要矿物成分有：钾长石 33%～35%、斜长石 27%～28%、石英 28%～30%、黑云母 6%～8%、白云母 1%～2%。岩石蚀变极微弱，仅见斜长石有轻绢云母化。

浅肉红色中细粒黑云二长花岗岩 岩石呈灰白色、浅灰色，中细粒半自形粒状结构、块状构造。矿物粒径多数 0.8～1.5mm，少数 2～3mm。主要矿物成分有：钾长石 38%～39%、斜长石 30%～31%、石英 26%～28%、黑云母 3%、白云母 1%～3%。岩石新鲜。

该套岩石总体上为一套酸性侵入岩，其矿物特征及岩石组合特征属 BarBarin 划分的含白云母过铝质花岗岩类(MPG)，其形成环境为碰撞造山过程。前人曾在泉水沟黑云二长花岗岩体中获得172.2Ma 黑云母 K－Ar 法同位素年龄值，其形成时代为侏罗纪(新疆和田地区 1∶50 万地质矿产编图，李一声等)。

二、地球化学特征

(一)岩石化学特征

岩石化学成分含量见表 4－1。中生代侵入岩具有基本相同的岩石化学组成。岩石中 SiO_2 含量变化在 65.17%～77.14%之间，为酸性岩类。在图 4－4 的 K_2O-Na_2O 图解中，侏罗纪侵入岩的样品投影点均落入 A 型花岗岩区，表明岩浆主要来源于上地壳，由壳源型碎屑物部分熔融形成的一套碱度较高的酸性岩浆形成。

在 F－A－M 图解(图 4－5)中，侏罗纪侵入岩落在钙碱系列区，并且明显偏向于碱性端元一侧，也表明岩浆主要来源于地壳物质的部分熔融。

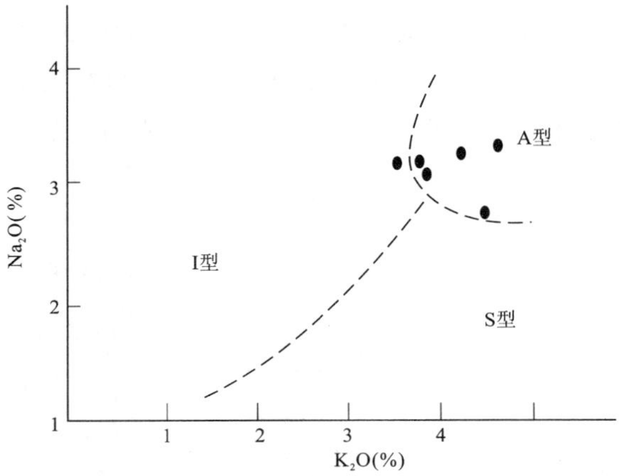

图 4－4　侏罗纪侵入岩 K_2O-Na_2O 判别图

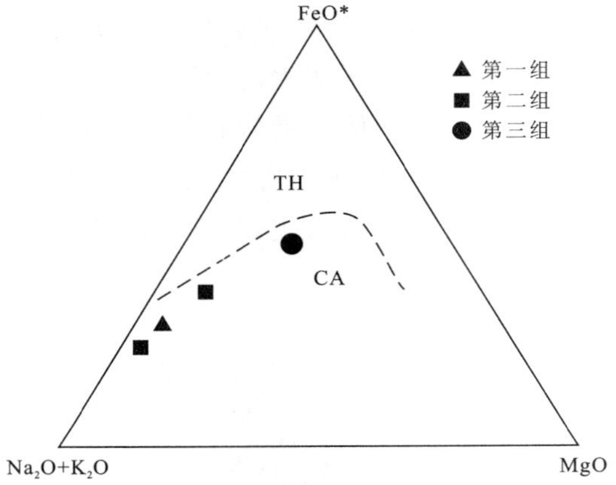

图 4－5　岔路口侏罗纪侵入岩 F－A－M 图解
TH. 拉斑系列；CA. 钙碱系列
第一组. 浅肉红色中细粒黑云二长花岗岩；
第二组. 灰白色中粒含斑黑云二长花岗岩；
第三组. 暗色包体

岩石化学计算表明，侏罗纪侵入岩铝饱和度(A/CNK)为 0.80～1.36，在 1.1 左右，为次铝—过铝的 S 形花岗岩类。DI 为 68.48～95.07，分异程度较高；K_2O+Na_2O 为 6.76%～8.30%。早期单元 K_2O、Na_2O 相当或 K_2O 略大于 Na_2O；晚期单元仅有 1 个样品，其 $Na_2O>K_2O$，总体上以富碱为特征。里特曼指数(σ)变化在 1.39～2.69，小于 3，为正常太平洋型钙碱性系列。

(二)稀土元素特征

稀土元素含量见表 4－2，稀土配分曲线见图 4－6、图 4－7。可见侏罗纪早期单元和晚期单元侵入岩稀土元素特征差别较大，早期单元中稀土曲线为右倾平滑曲线，负铕异常不明显；晚期单元稀土曲线呈“V”字形，铕亏损强烈。侏罗纪侵入岩稀土总量为$(66.12\sim153.31)\times10^{-6}$，平均值远低于世界花岗岩稀土含量 272×10^{-6}。$(La/Yb)_N=1.66\sim9.12$，轻重稀土分馏较弱，$(La/Sm)_N=1.47\sim4.29$，$(Gd/Yb)_N=0.68\sim1.33$，轻稀土分馏较明显，重稀土分馏极弱。岩石中暗色包体稀土曲线表现出与侵入体具有一定的相似性，又有较明显的区别，总体上呈近于平坦型，具一定的铕亏损。其中暗色包体重稀土含量明显高于侵入体，反映其物源较深或源区熔融较充分。

表 4-1　侏罗纪侵入岩岩石化学分析表

代号	样品号	氧化物含量（%）																特征参数值					
		SiO_2	TiO_2	Al_2O_3	Fe_2O_3	FeO	MnO	MgO	CaO	Na_2O	K_2O	P_2O_5	$Fe_2O_3^*$	H_2O^+	CO_2	LOI	Σ	A/CNK	DI	SI	σ	AR	W
Jηγ	D790/3	75.76	0.19	11.80	0.18	2.91	0.03	0.56	0.69	5.31	1.46	0.06	3.09	0.36	0.50	0.59	100.40	1.02	89.38	5.38	1.39	3.37	0.06
Jπηγ	D2664/1	70.88	0.25	14.50	0.47	2.44	0.04	0.46	1.07	2.50	6.18	0.40	2.91	0.62	0.44	0.5	100.75	1.14	87.40	3.82	2.69	3.52	0.16
	D076/1	64.21	0.38	14.67	1.03	4.17	0.11	1.38	4.66	3.19	4.34	0.14	5.20	—	—	1.82	100.11	0.80	70.30	9.81	2.62	2.27	0.20
	FL-1*	73.81	0.14	14.54	0.40	0.69	0.05	0.50	0.83	3.39	4.84	0.30	1.09	—	0.1	0.74	100.33	1.18	91.20	5.09	2.19	3.31	0.37
	LP-1*	77.14	0.11	11.93	0.71	0.95	0.02	0.15	0.50	3.78	4.52	0.06	1.66	—	0.12	0.54	100.53	0.99	95.07	1.48	2.02	5.02	0.43
	509-1*	66.98	0.37	15.59	0.89	3.23	0.09	2.27	3.60	3.25	3.88	0.15	4.12	—	—	—	100.30	0.97	70.67	16.79	2.13	2.18	0.22
	509-2*	65.17	0.59	15.94	0.30	3.88	0.11	1.43	4.36	3.10	3.66	0.22	4.18	—	0.03	—	98.79	0.94	68.48	11.56	2.04	2.00	0.07
	509-3*	75.30	0.10	13.75	0.22	0.91	0.04	0.25	0.55	3.01	3.87	0.23	1.13	—	0.09	0.54	98.86	1.36	91.33	3.03	1.46	2.85	0.20
包体	D076/2	50.78	0.80	15.49	1.12	8.04	0.35	3.91	8.48	2.94	2.88	0.20	9.16	—	—	5.03	100.02	0.66	44.09	20.70	3.59	1.64	0.12

注：带 * 号样品来自河尾滩地区 1∶100 万地质调查报告

表 4-2　侏罗纪侵入岩稀土元素分析结果表

代号	样品号	稀土元素含量（$\times10^{-6}$）															特征参数值				
		La	Ce	Pr	Nd	Sm	Eu	Gd	Tb	Dy	Ho	Er	Tm	Yb	Lu	ΣREE	$(La/Yb)_N$	$(La/Sm)_N$	$(Gd/Yb)_N$	δEu	δCe
Jηγ	D790/3	31.50	61.43	6.32	22.13	4.59	0.28	4.40	0.84	5.59	1.19	3.77	0.57	3.94	0.59	147.15	4.74	4.29	0.68	0.21	0.87
Jπηγ	D1524/1	16.35	32.47	3.67	13.89	3.70	0.98	3.69	0.65	4.13	0.81	2.49	0.40	2.57	0.44	86.24	3.78	2.76	0.88	0.88	0.85
	D1525/1	8.87	20.67	2.75	12.12	3.76	1.10	3.26	0.78	4.67	0.99	2.95	0.49	3.17	0.54	66.12	1.66	1.47	0.63	1.03	0.87
	D1526/1	33.94	63.92	7.39	25.59	6.02	0.97	4.79	0.79	3.93	0.78	2.28	0.34	2.21	0.36	153.31	9.12	3.52	1.33	0.58	0.81
	D076/1	24.18	45.36	5.10	20.61	4.37	1.10	4.16	0.64	3.82	0.73	2.24	0.30	2.15	0.34	115.10	6.68	3.46	1.19	0.85	0.82
包体	D076/2	13.67	32.64	4.68	20.06	5.54	1.15	7.60	1.42	9.33	1.84	5.75	0.81	5.66	0.86	111.01	1.43	1.54	0.82	0.60	0.85
	D1527/2	13.29	29.92	3.88	18.44	5.89	1.12	8.00	1.49	10.24	2.39	6.89	0.99	6.5	0.95	109.99	1.21	1.41	0.75	0.56	0.86

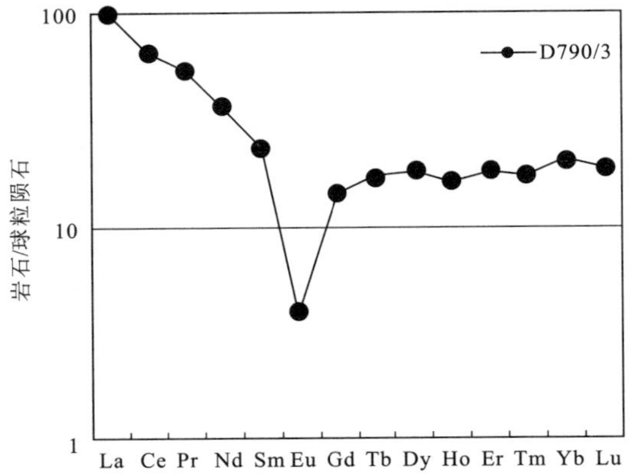

图 4-6　侏罗纪晚期单元侵入岩稀土配分模式图

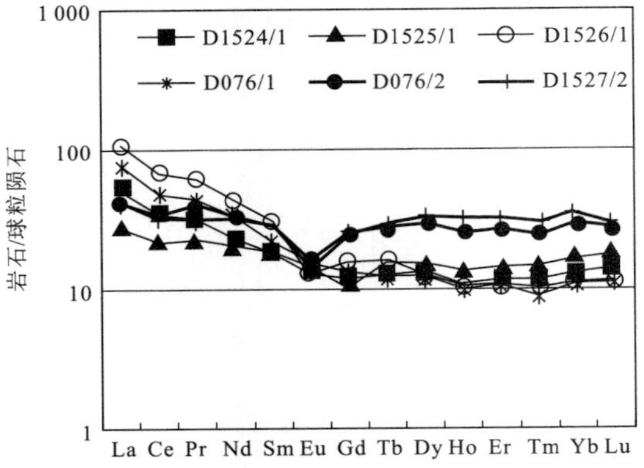

图 4-7　侏罗纪早期单元侵入岩稀土配分模式图

其中细线为侵入岩；粗线为包体

(三)微量元素特征

微量元素含量见表 4-3。以世界花岗岩为参数标准化，得到曲线图 4-8。侏罗纪侵入岩相对于世界花岗岩，亲铁元素(Cr、Ni、Co)大体相当，大离子亲石元素(Ba、Sr、Rb)相对略低；高场强元素中除 Hf 较富集外，其他元素略有亏损；亲铜元素中除 Bi 强烈富集外，其他元素大体相当。

表 4-3　侏罗纪侵入岩微量元素含量表

代 号	样品号	Cr	Ni	Co	Sc	Ba	Sr	Rb	Y	Zr	Nb	Hf
$J\eta\gamma$	D790/3	16.1	9.89	2.58	3.79	275	95.5	70	35.06	122.0	8.76	4.23
	D790/2	28.7	9.48	2.87	2.41	158	88.2	162	8.59	75.0	12.60	2.43
$J\pi\eta\gamma$	D1524/1	—	—	6.77	8.43	448	174.0	157	25.78	95.5	11.86	3.23
	D1525/1	—	—	8.88	9.64	391	191.0	150	30.26	119.0	12.84	3.89
	D1526/1	—	—	6.01	7.96	388	170.0	169	24.14	210.0	12.59	6.77
	D1527/1	—	—	7.59	7.45	454	176.0	127	21.74	50.7	7.77	1.32
	D791/1	26.0	10.10	2.67	4.07	717	114.0	138	13.60	70.1	9.26	2.20
	D791/2	22.9	8.56	1.87	3.74	224	63.4	110	15.95	87.4	8.44	2.98
	D076/1	—	—	7.32	7.94	566	253.0	144	21.46	87.1	10.23	3.04
包 体	D076/2	—	—	13.90	17.42	423	255.0	161	51.93	92.1	15.69	3.14
	D1527/2	—	—	—	—	353	178.0	168	60.52	91.3	21.03	2.52
代号	样品号	Ta	Ti	Th	Bi	Sb	Pb	Zn	Cu	Ag	Au	
$J\eta\gamma$	D790/3	1.12	1139	23.90	1.80	0.45	9.03	8.20	25.52	0.15	15	
	D790/2	1.49	570	30.00	0.07	0.17	8.64	25.80	19.40	0.03	1	
$J\pi\eta\gamma$	D1524/1	2.62	—	12.13	0.25	—	38.60	—	6.11	—	—	
	D1525/1	2.33	—	8.50	0.11	—	39.30	—	11.80	—	—	
	D1526/1	5.09	—	15.38	1.03	—	43.30	—	6.05	—	—	
	D1527/1	0.19	—	9.39	0.20	—	27.60	—	5.38	—	—	
	D791/1	0.75	1139	11.10	0.05	0.16	11.90	33.60	13.70	<0.02	2	
	D791/2	0.825	779	17.40	<0.05	0.10	4.59	16.05	13.05	0.09	2	
	D076/1	1.21	2283	12.02	—	—	25.30	—	46.86	—	—	
包 体	D076/2	1.74	4815	4.76	—	—	19.20	—	38.35	—	—	
	D1527/2	1.06	—	4.75	—	—	21.70	—	—	—	—	

注：表中除 Au 元素含量单位为 10^{-9} 外，其余元素单位含量均为 10^{-6}

以 MORB 为参数作标准化，得到曲线图 4－9。侏罗纪侵入岩早期单元、晚期单元及包体具有相似的曲线特征，均表现出大离子亲石元素（Sr、K、Rb、Ba、Th、）强烈富集，高场强元素中 Nb、Ce 表现出弱富集，Zr、Hf、Sm 大体相当；而 Ti、Sc 则表现出较明显的亏损。整个曲线型式有大陆弧所具有的“三弧隆起”曲线特征，表明其形成环境为岩浆弧，岩浆来源于下地壳的部分熔融。

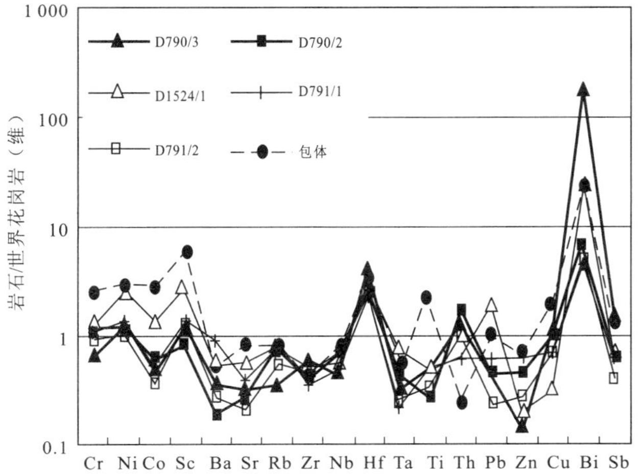

图 4－8　中生代侵入岩微量元素蛛网图

粗线为晚期侵入岩；细线为早期侵入岩

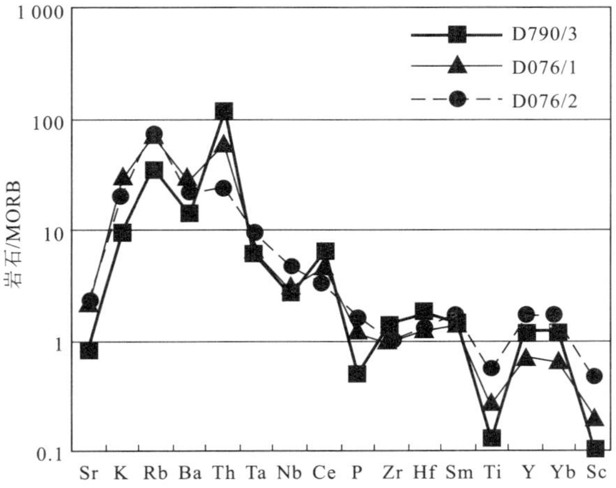

图 4－9　中生代侵入岩 MORB 标准化形式

粗线为晚期侵入岩；细线为早期侵入岩

三、副矿物特征

副矿物含量见表 4－4、锆石特征见表 4－5。侏罗纪侵入岩副矿物主要由磷灰石、锆石、石榴子石等组成，石榴子石的大量出现表明岩石富铝，为过铝质花岗岩类。

表 4－4　侏罗纪侵入岩副矿物含量表　（g/T）

划分	岩石名称	样品号	磷灰石	钛铁矿	磁铁矿	榍石	锆石	石榴子石	褐铁矿	黄铁矿	电气石
晚期单元	浅肉红色中细粒黑云二长花岗岩	2665/1	86.0	少量	微量	微量	41.6	460.0	少量	少量	少量
早期单元	灰白色中粒含斑黑云二长花岗岩	2264/1	139.1	16.36	少量	少量	0.9	122.7	微量	4.91	—

表 4－5　侏罗纪侵入岩锆石特征表

岩体	岩石名称	粒径（mm）	长：宽	颜色	光泽	透明度	发光性	晶形晶面特征	包裹体	晶形
晚期单元	浅肉红色中细粒黑云二长花岗岩	0.38×0.8 0.04×0.02	2：1 3：1 个别 4：1	浅玫瑰色	金刚光泽	透明	发亮黄光	以 m 柱面发育为特征的双锥状柱体；晶棱、锥面蚀象突出。特别是锥面部分，多数晶棱已成不规则状	多数晶体内存在包体，以细小锆石为主，其次为黑云母等暗色矿物	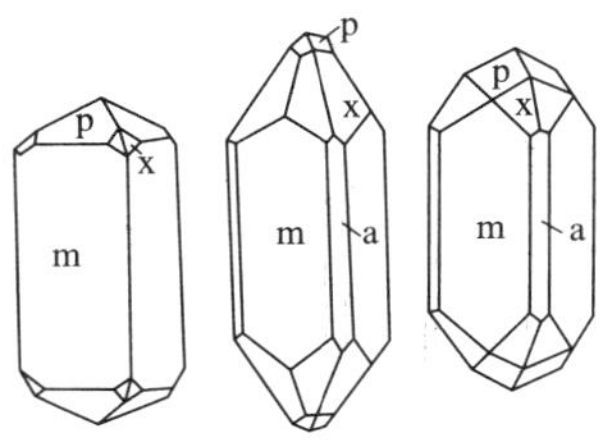

续表 4-5

岩体	岩石名称	粒径(mm)	长∶宽	颜色	光泽	透明度	发光性	晶形晶面特征	包裹体	晶形
早期单元	灰白色中粒含斑黑云二长花岗岩	0.32×0.2 0.08×0.04	2∶1 4∶1 个别5∶1	浅玫瑰色	金刚光泽	透明	未见发光	以复方短柱状为主，以m柱面发育为特征；晶棱、锥面蚀象突出。个别近无色晶体光亮、光滑	多数晶体内存在包体，有柱状、粒状小锆石，个别黄铁矿	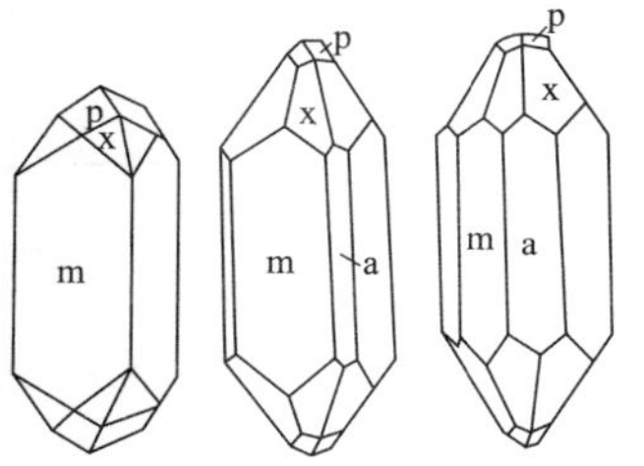

四、岩浆来源及构造环境分析

侏罗纪侵入岩伴生于巴颜喀拉晚古生代—中生代边缘裂陷带之中或其北侧附近。岩石组合为一套碱度较高酸性岩石，依据其矿物组成及岩石组合特征，按BarBarin划分原则，中古生代侵入岩属于富钾钙碱性花岗岩类(KCG)，依据BarBarin的研究，为构造体制转换过程中岩浆活动的产物，它们的岩浆均来源于下地壳。在Na_2O-K_2O图解(图4-4)上，碰撞期侵入岩均落入A型花岗岩区，表明其岩浆主要来源于造山过程中下地壳物质部分熔融，并有部分地幔物质加入。

在R_1-R_2判别图(图4-10)上，侏罗纪碰撞期侵入岩样品投影点均落在了同碰撞花岗岩区或碰撞前区，进一步表明其主体形成于碰撞作用过程中。

结合地球化学特征综合分析认为：侏罗纪侵入岩在区域上产出于中生代活动带的侧旁，是海槽闭合造山过程中，由下地壳物质受上隆地幔的烘烤及造山过程中的高温高压环境下而发生部分熔融形成岩浆、经进一步分异演化形成的一套中酸性岩石。

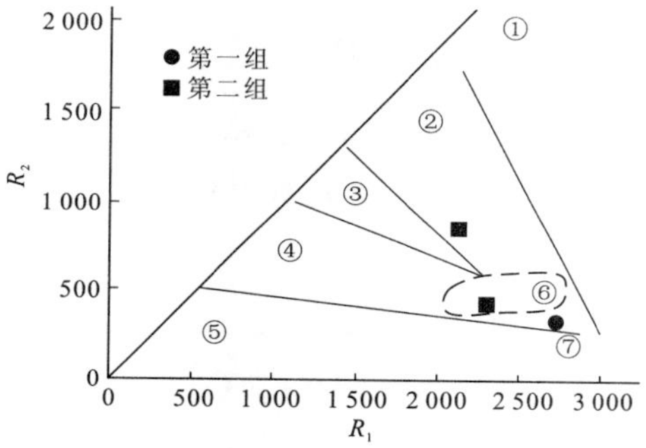

图4-10　侏罗纪侵入岩R_1-R_2图解

①地幔斜长花岗岩；②碰撞前花岗岩；③碰撞晚期花岗岩；④晚造山期花岗岩；⑤非造山A型花岗岩；⑥同碰撞S型花岗岩；⑦造山期后A型花岗岩

第一组.浅肉红色中细粒黑云二长花岗岩；第二组.灰白色中粒含斑黑云二长花岗岩

五、形成时代

区域上侏罗纪侵入岩主体伴生并侵入于三叠系巴颜喀拉山岩群之中，形成于印支旋回。图区内前人作了较多的同位素测年分析，《喀喇昆仑地质演化》一书张玉泉在俘虏沟早期侵入体和滚石河口早期侵入体中，分别作了白云母K-Ar法和黑云母K-Ar法测年分析，取得了172Ma、169Ma同位素年龄值，代表了岩体的侵位时代为侏罗纪。

第二节　脉　岩

图区主要处于甜水海-北羌塘陆块，构造环境相对较稳定，从晚古生代开始，该地区构造运动较为活跃，脉岩较为发育，并具有多期次、多类型的特点，尤其以石炭纪和古近纪两期中基性岩脉最为发育，另外在图区北侧有少量小规模的中生代伟晶岩脉、花岗岩脉及石英脉出露，依其形成时代的先后顺序分述如下。

一、石炭纪基性岩脉

（一）地质特征

图区集中分布于岔路口以北广大区域内，多呈北西—南东向延伸，与区域断裂相伴生。脉体多呈透镜状产出，顺层或斜交地层侵入于志留系温泉沟群、泥盆系落石沟组及奥陶系冬瓜山群之中。脉宽 5～200m，一般脉长 100～1 000m。多数脉体边界平直，少数呈不规则状（肖尔克谷地西侧）。加上脉体与区域性大断裂伴生，表明其形成于伸展环境之中。

主要岩石类型有：

细粒辉绿岩　岩石呈灰绿色，具辉绿结构、块状构造。矿物粒度 1.2～2mm，主要矿物成分由斜长石 56%～57%、辉石 13%～15%、绿泥石 23%～25%、石英 3%～4%、钛铁矿 1%组成。岩石蚀变表现为斜长石的钠黝帘石化，造成双晶不清，另外，间隙中的原生暗色矿物发生强绿泥石化。

辉绿玢岩　岩石呈灰绿色，具斑状结构、基质具辉绿结构，块状构造。矿物粒度 1～1.5mm，斑晶 3～4mm；主要矿物成分有斜长石 62%～64%、黑云母 22%～25%、方解石 5%～6%；斑晶成分为斜长石 6%～8%。岩石蚀变微弱，仅在斜长石中有极轻微的高岭土化。

强蚀变细粒闪长岩　岩石呈灰绿色，具残余半自形柱粒状结构、块状构造。矿物粒度 1～1.5mm，部分为 2mm；主要矿物成分由蚀变斜长石 57%～59%、次闪石 38%～40%、石英 2%、榍石 1%组成。该岩石遭受强烈的自变质蚀变作用，造成原生斜长石强烈钠黝帘石化，原暗色矿物角闪石蚀变为次闪石。

（二）岩石地球化学特征

1. 岩石化学特征

石炭纪脉岩氧化物含量见表 4-6。SiO_2含量变化于 45.99%～51.06%，属基性岩范畴；TiO_2、MgO、FeO^* 基性成分含量较高。Na_2O+K_2O 变化范围较宽，最低仅 1.90%，最高 9.72%，总体上碱度较高，普遍 $Na_2O>K_2O$。在 F-A-M 图解（图 4-11）中，石炭纪岩脉主体落入钙碱性系列，3 个样品构成了一个富碱的钙碱性系列和富铁镁的拉斑系列之间的一个演化序列。

表 4-6　脉岩岩石化学成分含量及特征参数表　（%）

形成时代	产地	样品号	SiO_2	TiO_2	Al_2O_3	FeO^*	CaO	MgO	K_2O	Na_2O	MnO	P_2O_5	LOI	Σ	σ	SI	AR	A/CNK
石炭纪	肖尔克谷地西	D1047/1	45.99	1.04	13.27	10.36	11.51	6.41	0.19	1.71	0.16	0.13	9.12	99.88	1.20	34.34	1.17	0.55
	乔尔天坦东	D147/1	49.85	2.36	14.33	7.38	4.14	5.96	4.05	5.67	0.02	0.47	5.80	100.04	13.79	25.85	3.22	0.67
	甜水海南	D170/1	51.06	1.64	14.82	9.664	7.76	5.20	1.90	3.53	0.09	0.29	4.07	100.03	3.66	25.64	1.63	0.67
古近纪	岔路口北	D523/2	49.70	1.12	16.56	11.28	5.15	5.11	3.31	4.39	0.19	0.45	2.88	100.14	8.85	21.20	2.10	0.82
	河尾滩	D1059/1	44.21	2.20	14.86	12.01	10.32	6.72	0.45	3.30	0.19	0.22	5.48	99.96	11.59	29.91	1.35	0.60

2. 稀土元素特征

稀土元素含量及特征参数见表 4-7，稀土配分曲线见图 4-12。可见石炭纪岩脉稀土含量变化较大，主体较低$(48.16\sim119.33)\times10^{-6}$，有 1 个样品稀土总量达 517.66×10^{-6}，可能其岩浆中有大量地壳物质的混入。$(La/Yb)_N=1.90\sim6.08$，另一个样品高达 45.88，$(La/Sm)_N=1.50\sim2.51$，最高达 4.04。轻稀土均分馏较明显，重稀土分馏极弱。$\delta Eu=0.83\sim1.13$，铕未发生明显的亏损。

表 4-7　脉岩稀土元素含量及特征参数表

时代	产地	样品号	稀土元素含量($\times10^{-6}$)								
			La	Ce	Pr	Nd	Sm	Eu	Gd	Tb	Dy
石炭纪	肖尔克谷地西	D1047/1	6.42	15.16	2.12	8.81	2.68	0.87	2.90	0.53	3.48
	乔尔天坦东	D147/1	117.50	232.50	23.90	92.23	18.20	4.43	17.10	1.58	5.33
	甜水海南	D170/1	22.42	44.43	5.26	21.53	5.59	1.96	6.06	0.85	5.29
古近纪	岔路口北	D523/1	39.61	80.02	8.81	35.46	8.00	2.16	8.11	0.96	5.21
	河尾滩	D1059/1	11.10	25.59	4.11	17.61	5.17	1.86	5.80	0.93	5.97

时代	产地	稀土元素含量($\times10^{-6}$)						特征参数值			
		Ho	Er	Tm	Yb	Lu	ΣREE	δEu	$(La/Yb)_N$	$(La/Sm)_N$	$(Gd/Yb)_N$
石炭纪	肖尔克谷地西	0.69	1.89	0.30	2.01	0.30	48.16	1.05	1.90	1.50	0.88
	乔尔天坦东	0.89	2.00	0.26	1.52	0.22	517.66	0.83	45.88	4.04	6.91
	甜水海南	0.85	2.23	0.36	2.19	0.31	119.33	1.13	6.08	2.51	1.70
古近纪	岔路口北	0.83	2.33	0.35	2.36	0.35	194.56	0.89	9.97	3.09	2.11
	河尾滩	0.98	2.65	0.43	2.62	0.39	85.21	1.14	2.52	1.34	1.36

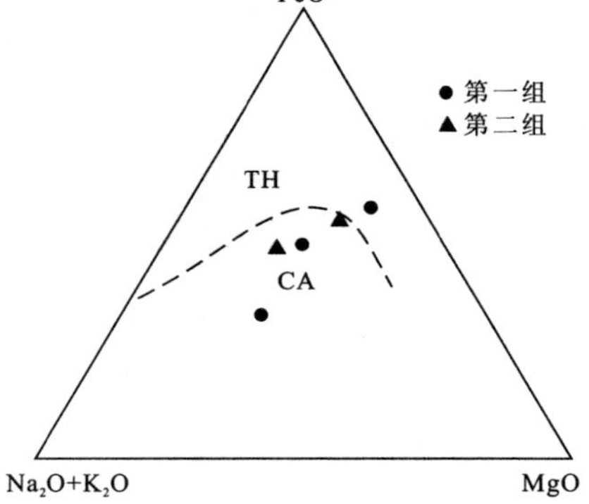

图 4-11　岔路口脉岩 F-A-M 图解
CA. 钙碱性系列；TH. 拉斑系列
第一组. 石炭纪基性岩脉；
第二组. 古近纪中基性岩脉

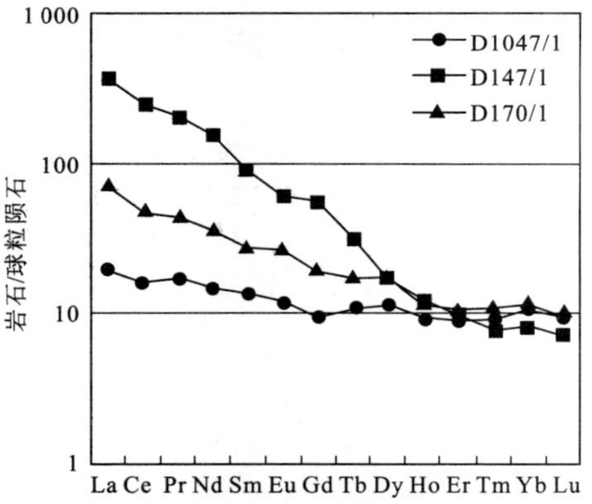

图 4-12　石炭纪基性岩脉稀土配分模式

3. 微量元素特征

微量元素含量及特征参数见表 4-8，以 MORB 为参数标准化得到曲线图 4-13。可见石炭纪岩脉微量元素中，除强相容元素（Y、Yb、Sc、Co）有弱的亏损外，其他大离子亲石元素及高场强元素均表现出较明显的富集，曲线形态具有碱性板内玄武岩的曲线特征。表明其形成于板内伸展环境之中。

表 4-8 脉岩微量元素含量表 （$\times10^{-6}$）

形成时代	产 地	岩石名称	样品号	Co	Sc	Ba	Sr	Rb	Y	Zr	Nb
石炭纪	肖尔克谷地西	细粒闪长岩	D1047/1	18.7	29.14	73.1	289.2	8.58	17.7	64.3	4.71
	乔尔天坦东	辉绿玢岩	D147/1	22.2	15.41	94.7	121.3	84.70	16.5	274.0	19.80
	甜水海南	辉绿岩	D170/1	26.4	20.98	675.0	450.6	36.60	21.9	137.0	19.60
古近纪	岔路口北	细粒闪长岩	D523/1	23.5	21.04	625.9	754.3	57.90	23.3	119.0	9.77
	河尾滩	辉绿玢岩	D1059/1	45.4	36.06	224.8	286.2	8.94	25.6	133.0	6.48
形成时代	产 地	岩石名称	样品号	Hf	Ta	Ti	Th	Bi	Pb	Cu	P
石炭纪	肖尔克谷地西	细粒闪长岩	D1047/1	1.98	0.40	6 250	1.06	0.02	10.30	67.34	575
	乔尔天坦东	辉绿玢岩	D147/1	6.79	1.15	14 170	4.14	—	6.74	27.92	2 053
	甜水海南	辉绿岩	D170/1	3.77	1.17	9 849	4.62	—	10.60	51.16	1 280
古近纪	岔路口北	细粒闪长岩	D523/1	3.38	0.53	6 688	12.52	—	67.90	145.30	1 946
	河尾滩	辉绿玢岩	D1059/1	3.98	0.30	15 168	1.63	—	8.39	138.50	957

（三）形成时代及构造背景分析

该套岩脉主要发育在甜水海微陆块北侧附近，侵入于前石炭纪地层之中。为了确定其准确的形成时代，本次区调在甜水海南的岩脉中作 SHRIMP U-Pb 法测年分析，测试结果见表 4-9。谐和曲线图见图 4-14。样品基本上均落在了谐和线上，表明岩浆结晶之后，锆石基本保持了封闭体系，未发生 Pb 的明显丢失或富集。其中 6 个样品较为集中，其表面年龄的加权平均值为（323.8±2.5）Ma（MSWD＝2.5）；另外 4 个较为集中的样品的加权平均年龄为（302.2±3.3）Ma（MSWD＝0.31），由于两者相差不是很大，所以 323.8Ma 可能代表岩浆房中锆石结晶年龄，而 302.2Ma 则可能代表最终岩浆就位年龄。

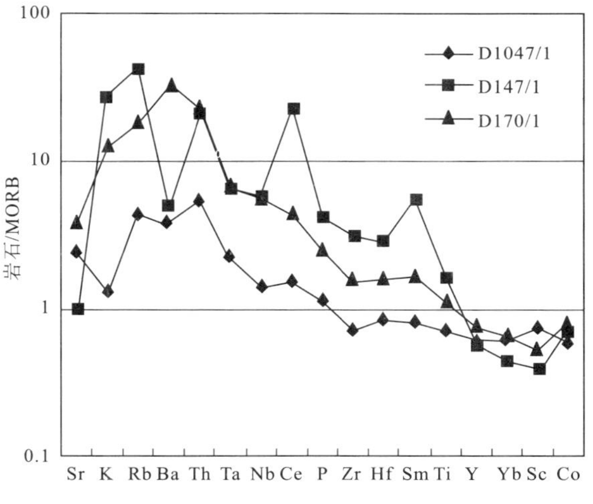

图 4-13 石炭纪脉岩微量元素 MORB 标准化形式

晚古生代早期，伴随着特提斯洋的扩张，图区处于拉伸环境之中，石炭纪基性岩脉就是这一伸展事件的响应。

表 4-9　脉岩锆石同位素组成及表面年龄表

Spot	$^{206}Pb_c$ ($\times10^{-2}$)	U ($\times10^{-6}$)	Th ($\times10^{-6}$)	$^{232}Th/^{238}U$	$^{206}Pb^*$ ($\times10^{-6}$)	(1) $^{206}Pb/^{238}U$ Age	(2) $^{206}Pb/^{238}U$ Age	(3) $^{206}Pb/^{238}U$ Age	(1) $^{207}Pb/^{206}Pb$ Age	(1) $^{208}Pb/^{232}Th$ Age	Discordant ($\times10^{-2}$)	Total $^{238}U/^{206}Pb$	± $\times10^{-2}$	Total $^{207}Pb/^{206}Pb$	± $\times10^{-2}$
D170.1.1	0.19	438	287	0.68	18.0	300.3 ±3.1	300.5 ±3.2	300.0 ±3.6	278 ± 63	303.1 ± 8.4	−8	20.93	1.10	0.053 3	2.4
D170.2.1	0.44	576	250	0.45	25.7	325.2 ±3.1	324.0 ±3.1	324.9 ±3.3	440 ± 61	328.2 ± 9.8	26	19.25	0.95	0.059 2	1.9
D170.3.1	1.05	605	379	0.65	23.5	281.8 ±2.5	283.1 ±2.4	282.7 ±2.7	90 ±120	272.4 ± 9.1	−213	22.15	0.85	0.056 3	1.9
D170.4.1	0.67	637	280	0.45	28.7	327.3 ±2.9	327.6 ±2.9	330.4 ±3.2	284 ± 72	283.0 ± 9.7	−15	19.07	0.89	0.057 38	1.7
D170.5.1	0.00	336	229	0.70	14.0	304.8 ±3.1	304.2 ±3.2	305.8 ±3.6	369 ± 60	296.1 ± 6.6	17	20.65	1.00	0.053 9	2.7
D170.6.1	0.26	1 014	637	0.65	45.3	325.7 ±2.3	325.5 ±2.3	326.3 ±2.6	350 ± 51	320.7 ± 5.7	7	19.25	0.72	0.055 58	1.3
D170.7.1	0.27	394	268	0.70	16.2	301.6 ±3.3	301.2 ±3.3	302.1 ±3.7	339 ± 77	297.1 ± 7.6	11	20.82	1.10	0.055 4	2.4
D170.8.1	0.36	358	276	0.80	15.4	314.9 ±3.5	314.8 ±3.6	311.0 ±4.5	323 ±100	344 ±10	3	19.91	1.10	0.055 7	3.6
D170.9.1	0.18	305	262	0.89	12.6	302.1 ±3.6	301.1 ±3.7	301.6 ±4.3	414 ± 80	305.6 ± 7.5	27	20.80	1.20	0.056 5	2.9
D170.10.1	0.12	469	378	0.83	18.6	289.8 ±3.0	290.6 ±3.0	290.5 ±3.5	189 ± 63	285.0 ± 5.7	−53	21.72	1.00	0.050 8	2.3
D170.11.1	0.55	739	324	0.45	32.8	322.6 ±2.6	322.2 ±2.5	321.2 ±2.7	362 ± 68	341.9 ± 9.7	11	19.38	0.79	0.058 23	1.6
D170.12.1	0.22	871	622	0.74	52.7	437.8 ±3.1	438.9 ±3.1	440.1 ±3.5	354 ± 41	418.8 ± 6.1	−24	14.20	0.73	0.055 43	1.3
D170.13.1	0.23	644	243	0.39	27.8	315.1 ±2.5	315.4 ±2.6	315.4 ±2.7	272 ± 58	309.3 ± 7.7	−16	19.92	0.82	0.053 5	2.0
D170.14.1	0.77	191	151	0.82	8.49	322.8 ±7.9	322.8 ±7.9	325.1 ±9.0	315 ±160	306 ±15	−2	19.33	2.50	0.058 9	3.5

Spot	(1) $^{238}U/^{206}Pb^*$	± $\times10^{-2}$	(1) $^{207}Pb^*/^{206}Pb^*$	± $\times10^{-2}$	(1) $^{207}Pb^*/^{235}U$	± $\times10^{-2}$	(1) $^{206}Pb^*/^{238}U$	± $\times10^{-2}$	error	(3) $^{238}U/^{206}Pb^*$	± $\times10^{-2}$	(3) $^{207}Pb^*/^{206}Pb^*$	± $\times10^{-2}$	(3) $^{207}Pb^*/^{235}U$	± $\times10^{-2}$	(3) $^{206}Pb^*/^{238}U$	± $\times10^{-2}$	error
D170.1.1	20.97	1.10	0.051 8	2.7	0.341	2.9	0.047 69	1.10	0.363	20.99	1.10	0.051 0	2.5	0.335 0	2.8	0.047 64	1.10	0.387
D170.2.1	19.33	0.96	0.055 7	2.7	0.397	2.9	0.051 73	0.96	0.334	19.34	0.95	0.055 1	2.0	0.392 9	2.3	0.051 70	0.95	0.424
D170.3.1	22.39	0.89	0.047 8	4.9	0.295	5.0	0.044 68	0.89	0.179	22.30	0.85	0.050 7	2.2	0.313 5	2.3	0.044 84	0.85	0.367
D170.4.1	19.20	0.91	0.052 0	3.1	0.373	3.3	0.052 08	0.91	0.279	19.01	0.89	0.059 9	1.6	0.434 5	1.8	0.052 59	0.89	0.490
D170.5.1	20.65	1.00	0.053 9	2.7	0.360	2.9	0.048 41	1.00	0.365	20.59	1.00	0.056 6	2.5	0.379 0	2.7	0.048 58	1.00	0.381
D170.6.1	19.29	0.73	0.053 5	2.2	0.382	2.4	0.051 83	0.73	0.307	19.26	0.72	0.054 9	1.4	0.392 6	1.5	0.051 91	0.72	0.464
D170.7.1	20.88	1.10	0.053 2	3.4	0.352	3.6	0.047 89	1.10	0.309	20.84	1.10	0.054 7	2.4	0.361 7	2.7	0.047 98	1.10	0.412
D170.8.1	19.98	1.10	0.052 9	4.4	0.365	4.6	0.050 06	1.10	0.250	20.23	1.10	0.042 6	4.8	0.290 0	4.9	0.049 43	1.10	0.231
D170.9.1	20.84	1.20	0.055 1	3.6	0.364	3.8	0.047 98	1.20	0.323	20.88	1.20	0.053 6	3.1	0.354 0	3.3	0.047 89	1.20	0.367
D170.10.1	21.74	1.00	0.049 9	2.7	0.316	2.9	0.045 99	1.00	0.359	21.69	1.00	0.051 8	2.2	0.329 3	2.5	0.046 10	1.00	0.423
D170.11.1	19.49	0.81	0.053 8	3.0	0.381	3.1	0.051 32	0.81	0.260	19.57	0.79	0.050 2	1.9	0.353 8	2.1	0.051 09	0.79	0.380
D170.12.1	14.23	0.73	0.053 6	1.8	0.519	1.9	0.070 28	0.73	0.375	14.15	0.73	0.058 0	1.3	0.564 7	1.5	0.070 66	0.73	0.493
D170.13.1	19.96	0.82	0.051 7	2.5	0.357	2.6	0.050 09	0.82	0.310	19.94	0.82	0.052 6	2.0	0.363 8	2.2	0.050 15	0.82	0.376
D170.14.1	19.48	2.50	0.052 7	7.1	0.373	7.6	0.051 30	2.50	0.331	19.33	2.50	0.058 7	3.5	0.418 0	4.3	0.051 70	2.50	0.576

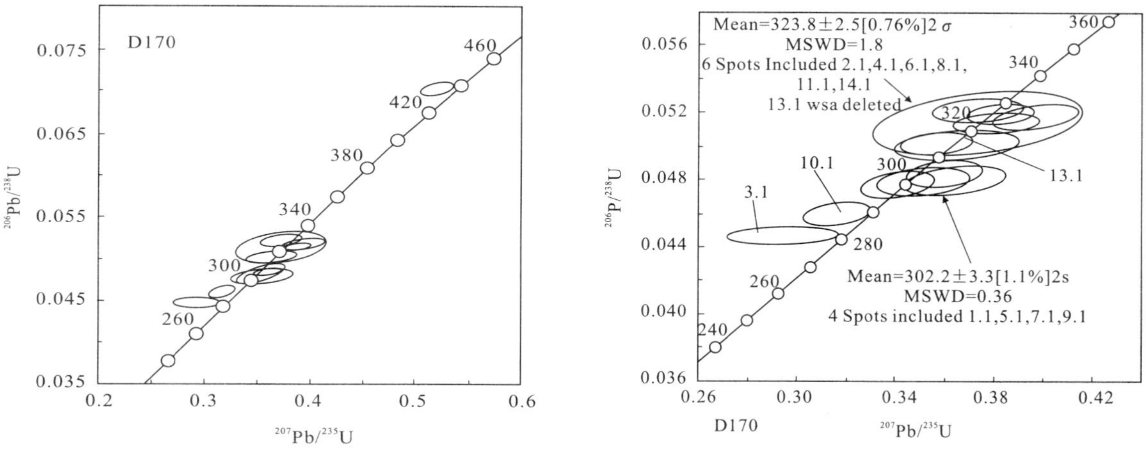

图 4-14　石炭纪脉岩锆石 SHRIMP 法谐和图

二、侏罗纪—晚白垩世伟晶岩脉、花岗岩脉及石英脉

这 3 种脉体图区内主要分布于大红柳滩—俘虏沟一带，北邻康西瓦断裂南侧附近的巴颜喀拉山岩群中也有出露。伟晶岩脉往往成群成带出现，单脉呈透镜状、串珠状产出，多数顺层侵入，走向与区域构造线大体相一致。脉长 5～80m，宽 5～35m 不等，由微斜长石及酸性斜长石、石英、云母和少量电气石、石榴子石组成。该脉中富含稀有金属元素(Li、Be 等)，局部已成矿。

花岗岩脉出露较少，但单脉规模较大，宽度一般小于 150m，延伸超过 500m，多数脉体走向与区域构造线大体相一致，脉壁基本平直，产状近于直立。主要岩性有灰白色细粒黑云母花岗闪长岩、细粒黑云二长花岗岩等。岩石主要由斜长石、钾长石、石英、黑云母等矿物组成。

石英脉出露极少，多出现在强变形带或断裂带之中，脉体规模较小，宽度小于 10m，多数小于 1m，脉体矿化不明显。主要组成为石英，此外可见少量星点状暗色矿物。

以上这些脉体在成因上与其附近的侏罗纪—白垩纪的二云二长花岗岩相关，表现出近岩体脉体密集，远离岩体则稀疏的特征。前人在伟晶岩脉体中获得了 91Ma(白云母)、172Ma(黑云母)的同位素地质年龄，表明这些脉体的形成时代应为白垩纪和侏罗纪。

三、古近纪基性岩脉

(一)地质特征

图区集中分布于岔路口断裂以南广大区域内，多呈北西—南东向延伸，与区域北西—南东向走滑断裂相伴生。脉体多呈透镜状产出，顺层或斜交地层侵入于侏罗系龙山组、白垩系铁隆滩群及二叠系神仙湾组之中。脉宽 5～200m，个别脉宽达 400m，一般脉长 100～1 000m，个别长达 10km。多数脉体边界平直，部分脉体与围岩为断层接触。

主要岩石类型有：

辉绿玢岩　岩石呈灰绿色，具斑状结构、基质具辉绿结构，块状构造。矿物粒度 0.6～0.7mm，斑晶 2～3mm；斑晶主要由斜长石 8%～10%、透辉石 5%～6%、榍石 1%～2%；基质由斜长石 36%～40%、透辉石 26%～28%、绿泥石 14%～16%、阳起石 3%～4%组成。岩石蚀变表现为斜长石钠黝帘石化和高岭土化及空隙中的绿泥石化。

细粒闪长岩　岩石呈灰绿色，具细粒半自形粒状结构、块状构造。矿物粒度 0.3～0.6mm，少数达 1mm；主要矿物成分由斜长石 72%～73%、透闪石 13%～14%、绿泥石 12%～14%、磁铁矿 1%组成。蚀变表现为斜长石的轻高岭土化、绢云母化及暗色矿物透闪石化、绿泥石化。

辉石闪长玢岩　岩石呈深灰色，具斑状结构、基质具细粒交织结构，块状构造。斑晶粒度为2～3mm，基质粒径为0.2～0.6mm，少数达1mm。斑晶主要成分为辉石4%～6%；基质主要矿物有：斜长石65%～68%、辉石4%～5%、绿泥石15%～17%、蚀变角闪石5%～6%。岩石蚀变较弱，主要表现为斜长石的轻绢云母化、角闪石的强绿泥石化。

（二）岩石地球化学特征

1. 岩石化学特征

古近纪基性岩脉氧化物含量见表4-6。SiO_2含量变化于44.21%～49.7%，属基性岩范畴。TiO_2、MgO、FeO^*基性成分含量较高。Na_2O+K_2O含量不均一，1个样品为3.75%，另一个样品高达7.70%，总体上碱度偏高，普遍$Na_2O>K_2O$。在图4-11图解中，古近纪脉岩主体落入钙碱性系列，但靠近拉斑系列界线处。

2. 稀土元素特征

稀土元素含量及特征参数见表4-7、稀土配分曲线见图4-15。可见古近纪基性岩脉稀土含量总体较低$(85.21\sim194.56)\times10^{-6}$；$(La/Yb)_N=2.52\sim9.97$，$(La/Sm)_N=1.34\sim3.09$。轻稀土均分馏较明显。$(Gd/Yb)_N=1.36\sim2.11$，重稀土分馏亦较明显。$\delta Eu=0.89\sim1.14$，铕未发生亏损、略显正异常。

3. 微量元素特征

微量元素含量见表4-8，以MORB为参数标准化得到曲线图4-16。可见古近纪基性岩脉微量元素中，除强相容元素（Y、Yb、Sc）有弱的亏损外，其他大离子亲石元素及高场强元素均表现出较明显的富集状，曲线形态具有碱性板内玄武岩的曲线特征，表明其形成于板内伸展环境之中。

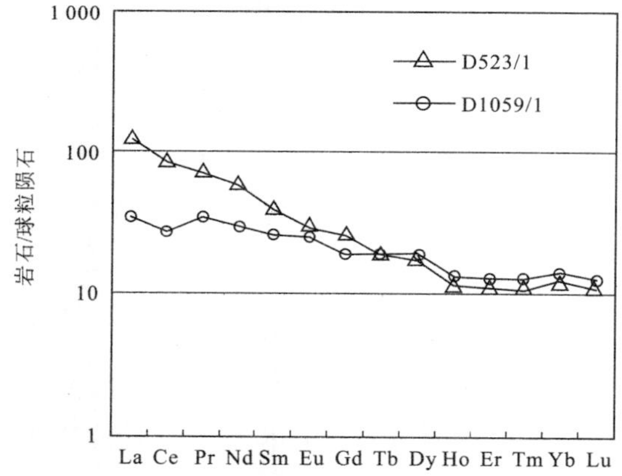

图4-15　古近纪基性岩脉稀土配分模式

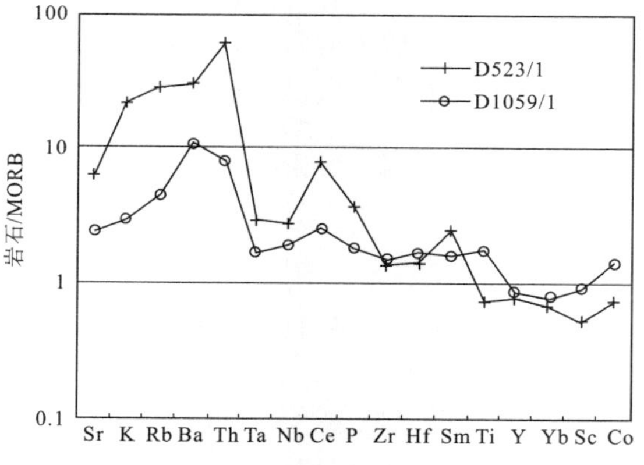

图4-16　古近纪基性岩脉微量元素MORB标准体形式

（三）形成时代及构造背景分析

该套基性岩脉主要发育在晚古生代神仙湾裂陷盆地之中或其附近，侵入的最新地层为晚白垩世铁隆滩群。由于岩脉与北西—南东向走滑断裂伴生关系密切，因此其很可能是该断裂强裂活动时切穿岩石圈引起地幔岩上侵形成。区域上，前人在1∶25万伯力克幅南部郭扎错一带与脉岩有同源性质的次火山岩中取得K-Ar年龄44Ma，表明该套基性岩脉形成于古近纪，与喜马拉雅造山期相当，应为喜马拉雅运动在图区内的响应。

第三节　火山岩

图区火山岩不发育，区内出露面积仅有 $20km^2$。但火山活动时限跨度较大，分属于二叠纪神仙湾组、侏罗纪龙山组和新生代新近纪火山岩。规模上以前两期火山岩为主，后一种仅见零星出露。岩石类型以中基性和碱性火山岩为主。其中以水下溢流相为最主要的产出相，陆相火山岩仅见于大红柳滩南东约 15km 处。按其形成时代划分为二叠纪火山岩、侏罗纪火山岩和新近纪火山岩 3 类，分述于后。

一、二叠纪火山岩

（一）地质特征

二叠纪火山岩分布于图区南部岔路口一带，呈似层状夹于二叠系神仙湾组上段一套浅变质细碎屑岩之中。单层出露厚度不大，一般小于 100m，与地层为整合接触，走向延伸超过 1 000m。岩石已随地层一同发生了弱的变质变形。主要岩石类型有：

杏仁状玻基玄武岩　岩石呈绿灰色，杏仁状构造（图版Ⅰ-8），玻基斑状结构。斑晶粒度（0.6mm×0.05mm）～（1mm×0.1mm），斑晶成分有：斜长石 13%～14%、辉石 3%～4%；基质主要矿物成分有：火山玻璃 60%、斜长石 10%～12%、杏仁体（绿高岭石充填）10%。基质中主要为浅褐黄色火山玻璃，含有个别板条状斜长石，杂乱排列；所含杏仁体大致呈椭圆形，个别呈不规则状。

蚀变杏仁状安山岩　岩石呈灰绿色，少斑状结构，基质具显微鳞晶质粒状结构。斑晶粒度：0.3～0.6mm，基质粒度为 0.001～0.005mm，斑晶主要矿物成分有：蚀变角闪石 2%～3%、辉石 1%；基质主要矿物成分有：蚀变斜长石 52%～53%、绿帘石 26%～28%、绿泥石 13%～15%、杏仁体 2%。杏仁体呈椭圆形，大小 2～3mm，由方沸石充填形成。

安山岩　岩石呈深灰色，块状构造，间隐结构，矿物粒度为（0.2mm×0.01mm）～（0.3mm×0.02mm），主要矿物成分有：斜长石 58%～59%、方解石 18%～20%、绿泥石 16%～18%、磁铁矿 5%～6%。岩石中的斜长石有时以磁铁矿为核心形成球形特征。蚀变表现为间隙中原生矿物的强烈钙化和绿泥石化，被次生矿物替代，斜长石轻泥化。

（二）岩石地球化学特征

1. 岩石化学特征

岩石化学成分含量见表 4-10。在硅碱分类图（图 4-17）中，二叠纪火山岩 3 个样品中的 2 个样品落在玄武岩区粗面玄武安山岩界线上，1 个样品投影到碱玄岩区。总体上样品集中于 Ir 界线上方附近，属碱性玄武岩。主体为碱性系列的玄武岩系列。主体 Na_2O 含量明显大于 K_2O 含量。

2. 稀土元素特征

稀土元素含量见表 4-11，稀土配分曲线见图 4-18。二叠纪火山岩稀土特征一致性较强：稀土总量变化较低，变化于 $(105.74\sim143.34)\times10^{-6}$，轻稀土分馏较强，$(La/Yb)_N=3.58\sim4.02$，$(La/Sm)_N=1.79\sim1.99$，重稀土有较明显的分馏，$(Gd/Yb)_N=1.45\sim1.56$，$\delta Eu=0.95\sim1.07$，铕未见亏损。整个曲线表现为右倾的斜线。

表 4-10　火山岩岩石化学成分含量及特征参数表

所属层位	样品号	氧化物含量(%)						
		SiO_2	TiO_2	Al_2O_3	FeO^*	CaO	MgO	K_2O
N_2q	D1215/1	47.80	1.98	12.30	9.02	7.79	7.51	5.00
	D1219/1	57.86	1.24	14.25	6.63	5.38	3.50	5.06
J_2l	D049/1	51.62	3.15	9.76	11.93	9.72	5.65	0.30
	D093/1	43.61	1.56	11.00	7.64	16.70	4.36	1.05
	D1403/2	38.01	1.41	11.66	8.76	19.90	3.08	0.58
	D1633/2	46.11	3.17	10.51	12.41	8.77	10.10	1.14
$P_{1-2}s$	D011/1	47.90	3.37	14.56	11.54	6.91	4.13	4.16
	D551/1	47.74	2.19	14.02	12.77	8.45	6.36	0.68
	D2550/1	44.58	2.28	13.51	11.64	11.60	5.24	0.86

所属层位	样品号	氧化物含量(%)					特征参数值			
		Na_2O	MnO	P_2O_5	LOI	Σ	A/CNK	SI	σ	AR
N_2q	D1215/1	3.19	0.14	1.55	2.68	98.96	0.50	30.39	13.97	2.38
	D1219/1	3.87	0.10	0.84	0.20	98.93	0.66	18.36	5.37	2.67
J_2l	D049/1	4.69	0.12	0.39	2.73	100.05	0.38	25.02	2.89	1.69
	D093/1	3.01	0.26	0.19	11.20	100.58	0.30	27.15	27.07	1.34
	D1403/2	3.92	0.14	0.21	12.30	99.98	0.27	18.85	—	1.33
	D1633/2	2.88	0.16	0.44	4.32	100.01	0.48	38.03	5.18	1.53
$P_{1-2}s$	D011/1	3.56	0.15	0.80	3.05	100.13	0.64	17.66	12.16	2.12
	D551/1	4.17	0.17	0.30	3.19	100.04	0.61	26.51	4.98	1.55
	D2550/1	4.05	0.15	0.27	5.78	99.96	0.47	24.05	15.26	1.48

表 4-11　火山岩稀土元素含量及特征参数表

所属层位	样品号	稀土元素含量($\times10^{-6}$)									
		La	Ce	Pr	Nd	Sm	Eu	Gd	Tb	Dy	Ho
N_2q	D1215/1	120.20	263.50	30.19	118.90	19.80	4.76	13.60	1.67	7.12	1.15
	D1219/1	156.00	300.40	30.54	108.90	15.80	3.59	10.80	1.24	4.92	0.78
J_2l	D093/1	15.31	32.69	4.14	18.88	4.90	1.58	5.28	0.77	4.75	0.86
	D049/1	30.26	70.66	8.45	34.95	8.24	2.40	8.80	1.14	6.28	0.98
	D1403/2	11.13	24.92	3.00	14.18	3.56	1.14	4.20	0.62	3.68	0.65
	D1633/2	34.21	78.88	9.16	36.92	8.78	2.62	9.41	1.20	6.32	1.00
$P_{1-2}s$	D551/1	21.98	49.21	6.32	27.64	7.68	2.59	8.64	1.29	8.22	1.39
	D2550/1	16.52	37.42	4.49	21.12	5.20	1.60	6.20	0.87	5.64	0.91

所属层位	样品号	稀土元素含量($\times10^{-6}$)					特征参数值			
		Er	Tm	Yb	Lu	ΣREE	$(La/Yb)_N$	$(La/Sm)_N$	$(Gd/Yb)_N$	δEu
N_2q	D1215/1	3.07	0.35	2.12	0.31	586.74	33.63	3.79	3.91	0.91
	D1219/1	2.24	0.24	1.54	0.22	637.21	60.19	6.16	4.32	0.86
J_2l	D093/1	2.31	0.35	2.08	0.30	94.20	4.37	1.95	1.56	1.04
	D049/1	2.50	0.36	2.13	0.29	177.44	8.43	2.30	2.53	0.94
	D1403/2	1.69	0.25	1.52	0.23	70.77	4.35	1.95	1.69	1.00
	D1633/2	2.69	0.38	2.29	0.31	194.17	8.87	2.44	2.52	0.97
$P_{1-2}s$	D551/1	3.62	0.59	3.65	0.52	143.34	3.58	1.79	1.45	1.07
	D2550/1	2.55	0.42	2.44	0.36	105.74	4.02	1.99	1.56	0.95

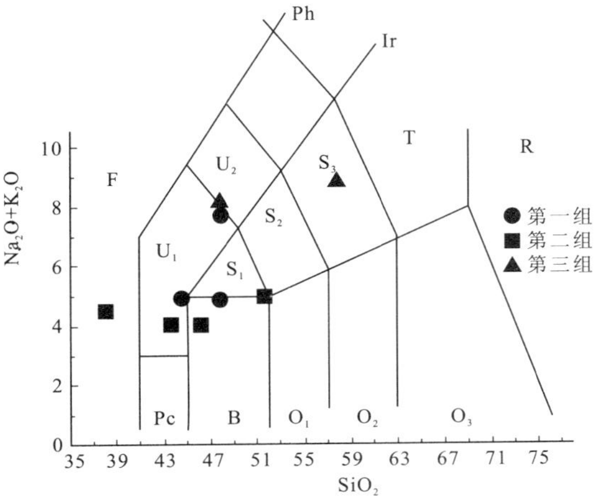

图 4－17　岔路口火山岩硅-碱图

第一组. 二叠系神仙湾组火山岩；第二组. 侏罗系龙山组火山岩；第三组. 新近纪火山岩。F. 副长岩；U_1. 碱玄岩；U_2. 响岩质玄武岩；S_1. 粗面玄武岩；S_2. 玄武质粗面安山岩；S_3. 粗面安山岩；Pc. 苦橄(玄武)岩；B. 玄武岩；O_1. 玄武安山岩；O_2. 安山岩；O_3. 英安岩；R. 流纹岩；Ir. 为分界线，其上方为碱性，下方为亚碱性

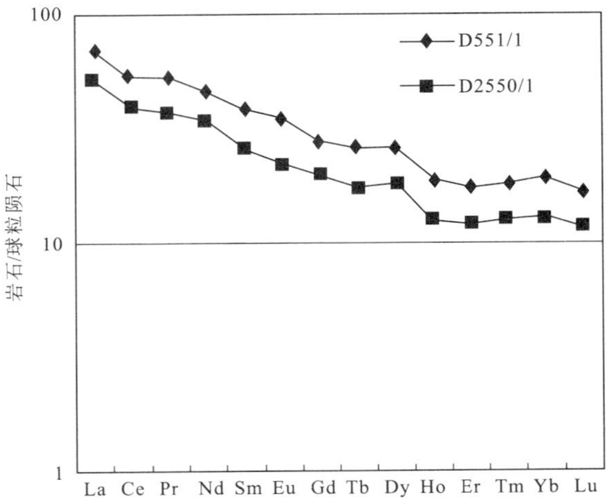

图 4－18　二叠纪火山岩稀土配分模式

3. 微量元素特征

微量元素含量见表 4－12。以正常洋脊玄武岩为参数标准化得到曲线图 4－19。可见二叠纪火山岩具有基本一致的曲线形式，反映它们具有相似的物质来源。除相容元素 Y、Yb、Sc 显微弱的亏损外，其他元素呈弱富集或明显富集，曲线形态整体上具有碱性板内裂谷玄武岩曲线特征。

表 4－12　火山岩微量元素含量表　($\times10^{-6}$)

所属层位	样品号	Sr	K	Rb	Ba	Th	Ta	Nb	Ce	P
N_2q	D1215/1	1 590	5.00	237.0	2 398	19.70	0.78	21.90	263.50	6 758
	D1219/1	1 091	5.06	211.0	1 949	44.00	1.55	25.20	300.40	3 662
J_2l	D049/1	192	0.30	9.3	183	4.08	0.74	12.84	70.66	1 692
	D093/1	411	1.05	29.3	224	1.72	0.72	11.83	32.69	828
	D1403/2	332	0.58	10.0	93	1.32	0.45	8.79	24.92	929
	D1633/2	317	1.14	18.6	264	5.14	1.32	21.73	78.88	1 910
$P_{1-2}s$	D2550/1	348	0.86	15.2	201	2.77	0.73	12.88	37.42	1 173
	D551/1	707	0.68	14.3	384	2.81	0.94	15.57	49.21	1 325
所属层位	样品号	Zr	Hf	Sm	Ti	Y	Yb	Sc	Cr	Co
N_2q	D1215/1	541	14.00	19.80	11 870	30.25	2.12	17.00	247.0	29.90
	D1219/1	420	10.80	15.83	7 434	20.83	1.54	8.46	65.5	14.00
J_2l	D049/1	257	6.24	8.24	18 854	27.46	2.13	26.46	—	44.71
	D093/1	100	2.61	4.90	9 520	23.46	2.08	27.36	—	37.93
	D1403/2	78	2.07	3.56	8 471	18.14	1.52	22.46	—	27.47
	D1633/2	245	6.48	8.78	19 028	28.35	2.29	22.88	—	54.17
$P_{1-2}s$	D2550/1	146	3.92	5.20	13 693	25.77	2.44	28.06	—	35.80
	D551/1	141	3.95	7.68	13 135	35.64	3.65	34.81	—	40.51

（三）构造环境探讨

二叠系神仙湾组主体为一套浅变质的深水细碎屑岩夹火山岩建造，构造位置上处于北羌塘陆块二叠纪—三叠纪边缘裂陷盆地之中。地层中夹少量的火山岩，主体为碱性系列的玄武岩或粗面玄武岩。在 Zr－Zr/Y 图解（图 4－20）和 Ti/100－Zr－Y×3 图解（图 4－21）中，2 个样品分布于板内玄武岩区。地球化学特征总体上反映出板内拉张的构造环境。

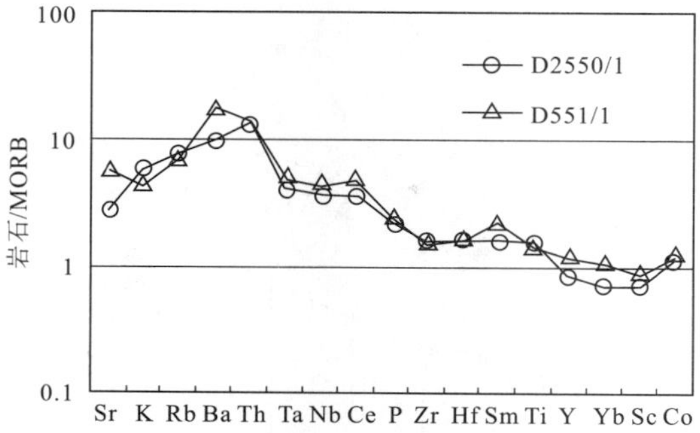

图 4－19　二叠纪火山岩微量元素 MORB 标准化形式

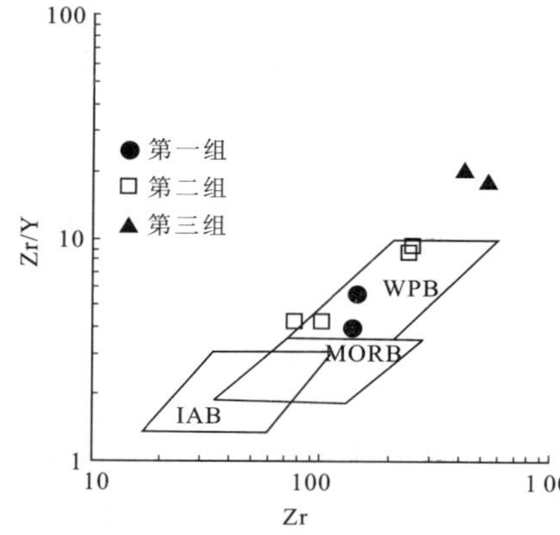

图 4－20　岔路口火山岩 Zr－Zr/Y 图解

第一组. 二叠纪火山岩；第二组. 侏罗纪火山岩；第三组. 新近纪火山岩；WPB. 板内玄武岩；MORB. 洋脊玄武岩；IAB. 岛弧玄武岩

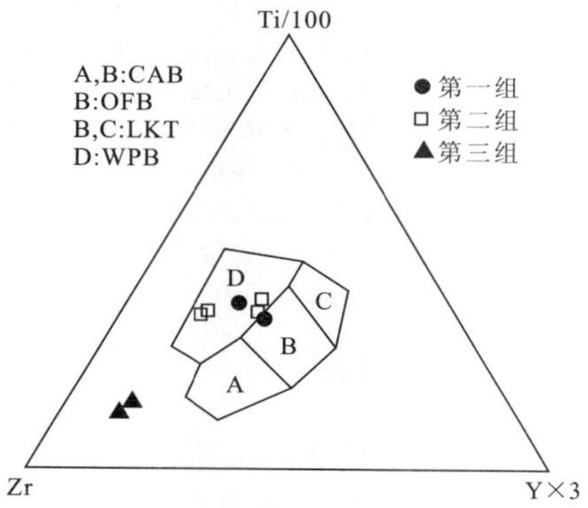

图 4－21　岔路口火山岩 Ti/100－Zr－Y×3 图解

第一组. 二叠纪火山岩；第二组. 侏罗纪火山岩；第三组. 新近纪火山岩；D. 板内玄武岩；B＋A. 岛弧低钾拉斑玄武岩；C＋B. 岛弧钙碱性玄武岩

（四）形成时代分析

二叠系神仙湾组为一套低绿片岩相变质的深水细碎屑岩夹火山岩，本次区调在深灰色粉砂质板岩中获得了大量的微古化石，经中国地质科学院高联达研究员鉴定，其形成时代应为早二叠世晚期，结合西邻幅区调资料，综合分析确定该期火山岩形成于早二叠世。

二、侏罗纪火山岩

（一）地质特征

该期火山岩分布于图区南部岔路口一带及南侧附近，呈短轴透镜状夹于侏罗系龙山组上段灰岩之中，出露面积约 $12km^2$。厚度小于 35m，东西延伸约 10km，与地层为整合接触。岩石已随地层一起发生了明显的变质变形，以岔路口东侧，侏罗纪火山岩剖面为例描述如下：

6. 亮晶鲕粒灰岩

～～～～～～～～　平行不整合　～～～～～～～～

5. 玄武质角砾熔岩　　10m

4. 杏仁状玄武岩　　25m

3. 复成分火山岩角砾岩　　10m

2.亮晶砂屑灰岩　10m

1.亮晶鲕粒灰岩　>200m

由上述剖面可见，火山岩具有一个完整的喷发旋回，由下部的爆发相发展到上部溢流相，再到上部为次棱角状复成分角砾岩。

火山岩主要岩石类型有：

玄武质角砾熔岩　岩石呈深灰色，角砾熔结结构，块状构造，熔岩胶结物中具杏仁构造。火山角砾成分为玄武岩屑55%～60%；熔岩胶结物成分有：斜长石10%～15%、方解石10%～15%、绿泥石10%～14%、杏仁体5%～6%。该岩石是向熔岩过渡的火山碎屑岩类，其特点是所含火山角砾成分为同期玄武岩屑，主要由板条状微量斜长石组成。

杏仁状玄武岩　岩石呈深灰绿色，斑状结构、基质为粗玄结构，杏仁状构造。斑晶为斜长石，含量2%～3%；基质成分有：斜长石42%、辉石15%～20%、方解石15%～20%、杏仁体约占20%，呈圆形为主，少数为不规则椭圆形，由次生方解石充填。

蚀变粗玄岩　岩石呈绿灰色，具粗玄结构、斑状结构，块状构造。斑晶粒度1～1.5mm，基质粒度0.3～0.5mm。斑晶成分有：辉石28%～30%、斜长石2%；基质成分有：斜长石51%～54%、绿泥石15%～16%。岩石蚀变表现为斜长石的绢云母化和高岭土化及间隙中的绿泥石化。

（二）岩石地球化学特征

1.岩石化学特征

岩石化学成分含量见表4－10。侏罗纪火山岩 SiO_2 含量变化较大，由38.01%～51.62%，在硅-碱分类图（图4－17）中，1个样品落在了副长岩区，1个样品落在了碱玄岩区，2个样品落在了玄武岩区，主体均位于Ir界线上方附近，属碱性玄武岩系列。氧化物中 Na_2O 含量远大于 K_2O 含量。

2.稀土元素特征

稀土元素含量见表4－11，稀土配分曲线见图4－22。侏罗纪火山岩稀土总量变化较大，最低为 70.77×10^{-6}，最高为 194.17×10^{-6}；轻稀土分馏明显，$(La/Yb)_N=4.37\sim8.87$，$(La/Sm)_N=1.95\sim2.44$，重稀土亦有较明显的分馏，$(Gd/Yb)_N=1.56\sim2.53$，$\delta Eu=0.94\sim1.07$，铕未发生明显亏损。稀土曲线为右倾斜线。

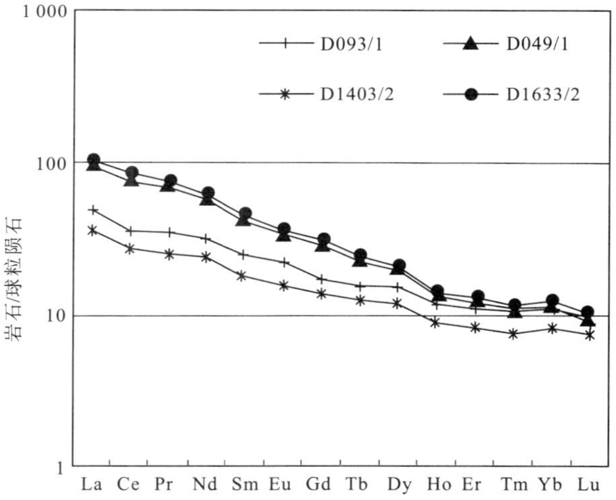

图4－22　侏罗纪火山岩稀土元素配分模式

3.微量元素特征

微量元素含量见表4－12。以正常洋脊玄武岩为参数标准化得到曲线图4－23。可见侏罗纪火山岩除相容元素Y、Yb、Sc显微弱的亏损外，其他元素呈弱富集或明显富集，曲线形态整体上呈大隆起状，具有碱性板内裂谷玄武岩曲线形式。

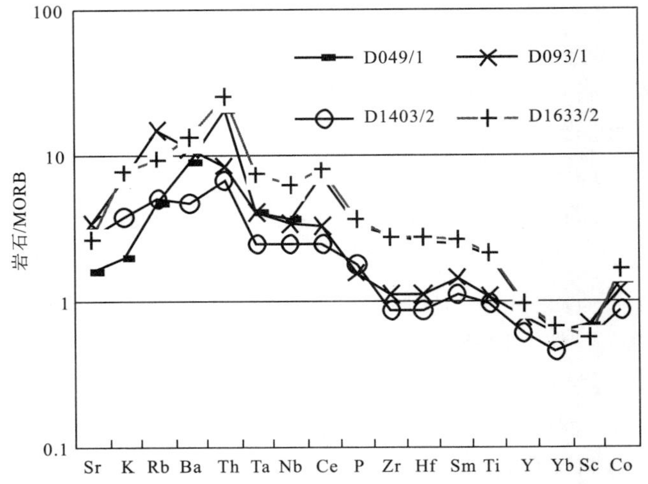

图 4-23　侏罗纪火山岩微量元素 MORB 标准化形式

（三）构造环境探讨

侏罗系龙山组上段主体为一套浅海碳酸盐岩夹火山岩建造，构造位置上处于甜水海-北羌塘陆块北缘。其中的火山岩为碱性系列的玄武岩或碱玄岩。在 Zr-Zr/Y 图解（图 4-19）和 Ti/100-Zr-Y×3 图解（图 4-21）中，4 个样品均投影到板内玄武岩区。地球化学特征总体上反映出板内拉张的构造环境。

（四）形成时代分析

侏罗系龙山组为一套浅海碳酸盐岩夹火山岩，其产出构造位置处于甜水海-北羌塘陆块的北缘，前人及本次区调在该套地层中采集到了大量的腕足、菊石、珊瑚、瓣鳃类等大化石，依据生物化石资料，该地层形成时代为中侏罗世。从而确定该火山岩形成时代应为中侏罗世。

三、新近纪火山岩

（一）地质特征

新生代火山岩图区内仅见于大红柳滩南东约 15km 处的滚石沟口及北邻康西瓦幅的康西瓦东 10km 处的喀拉喀什河南岸。均呈层状夹于新生界河床阶地砾石层之中，出露厚度约 40m，呈北西—南东向延伸，长约 3km，与地层为整合接触。下部为灰色凝灰角砾岩，厚度不均，为 2～5m，其下方的砾石层可见明显的烘烤现象，角砾多数呈次棱角状，大小为 0.5～2cm，少数为椭圆形，粒径较大。火山弹，大小为 5cm×（10～20）cm，为同成分火山灰胶结。向上为灰色含角砾橄榄粗面岩，厚度不均，为 2～5m，角砾仍为同成分火山岩，次棱角—棱角状，大小为 2～10cm，含量可达 10%～20%；中部夹约 20m 厚的砾石层。其上为褐色含角砾橄榄粗面岩，厚度约 5m，角砾多为棱角状，大小为 2～15cm，含量小于 10%，成分仍为火山岩。最上部为褐色气孔状橄榄辉石粗面岩，厚度不均，一般小于 1m。火山岩上部为灰色砂砾层覆盖。以溢流相为主要喷发形式。主要岩石类型有：

辉石安山岩　岩石呈灰色，斑状结构，块状构造。斑晶含量约为 20%，斑晶矿物为斜长石、透辉石、钾长石。基质粒度为 0.02～0.05mm，主要矿物成分有：斜长石 67%～68%、透辉石 8%、磷铁矿 2%。

凝灰角砾岩　岩石呈褐灰色，由火山灰、火山弹、火山角砾组成，角砾全为碱性橄榄玄武岩，大小为(5cm×10cm)～(10cm×15cm),具气孔状构造,由紫灰色火山灰胶结,较松散。

气孔状橄榄粗面岩　岩石呈灰—紫灰色,气孔状构造,斑状结构。斑晶含量约为10%,斑晶矿物为单斜辉石、斜长石、黑云母(常见暗化边),偶见橄榄石。基质粒度为0.01～0.03mm,主要矿物成分有:斜长石28%～30%、单斜辉石14%～15%、黑云母6%～8%、玻璃质14%～15%。

(二)岩石地球化学特征

1. 岩石化学特征

岩石化学成分含量见表4-10。在硅-碱分类图(图4-17)中,2个样品1个落在了碱玄岩区,另1个落在了粗面安山岩,均位于Ir界线上方,属碱性玄武岩系列。Na_2O含量远小于K_2O含量。Na_2O+K_2O最小为8.49%,最大为8.93%,总体上碱度非常高。

2. 稀土元素特征

稀土元素含量见表4-11,稀土配分曲线见图4-24。新生代火山岩稀土总量非常高,为$(586.74\sim637.21)\times10^{-6}$,轻重稀土、轻稀土、重稀土分馏强烈$(La/Yb)_N=33.63\sim60.19$,$(La/Sm)_N=3.79\sim6.16$,$(Gd/Yb)_N=3.91\sim4.32$,$\delta Eu=0.91\sim0.86$,铕亏损不明显。稀土曲线呈一条右倾的斜线。

3. 微量元素特征

微量元素含量见表4-12。以正常洋脊玄武岩为参数标准化得到曲线图4-25。可见新生界火山岩除Yb、Sc、Co强相容元素弱亏损外,其他元素均呈强富集或富集状,曲线形态呈大隆起状,具有板内碱性玄武岩的曲线特征。

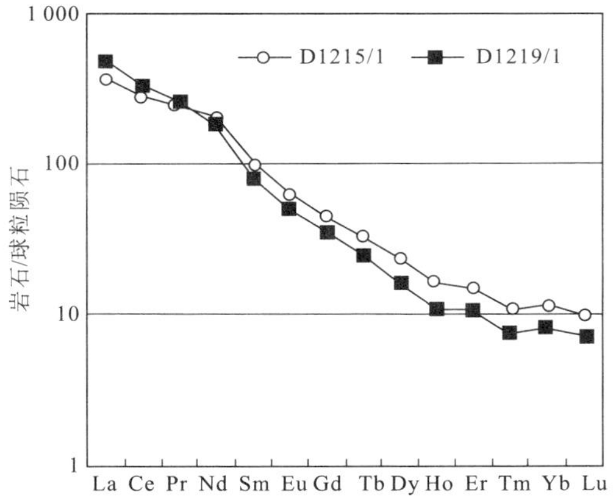

图4-24　新近纪火山岩稀土配分模式

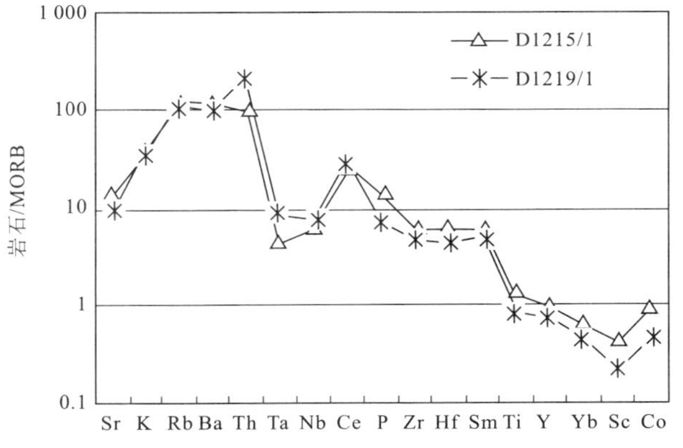

图4-25　新近纪火山岩微量元素MORB标准化形式

(三)构造环境探讨

自中生代以来,图区已进入板内演化阶段,新生代火山岩为板内构造环境无疑。在Zr-Zr/Y图解(图4-20)中样品落在了板内玄武岩一侧;在Ti/100-Zr-Y×3图解(图4-21)中亦落在了板内碱性玄武岩一侧,以及微量元素MORB标准化形式均支持这一观点。据张招崇、肖序常2004年研究,大红柳滩新生代火山岩具有较低的TiO_2,但富集大离子亲石元素和轻稀土元素,加上微量元素标准化曲线上显著的 Nb、Ta，指示大红柳滩火山岩形成于富集地幔的部分熔融。

(四)形成时代分析

图区自中生代以来已进入了板内演化阶段，区内新生代火山岩夹于现代河床阶地砾石层中，火山岩产状近于水平，形成时代较新。罗照华于 2004 年对北邻图幅康西瓦新生代火山岩进行了精确的 SHRIMP U－Pb 法测年分析，获得了(3.80±0.11)Ma 的同位素地质年龄值，其形成时代为新近纪，表明该火山岩形成时代为新近纪。

第五章　变质岩

图区变质岩相对不发育，除中元古界长城系甜水海岩群，青白口系肖尔克谷地岩组，奥陶系冬瓜山群，志留系温泉沟群，二叠系黄羊岭群、神仙湾组，三叠系巴颜喀拉山群、上河尾滩组等地层发生浅变质外，其余泥盆系落石沟组、天神达坂组，石炭系帕斯群、恰提尔群，二叠系红山湖组，侏罗系龙山组和白垩系铁隆滩群等地层均为轻微变质或未变质。其中长城系甜水海岩群和青白口系肖尔克谷地岩组变质相对较深，出露面积约 7 500km^2。变质岩岩石类型有区域变质岩、动力变质岩和接触变质岩。区域变质岩主要分布在北羌塘地层区甜水海地层分区的甜水海岩群、肖尔克谷地岩组、冬瓜山群、温泉沟群、上河尾滩组地层内，以及神仙湾地层分区的神仙湾组内，巴颜喀拉地层区大红柳滩地层分区的黄羊岭群、巴颜喀拉山群地层内。动力变质岩主要分布在大红柳滩-郭扎错断裂带、乔尔天山-岔路口断裂带和各类断层带中。接触变质岩分布局限，主要分布在俘虏沟侏罗纪侵入岩体外接触带内。

变质岩分类命名、变质作用、变质带、变质相系等划分，主要依据部直管局(1991)《1∶5 万区域地质填图方法指南》和贺同兴等(1980)《变质岩石学》提出的方案进行。

第一节　区域变质岩

图区区域变质岩主要包括变质沉积岩和少量变质火山岩两大类，依据变质变形程度图区仅划分出低级变质岩类岩石，依据原岩不同可进一步划分为 3 类，即泥质—长英质变质岩类、中基性变质岩类和变质碳酸盐岩类，岩石有变质达绿片岩相的片岩、千枚岩、板岩、变砂岩、绿片岩及大理岩等。其岩石主要分布在甜水海岩群、肖尔克谷地岩组、冬瓜山群、温泉沟群、落石沟组、天神达坂组、帕斯群、恰提尔群、红山湖组、神仙湾组、上河尾滩组、黄羊岭群和巴颜喀拉山群等地层中。

现将各岩石类型、变质作用、变质带、变质相系特征及划分，原岩恢复及原岩建造特征等论述如下。

一、变质岩岩石类型

图区低级变质岩类大部分原岩面貌特征保存较好，根据矿物共生组合及残余结构构造和矿物平衡关系，一般都能较准确地恢复其原岩。本图幅低级变质岩可分为副变质岩和变质火山岩两类，变质火山岩岩石学特征和原岩恢复及构造环境特征详见第四章第三节，此节只对副变质岩和绿片岩主要岩石类型及岩石学特征进行描述。

(一)主要岩石类型及岩石学特征

1. 泥质—长英质变质岩类

该岩石类型包括片岩、千枚岩、板岩、变砂岩等，主要分布于甜水海岩群、肖尔克谷地岩组、温泉沟群、黄羊岭群和巴颜喀拉山群地层中，冬瓜山群、上河尾滩组等地层中有少量分布。

1)片岩类

图区仅见于甜水海岩群地层内，其岩石类型及岩石学特征如下：

黑云石英片岩 岩石为灰色，鳞片粒状变晶结构、斑状变晶结构，片状构造。主要矿物：石英64%、黑云母24%；次要矿物：白云母小于1%、方解石5%、斜长石5%～6%、黄铁矿微量；副矿物有磷灰石、电气石、榍石、锆石等。石英呈粒状变晶颗粒，粒径0.05～0.1mm、0.1～0.2mm、0.2～0.5mm不等；斜长石呈不规则它形粒状，彼此嵌连，不规则接触，并明显构成粗细相间的纹理；黑云母呈鳞片状夹杂分布在石英颗粒间，平行定向排列，构成较密集的平行片理面，与石英相间排列，形成片状构造。变斑晶矿物为方解石，粒径在0.5～0.7mm，包含有少许粒状石英，不均匀分布。

二云石英片岩 岩石为浅灰色，鳞片粒状变晶结构，片状构造。主要矿物：石英大于60%、黑云母20%、白云母10%；次要矿物：钾长石、斜长石5%～6%，黄铁矿小于1%；副矿物有磷灰石、电气石、锆石等。石英变晶粒状，长石颗粒呈不规则它形粒状，彼此嵌连接触，粒径0.05～0.1mm、0.1～0.2mm、0.2～0.6mm不等，构成粗细相间的条纹或条带；黑云母、白云母呈鳞片状，片径(0.4mm×0.08mm)～(0.85mm×0.08mm)，平行定向排列，与粒状石英组成较密集的片理面。

2)千枚岩类

主要分布于甜水海岩群、肖尔克谷地岩组、黄羊岭群和巴颜喀拉山群等地层中，其岩石类型及岩石学特征如下：

云母石英千枚岩 岩石为浅灰色，显微鳞片粒状变晶结构，千枚状构造。主要矿物：石英57%～60%；次要矿物：绢云母18%～20%、黑云母5%～8%、绿泥石6%～8%、斜长石2%～3%、方解石3%～4%；副矿物有锆石、褐铁矿等。石英呈等轴变晶粒状，粒径0.1～0.15mm，均匀分布，大致定向排列；绢云母和少量黑云母、绿泥石呈鳞片状，与石英粒间均匀平行定向排列，形成千枚状构造。由于应力作用，沿千枚理显示波状褶曲。

石英云母千枚岩 岩石为浅灰色，显微鳞片变晶结构，千枚状构造。主要矿物：绢云母37%～38%、黑云母25%～27%、石英28%～30%；次要矿物：斜长石3%～4%、钾长石2%～3%；副矿物有电气石、锆石等。岩石经受区域低温动力变质作用，造成原岩中的粘土矿物发生变质变晶作用，形成鳞片状云母类矿物，所出现的黑云母呈雏晶。在变质应力作用下，鳞片矿物云母类均匀分布，平行定向排列，形成千枚状面理构造。岩石中的石英粉砂碎屑，经变晶作用，呈细小变晶粒状，粒径0.05～0.1mm，原形态全部消失，其排列方向与鳞片矿物一致。

绢云石英千枚岩 岩石为灰色，显微鳞片粒状变晶结构，千枚状构造。主要矿物：石英51%～52%、绢云母33%～35%；次要矿物：黑云母8%～10%、斜长石3%～4%、钾长石大于1%；副矿物有电气石、锆石、磁铁矿等。岩石经受区域低温动力变质作用，使原岩中的石英粉砂发生变质重结晶作用，呈细小变晶粒状，形态消失，粒径0.03～0.05mm为主，少数0.15～0.2mm，较均匀分布于岩石中。原粘土矿物变质重结晶生成绢云母和少量黑云母鳞片，平行定向排列，显示条带和极薄的页片，相间聚集出现，形成千枚状构造。

含碳绢云石英千枚岩 岩石为深灰色，显微鳞片粒状变晶结构，千枚状构造。主要矿物：石英52%～54%、绢云母28%～30%；次要矿物：粘土矿物12%～14%、绿泥石2%～3%、碳质成分4%～5%；副矿物有电气石和锆石等(图版Ⅳ-4)。石英呈等轴变晶粒状，粒径0.02～0.03mm，相互紧密接触，大致定向分布。原粘土矿物大部分已变质形成绢云母和绿泥石鳞片，但仍残余有粘土矿物和碳质成分。鳞片矿物与石英细粒各自呈薄层相间平行排列，形成千枚状构造。

硬绿泥石石英千枚岩 岩石为深灰色，显微纤状粒状变晶结构，千枚状构造。主要矿物：石英47%～50%、硬绿泥石40%～45%；次要矿物：绢云母5%～8%、绿泥石2%～3%。石英呈粒状变晶，颗粒大小0.01～0.05mm，较均匀分布于岩石中。硬绿泥石呈纤柱状和纤状，长径(0.15mm

×0.01mm)～(0.3mm×0.01mm)，浅绿色，干涉色低，具聚片双晶，长轴平行定向排列，形成千枚状构造。绿泥石和绢云母呈鳞片状混入其中。

石英绢云千枚岩　岩石为浅灰色，显微鳞片变晶结构，千枚状构造。主要矿物：绢云母68%～70%、石英20%～24%；次要矿物：黑云母大于3%、绿泥石4%～5%；副矿物主要有锆石等。石英呈显微变晶粒状，粒径0.02～0.03mm，原粘土矿物生成新生的绢云母鳞片和少量黑云母雏晶及绿泥石等，鳞片矿物显示薄的页片状聚集，平行相间均匀排列，形成千枚状构造。

钙质绢云千枚岩　岩石为灰色，斑状变晶结构、显微粒状鳞片变晶结构，千枚状构造。变斑晶成分：黑云母6%～7%；基质成分：绢云母50%～51%、方解石25%～28%、石英12%～14%、黑云母2%～3%；副矿物有电气石、磁铁矿等。岩石经受区域低温动力变质作用，使原岩中的原生粘土矿物发生变质重结晶作用，生成较多的绢云母及少量黑云母鳞片等，其中混入的石英粉砂和细晶方解石亦变晶呈粒状，粒径0.05～0.07mm，不均匀分布。鳞片状矿物定向排列，并与粒状矿物显示条带状相间聚集，平行分布，形成千枚状构造。在构造期后，又一次变质结晶的黑云母斑晶出现，晶片呈自形片状，片径0.3～0.6mm，多色性为Ng红褐色、Np浅黄色，表现晶片延伸方向常与千枚理排列方向斜交，个别晶片中残缕的矿物排列方向与围岩中一致，均说明是构造期后变晶形成。

石英绿泥绢云千枚岩　岩石浅灰绿色，显微粒状鳞片变晶结构，千枚状构造。主要矿物：绢云母40%～41%、绿泥石27%～28%、石英25%～26%；次要矿物：黑云母5%～7%；副矿物：磁铁矿小于1%。原岩粘土矿物发生变质重结晶，生成较多的绢云母、绿泥石鳞片及少量黑云母雏晶。原岩中混入的石英粉砂成分，已变晶呈显微粒状，粒径0.02～0.03mm，均匀分布于晶片之间。鳞片矿物平行定向排列，并聚集成页片相间排列，形成千枚状构造。

白云质绿泥绢云千枚岩　岩石为灰绿色，显微鳞片变晶结构，千枚状构造。主要矿物：绢云母34%～35%、绿泥石28%～30%；次要矿物：白云石26%～28%、石英8%、褐铁矿1%～2%。绢云母和绿泥石呈鳞片状，白云石呈变晶粒状，粒径0.05～0.15mm，定向排列，呈条纹状聚集，相间分布，与鳞片状矿物排列方向一致，形成千枚状构造。

石英硬绿泥石千枚岩　岩石为深灰色，显微粒状鳞片变晶结构，千枚状构造。主要矿物：硬绿泥石42%～43%、石英38%～40%；次要矿物：绢云母16%～18%、白云石1%～2%、褐铁矿小于1%。该岩石经受区域低温动力变质作用，造成岩石中的石英粉砂和粘土矿物发生变质重结晶作用，使岩石中的石英粉砂重结晶呈等轴变晶粒状，粒径0.03～0.05mm，较均匀分布。粘土矿物可能富含FeO，变质形成大量硬绿泥石，呈片状和纤状晶体，大致平行定向排列，和绢云母鳞片一起形成千枚状构造。

硬绿泥石千枚岩　岩石为深灰色，显微纤状鳞片变晶结构，千枚状构造。主要矿物：绢云母46%～47%、硬绿泥石48%～50%；次要矿物：石英3%～5%；副矿物主要有磷灰石等。硬绿泥石呈纤柱状，绢云母呈鳞片状，平行定向排列，形成千枚状构造。在鳞片状矿物之间含少许石英颗粒，粒径0.02～0.03mm，不均匀分布。

3)板岩类

该类岩石分布较广泛，图区变质地层单位均可见及，主要出露于温泉沟群、黄羊岭群和巴颜喀拉山群地层中，冬瓜山群、神仙湾组、上河尾滩组有少量分布。其岩石类型及岩石学特征如下：

绢云板岩　岩石为浅灰色，显微鳞片变晶结构，板状构造。主要矿物：绢云母(主)、粘土矿物(少)86%～87%；次要矿物：石英8%～10%、绿泥石大于3%、铁质小于1%。绢云母呈细小鳞片状，少数石英粉砂呈变晶粒状，粒径0.01～0.02mm，绢云母与残余粘土矿物混合一起，不易分开，鳞片矿物均匀分布，平行定向排列，形成板状劈理构造。

砂质绢云板岩　岩石为灰色，变余砂状结构、显微鳞片变晶结构，板状构造。主要矿物：绢云母(主)、粘土矿物(少)63%～64%；次要矿物：石英23%～25%、斜长石3%～4%、钾长石3%、绿泥石 3%～4%、碳质 1%～2%；副矿物有电气石、锆石等。原岩中粘土矿物大部分变质重结晶生成绢云母鳞片，残余少数细小的粘土矿物，二者混合一起，均匀分布于岩石中，砂质成分有石英和少数长石，变晶后呈粒状或受应力作用，显压扁拉长和呈透镜状形态，粒径 0.06～0.2mm，少数 0.3mm，较均匀分布于鳞片状矿物中。绢云母、绿泥石和粘土矿物平行定向排列，显示相间聚集的特点，形成板状构造。

粉砂绢云板岩　岩石为浅灰色，变余粉砂结构、显微鳞片变晶结构，板状构造。主要矿物：绢云母 70%～71%；次要矿物：石英 25%～27%、绿泥石 2%～3%、褐铁矿小于 1%（图版Ⅳ-5）。岩石中粘土矿物和石英粉砂变质重结晶，造成大部分粘土矿物重结晶生成绢云母鳞片，石英粉砂呈变晶粒状，原形态不清，粒径 0.03～0.06mm。由于应力作用，使粉砂石英分异聚集成薄层，并形成先期面理构造 S_1，到晚期又发生一期变形，即晚期面理置换，形成应变滑劈理 S_2，即由鳞片较大的绢云母聚集形成。

含粉砂钙质绢云板岩　岩石为灰色，显微粒状鳞片变晶结构，板状构造。主要矿物：绢云母 50%、方解石 32%；次要矿物：石英、长石 17%。绢云母呈鳞片状，平行定向排列，形成较密集的显微劈理面。粉砂级石英、长石，粒径 0.02～0.06mm，少数达 0.15mm，呈棱角状不均匀分布，方解石呈微晶状夹于绢云母集结带中。

黄铁矿化绢云板岩　岩石为黄褐色，隐晶状结构、显微鳞片变晶结构，板状构造。主要矿物：绢云母 88%；次要矿物：黄铁矿 12%。隐晶状绢云母彼此集结，沿一个方向平行排列，构成密集的板面理。新生的粒状黄铁矿呈晶粒状，氧化后污染绢云母。另见 0.3～1mm、1～1.5mm、1.5～5mm 椭圆形微晶绢云母集合体，不均匀分布，并与周围界线清楚，少数被黄铁矿交代，有些怀疑为某种生屑，含量约占 10%。

绢云粉砂质板岩　岩石为浅灰色，变质粉砂状结构、显微鳞片变晶结构，板状构造。主要矿物：石英 56%～58%、绢云母 25%～26%；次要矿物：粘土矿物 13%～15%、碳质小于 3%。原岩中的粉砂和粘土矿物发生变质重结晶作用，造成石英粉砂呈变晶粒状，原棱角状特征有少部分残余，粒径 0.015～0.03mm。原粘土矿物多数重结晶生成绢云母鳞片，与石英粉砂平行定向排列，形成早期微面状构造。岩石受变质应力剪切作用，出现面理置换，即先期微片理 S_1 被晚期应变滑劈理 S_2 置换，S_1 与 S_2 斜交，S_2 即由绢云母聚集成条纹形成的面理。

含钙绢云粉砂质板岩　岩石为灰色，变余粉砂结构、显微鳞片变晶结构，板状构造。主要矿物：石英 48%～49%、绢云母 30%～32%；次要矿物：方解石 18%～20%、绿泥石 1%～2%、褐铁矿小于 1%。石英呈变晶粒状，粒径 0.02～0.04mm，均匀分布，部分仍残余粉砂状特点。原粘土矿物已变晶生成绢云母鳞片，平行定向排列，形成板状构造。岩石所含微晶方解石成分，分布不均匀。

绢云石英板岩　岩石为浅灰色，显微鳞片粒状变晶结构，板状构造。主要矿物：石英 45%、绢云母 45%；次要矿物：绿泥石小于 10%。石英呈变晶粒状，粒径 0.01～0.03mm、0.05～0.1mm 不等，彼此嵌连，平行排列。绢云母呈细小鳞片状，片径 0.01～0.05mm，并见有少许大于 0.1mm 的眼球及条纹，局部绢云母富集并平行排列，与石英相间产出。雏晶状绿泥石与绢云母一起，向一个方向展布。

钙质绿泥板岩　岩石为灰绿色，粒状鳞片变晶结构，板状构造。主要矿物：绿泥石 35%～40%、泥质 25%～30%；次要矿物：石英 5%～10%、方解石 25%～30%。绿泥石呈细小鳞片状；方解石呈细晶粒状，颗粒大小 0.1～0.15mm；石英呈变晶粒状，不均匀分布。岩石中有残余较多的泥质成分，还混有铁质成分。

强硅化绿泥板岩　岩石为灰绿色，粒状鳞片变晶结构，板状构造。主要矿物：绿泥石 50%～52%、石英 40%～45%；次要矿物：绢云母 3%～5%。呈鳞片状的绿泥石和个别绢云母分布极不均匀，在聚集较多的地段，显示定向排列，形成板状构造特点。另一部分矿物是后期形成的硅化石英，呈大小不等、形状极不规则的粒状石英，将绿泥石杂乱穿插，分割成大小不等的团块。

粘土质板岩　岩石为深灰色，显微鳞片变晶结构，板状构造。主要矿物：粘土矿物(主)、绢云母(次)97%左右；次要矿物：石英2%～3%。原岩经轻变质作用，使粘土矿物发生变质重结晶作用，造成部分粘土矿物生成绢云母鳞片，多数粘土矿物仍残留毛发状和丝状体，与绢云母混合一起，平行定向排列，均匀分布，形成板状构造。

泥质板岩　岩石为灰色，变余泥质结构，板状构造。主要矿物：泥质矿物(主)、绢云母(少)82%左右；次要矿物：石英15%、绿泥石2%～3%。经轻微变质作用，使原岩中的粘土矿物部分重结晶生成绢云母鳞片，多数残余粘土矿物仍具质点和毛发状特点，二者混合一起很难分开。鳞片状矿物平行定向排列，形成板状劈理特征。少部分石英经重结晶呈变晶粒状，粒径0.01～0.03mm，分布于粘土矿物之间。

粉砂泥质板岩　岩石为灰色，变余粉砂状结构、显微鳞片变晶结构，板状构造。主要矿物：粘土矿物40%左右，绢云母28%～30%、石英25%～27%；次要矿物：绿泥石2%～3%、碳质1%～2%、褐铁矿小于1%。粘土矿物和石英粉砂变质重结晶，少部分粘土矿物生成绢云母和绿泥石，呈鳞片状；石英呈变晶粒状，个别残余有棱角状，粒径0.03～0.04mm，较均匀分布。鳞片状绢云母、绿泥石和残余粘土矿物一起显示定向排列，形成板状劈理构造。

泥板岩　岩石为灰色，泥质结构，板状构造。主要矿物：粘土矿物(主)、绢云母(少)96%左右；次要矿物：绿泥石小于1%、石英1%～2%、硅质岩屑小于1%。因压实固结作用，使原来十分细小的粘土矿物质点全部发生重结晶作用，变晶为毛发状和细小鳞片状，少部分晶片稍大些已变晶成绢云母鳞片，平行定向排列，形成板状劈理构造。

白云砂质泥板岩　岩石为浅灰色，变余砂状泥质结构，平行构造。碎屑成分：石英10%～15%、白云石20%～25%、白云岩屑2%～3%；填隙物成分：粘土矿物42%、绿泥石15%、白云石5%～10%。石英十分细小，粒径0.05～0.08mm，分布不均匀；部分白云石单晶应为残余碎屑，颗粒大小0.2～0.3mm，白云岩屑含量少，分布不均匀。在上述碎屑中填隙物粘土矿物部分结晶为绿泥石，平行定向排列，形成平行构造。

含砂质泥板岩　岩石为浅灰色，变余含砂泥质结构，板状构造。主要矿物：粘土矿物80%～85%；次要矿物：石英10%～15%、斜长石1%～2%、白云母小于1%、泥质岩屑小于1%、绢云母小于1%；副矿物主要有电气石等。粘土矿物绝大部分呈质点状，少部分形成细小鳞片状和丝状特征，在正交偏光镜下干涉色和消光方向基本一致，定向分布明显，形成层状构造。在粘土矿物之间，不均匀散布有碎屑成分，颗粒大小在0.01～0.3mm之间，大小不等，呈棱角状。较粗的细—中粒级砂质成分，如石英、长石常呈层状聚集，相间出现，显示层理更为清楚。

粉砂质泥板岩　岩石为浅灰色，变余粉砂泥质结构，定向构造。主要矿物：粘土矿物72%左右、石英25%；次要矿物：斜长石大于1%、钾长石小于1%、绢云母小于1%；副矿物有锆石、电气石等。粘土矿物晶体十分细小，绝大部分仍呈质点状，仅少数显丝状和鳞片状，定向分布，形成定向构造。在粘土矿物形成的基底中，不均匀散布有粉砂成分，粒径0.03～0.1mm，呈明显棱角状，时多时少，也有部分石英呈变晶粒状。

含粉砂泥板岩　岩石为浅灰色，变余含粉砂泥质结构，定向构造。主要矿物：粘土矿物78%～83%、石英15%～20%；次要矿物：长石小于1%、绢云母小于1%；副矿物主要有锆石等。粘土矿物重结晶，形成十分细小的鳞片状，显示定向分布，在正交偏光镜下干涉色和消光方向基本一致，形成层状构造。在均匀分布的粘土矿物基底中，不均匀散布有石英粉砂成分，粒径大小在0.02～0.05mm之间，呈棱角状。

含粉砂钙质泥板岩　岩石为灰色，含粉砂泥质结构，定向构造。主要矿物：粘土矿物45%～47%、方解石20%～30%；次要矿物：石英13%～15%、斜长石约为1%、绢云母约为1%、生物碎屑

8%～10%；副矿物有磁铁矿、锆石等。粘土矿物重结晶形成细小的鳞片，平行排列，形成定向构造。与鳞片混合一起，含有少部分微晶方解石晶粒和石英粉砂成分，颗粒大小 0.03～0.06mm，呈棱角状较均匀分布于其中。生物碎屑由方解石充填，有棘屑、腕足屑等，杂乱分布于岩石中。

钙质泥板岩　岩石为灰色，泥质结构，定向构造。主要矿物：粘土矿物（少）、泥质（主）67%～73%、方解石 25%～30%；次要矿物：隐晶石英 2%～3%。部分泥质矿物发生重结晶，变晶为极细小的毛发状和鳞片状，显示平行定向排列，形成定向构造。与粘土矿物混合出现的还有少部分微晶状方解石成分，大致定向分布，与粘土矿物排列方向一致。

含钙泥板岩　岩石为灰色，微晶泥质结构，定向构造。主要矿物：粘土矿物 76%～77%；次要矿物：方解石 18%～20%、石英 4%～5%。由于压实固结作用，造成粘土矿物大部分发生重结晶，生成细小的鳞片，仍残留少部分呈质点状，均匀分布，显示平行定向排列。在均匀分布的基底中，还混入少部分微晶方解石，粒径大小 0.001～0.01mm，晶粒细小，分布较均匀，与粘土矿物为同生产物。另含个别石英粉砂。

硅质泥板岩　岩石为深灰色，泥质（隐晶）结构，定向构造。主要矿物：粘土矿物 55%左右、隐晶石英 40%～45%；次要矿物：石英小于 1%。粘土矿物呈细小片状，细小鳞片状粘土矿物平行定向排列，正交偏光镜下干涉色和消光方向基本一致，即为定向构造。在细小粘土矿物之间较均匀混入了较多的隐晶石英，晶粒十分细小，小于 0.001mm。

含岩屑泥板岩　岩石为深灰色，含砂泥质结构，定向构造。主要矿物：粘土矿物 74%左右；次要矿物：灰岩岩屑 10%、硅质岩屑 8%～10%、石英 3%～5%、方解石 2%～3%。粘土矿物质点大部分重结晶形成细小鳞片和毛发状，定向排列，消光方位和干涉色一致，形成定向构造特征。在粘土矿物形成的微劈理面上，夹杂出现少部分岩屑成分，粒径大小为 0.15～0.6mm，岩屑成分为灰岩岩屑和硅质岩屑，呈典型的椭圆形和透镜状，长轴平行劈理面分布。

硅质板岩　岩石为深灰色，隐晶质结构，板状构造。主要矿物：隐晶石英 74%～78%；次要矿物：绢云母（主）、粘土矿物（次）15%～20%、石英 3%～4%、铁质质点 2%～3%，另含方解石、石英混合一起的细脉。隐晶石英结晶程度差，呈它形隐晶粒状，粒径大小小于 0.001mm，均匀分布，平行定向排列。部分粘土矿物变晶生成绢云母细小鳞片，平行定向排列，形成板状构造。

4）变砂岩类

该类岩石分布较广泛，图区变质地层单位不同程度均可见及，主要出露于黄羊岭群、巴颜喀拉山群地层中，温泉沟群、神仙湾组、上河尾滩组地层中有少量分布。其岩石类型及岩石学特征如下：

变质粗粒石英砂岩　岩石为浅灰色，变余粗粒砂状结构，块状构造。碎屑成分：石英岩屑 52%～53%、石英 28%～30%；副矿物有电气石、锆石、褐铁矿等；填隙物成分：绢云母 8%～10%、绿泥石 6%～7%。碎屑成分以石英岩屑为主，其次有石英和个别重矿物，碎屑成分发生变质重结晶，石英呈变晶粒状，岩屑棱角不清楚，粒径大小为 0.5～1.2mm，个别 2mm，反映分选性差的特点。填隙物成分原粘土矿物变质重结晶生成绢云母和绿泥石鳞片，不均匀分布，原岩为孔隙式胶结和颗粒支撑。

变质中细粒石英砂岩　岩石为灰色，变余中细粒砂状结构，块状构造。碎屑成分：石英 67%～68%、斜长石 2%、钾长石 2%～3%、硅质岩屑 3%～4%；填隙物成分：黑云母 12%～14%、方解石 8%～10%；副矿物有电气石、锆石等。碎屑中的石英和少数长石均显示变质重结晶呈粒状特点，但原次棱角状形态仍较清楚，大小不等，分选性差，大致可分为 0.1～0.2mm 细砂级和0.25～0.3mm中砂级，细砂级约占碎屑总量的 65%，其余属中砂级，磨圆度差。填隙物成分原为粘土矿物杂基，重结晶生成黑云母鳞片，与方解石细晶胶结物一起形成碎屑接触式胶结和颗粒支撑结构。

变质细粒石英砂岩　岩石为浅灰色，变余细粒砂状结构，定向构造。碎屑成分：石英 81%～

82%、钾长石小于1%、硅质岩屑小于1%；填隙物成分：绢云母11%～12%、黑云母3%～4%；副矿物有电气石、磷灰石、锆石等。碎屑石英呈粒状变晶，原形态残余较少，呈次棱角状，粒径0.1～0.15mm，较均匀分布。填隙物成分、原粘土矿物杂基成分发生变质重结晶形成新生的绢云母、黑云母等细小鳞片。碎屑矿物和填隙物平行定向排列，形成定向构造，与层理一致，原岩为接触式胶结和颗粒支撑。

变质中粒含白云质石英砂岩　岩石为灰白色，变余中粒砂状结构，块状构造。碎屑成分：石英62%左右、白云石20%～22%、黄铁矿小于1%；填隙物成分：硅质石英15%～17%。石英呈等轴变晶粒状，原棱角和次棱角状特点基本消失，仅有少许残余，粒径0.3～0.5mm，为中砂级，分选性良好。填隙物硅质成分即由重结晶的细小石英胶结，为接触式胶结和颗粒支撑。

变质细粒含钙石英砂岩　岩石为灰色，变余细粒砂状结构，变余层状构造。碎屑成分：石英71%～73%、斜长石1%～2%、钾长石小于2%、硅质岩屑1%～2%、白云母小于1%；填隙物成分：绢云母4%～5%、方解石16%～17%；副矿物有电气石、锆石等。岩石碎屑中的石英、长石显示变质重结晶，但大部分还残留原次棱角状和次圆状形态，粒径0.1～0.25mm，相对分选性较好，磨圆度中等。填隙物成分，原粘土矿物已变晶形成绢云母鳞片杂基及变晶形成细晶方解石胶结物，两种矿物混合一起构成接触式胶结型和颗粒支撑结构。岩石中主要矿物均平行定向排列，残余原层状构造。

变质细粒白云质石英砂岩　岩石为灰色，变余细粒砂状结构，块状构造。主要矿物：石英40%～41%、白云石38%～40%；次要矿物：绢云母18%～20%、铁质成分1%～2%。石英、白云石呈变晶粒状，原棱角不清晰，粒径大小0.05～0.1mm，分选性良好。原粘土矿物已变晶形成绢云母鳞片，分异聚集成条纹相间分布。原砂屑填隙物因含有较多的白云石胶结物，且含量较多，向白云岩过渡。

变质不等粒含钙石英砂岩　岩石为浅灰色，变余不等粒砂状结构，块状构造。碎屑成分：石英65%～67%、硅质岩屑12%～13%、斜长石2%～3%、钾长石1%～2%、绿泥石1%；填隙物成分：方解石大于10%、黑云母4%～5%；副矿物有锆石、电气石、磁铁矿等。岩石中的碎屑石英和少数长石呈不等粒变晶粒状，原形态仍残留次棱角状特点，原岩中粒径大小不等，可分为0.08～0.2mm细砂级，约占碎屑总量的40%；0.3～0.5mm中粒砂级，约占30%；其余部分为0.6～0.7mm粗砂级，说明原岩碎屑具分选性和磨圆度均较差、结构成熟度低的特点。填隙物成分有方解石胶结物和黑云母鳞片，原岩为接触式胶结和颗粒支撑结构。

变质石英砂砾岩　岩石为灰色，变余砂砾状结构，块状构造。砾石成分：石英岩屑32%～35%、石英脉岩屑6%～8%；填隙物成分：石英20%～21%、与砾石相同的细岩屑18%～20%、绢云母10%～12%、绿泥石8%～10%；副矿物有电气石、锆石等。岩石中的砾石成分，石英岩屑呈扁长状，长径为2～18mm，大致定向分布，棱角不清楚。胶结砾石的填隙物成分，有石英、与砾石成分相同的细小岩屑、绢云母及绿泥石鳞片。碎屑填隙物仍具压扁特点，大小0.15～1mm不等，呈变晶粒状，特别是石英具等轴变晶粒状的特征。原粘土矿物已变晶生成绢云母和绿泥石鳞片，聚集成条纹，平行定向分布。碎屑填隙物对砾石而言形成基底式胶结。

变质中粗粒长石砂岩　岩石为浅灰色，变余中粗粒砂状结构，块状构造。碎屑成分：石英20%～22%、硅质岩屑25%、钾长石12%～13%、斜长石13%～15%、方解石小于1%、白云母小于1%；填隙物成分：黑云母7%～8%、隐晶石英13%～15%、绢云母4%～5%；副矿物有锆石、电气石、磁铁矿等。碎屑中的长石、石英和岩屑均显示变晶现象，原形态仍较清楚，呈次棱角状和少数棱角状，粒径大小不等，分选性差，大致可分为中粒砂级0.25～0.5mm，约占碎屑总量的45%，其余部分为粗粒砂级0.5～0.7mm，磨圆度差，反映岩石成分成熟度和结构成熟度均较低的特点。长石经轻蚀变作用，造成双晶不清。填隙物成分，原岩为粘土矿物杂基和硅质胶结物，变质重结晶使粘土矿物形成黑云母和绢云母鳞片，硅质成分形成隐晶或微晶石英，两者形成岩石的接触式胶结型和颗粒支撑结构。

变质中粒长石砂岩　岩石为灰色，变余中粒砂状结构，变余层状构造。碎屑成分：石英52%～53%、斜长石20%～22%、钾长石4%～5%、硅质岩屑3%～4%、板岩屑2%～3%、白云母小于1%；填隙物成分：绢云母10%～12%、粉砂级碎屑3%～4%；副矿物有电气石、锆石等。碎屑长石、石英和岩屑原生特征较清楚，粒径大小0.25～0.5mm占优势，少数0.1～0.2mm，可见分选性尚好，磨圆度较差，呈次棱角状和少数棱角状，反映岩石成分成熟度和结构成熟度均较低的特点。填隙物成分原粘土矿物已变质重结晶生成绢云母鳞片，并与粉砂级细小碎屑混合一起形成接触式胶结型和颗粒支撑结构。主要矿物平行定向排列，显示变余层理特征。

变质中细粒长石砂岩　岩石为灰色，变余中细粒砂状结构，变余层状构造。碎屑成分：石英50%～51%、斜长石16%～18%、钾长石10%～12%、硅质岩屑1%～2%、千枚岩屑1%左右、白云母小于1%；填隙物成分：绢云母7%～8%、黑云母3%～4%、粉砂级碎屑4%～5%；副矿物有电气石、锆石、磁铁矿等。碎屑中的石英和长石经变质重结晶作用，部分呈粒状，大部分仍残留次棱角状和棱角状特点，粒径大小不等，可分为细砂级0.1～0.2mm，约占碎屑总量的60%，其余为0.25～0.5mm中砂级，说明碎屑的分选性和磨圆度均较差，反映成分和结构成熟度低的特征。填隙物成分因变质作用，使原生粘土矿物杂基变晶形成绢云母、黑云母细小鳞片，并与粉砂级细小碎屑混合一起构成碎屑的接触式胶结型和颗粒支撑结构。主要矿物成分在原层理基础上仍平行定向分布，显示变余层状构造。

变质细粒长石砂岩　岩石为浅灰色，变余细粒结构，块状构造。碎屑成分：石英40%～45%，钾长石、斜长石40%～45%，泥板岩屑7%～8%，聚晶石英1%；填隙物成分：方解石36%、黄铁矿小于1%、铁白云石7%；副矿物有锆石、白钛石等。碎屑石英、长石呈粒状变晶，紧密靠拢，粒径0.06～0.1mm、0.1～0.15mm、0.15～0.25mm占主要，少部分为0.25～0.5mm级的，分选中等，部分呈次棱角状，较大颗粒石英、长石不均匀分布。自生矿物方解石为粉—细晶状，不均匀充填间隙，交代长石等矿物，粉晶状铁白云石交代方解石。压实缝合线发育，缝内为泥碳质物充填，并围绕碎屑作半定向—定向分布。裂隙宽0.43mm，内为次生方解石充填。

变质中细粒长石石英砂岩　岩石为灰色，变余中细粒砂状结构，块状构造。碎屑成分：石英56%～57%、斜长石8%～9%、钾长石3%～4%、硅质岩屑6%～8%、千枚岩屑1%～2%、石英岩屑1%～2%、安山岩屑1%、白云母小于1%；填隙物成分：绢云母4%～5%、黑云母8%～10%、隐晶石英4%～5%；副矿物有电气石、锆石等。岩石中的碎屑石英、长石和岩屑均受到变质重结晶作用，显示粒状变晶特点，原生形态大部分仍有残余，呈次棱角状，个别棱角状，粒径大小不等，大致可分为0.08～0.2细砂级，占碎屑总量的60%以上，其余为0.25～0.4mm中粒砂级，可见分选性和磨圆度皆较差，说明成分及结构成熟度具较低的特点。填隙物成分，原生粘土矿物杂基变质重结晶生成绢云母和黑云母鳞片，与硅质石英一起形成接触式胶结型和颗粒支撑结构。

变质细粒长石石英砂岩　岩石为浅灰色，变余细粒砂状结构，定向构造。残余碎屑成分：石英68%～69%、斜长石8%～10%、钾长石2%～3%、硅质岩屑大于3%；填隙物成分：黑云母10%、绢云母3%～4%、方解石1%～2%；副矿物有电气石、锆石、磁铁矿等。岩石中的碎屑石英、长石发生变质重结晶，使粒径细小的0.05～0.1mm粉砂级的石英全变晶成粒状，仅在0.15～0.25mm之间的碎屑稍显示次棱角状特点，粒径大小0.1～0.25mm细砂级占主要，少部分为0.05mm粉砂级，说明原岩的碎屑分选性和磨圆度皆较差。填隙物成分原为粘土矿物杂基，原粘土矿物变晶生成黑云母和少量绢云母等，黑云母晶片呈褐红色，平行定向排列，形成定向构造，原为接触式胶结型和颗粒支撑结构。定向构造是在原层理基础上延续发展的。

变质中细粒石英杂砂岩　岩石为灰色，变余中细粒砂状结构，平行构造。碎屑成分：石英

74%～75%、斜长石 2%～3%、钾长石 2%～3%、白云母小于 1%；填隙物成分：绢云母 18%～20%；副矿物有电气石、锆石等。岩石中的碎屑成分发生变质重结晶作用，但原次棱角状形态仍有残余，大部分呈变晶粒状，少数次棱角状，粒径大小可分为 0.15～0.25mm 细砂级，约占碎屑成分总量的 60%，其余为 0.3～0.4mm 中砂级，说明分选性不好，磨圆度也差。填隙物成分，原粘土矿物杂基，全部变晶形成绢云母鳞片，分布于石英碎屑之间，原岩为接触式胶结型和杂基支撑结构。由于应力作用，鳞片状矿物和碎屑矿物均显示定向排列，形成变形的平行构造。

变质细粒石英杂砂岩　岩石为灰色，变余细粒砂状结构，定向构造。碎屑成分：石英 62%～64%、斜长石 2%～3%、钾长石大于 1%、白云母小于 1%；填隙物成分：绢云母 15%～17%、黑云母 8%～9%、方解石 7%～8%；副矿物有电气石、锆石等。碎屑中的石英、长石发生变质重结晶作用，呈变晶粒状，粒径以 0.06～0.15mm 为主，少数为 0.03～0.05mm，原形态仍有残留，呈次棱角状，反映岩石碎屑的分选性和磨圆度较差，说明结构成熟度低的特点。填隙物成分，原岩为粘土矿物杂基，为接触式胶结和杂基支撑结构，经变质变晶作用，使粘土矿物生成绢云母和黑云母鳞片，平行定向排列，形成定向构造。

千枚状变质细粒石英杂砂岩　岩石为灰色，变余细粒砂状结构、显微鳞片变晶结构，千枚状构造。碎屑成分：石英 75%～76%、斜长石约为 3%、钾长石小于 1%；填隙物成分：黑云母 9%～10%、绢云母大于 10%；副矿物有电气石、锆石、磁铁矿等。岩石中的沉积碎屑成分石英、长石发生变质重结晶，呈变晶粒状，粒径 0.06～0.2mm，碎屑原形态基本消失，仅有个别残余次棱角状特点，说明分选性和磨圆度均不好。填隙物成分，原为粘土矿物杂基变晶形成黑云母和绢云母鳞片，平行定向排列，并聚集成页片相间定向分布，形成千枚状面理构造。

变质细粒含钙石英杂砂岩　岩石为浅灰色，变余细粒砂状结构，变余层状构造。碎屑成分：石英 67%～68%、斜长石 2%～3%、硅质岩屑 1%～2%、白云母小于 1%；填隙物成分：绢云母 8%～10%、方解石 16%～18%；副矿物有电气石、锆石等。岩石中碎屑矿物石英、长石经变晶呈粒状，粒径 0.15～0.25mm 占主要，少数达中粒级 0.3mm，碎屑仍残留次棱角状和少数棱角状形态，说明分选性和磨圆度皆较差，反映成分成熟度较高而结构成熟度低的特点。填隙物成分，原粘土矿物杂基已变晶形成绢云母鳞片和粉晶方解石，二者混合一起形成杂基，为接触式胶结和杂基支撑结构。主要矿物显示定向分布，为残余层状构造。

变质中细粒长石石英杂砂岩　岩石为灰色，变余中细粒砂状结构，定向构造。碎屑成分：石英 67%～68%、斜长石 6%～7%、钾长石大于 2%、硅质岩屑 1%～2%；填隙物成分：黑云母大于 10%、绢云母 6%～8%、方解石 4%～5%；副矿物有电气石、锆石等。碎屑矿物和填隙物成分均发生变质变晶作用，造成碎屑石英、长石形态不清楚，仅少数显示次棱角状，多数呈变晶粒状，粒径大小不等，可分为 0.1～0.15mm 细砂级，约占碎屑总量的 60%以上，其余部分为 0.25～0.3mm 中砂级，说明原碎屑分选性差，从残余碎屑形态看，原磨圆度也较差。填隙物成分，原粘土矿物已变晶形成黑云母、绢云母鳞片等，与方解石混合形成原岩中的杂基，构成接触式胶结，在原层理的基础上，平行排列，形成定向构造。

变质细粒长石石英杂砂岩　岩石为灰色，变余细粒砂状结构，定向构造。碎屑成分：石英 61%～62%、斜长石 8%～9%、钾长石小于 2%；填隙物成分：绢云母 16%～18%、黑云母 8%～9%；副矿物有电气石、锆石、磁铁矿等。碎屑石英、长石经变质重结晶呈变晶粒状，粒径以 0.06～0.2mm为主，少部分为 0.03～0.05mm，有少部分碎屑残余次棱角状特点，反映原碎屑分选性和磨圆度均不好，说明岩石的成分和结构成熟度都较低的特点。填隙物成分，原岩为粘土矿物杂基，经变质变晶作用，已全部生成绢云母和黑云母鳞片，原岩为接触式胶结型和杂基支撑结构。鳞片矿物平行定向排列，形成定向构造。

变质细粒钙质长石石英杂砂岩　岩石为浅灰色，变余细粒砂状结构，块状构造。碎屑成分：

石英48%~49%，钾长石(主)、斜长石(少)14%~16%，白云母大于1%，方解石3%~4%；填隙物成分：方解石25%~28%、绢云母3%~4%；副矿物主要有电气石等。碎屑成分经变质变晶作用，造成石英、长石呈变晶粒状，粒径0.07~0.15mm，原形态残余次圆状，说明原碎屑分选性和磨圆度相对较好，碎屑中的长石蚀变显混浊、多泥化。填隙物成分，方解石和少量粘土矿物经变质重结晶作用，使原微晶方解石杂基结晶加大，粘土矿物变晶形成绢云母鳞片，二者混合形成基底式胶结型和杂基支撑结构。

变质石英粉砂岩 岩石为灰色，变余粉砂状结构，平行构造。主要矿物：石英79%~81%；次要矿物：绢云母13%~15%、绿泥石1%~2%、碳质3%~4%；副矿物有电气石、锆石等。石英呈等轴变晶粒状，一部分仍残留原次棱角状特点，粒径0.02~0.04mm，分选性良好，磨圆度较差，说明成分成熟度高的特点。粘土矿物已变晶形成绢云母、绿泥石细小鳞片，平行定向排列，显示平行构造。

变质含钙石英粉砂岩 岩石为浅灰色，变余粉砂状结构，残余层状构造。主要矿物：石英62%~64%；次要矿物：方解石23%~24%、绢云母7%~8%、黑云母5%~7%；副矿物主要有电气石等。岩石经变质变晶作用，石英粉砂成分发生重结晶呈变晶粒状，粒径0.03~0.06mm，仅少数为0.1mm，原碎屑形态基本消失，仅个别残余次圆状特征，均匀分布。填隙物成分，原岩为微晶方解石和粘土矿物，现重结晶形成细晶方解石和绢云母、黑云母鳞片，将原粉砂石英"悬浮状"胶结一起。由于应力作用，造成主要矿物和原生层理方向排列一致。

千枚状变质石英粉砂岩 岩石为灰色，变余粉砂状结构、显微鳞片变晶结构，千枚状构造。主要矿物：石英60%~61%、斜长石3%~4%；次要矿物：绢云母28%~30%、黑云母2%~3%、绿泥石3%~4%；副矿物有电气石、磁铁矿等。岩石中的石英粉砂发生变质重结晶呈变晶粒状，粒径以0.03~0.05mm为主，少数为0.15~0.2mm，仅少部分残余次棱角状，均匀分布。填隙物成分，粘土矿物已变质变晶形成绢云母和少量黑云母雏晶及绿泥石。由于强应力作用，造成变晶石英和新生绢云母鳞片均匀平行定向排列，显示极薄的页片状聚集，形成千枚状构造。

千枚状变质长石石英粉砂岩 岩石为灰色，变余粉砂状结构、显微鳞片变晶结构，千枚状构造。主要矿物：石英66%~67%、斜长石7%~8%、钾长石4%~5%；次要矿物：黑云母10%~12%、绢云母8%~10%；副矿物有电气石、锆石等。岩石中的石英、长石碎屑发生变质变晶作用呈变晶粒状，粒径0.03~0.06mm占主要，为粉砂级，少数为0.07~0.15mm，个别为0.2mm，原碎屑形态仅残余次棱角状特征，较均匀分布，个别石英呈聚晶。填隙物成分，由于变质变晶作用，粘土矿物已全部生成黑云母、绢云母鳞片，因应力作用，平行定向排列，显示薄片聚集定向分布，形成千枚状构造。

变质钙质长石石英粉砂岩 岩石为浅灰色，变余粉砂状结构，变余层状构造。主要矿物：石英47%~48%、方解石30%~32%；次要矿物：绢云母3%~4%、黑云母3%~5%、斜长石8%~10%、钾长石2%~3%；副矿物有电气石、锆石、磁铁矿等。岩石中的石英粉砂和长石均受到变质重结晶作用，造成少部分碎屑呈变晶粒状，绝大部分仍残余棱角状的特点，粒径0.05~0.06mm占优势，少数为0.1mm，均匀分布。粉砂之间的方解石因重结晶呈细晶粒状，颗粒大小与粉砂相同，将粉砂"悬浮状"胶结一起。原粘土矿物杂基已变晶形成绢云母和黑云母鳞片，与残余层理排列一致，表现矿物定向分布的特征。

变质钙质粉砂岩 岩石为浅灰色，变余粉砂状结构，平行构造。碎屑成分：石英46%~50%、硅灰石小于1%、长石小于1%；填隙物成分：方解石35%~40%、绢云母8%~10%、铁质3%~5%。石英粉砂经变质变晶作用多数呈变晶粒状，粒径0.03~0.1mm，少部分仍残余次棱角状特征。原碎屑之间的填隙物成分为大量的微晶方解石和变质重结晶生成的绢云母鳞片及少许铁质成分，因受应力作用的影响，绢云母鳞片具平行定向排列，即形成平行构造。

2. 中基性变质岩—绿片岩类

该类岩石分布局限，出露零星，偶见于甜水海岩群和黄羊岭群部分地层中。其岩石类型及岩石学特征如下：

绿帘绿泥片岩　岩石为灰绿色，显微粒状鳞片变晶结构，片状构造。主要矿物：绿泥石32%～33%、绿帘石25%～26%；次要矿物：阳起石20%～22%、钠长石15%～17%、方解石4%～5%、黑云母小于1%；副矿物主要有磁铁矿等。岩石经受蚀变和变质变晶作用，造成原岩结构和矿物组合消失殆尽。斜长石发生蚀变分解形成钠长石细小晶体，粒径0.05～0.1mm。暗色矿物有绿泥石鳞片、呈极细小晶粒的绿帘石、纤维状阳起石和个别黑云母鳞片。由于应力作用，使阳起石、绿泥石和粒状矿物均明显平行定向排列，显示相间聚集的薄片状特征，相间分布，即形成片状构造。

钙质绿泥片岩　岩石为灰绿色，粒状鳞片变晶结构，显微片状构造。主要矿物：绿泥石49%～50%、方解石40%～45%；次要矿物：石英1%、铁泥质3%～5%；副矿物主要有磷灰石等。岩石经受轻微变质作用，使原生矿物发生变质重结晶作用，生成较多的细小绿泥石鳞片和重结晶的方解石细晶颗粒，粒径大小为0.1～0.15mm，二者混合一起平行定向排列，即形成显微片状构造。

绿泥钙质片岩　岩石为浅灰绿色，显微鳞片粒状变晶结构，片状构造。主要矿物：方解石56%～57%、绿泥石22%～25%；次要矿物：碳质成分4%～5%、钠长石10%～12%、白云母3%～4%；副矿物有电气石等。岩石经浅变质，使方解石重结晶呈等轴变晶粒状，粒径以0.3～0.6mm为主，少数达0.8mm，晶体洁净，显示波状消光和解理弯曲现象。在变质过程中还形成绿泥石、白云母等细小鳞片。在鳞片之间出现碳质质点和颗粒状钠长石，钠长石洁净，聚片双晶清楚。由于应力作用，造成鳞片矿物和碳质质点明显聚集一起，大致定向排列，即形成片状构造。

阳起石钠长片岩　岩石为灰绿色，显微柱粒状变晶结构，片状构造。主要矿物：钠长石69%～70%、阳起石18%～20%；次要矿物：绿帘石5%～6%、石英5%～7%。原岩结构不清，钠长石呈它形—半自形粒状，粒径0.03～0.05mm，晶体洁净，但双晶不发育，偶尔显示钠氏双晶，与石英嵌接一起，均匀分布。阳起石呈纤状或纤维状细柱状晶体，浅绿色，于岩石中显示条带状聚集的特点，大致相间平行分布。绿帘石呈集合体出现于岩石中。

3. 变质碳酸盐岩

该类岩石分布局限，仅在肖尔克谷地岩组和黄羊岭群地层中有少量分布。其岩石类型及岩石学特征如下：

含白云质大理岩　岩石为灰白色，中晶变晶结构，块状构造。主要矿物：方解石77%～80%；次要矿物：白云石20%～23%。岩石经受变质变晶作用，使方解石发生变质重结晶加大现象，造成晶体增大，自形程度增高，多呈半自形—自形晶体，边缘仍为曲线接触，粒径大小为0.3～0.4mm，大致定向分布。白云石呈细晶粒状，粒径0.1～0.12mm，呈条带状聚集，大致相间排列，一般在方解石粒间出现，应为白云石化作用形成，但交代方解石晶体不明显。

粗晶大理岩　岩石为灰白色，中、粗晶变晶结构，块状构造。主要矿物：方解石97%左右；次要矿物：石英8%～10%。岩石经变质变晶作用，使方解石重结晶，晶体显示明显增大而较自形，粒径大小可分为0.3～0.5mm中晶级和0.6～0.8mm粗晶级两种，粒级含量相近，晶体之间大部分呈折线状紧密接触，少部分呈曲线状接触。在方解石之间偶尔夹有自生石英颗粒。

细晶大理岩　岩石为灰白色，细晶变晶结构，块状构造。主要矿物：方解石90%左右；次要矿物：石英8%～10%。岩石经变质重结晶作用，方解石晶体结晶程度较好，呈半自形—自形细晶粒状，粒径0.05～0.1mm，少数为0.6～1mm，较均匀分布，形成块状构造。在基底中不均匀分布有石英变晶颗粒，粒径大小为0.06～0.12mm。由于应力作用，少数方解石粗大变斑晶颗粒（粒径大小在 0.6～1mm 之间）明显出现变形解理弯曲和波状消光等现象。

大理岩化灰岩 岩石为灰色，残余细晶结构及粗晶变晶结构，块状构造。主要矿物：方解石 97%左右；次要矿物：石英 2%～3%。岩石经变质变晶作用，造成约 50%的原生方解石发生变质重结晶加大现象，晶体粒径大小为 0.6～1.5mm，为粗晶级；残余部分为它形细晶粒状，粒径 0.1～0.2mm，分布不均匀，呈团堆状残留在岩石中。粗晶方解石洁净，晶体之间呈曲线状紧密嵌接。石英呈变晶粒状，不均匀分布于岩石中。

（二）原岩恢复及建造特征

1. 片岩类

片岩类岩石类型简单，主要有黑云石英片岩和二云石英片岩。根据野外产出特征，岩石残余层状构造，显微镜下岩石中残余有碎屑成分，从矿物共生组合及结构平衡关系分析，其原岩为沉积碎屑岩类石英砂岩。石英砂岩形成于稳定的水流环境，原岩建造为沉积碎屑岩建造。

2. 千枚岩类

千枚岩类岩石类型主要有绢云石英千枚岩和云母石英千枚岩，石英绢云千枚岩和石英云母千枚岩，绢云千枚岩和绿泥千枚岩 3 种类型。根据野外产出特征，岩石中残余层理构造、纹层构造，显微镜下岩石中残余部分碎屑以及矿物共生组合、结构平衡关系等特点来分析：绢云石英千枚岩和云母石英千枚岩类原岩性质为沉积泥质粉砂岩；石英绢云千枚岩和石英云母千枚岩类原岩性质为粉砂质粘土岩，岩石形成于水动力条件较弱而稳定、沉积速度缓慢的条件下，原岩建造为泥质碎屑岩建造；绢云千枚岩和绿泥千枚岩类原岩性质为粘土岩类，岩石形成于没有粗物质的缓慢沉积环境中，为泥质岩建造。至于硬绿泥石在各类千枚岩中的形成，是由于岩石中 FeO 含量较高，岩石处于弱氧化环境中。

3. 板岩类

板岩类岩石类型主要有砂质绢云板岩、粉砂质绢云板岩和粉砂质泥板岩，绢云粉砂质板岩和硅质板岩，绢云板岩和泥质板岩 3 类。根据野外产出特征，岩石残余有层状、纹层状构造特征，变余砂状、粉砂状结构，显微镜下岩石具残余有砂屑、粉砂屑，以及次棱角状、棱角状结构的特点，结合矿物共生组合及结构平衡关系分析：砂质绢云板岩、粉砂质绢云板岩和粉砂质泥板岩原岩性质分别为砂质粘土岩和粉砂质粘土岩；绢云粉砂质板岩和硅质板岩原岩为泥质粉砂岩，岩石形成于水流缓慢的沉积环境中，原岩为砂质、粉砂质泥岩建造；绢云板岩和泥质板岩原岩为粘土岩，岩石形成于没有粗物质的缓慢沉积环境中，为泥岩建造。

4. 绿片岩类

绿片岩岩石类型主要有绿帘绿泥片岩和阳起钠长片岩，绿泥钙质片岩和钙质绿泥片岩。该类岩石原岩结构构造和矿物组合消失殆尽，但显微镜下岩石仍残余个别较大钠长石晶体，晶体粒径一般在 0.3～0.4mm 之间，原生可能为斑晶，并且根据蚀变矿物类型等分析：绿帘绿泥片岩和阳起钠长片岩原岩性质为中基性熔岩类；绿泥钙质片岩和钙质绿泥片岩原岩性质为中基性岩类，总体为火山岩建造。

5. 大理岩类

大理岩类岩石类型主要有含白云质大理岩和大理岩两类。根据野外产出特征，该类岩石层状构造明显，矿物成分和结构构造均显示其沉积特征，其原岩性质分析：含白云质大理岩原岩为含白云质灰岩；大理岩原岩为纯灰岩，为碳酸盐岩建造。

二、变质带、变质相系和变质作用特征

（一）变质矿物共生组合

图区各类变质岩矿物组合比较简单，可分为副变质沉积岩和正变质火山岩两类，其变质岩典型岩石同世代矿物共生组合特征如下：

1. 泥质—长英质变质岩—片岩类

黑云石英片岩：黑云母＋白云母＋方解石＋石英
二云石英片岩：黑云母＋白云母＋石英

2. 泥质—长英质变质岩—千枚岩类

云母石英千枚岩：黑云母＋绢云母＋绿泥石＋方解石＋石英
石英云母千枚岩：绢云母＋黑云母＋石英
绢云石英千枚岩：绢云母＋黑云母＋石英
石英绢云千枚岩：绢云母＋黑云母＋绿泥石＋石英
钙质绢云千枚岩：绢云母＋黑云母＋方解石＋石英
石英绿泥绢云千枚岩：绢云母＋绿泥石＋黑云母＋石英
硬绿泥石石英千枚岩：硬绿泥石＋绢云母＋绿泥石＋石英
石英硬绿泥石千枚岩：硬绿泥石＋绢云母＋白云石＋石英
硬绿泥石千枚岩：硬绿泥石＋绢云母＋石英
含碳绢云石英千枚岩：绢云母＋绿泥石＋石英
白云质绿泥绢云千枚岩：绢云母＋绿泥石＋白云石＋石英

3. 泥质—长英质变质岩—板岩类

砂质绢云板岩：绢云母＋绿泥石＋石英
粉砂质绢云板岩：绢云母＋绿泥石＋石英
含钙绢云粉砂板岩：绢云母＋绿泥石＋方解石＋石英
含粉砂钙质绢云板岩：绢云母＋方解石＋石英
绢云粉砂质板岩：绢云母＋绿泥石＋白云石＋石英
绢云石英板岩：绢云母＋绿泥石＋石英
钙质绿泥板岩：绿泥石＋方解石＋石英
强硅化绿泥板岩：绿泥石＋绢云母＋石英
绢云板岩：绢云母＋绿泥石＋石英
泥质板岩：绢云母＋绿泥石＋石英
硅质板岩：绢云母＋方解石＋石英

4. 变质中基性岩—绿片岩类

绿帘绿泥片岩：绿帘石＋绿泥石＋阳起石＋方解石＋钠长石
阳起钠长片岩：阳起石＋绿帘石＋钠长石

绿泥钙质片岩：绿泥石＋方解石＋钠长石

钙质绿泥片岩：绿泥石＋方解石＋石英

（二）变质带、变质相系划分

1. 变质带划分

图区区域变质岩由不同变质地层单位中不同岩石类型组成，依据不同变质岩石发育的不同构造环境、埋深环境，隶属区域低温动力变质作用的环境中，各自形成了具有代表性的特征变质矿物和矿物组合面貌。图区变质岩均属于低绿片岩相变质，依据其变质矿物组合可划分为绢云母和黑云母两个变质带。其中黑云母带主要分布在长城系甜水海岩群、青白口系肖尔克谷地岩组、二叠系黄羊岭群下—中组及三叠系巴颜喀拉山群地层中，绢云母带则分布在其余的浅变质地层中。现将各类变质地层，根据主要变质岩石、特征矿物及矿物组合，变质带划分如图 5－1 所示。

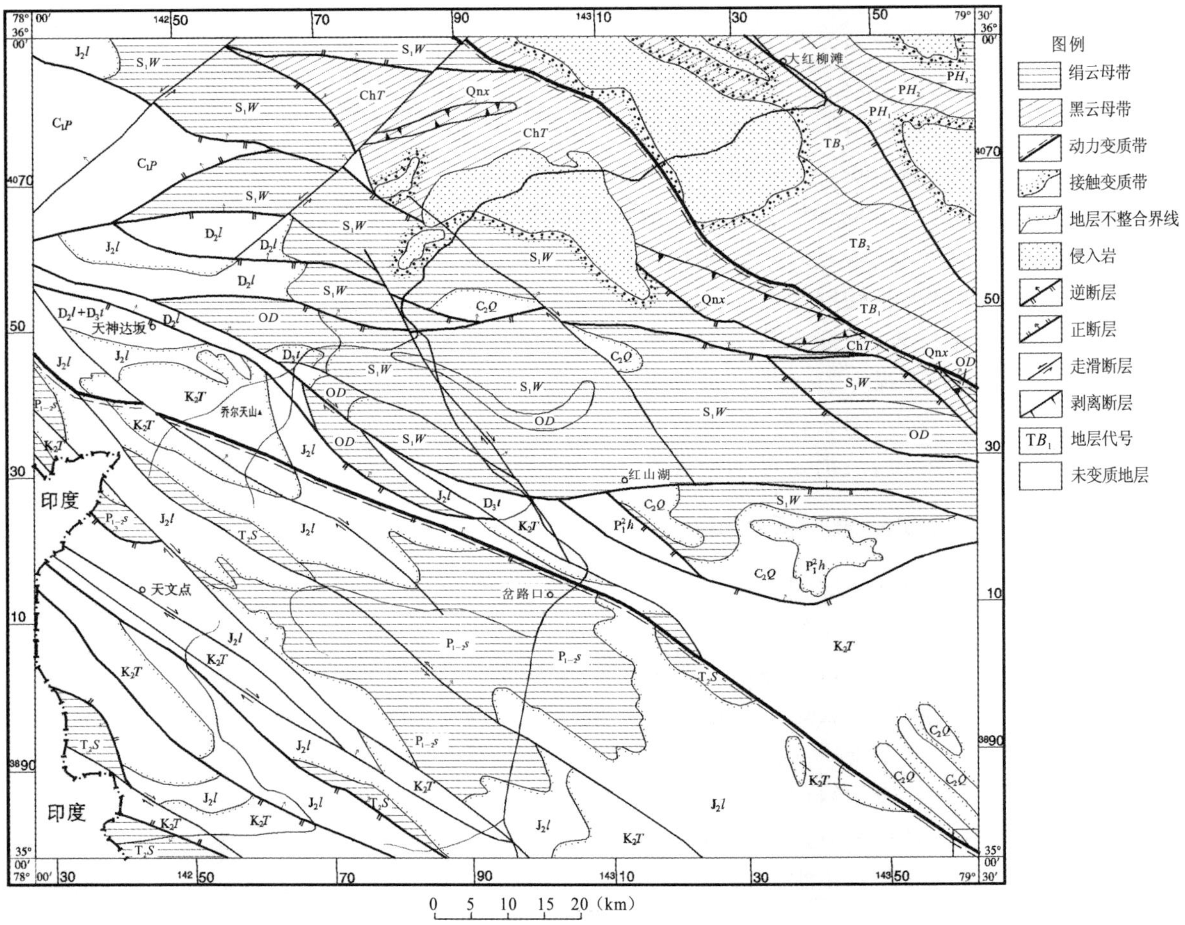

图 5－1　岔路口幅变质相带图

2. 变质相系划分

依据变质作用类型和区域变质岩石各类岩石类型的同世代变质矿物共生组合特征，将图区区域变质岩划归低绿片岩相，其变质相系划分如表 5－1 所示。

表 5-1　典型变质岩变质矿物组合及变质相系列表

<table>
<tr><th>变质岩类</th><th>典型岩石</th><th>同世代变质矿物共生组合</th><th>变质带</th><th colspan="2">变质相系</th></tr>
<tr><td rowspan="24">泥质—长英质变质岩</td><td>黑云石英片岩</td><td>黑云母＋白云母＋方解石＋石英</td><td rowspan="8">黑云母带</td><td rowspan="28">低压及中压相系</td><td rowspan="28">低绿片岩相</td></tr>
<tr><td>二云石英片岩</td><td>黑云母＋白云母＋石英</td></tr>
<tr><td>云母石英千枚岩</td><td>黑云母＋绢云母＋绿泥石＋方解石＋石英</td></tr>
<tr><td>石英云母千枚岩</td><td>绢云母＋黑云母＋石英</td></tr>
<tr><td>绢云石英千枚岩</td><td>绢云母＋黑云母＋石英</td></tr>
<tr><td>石英绢云千枚岩</td><td>绢云母＋黑云母＋绿泥石＋石英</td></tr>
<tr><td>钙质绢云千枚岩</td><td>绢云母＋黑云母＋方解石＋石英</td></tr>
<tr><td>石英绿泥绢云千枚岩</td><td>绢云母＋绿泥石＋黑云母＋石英</td></tr>
<tr><td>硬绿泥石石英千枚岩</td><td>硬绿泥石＋绢云母＋绿泥石＋石英</td><td rowspan="16">绢云母带</td></tr>
<tr><td>石英硬绿泥千枚岩</td><td>硬绿泥石＋绢云母＋白云石＋石英</td></tr>
<tr><td>硬绿泥千枚岩</td><td>硬绿泥石＋绢云母＋石英</td></tr>
<tr><td>含碳绢云石英千枚岩</td><td>绢云母＋绿泥石＋石英</td></tr>
<tr><td>白云质绿泥绢云千枚岩</td><td>绢云母＋绿泥石＋白云石＋石英</td></tr>
<tr><td>砂质绢云板岩</td><td>绢云母＋绿泥石＋石英</td></tr>
<tr><td>粉砂质绢云板岩</td><td>绢云母＋绿泥石＋石英</td></tr>
<tr><td>含钙绢云粉砂质板岩</td><td>绢云母＋绿泥石＋方解石＋石英</td></tr>
<tr><td>含粉砂钙质绢云板岩</td><td>绢云母＋方解石＋石英</td></tr>
<tr><td>绢云粉砂质板岩</td><td>绢云母＋绿泥石＋白云石＋石英</td></tr>
<tr><td>绢云石英板岩</td><td>绢云母＋绿泥石＋石英</td></tr>
<tr><td>钙质绿泥板岩</td><td>绿泥石＋方解石＋石英</td></tr>
<tr><td>强硅化绿泥板岩</td><td>绿泥石＋绢云母＋石英</td></tr>
<tr><td>绢云板岩</td><td>绢云母＋绿泥石＋石英</td></tr>
<tr><td>泥质板岩</td><td>绢云母＋绿泥石＋石英</td></tr>
<tr><td>硅质板岩</td><td>绢云母＋方解石＋石英</td></tr>
<tr><td rowspan="4">变质中基性岩</td><td>绿帘绿泥片岩</td><td>绿帘石＋绿泥石＋阳起石＋方解石＋钠长石</td><td rowspan="4">绿泥石带</td></tr>
<tr><td>阳起钠长片岩</td><td>阳起石＋绿帘石＋钠长石</td></tr>
<tr><td>绿泥钙质片岩</td><td>绿泥石＋方解石＋钠长石</td></tr>
<tr><td>钙质绿泥片岩</td><td>绿泥石＋方解石＋石英</td></tr>
</table>

（三）变质作用特征

图区大红柳滩地层分区、甜水海地层分区及神仙湾地层分区出露的变质地层，根据不同时代、不同构造层次以及变质变形的差异，可划分两个不同时代的构造层次，即中—上元古界过渡性基底和奥陶纪—三叠纪变质地层。现将不同构造层次变质地层的变质作用特征分述如下。

1. 过渡性基底——甜水海岩群、肖尔克谷地岩组

图区出露的过渡性基底变质地层主要属甜水海地层分区的甜水海岩群和肖尔克谷地岩组，前者面积较大，后者面积较小。其变质地层位置处于构造强变形带围限带内，因而动力变质作用较强烈，且经常叠加在区域变质之上。根据显微镜下岩石矿物共生组合及交代残留关系，结合区域资料分析，将过渡性基底变质作用大致分为两期，即第一期主期低绿片岩相变质作用和第二期区域低温

动力变质作用。

1)第一期主期低绿片岩相区域变质作用

该期变质作用发生于晋宁期,变质程度较低,仅达低绿片岩相,使甜水海岩群和肖尔克谷地岩组原沉积碎屑岩、粘土质岩和碳酸盐岩等发生低绿片岩相变质。该期区域变质作用为过渡性基底变质地层主期变质作用。岩石矿物共生组合主要有:黑云母+白云母+方解石+石英;黑云母+绢云母+石英;绢云母+黑云母+绿泥石+石英;绢云母+绿泥石+石英等。根据岩石矿物共生组合和结构平衡关系,结合区域资料综合分析,初步确定其变质作用温度为350～500℃,压力为0.2～1.0GPa。

2)第二期区域低温动力变质作用

该期变质作用发生于印支期,变质作用达低绿片岩相,叠加在第一期变质作用之上。根据矿物共生组合和结构平衡关系,结合区域资料综合分析,初步确定其变质作用温度为350～500℃,压力为0.2～1.0GPa。

2. 奥陶纪—三叠纪变质地层

图区出露奥陶纪—三叠纪变质地层主要有甜水海及神仙湾地层分区出露的冬瓜山群、温泉沟群、落石沟组、天神达坂组、帕斯群、恰提尔群、红山湖组、神仙湾组、上河尾滩组,大红柳滩地层分区出露的黄羊岭群、巴颜喀拉山群等。上述地层绝大部分经受轻微变质,少部分地层发生浅变质。

根据区域资料综合分析,图区奥陶纪—三叠纪变质地层仅经受了一期变质作用,该期变质作用发生于印支碰撞造山期之后,变质达低绿片岩相。其中黄羊岭群、巴颜喀拉山群变质程度相对较深,为黑云母带。

变质地层中泥质—长英质变质岩矿物共生组合主要有:绢云母+黑云母+石英;绢云母+绿泥石+黑云母+石英;硬绿泥石+绢云母+石英;绢云母+绿泥石+石英;绿泥石+绢云母+石英等,包括绢云母带和黑云母带。

变质中基性岩矿物共生组合主要有:绿帘石+绿泥石+阳起石+方解石+钠长石;阳起石+绿帘石+钠长石;绿泥石+方解石+钠长石等,为绿泥石带。

根据矿物共生组合,结构平衡关系,结合区域资料综合分析,其变质作用温压条件初步确定为温度350～500℃,压力为0.2～1.0GPa。

第二节　动力变质岩

图区动力变质岩比较发育,主要分布在大红柳滩-郭扎错断裂带、乔尔天山-岔路口断裂带和各类断层带中。依据岩石类型可划分为碎裂岩系列和糜棱岩系列。兹将其岩石类型及动力变质作用特征列述如下。

一、岩石类型及岩石学特征

(一)碎裂岩系列

碎裂岩系列包括碎裂岩化岩石、碎裂岩和断层角砾岩等,主要分布在脆性断裂带中。其岩石学特征表现为岩石普遍遭受动力挤压、破碎、裂开,使原岩中的主要矿物遭受强烈的破碎和脆性破裂,致使岩石和矿物破碎成大小不等的碎块或碎粒。显微镜下常见有长石、云母、角闪石等矿物双晶弯曲、折断、石英波状消光和平行C轴消光带等现象。其主要岩石类型及岩石学特征如下。

1. 碎裂化岩石类

碎裂化灰质白云岩　岩石为灰白色，碎裂结构，块状构造。主要矿物：白云石 69%～70%、方解石 25%～26%、石英 3%～5%、白云母 1%左右。白云石呈粉—细晶状不规则状接触，粒径 0.06～0.25mm，较均匀分布；方解石呈不规则细中晶状，不均匀分布，且交代白云石，在方解石晶体内见有白云石残余；粒状石英大小为 0.1～0.25mm，少数为 0.25～0.3mm，分布于白云石间隙中，并见新生的白云母出现，具有半定向或定向分布。岩石经构造挤压破碎，白云石被挤压破裂，沿裂隙杂乱充填方解石。

碎裂化中粒黑云二长花岗岩　岩石为浅灰色，中粒花岗结构，块状构造。主要矿物：钾长石 45%～46%、石英 25%～28%、斜长石 23%～25%；次要矿物：黑云母约为 3%；副矿物主要有锆石、磷灰石等，其次有绿泥石、绢云母、绿帘石等。岩石中主要矿物粒径 2～3mm，为中粒级，各矿物之间相互杂乱穿插紧密接触，即形成块状构造。钾长石呈自形—它形粒状、柱状，晶体较洁净，具清晰的条纹结构和格子状双晶，系微斜长石和微斜条纹长石；斜长石呈自形—半自形柱状，晶体混浊，隐约显示钠长石律双晶；石英呈它形粒状，干净，呈聚晶出现；黑云母呈半自形片状，具轻绿泥石化；斜长石绢云母化，造成晶体混浊，双晶不清。岩石显示构造动力破裂特征，由于动力作用产生裂隙，沿裂隙充填细小石英，可见斜长石双晶发生弯曲等现象。

2. 碎裂岩类

粉晶生屑灰岩质碎裂岩　岩石为深灰色，残余生屑结构、碎裂结构，块状构造。主要矿物：方解石 60%，棘屑、腕足 30%；次要矿物：砂屑 6%，石英、长石、自生石英 5%，白云石小于 1%。岩石遭受强烈挤压，仅残存少数粒屑组分，可见棘屑、腕足和泥晶灰岩砂屑，这些组分全为方解石所组成，多已发生变形、裂开、重结晶、波状消光等。其结构特征多数仍可辨认，部分原始结构消失。自生石英和碎屑状石英、长石不均匀分布，且自生石英明显交代粒屑组分。基质重结晶呈微—粉晶方解石，少数与粒屑界线模糊，次生方解石呈团块状、脉状产出，含量约 2%。

微晶生屑灰岩质碎裂岩　岩石为灰色，残余微晶生屑结构、碎裂结构，块状构造。粒屑 66%，基质 30%～32%。岩石中棘屑、腕足、有孔虫含量达 50%，砂屑 6%，石英小于 10%，白云石小于 1%。在成岩晚期阶段，岩石遭受挤压，其大量粒屑及生屑等发生挤压破碎、裂开和变形。显微镜下见棘屑、腕足、有孔虫碎片不均匀分布，特别是棘屑破坏严重，砂屑变形。部分结构形态不清，破坏消失，成分为方解石，石英大小为 0.1～0.3mm，不均匀散布。基质为微晶方解石，大小为 0.01～0.03mm，具重结晶现象。

3. 断层角砾岩

白云岩质断层角砾岩　岩石为灰白色，微晶结构、压碎角砾状结构，角砾状构造。角砾成分：微晶白云岩 75%。其主要矿物：白云石 98%；次要矿物：石英、长石 2%，方解石小于 1%，黄铁矿微量；填隙物：与角砾成分相同的碎屑 25%。岩石为微晶白云岩，白云石晶粒大小为 0.01～0.03mm，呈微晶粒状接触。由于强烈的挤压破碎作用影响，岩石明显被破碎成 2～5mm、5～10mm、10～20mm 大小不等的角砾，呈不规则状团块或集合体。这些角砾间为破碎重结晶的粉—细晶白云石及中晶状白云石脉体，将其角砾充填分割，局部见方解石沿裂隙或破裂缝充填贯入。

强钠化白云岩质断层角砾岩　岩石为浅灰色，交代残余结构，角砾状构造。主要矿物：钠长石、石英不少于 70%；次要矿物：白云石 28%～30%。岩石角砾成分为白云岩和钠长岩，可见大小为 2～5mm 及 10mm 左右的细晶钠长石、粉晶白云石集合体和较粗大的钠长石集晶体，即岩块或角砾。少数大于 2mm 的粗大的白云石晶体和脉体被钠长石交代，这些组分呈不规则状杂乱分布，总含量30%～35%。基质为干净明亮、大小为0.2～1.5mm的板柱状钠长石、石英和粉晶白云石，钠长石交代白云石；少数小于2mm的细晶钠长石化白云岩、粉晶白云岩、钠长石颗粒和极粗晶白云石颗粒，含量占8%。从而推断原岩为钠长石化白云岩，后经挤压破碎，使钠长石、白云石晶体裂开，产生波状消光以及岩石被挤压而发生破裂等现象。

复成分断层角砾岩　岩石为暗灰色，角砾状结构，块状构造。角砾成分：安山岩屑20%、玄武岩屑10%、侵入岩岩屑3%～4%、石英岩屑5%～6%、灰岩岩屑8%～10%、硅质泥岩屑大于3%、硅质岩屑2%～3%、泥岩岩屑3%～4%；填隙物成分：石英小于15%、方解石8%～10%、斜长石小于1%、与角砾成分相同的细小岩屑20%。岩石中角砾成分复杂，砾石大小2～4mm，分选中等，而磨圆度差。多数呈次棱角状，部分棱角状或不规则状均有。岩屑内部结构大多数都较清楚。角砾之间被石英、方解石和与角砾成分相同的细小岩屑（粒径以0.2～0.6mm为主，少许1～1.5mm）充填。

（二）糜棱岩系列

图区糜棱岩系列岩石主要分布在大红柳滩-郭扎错断裂带以及不同地质体的边界断裂中，根据岩石类型和糜棱岩特征可划分为3类，即糜棱岩化岩石类、初糜棱岩化岩石类和糜棱岩类。现将各岩石类型及其岩石学特征列述如下。

1. 糜棱岩化岩石类

糜棱岩化粉—细晶灰岩　岩石为深灰色，糜棱结构，平行构造。主要矿物：方解石99%；次要矿物：白云石1%。岩石因受强烈的挤压或糜棱岩化作用，大量方解石破碎重结晶呈粉—细晶粒状，近一个方向排列（图版Ⅳ-3）。留下来的较大的方解石晶体，破碎、裂开、压扁拉长、解理弯曲、边缘粒化等现象显著，大小为1.5～0.5mm及3mm左右，也呈近一个方向展布。岩石中含棘皮类生屑10%。细晶白云石零星可见，且交代粗大方解石。

2. 初糜棱岩化岩石类

初糜棱岩化粉砂质细晶白云岩　岩石为灰白色，初糜棱结构，条带状构造。主要矿物：白云石不少于56%、石英25%～27%；次要矿物：方解石5%、黄铁矿4%、绿泥石5%～7%、绿帘石1%、白云母小于1%，重晶石小于1%。岩石强烈挤压、揉皱、重结晶等作用显著，原岩组构发生明显变化。大量白云石被挤压、重结晶，多为极细晶粒状，呈近一个方向不均匀分布。见有少量大小为0.2～0.3mm的细—中晶白云石残余，1～1.5mm次生白云石不均匀散布，这些白云石颗粒也明显具压碎和重结晶、波状消光、解理弯曲等现象。石英颗粒大小多为0.03～0.06mm，少数为0.06～0.15mm，呈不规则粒状相互嵌布，不均匀分布于白云石之间。因强烈变质，见新生绿泥石集合体，宽约0.5～1.5mm，呈条带状平行产出，其内又见少许粒状绿帘石晶出。黄铁矿不均匀散布，同样具破碎现象。方解石呈它形晶，不均匀交代白云石和石英颗粒。偶见重晶石生成。

3. 糜棱岩岩石类

钙质糜棱岩　岩石为深灰色，糜棱结构，眼球状纹理构造。主要矿物：细小方解石82%～84%；次要矿物：残碎斑晶（方解石单晶或集合体）16%～18%。岩石经受强烈的韧性挤压破碎，造成矿物成分被粉碎成十分细小的碎粒状和粉状，被粉碎的成分为方解石，粒径大小为0.001～0.01mm。由于韧性剪切作用，被粒化的碎粉成分具明显的平行定向排列，形成纹理构造、似流纹构造。另外，在碾碎成碎粉状的基底中，还出现一些呈眼球状的残碎斑晶，有方解石单晶和集合体，眼球大小0.6～1.5mm，个别2～3mm，残碎斑晶方解石解理折断、弯曲、边缘粒化和波状消光等现象都十分明显。

千枚状含碳角闪斜长质糜棱岩 岩石为灰绿色，斑状变晶结构、糜棱结构，千枚状构造。主要矿物：角闪石30%、斜长石不少于45%、碳质物10%～15%；次要矿物：方解石3%，石英2%～3%，黑云母2%，白云母小于1%，榍石、绿帘石小于1%（图版Ⅳ-4）。岩石中变斑晶矿物主要有角闪石，粒径大小为1～5mm及1～0.75mm，不均匀分布，偶见榍石、绿帘石，颗粒大小为0.5～1mm。因强烈的糜棱岩化作用，这些变斑晶矿物角闪石发生破裂和波状消光，并呈不规则透镜状、鱼状，且具雁行状排列分布，含量约占岩石矿物总量的30%。基质为斜长石和碳质物，大量斜长石被破碎成微粒状，粒径0.01～0.1mm，彼此嵌连，偶见个别较大的斜长石，粒径在0.3～0.5mm，呈近一个方向分布。就在这些斜长石和碳质物中见有新生的黑云母。由于这些被碾细的长石等矿物彼此嵌连，从而围绕变斑晶角闪石定向分布，构成密集的条纹，形成千枚状构造。次生石英、方解石沿其裂缝充填交代岩石。

二、动力变质作用

（一）碎裂岩系列

动力变质作用发生于浅表层次，在脆性剪切拉张、挤压等应力变形作用下，岩石发生脆性破裂，包括未固结型断层角砾、断层泥和固结型碎裂岩类、断层角砾岩等。部分发生碎粒化、强片理化、强劈理化，形成碎裂岩系列构造岩石。

（二）糜棱岩系列

1. 糜棱岩化岩石和初糜棱岩化岩石

动力变质作用主要发生在中浅构造层次，是在韧性剪切作用下，岩石发生强变形，变形机制以碎粒化和产生波状消光、消光带为特征，形成糜棱岩化岩石和初糜棱岩化岩石系列。

2. 糜棱岩

动力变质作用主要发生于中深构造层次，是在强烈韧性剪切挤压和强应力作用下，岩石变形机制以固态塑性流变为特征，形成糜棱岩岩石系列。

第三节 接触变质岩

图区接触变质岩分布局限，主要分布在俘虏沟侏罗纪侵入岩体外接触带内，一般分布范围较小。其岩石类型主要是围岩为泥质岩石接触变质形成的变质斑点状石英粉砂岩、红柱石英绢云千枚岩和含碳红柱云母千枚岩等，其岩石学特征如下。

变质斑点状石英粉砂岩 岩石为浅灰色，变余粉砂状结构，斑点状构造。主要矿物：石英74%左右；次要矿物：黑云母8%～10%、绢云母15%～17%；副矿物有锆石、磁铁矿等。岩石从特征上看，是经过热接触变质作用后形成的矿物和结构构造特点。原岩中的石英粉砂发生变质重结晶，呈等轴变晶粒状，紧密嵌接，粒径大小为0.02～0.05mm，仍显示次棱角状特点，均匀分布，形成块状构造。热接触变质过程中，形成鳞片状褐红色黑云母和少量绢云母，杂乱分布。在接触变质作用过程中，还使变晶生成的绢云母鳞片又发生分异聚集，形成大小不等的斑点，大小为0.5～0.6mm，均匀分布于岩石中。

红柱石英绢云千枚岩　岩石为深灰色，斑状变晶结构、基质显微鳞片粒状变晶结构，千枚状构造、斑点状构造。变斑晶成分：红柱石5%～6%、磁铁矿约为1%；基质成分：石英35%～38%、绢云母50%左右、黑云母6%～8%。岩石经受变质作用，使原岩中的石英和粘土矿物发生变质重结晶，造成石英呈等轴变晶粒状，颗粒大小为0.03～0.05mm。变质新生的绢云母鳞片和黑云母鳞片与粒状石英混合一起，平行定向排列，形成千枚状构造。在变质过程中，同构造期形成红柱石变斑晶矿物，粒径大小为1.5～3mm，结晶程度差，为初晶形态，晶体中石英包体均匀分布，形成筛状变晶结构。岩石受热接触变质，具有斑点状构造，斑点即由绢云母鳞片聚集形成，大小为1～1.5mm，大致呈椭圆形，均匀分布于岩石中。

含碳红柱云母千枚岩　岩石为灰色，斑状变晶结构、基质显微鳞片变晶结构，千枚状构造。主要矿物：绢云母36%～37%、石英23%～25%；次要矿物：红柱石8%～10%、黑云母16%～18%、绿泥石1%～2%、碳质成分10%～12%、十字石1%～2%、金属矿物小于1%。岩石经变质作用，使粉砂质粘土矿物发生明显的变质重结晶，生成较多的绢云母、黑云母及绿泥石等鳞片矿物，原石英粉砂变晶呈等轴粒状，大小为0.03～0.05mm，不均匀分布。在同构造期变质形成红柱石变斑晶，大小为1.5～3mm，呈半自形柱状，晶体推开微片理或显示旋转。由于应力作用，造成鳞片矿物相间聚集平行排列，形成千枚状构造。在构造期后，又变质形成十字石雏晶，已形成晶体轮廓，晶内包体甚多，有碳质、云母等，残缕方向与围岩矿物排列一致，晶体延伸方向与微片理斜交，呈不整合关系，说明为构造期后形成。

第六章 构 造

调查区位于青藏高原西北缘，中央造山带西部的西昆仑造山带，东北部属塔里木盆地南缘。跨塔里木陆块、昆仑造山带、巴颜喀拉晚古生代—中生代边缘裂陷带、甜水海-北羌塘微陆块四大构造单元。总的构造线方向呈北西—南东向展布(图6-1)。

图区内经历了多期的构造演化历史，中元古界—中生界地层发育较为齐全，以沉积岩岩石类型为主体，少量火山岩及变质岩岩石类型。岩浆活动时间较短，岩石类型简单，主要为二长花岗岩，中、新生代仍有较强烈的火山喷发和浅成侵入。构造具多层次、多阶段、多类型的特点，常以区域性断裂构成地质构造单元的边界。

第一节 地球物理特征

青藏高原特殊的地壳结构和力学性质表现在以下几个方面。地球物理资料表明，青藏高原的地壳厚度可达50～70km，远比其他地区地壳厚度大得多，但其地幔岩石圈较薄，因此厚壳薄幔是青藏高原岩石圈的总体特征。其另一个显著的特征是，岩石圈的力学性质(热状态)不同，天然地震资料显示，青藏高原存在3种不同类型的岩石圈：帕米尔型冷岩石圈、念青唐古拉型中间岩石圈以及羌塘型热岩石圈。

与深部结构相关的另一个特征是：地球物理资料显示，印度板块向高原之下俯冲的范围不超过雅鲁藏布江缝合带，也不存在塔里木板块向昆仑山的俯冲。

一、区域布格重力场特征

调查区及邻区区域布格重力异常总体是北高南低、排列有规律性。在北部为相对高的重力异常，呈椭圆形、圆形，相对疏松，幅度值-280×10^{-5}～$-300\times10^{-5}m/s^2$。反映古隆起带特征，表明基底岩石埋深较浅，大致与铁克里克断隆有关。

从北向南在重力异常图上分布有两条布格重力异常等值线密集带——重力梯级带，走向为近东西—北西向。康西瓦幅边界重力梯级带，异常值-280×10^{-5}～$-330\times10^{-5}m/s^2$，走向东西向，与柯岗断裂带基本一致；南部昆仑山一线重力梯级带重力等值线密集，变化幅度大，从$-300\times10^{-5}m/s^2$急剧降为$-400\times10^{-5}m/s^2$，走向为近北西向展布。位于昆仑山主峰北侧的重力异常陡变带恰好是本次区调新发现的蒙古包-普守早古生代蛇绿构造混杂岩带，位于昆仑造山带与巴颜喀拉边缘裂陷盆地的康西瓦-苏巴什蛇绿构造混杂岩带恰好也是重力正异常的陡变带。在图区中南部等值线稀疏、弯曲变形，走向北西—南东向，与大红柳滩-郭扎错断裂带和乔尔天山-岔路口断裂带相吻合(图6-2)。

剩余区域布格重力图上表现为两条幅值大的异常带，等值线密集，异常呈条带状，走向近东西向。两条异常带间又分布有3个异常区，呈环形。康西瓦幅北部和田市北表现为负异常区，异常极值为$-40\times10^{-5}m/s^2$，反映塔里木盆地凹陷区特征；中部表现为正异常区，异常极值为

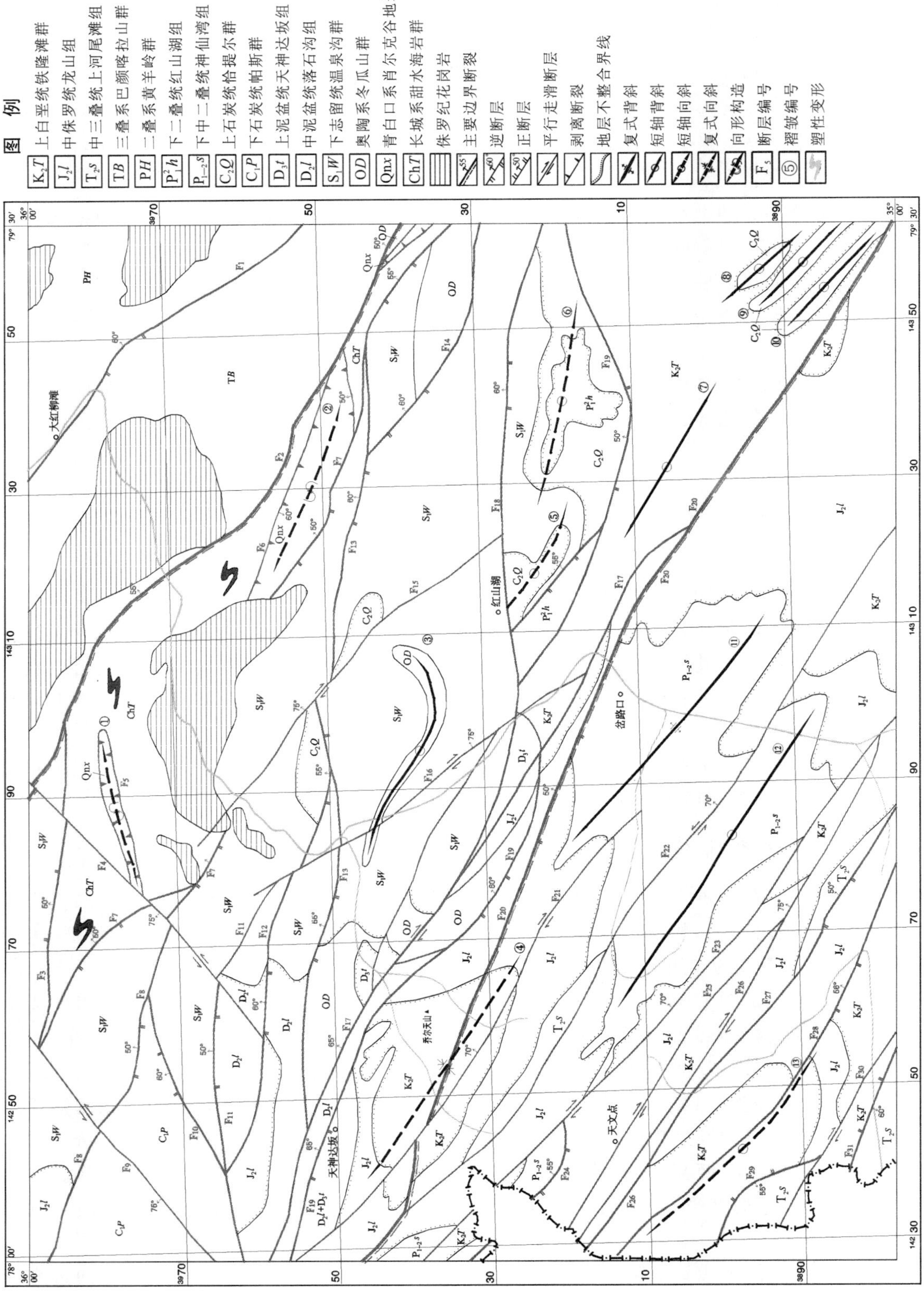
图例
K2T 上白垩统铁隆滩群
J2l 中侏罗统龙山组
T2S 中三叠统上河尾滩组
TB 三叠系巴颜喀拉山群
PH 二叠系黄羊岭群
P1²h 下二叠统红山湖组
P1-2S 下中二叠统神仙湾组
C2Q 上石炭统恰提尔群
C1P 下石炭统帕斯群
D3t 上泥盆统天神达坂组
D2l 中泥盆统落石沟组
S1W 下志留统温泉沟群
OD 奥陶系冬瓜山群
Qnx 青白口系肖尔克谷地岩组
ChT 长城系甜水海岩群
侏罗纪花岗岩
主要边界断裂
逆断层
正断层
平行走滑断层
剥离断裂
地层不整合界线
复式背斜
短轴背斜
短轴向斜
复式向斜
向形构造
F5 断层编号
⑤ 褶皱编号
塑性变形
0 5 10 15 20(km)

图6-1 构造纲要图

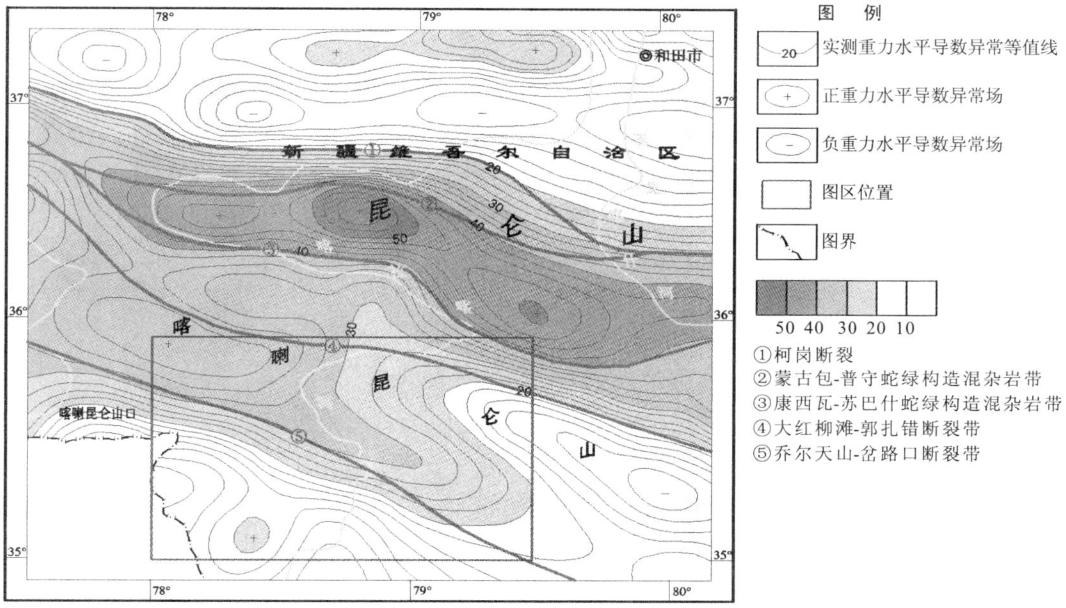

图 6-2　区域布格重力导数模量和区域构造位置关系图

$+55\times10^{-5}\mathrm{m/s^2}$，与铁克里克断隆带(古老基底隆起)有关；图区表现为大小不等的 4 个负异常区，异常极值介于$-30\times10^{-5}\sim-50\times10^{-5}\mathrm{m/s^2}$之间，从西向东分别反映出神仙湾二叠纪—三叠纪裂陷盆地、肖尔克谷地、甜水海南一带古生代盆地沉积特征；图区东部异常区呈同圆状，与第四系陆相钙碱性系列火山岩有关。

二、区域磁场特征

根据航磁测量结果，塔里木盆地南部的一系列北东向磁异常带延至盆地边缘与西昆仑山的交界处，完全被北西走向的磁异常带所截，并没有继续向昆仑山地区延伸，异常强度 10～90nT 的许多高异常点与基底结晶岩系和古生代基性火山岩或花岗岩强度－10～30nT。异常呈北西—北北西向延伸。康西瓦幅沿康西瓦-苏巴什蛇绿构造混杂岩带一线，航磁异常表现为明显梯级，说明该构造带规模宏大，且延伸到地壳深部，演化时间较长。而库地与康西瓦蛇绿混杂岩带两侧附近为线状正、负相间的椭圆状环形跳跃场，可能与该蛇绿混杂岩带续线状分布的蛇绿岩有关。

第二节　构造单元划分及变形特征

一、划分依据及划分方案

在前人大地构造划分的基础上，依据西安地质矿产研究所《青藏高原北部空白区基础地质综合研究》中的构造单元划分方案，结合野外实际资料，建立了调查区“三带四块”的构造格架。“三带”为柯岗断裂带、库地-其曼于特早古生代蛇绿构造混杂岩带、康西瓦-苏巴什古生代蛇绿构造混杂岩带。以上述断裂带、蛇绿构造混杂岩带为界，由北向南划分为塔里木陆块、昆仑造山带[包括北昆仑库尔良晚古生代裂谷带、中昆仑微陆块(早古生代与晚古生代构造叠接复合带)]、巴颜喀拉晚古生代—中生代边缘裂陷带和甜水海-北羌塘微陆块共“四块”。

在此基础上，2004年在康西瓦幅地质填图和实测剖面工作中，首次发现了蒙古包-普守早古生代蛇绿构造混杂岩带，该带向西延入麻扎幅而被康西瓦-苏巴什蛇绿构造混杂岩带截切，向东延伸恰哈幅而与库地-其曼于特早古生代蛇绿构造混杂岩带合并。根据调查区实际情况，塔里木陆块可进一步划分为塔里木陆块、铁克里克断隆带两个次级构造单元；中昆仑微陆块可进一步划分为中昆仑微陆块北带和中昆仑微陆块南带两个次级构造单元；甜水海-北羌塘微陆块可进一步划分为甜水海微陆块、神仙湾二叠纪—三叠纪边缘裂陷带两个次级构造单元（图6-3）。

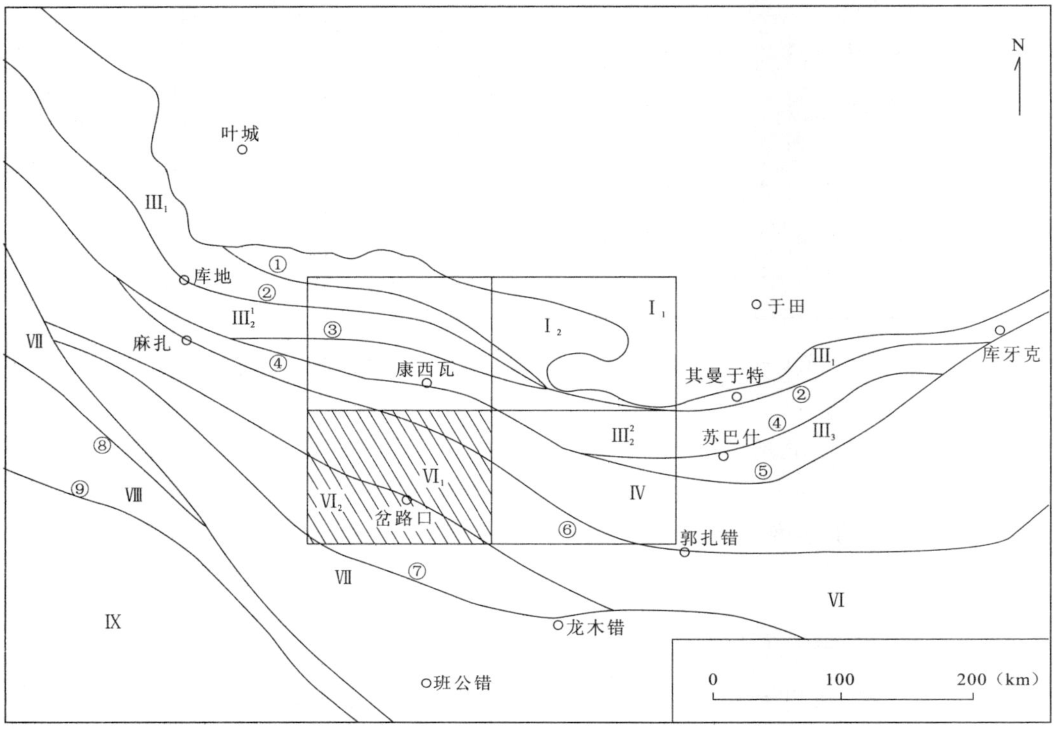

图6-3 调查区构造划分图

①柯岗断裂带；②其曼于特-祁漫塔格早古生代蛇绿构造混杂岩带；③蒙古包-普守早古生代蛇绿构造混杂岩带；④柳什塔格-岩碧山-向阳泉中昆仑断裂带；⑤苏巴什-木孜塔格晚古生代蛇绿构造混杂岩带；⑥郭扎错-西金乌兰湖-金沙江结合带；⑦龙木错-双湖结合带；⑧班公湖-怒江结合带；⑨狮泉河结合带。Ⅰ$_1$ 塔里木陆块；Ⅰ$_2$ 铁克里克断隆带；Ⅲ$_1$ 北昆仑（祁漫塔格）晚古生代岩浆弧带；Ⅲ$_2$ 中昆仑微陆块（早古生代与晚古生代构造叠加复合带）；Ⅲ$_2^1$ 中昆仑微陆块北带；Ⅲ$_2^2$ 中昆仑微陆块南带；Ⅲ$_3$ 南昆仑晚古生代残弧带；Ⅳ巴颜喀拉晚古生代—中生代边缘裂陷盆地；Ⅵ甜水海-北羌塘微陆块群；Ⅵ$_1$ 甜水海微陆块；Ⅵ$_2$ 神仙湾二叠纪—三叠纪边缘裂陷带；Ⅶ喀喇昆仑-南羌塘陆块；Ⅷ班戈-腾冲燕山期岩浆弧带；Ⅸ冈底斯-下察隅晚燕山-喜马拉雅期岩浆弧带

二、构造单元划分

调查区跨塔里木陆块、北昆仑库尔良晚古生代裂谷带、中昆仑微陆块、巴颜喀拉晚古生代—中生代边缘裂陷带及甜水海-北羌塘微陆块等构造单元。图区仅涉及巴颜喀拉晚古生代—中生代边缘裂陷带及甜水海-北羌塘微陆块，现由北往南介绍如下。

（一）巴颜喀拉晚古生代—中生代边缘裂陷盆地（Ⅳ）

主要分布在图区东北角，位于康西瓦-苏巴什蛇绿构造混杂岩带以南、大红柳滩-郭扎错断裂带以北地区，在调查区呈向西尖灭的楔状体，向东延伸到巴颜喀拉山盆地。该盆地北部局部发育有岛弧火山岩及相应的岩浆岩建造，在该盆地主要充填的是二叠纪—三叠纪弧后盆地—残留盆地碎屑浊积岩，局部夹有少量碳酸盐岩建造。该边缘裂陷带伴随有侏罗纪二长花岗岩（K－Ar：267Ma、201.7Ma），呈北西向带状展布，反映了印支期构造热事件。

（二）甜水海-北羌塘微陆块（Ⅵ）

图区分布范围广泛，位于大红柳滩-郭扎错断裂带（F_2）之南的喀喇昆仑地区，根据物质建造和构造演化，可进一步划分为甜水海微陆块和神仙湾晚古生代边缘裂陷带两个次级构造单元。

1. 甜水海微陆块（$Ⅵ_1$）

位于图区北部，北界为大红柳滩-郭扎错断裂带（F_2），南界为乔尔天山-岔路口断裂带（F_{20}），呈北西—南东向延伸，向东在黑石北湖一带尖灭。过渡基底为长城系甜水海岩群和青白口系肖尔克谷地岩组，主要发育变质细碎屑岩夹碳酸盐岩，缺失蓟县纪、震旦纪地层沉积。古生界以碳酸盐岩、碎屑岩建造为主，中生界侏罗系—白垩系下部为陆相碎屑岩、上部为碳酸盐岩建造，区内主要发育侏罗纪黑云二长花岗岩（K－Ar：172Ma）。

过渡基底长城系甜水海岩群岩石变形强烈，发育一系列顺层掩卧褶皱、尖棱褶皱及韧性剪切带（图6－4），顺层掩卧褶皱一般宽约1～5m，尖棱褶皱极不规则，均表现为露头尺度；青白口系肖尔克谷地岩组变形较强烈，主要发育顺层掩卧褶皱及尖棱褶皱。表明其形成于中部层次塑性流变作用，变质达低绿片岩相。

图6－4　甜水海岩群岩石变形特征

古生界及其后的盖层总体以北西—南东向褶皱构造为主构造线，晚期叠加了北东—南西向构造，致使测区形成一系列短轴背、向斜构造，并发育一系列由北向南叠瓦状逆冲推覆断裂。古生界变质达低绿片岩相，中新生界基本未变质。

2. 神仙湾二叠纪—三叠纪边缘裂陷带（$Ⅵ_2$）

位于乔尔天山-岔路口断裂带之南、乔戈里峰-空喀山口蛇绿混杂岩带以北地区。沉积建造主要为二叠纪深水浊积岩沉积和少量三叠纪细碎屑岩建造，岩石组合主要由细碎屑浊积岩夹少量硅质岩组成，其上为侏罗纪—白垩纪碳酸盐岩建造。

图区地层仅发生浅变质，但变形较强，主要表现为一系列的北西—南东向短轴背、向斜构造，同时发育近北西—南东向断裂构造。

三、主要构造单元地层变形特征

（一）巴颜喀拉晚古生代—中生代边缘裂陷带（Ⅳ）变形特征

图区主要出露二叠系黄羊岭群、三叠系巴颜喀拉山群，虽然同经历了晚古生代—早中生代的构造变形，但是由于所处的构造位置不同，与其他相同时代地层的变形样式、变质程度、变形层次亦不相同。现分别叙述如下。

图区二叠系黄羊岭群、三叠系巴颜喀拉山群出露于巴颜喀拉晚古生代—中生代边缘裂陷带内，F_1 断裂以北的东北角。分布范围比较少，呈北西—南东向延伸，其中二叠纪黄羊岭群在康西瓦幅与下伏地层下元古界康西瓦岩群及上覆地层三叠系巴颜喀拉山群均呈断层接触关系。其岩石组合主要为一套碎屑岩夹少量火山岩沉积，组成该单元的黄羊岭群，其变形强烈，变质达低绿片岩相。三叠纪巴颜喀拉山群部分地区被晚期侏罗纪二长花岗岩岩体侵入破坏，而出露不全。

岩石组合主要为一套碎屑岩夹少量碳酸盐岩建造，该群岩石变形较强，变质达低绿片岩相。

上述两套该地层中，变形以层理(S_0)为变形面，形成露头尺度紧闭尖棱褶皱及顺层同斜褶皱(图 6－5)。同时，在部分地段发育规模较小、轴面近直立的宽缓等厚褶皱，一般宽约10～35m，其两翼对称，两翼地层厚度与转折端厚度基本相等，并伴生有轴面劈理(S_1)构造。从残留的顺层紧闭褶皱和较为广泛的板劈理构造发育特征分析，该期构造的形成环境属于中浅构造层次。

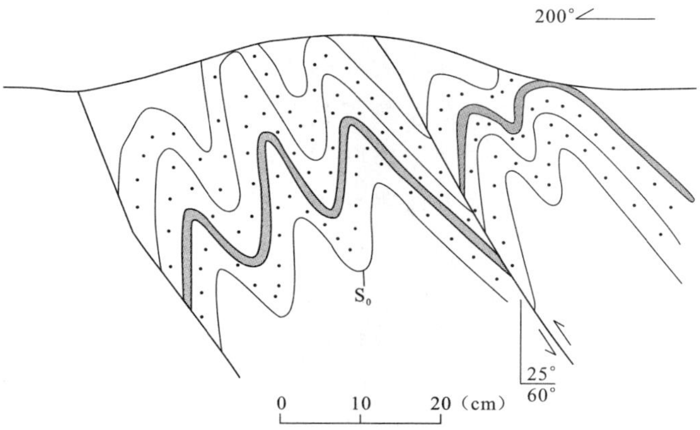

图 6－5　黄羊岭群中发育紧闭尖棱褶皱素描图

（二）甜水海-北羌塘微陆块(Ⅵ)变形特征

图区分布范围广泛，位于大红柳滩-郭扎错断裂(F_2)之南的北羌塘地区，根据物质建造和构造演化，可进一步划分为甜水海微陆块和神仙湾二叠纪—三叠纪边缘裂陷带两个次级构造单元。现分别叙述如下。

1. 甜水海微陆块(Ⅵ$_1$)变形特征

该微陆块位于图区北部，北界为大红柳滩-郭扎错断裂(F_2)，南界为乔尔天山-岔路口断裂(F_{20})，呈北西—南东向延伸，向东在黑石北湖一带尖灭。过渡基底为长城系甜水海岩群和青白口系肖尔克谷地岩组，主要发育变质细碎屑岩夹碳酸盐岩建造，缺失震旦纪—寒武纪地层沉积。早古生代有奥陶系冬瓜山群、志留系温泉沟群，由碳酸盐岩、细碎屑岩夹少量硅质岩组成；晚古生代有泥盆系落石沟组、天神达坂组、石炭系帕斯群、恰提尔群，二叠系红山湖组，由以碳酸盐岩为主夹碎屑岩建造组成；中生代有三叠系河尾滩组，细碎屑岩为主夹少量硅质岩，侏罗系龙山组、白垩系铁隆滩群，下部为陆相碎屑岩、上部为碳酸盐岩建造。图区内主要发育侏罗纪黑云二长花岗岩(K－Ar：172Ma)。

过渡性基底主要由长城系甜水海岩群和青白口系肖尔克谷地岩组组成，二者变形较强，变质程度达低绿片岩相。其岩石组合主要为一套细碎屑岩夹碳酸盐岩建造，代表其形成于相对稳定的构造环境。该过渡基底岩石组合及变质变形程度与调查区北部中昆仑微陆块北带出露的长城系普守岩组、南带出露的长城系赛图拉岩群相比截然不同，说明了二者原先所处不同的古大陆，甜水海微陆块过渡基底的岩石组合及变质变形程度表现为亲扬子古大陆；而北部中昆仑微陆块表现为亲欧亚古大陆。在新元古代早期(1.0～0.8Ga)发生汇聚，形成 Rodinia 超大陆，这与多数集中在 0.9Ga 左右的结论比较相近，与扬子陆块上的晋宁运动时间也极为相近。甜水海岩群与肖尔克谷地岩组二者的岩石组合、变形样式不完全相同，现分别描述其构造变形特征。

1)过渡基底变形特征

长城纪甜水海岩群位于图区大红柳滩-郭扎错断裂带以南，呈近北西—南东向展布，以中间宽、两端窄的构造透镜体产出，北界为大红柳滩-郭扎错断裂(F_2)和 F_3 断裂，南界为 F_7 断裂，与上覆地层青白口系肖尔克谷地岩组和志留系温泉沟群均为断层接触。该岩群岩石变形强烈，变质达低绿片岩相。依据浅变质地层内部片理发育情况、变形特征，结合岩相学的资料以及矿物的穿插关系，可划分出两期变形作用。早期变形主要表现为沉积碎屑岩内部发生强烈面理置换，早期的碎屑沉积构造几乎被完全置换，致使沉积层理(S_0)被新生的片理(S_1)置换。在微观上以黑云母、白云母、绢云母等片状矿物相间聚集形成平行相间排列的透入性片理构造(S_1)为特征，只在局部硅质板岩中以层理(S_0)为变形面，形成一系列紧闭同斜褶皱、顺层剪切褶皱(图 6-6，图版Ⅳ-1)等。主体显示以顺层韧性剪切变形为特征，强变形带与弱变形域相间产出。强变形带内粉砂岩与硅质板岩夹(互)层状产出时，粉砂岩强烈片理化，而硅质板岩则形成构造透镜体、石香肠以及不规则褶皱。晚期主要表现为以片理(S_1)为变形面，形成一系列露头尺度的紧闭同斜褶皱、顺层掩卧褶皱(图 6-6)及尖棱褶皱(图版Ⅳ-2)等。从褶皱样式以及同变质矿物组合判断，该期构造变形具有中部构造层次的变形特征。

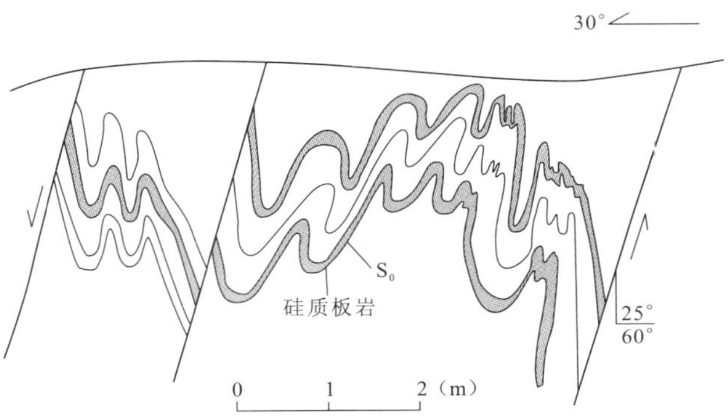

图 6-6　甜水海岩群中变形特征素描图

青白口纪肖尔克谷地岩组系本次区调从原划长城系甜水海岩群中新解体出来的构造岩石地层单位，图区出露范围较小，呈构造岩片挟持在甜水海岩群之中，其边界断裂主要有 F_5 断裂、F_6 断裂及 F_7 断裂。该岩组岩石变形较强，变质达低绿片岩相。依据浅变质地层内部变形特征，结合岩相学的资料以及矿物的穿插关系，可划分出两期构造变形作用。早期变形主要以层理(S_0)为变形面，形成一系列顺层掩卧褶皱(图 6-7)、紧闭尖棱褶皱等。同时，伴生强烈面理置换，形成透入性片理构造(S_1)。以白云岩为主的岩石常常形成紧闭同斜褶皱以及条纹条带状构造(强烈剪切变形后经重结晶作用形成)，局部地区形成强劈理化带。晚期变形主要表现在以片理构造(S_1)为变形面，在片理化白云质大理岩、大理岩中均发育向形褶皱，其褶皱形态比较开阔，规模较大，一般宽约 1～3km，两翼近似对称，轴面近于直立，两翼厚度与转折端厚度基本相同，轴面劈理不发育。该期构造变形具有中部构造层次的变形特征。

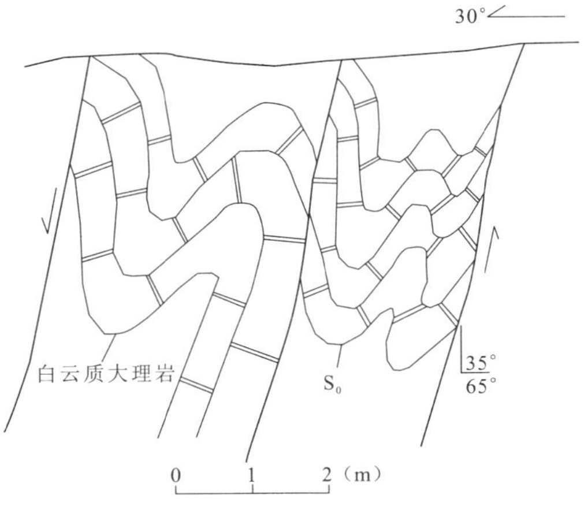

图 6-7　肖尔克谷地岩组中变形特征素描图

2)早古生代地层变形特征

奥陶纪冬瓜山群图区分布范围较小，呈零星状分布在天神达坂、肖尔克谷地一带，与下伏地层长城系甜水海岩群呈断裂接触关系，与上覆地层志留系温泉沟群呈整合接触关系。岩石组合主要为一套碳酸盐岩夹少量碎屑岩沉积，具有稳定性台地相沉积特点。岩石变形较强，基本未发生变质。变形样式主要表现为发育同斜褶皱和尖棱褶皱(图6-8)，并伴生有轴面劈理构造，其规模大小不等，一般宽约10～100m，多为露头尺度，个别同斜褶皱规模比较大，宽度可达2km。该期变形具有中浅构造层次的变形特征。

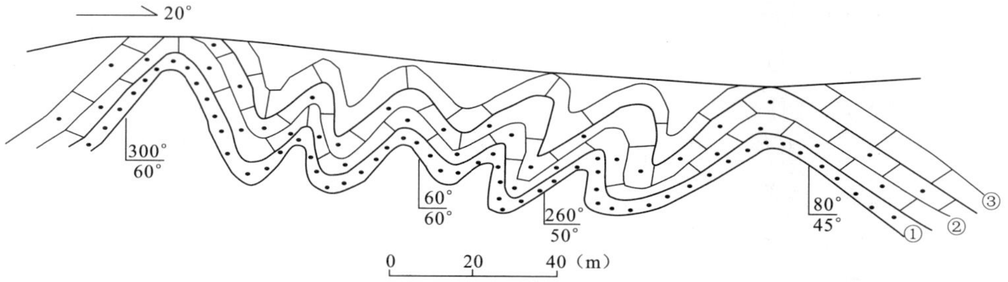

图6-8　冬瓜山群中褶皱形态剖面素描图

①钙质粉砂岩；②砂质灰岩；③结晶灰岩

志留系温泉沟群分布范围广泛，呈近北西—南东向，整合覆于下伏地层奥陶系冬瓜山群之上，与上覆泥盆纪—石炭纪地层呈角度不整合接触关系。岩石组合主要为一套细碎屑岩夹少量硅质岩沉积，岩石发生浅变质，变质达低绿片岩相，变形较强。由于该岩石地层单位岩性单一，常形成密集的板理构造，因此不易识别不同期次的构造叠加现象，其主要表现为面理置换构造，原始层理构造总体形成轴向近北西的紧闭褶皱构造，褶皱规模不大，一般小于40m，其轴面劈理构造异常发育，形成正、反扇形相间的密集劈理置换原始的层理构造(图6-9)。该构造显然为晚期挤压环境中纵弯褶皱变形的产物。该处的劈理构造虽然发育，但从总体特征来看，仅体现于局部的较强应变带，应为中浅构造层次变形。

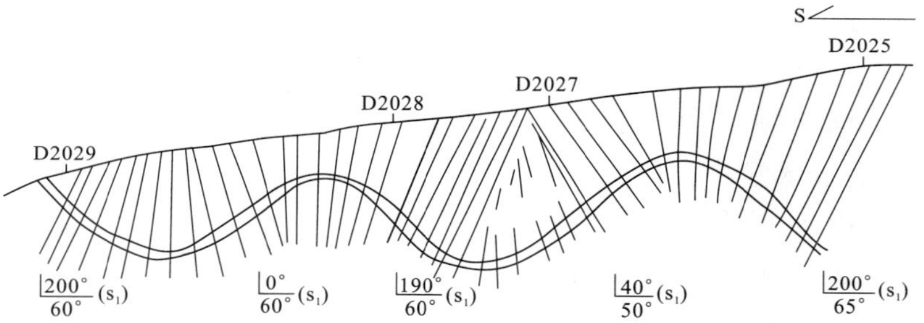

图6-9　温泉沟群晚期褶皱构造素描图

3)晚古生代地层变形特征

图区泥盆系落石沟组、天神达坂组主要分布于甜水海微陆块天神达坂、长干湖一带，呈近北西向断续分布，与下伏早古生代地层多呈断层接触关系，局部呈角度不整合接触关系。落石沟组岩石组合主要为一套碳酸盐岩夹少量碎屑岩建造；天神达坂组岩石组合主要为一套碎屑岩夹少量碳酸盐岩建造，二者均具有稳定的台地相沉积特征。

石炭系帕斯群、恰提尔群主要分布在图区向阳峰—独立山、红山湖一带，总体呈近东西向—北西向断续分布，其边界多为断层接触关系，部分地区与下伏志留系温泉沟群呈微角度不整合接触关系。帕斯群岩石组合主要为一套生物灰岩、粉晶灰岩、白云岩夹礁灰岩；恰提尔群下部为细粒石英杂砂岩、钙质石英砂岩夹粉砂质板岩，上部主要为生物灰岩、砂质灰岩夹钙质砂岩。

二叠系红山湖组位于图区红山湖一带，分布面积局限，与下地层石炭系恰提尔群呈微角度不整合接触关系。岩石组合主要为一套碳酸盐岩夹少量细碎屑岩建造，具有稳定的台地相沉积特征。

上述地层岩石变质变形均较弱，部分地层基本未变质。变形样式主要表现为断层及开阔褶皱构造，褶皱构造主要表现为形成规模较大的短轴向斜构造，该向斜比较开阔，两翼基本对称，并伴生轴面劈理构造（图版Ⅱ-2）。该期构造变形作用属于浅表构造层次。

2.神仙湾二叠纪—三叠纪边缘裂陷带（$Ⅵ_2$）变形特征

位于乔尔天山-岔路口断裂带之南、乔戈里峰-空喀山口蛇绿混杂岩带以北地区。沉积建造主要为二叠纪深水相浊积岩沉积和侏罗纪—白垩纪碳酸盐岩建造，在其南部主要发育三叠系浊积岩海槽，主要由细碎屑浊积岩夹少量碳酸盐岩及硅质岩组成。图区地层仅发生浅变质，但变形较强，主要表现为一系列的北西—南东向短轴背、向斜构造，同时发育近北西—南东向断裂构造。

1）晚古生代地层变形特征

图区二叠系神仙湾组位于神仙湾晚古生代边缘裂陷带内，北界为乔尔天山-岔路口断裂（F_{20}），南界为乔戈里峰-空喀山口蛇绿混杂岩带，为一向西收敛、向东撒开的楔状体，呈近北西向延伸。图区主体由二叠系的神仙湾组深水相碎屑岩夹少量硅质板岩、玄武岩组成，在图区西部夹有灰岩沉积。与上覆三叠系上河尾滩组呈断层接触关系，岩石发生低绿片岩相变质。从构造变形的样式分析，显然构造变形主要是收缩体制下的挤压变形，以发育透入性区域轴面劈理和脆韧性剪切带为特征，对层理（S_0）发生较强烈的置换改造，但多数地区二者在野外仍然能够区别。此外，不同力学性质的岩石变形特征差异较大。强变形带中，在以细碎屑岩为主、岩性差异不大的岩石中以板劈理的广泛发育为主，残留早期原生面理为变形面的层间顶厚褶皱，其中的面理置换作用比较强烈，原生层理构造不易识别；在钙质砂岩中形成密集的板劈理构造置换原生构造，层理构造能够识别；以碎屑岩为主夹薄层硅质岩的岩石中，硅质岩石形成层间紧闭褶皱。在弱变形域内，形成规模较大的宽缓褶皱构造（图6-10），其中褶皱轴面劈理构造发育，但是与原生层理构造相比较在野外易于识别。

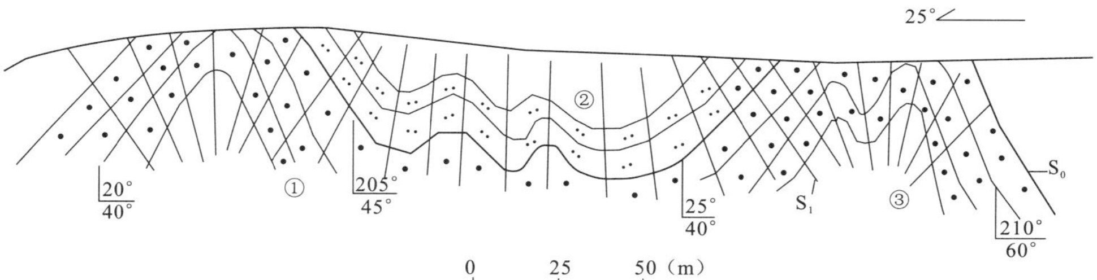

图6-10 神仙湾组中褶皱与轴面劈理关系剖面素描图

①长石石英砂岩；②石英粉砂岩；③轴面劈理

2）早中生代地层变形特征

图区三叠系上河尾滩组主要分布在神仙湾二叠纪—三叠纪边缘裂陷带内，少量分布在甜水海微陆块断层带中。二者在图区分布面积不同，岩石组合主要为一套细碎屑岩夹少量硅质岩建造，前者出露在神仙湾二叠纪—三叠纪边缘裂陷带内，后者呈构造岩片夹持在断层带中，由于所处的构造位置不同，二者变形样式也不完全相同，现分述如下：

神仙湾二叠纪—三叠纪边缘裂陷带内的三叠系上河尾滩组，与下伏地层二叠系神仙湾组呈断层接触关系，与上覆地层侏罗系龙山组为角度不整合接触关系，其边界多被晚期断层改造。岩石变质变形均较弱，局部发育开阔褶皱构造，并伴生轴面劈理构造。该期构造变形具有浅表构造层次的变形特征。

甜水海微陆块断层带中的三叠系上河尾滩组，由于主要分布在断层带中，其变形较强，变形样式主要表现为露头尺度的紧闭尖棱褶皱、顺层掩卧褶皱（图6-11）。该期变形可能与断层有关。

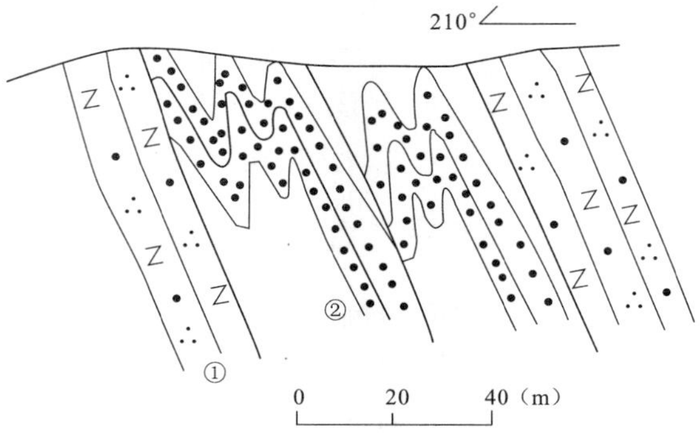

图6-11　上河尾滩组中紧闭尖棱褶皱素描图
①长石石英砂岩；②粉砂岩

3）晚中生代地层变形特征

图区晚中生代地层主要出露在神仙湾晚古生代边缘裂陷带和甜水海微陆块内，主要由侏罗系—白垩纪地层组成，主要分布在乔尔天山—岔路口一带，总体呈近北西—南东向带状断续延伸，二者虽然所处的构造位置不同，但其变质程度、变形样式基本相同。其中巴工布兰萨组分布范围局限，仅分布在天神达坂北侧一带，面积约12km^2，岩石组合主要为一套细碎屑岩建造，与下伏地层泥盆系落石沟组呈断层接触关系。龙山组岩石组合下部主要为一套杂色砾岩、砂砾岩夹石英砂岩建造；上部主要为鲕粒灰岩、生屑灰岩夹砾屑灰岩建造，与下伏晚古生代地层落石沟组、恰提尔群、神仙湾组均呈角度不整合接触关系。铁隆滩群其岩石组合下部主要为紫红色砾岩、砂砾岩；上部为一套生物灰岩、生屑灰岩，与下伏地层均呈角度不整合接触关系，图区未见顶。二者代表了由陆相沉积转变为海相沉积的两个完整构造旋回。其岩石基本未变质，变形也较弱，主要形成开阔的短轴背、向斜构造，其轴面劈理不发育。该期构造变形具有浅表构造层次的变形特征。

第三节　断裂构造

一、总体特征

新生代形成了举世闻名的青藏高原，调查区处于青藏高原的西北缘。新生代构造运动强烈，构造方式主要是断裂，其断裂形迹主要是追踪早期已有断层，新生的断层甚少。特别是晚古生代多块体拼接过程中形成的众多规模、性质不同的断裂系统，对后期的构造有着极大的限制和影响，同时新生代的构造对早期的构造起着改造作用。

图区所处的构造位置主体为甜水海-北羌塘微陆块，跨部分巴颜喀拉晚古生代—中生代边缘裂陷带，其构造变形较弱，主要发育脆韧-脆性断裂构造。其构造几何样式总体表现为一系列近北西—南东向断裂系统，并发育近东西向断裂构造。这种强烈的构造样式的转换决定了图区特殊的构造运动学特征，其运动学特征的特殊性突出表现在既有逆冲—走滑，又有伸展—剪切的复杂构造系统。

二、主要边界断裂特征

图区主要边界断裂见图6-1所示，主要有大红柳滩-郭扎错断裂（F_2）、乔尔天山-岔路口断裂（F_{20}）等，现分别介绍如下。

（一）大红柳滩-郭扎错断裂（F_2）

向西延伸图外交于康西瓦断裂，向东延伸到郭扎错一带，调查区呈近北西—南东向波状展布，图区主要分布在东北角肖尔克谷地一带，长约 92.5km，断裂倾向 30°～45°，倾角 50°～60°，断裂带宽 100～200m，发育有长英质糜棱岩、千糜岩、断层角砾岩、碎裂岩及强片理化岩石等（图 6-12），具有明显的两期活动特征，早期主要表现为脆韧性张性走滑正断层，晚期主要表现为逆冲-走滑性质。该断裂带是巴颜喀拉边缘裂陷带的南界断裂，在卫片中显示清晰的线状影像特征，地貌显示一连串的负地形。

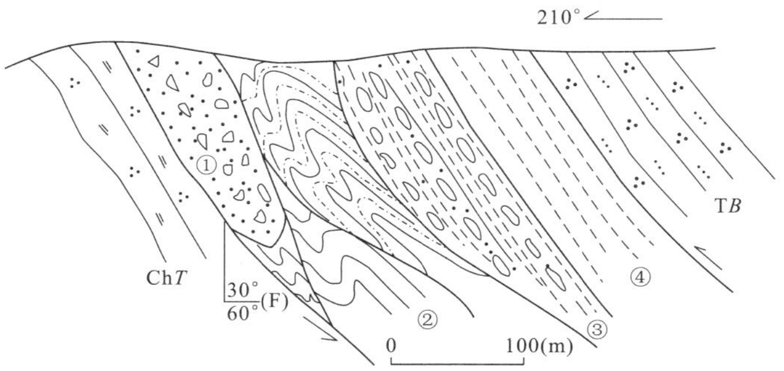

图 6-12　大红柳滩-郭扎错断裂带素描图
①角砾岩；②顺层剪切褶皱；③碎斑系；④强劈理化带
ChT. 绢云石英片岩；TB. 石英细砂岩

（二）乔尔天山-岔路口断裂（F_{20}）

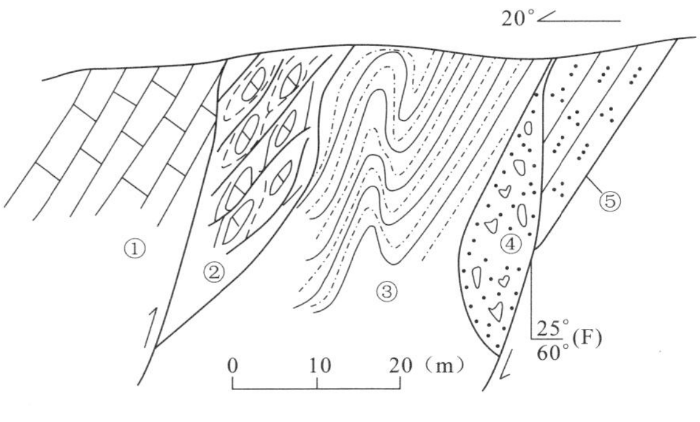

图 6-13　乔尔天山-岔路口断裂带剖面素描图
①灰岩；②透镜体化灰岩；③剪切褶皱；
④角砾岩；⑤石英细砂岩

图区呈近北西—南东向展布，向东延伸到龙木错一带，断裂带宽 100～500m，断层倾向北东，倾角一般 50°～65°，发育糜棱岩化砂岩、钙质糜棱岩（图 6-13）、断层角砾岩、碎裂岩等，两侧岩石一般较破碎，依据构造岩的变形特征分析，该断层具有两期活动的特征，其断裂性质早期主要表现为脆韧性剪切伸展-走滑性质，晚期表现为脆性逆冲-走滑特征。沿该断裂带发育大量辉长岩、辉绿岩脉，该期基性岩脉与早期伸展-走滑关系密切。说明了断裂带具有规模较大，延伸地壳内部较深，多期活动的特点。卫片上显示明显的线状构造影像特征，地貌上显示一系列的凹陷及断层三角面。该断裂是神仙湾晚二叠世—三叠纪边缘裂陷带北界断裂，分隔北羌塘微陆块上古生代的沉积建造。

三、一般断裂特征

图区断裂构造发育，除两条主要边界断裂外，还发育北西向、近东西向和北东向 3 组断裂构造（图 6-1），其中以北西向断裂构造最为发育。现将主要断裂由北往南列述如下，其余断裂特征见表 6-1 所示。

表 6-1　岔路口幅断裂特征一览表

名称及编号	走向	断面(带)产状	位移方向	断裂规模		断层带特征	性质	与岩浆作用和矿产的关系
				长(km)	宽(m)			
F_3	近东西向	10°～15°∠50°～60°	北盘向北走滑	46	80～100	位于图区西北角，断裂向西延伸被 F_9 断层截切，向东延伸被 F_2 断裂截切，两侧的岩性截然不同，南盘为强片理化绢云石英片岩，北盘为石英砂岩夹含碳粉砂岩。破碎带宽约 100m，发育千糜岩、碎裂岩及强片理化带，并伴生拖褶皱、顺层掩卧褶皱等。该断裂是长城系甜水海岩群与志留系温泉沟群的分界断裂，地貌上显示明显的负地形	为脆韧张性正断层	
F_6	近北西向	210°～225°∠55°～60°	南盘向南走滑	32	50～100	位于图区肖尔克谷地西侧，毛拉且可沟一带，向西延伸断层被晚期侏罗纪花岗岩岩体侵入破坏，出露不全，向东延伸被 F_2 断裂截切。南盘地层有明显的碎裂岩化现象，断层两侧地层、岩性不完全相同，南盘为青白口系肖尔克谷地岩组白云岩大理岩，北盘为长城系甜水海岩群强变形绢云石英片岩。断层带岩石非常破碎，发育长英质糜棱岩、千糜岩及片理化带，并伴生有拖褶皱、剪切褶皱等。该断裂致使蓟县纪地层缺失，断层三角面和线状遥感影像清晰	为脆韧张性正断层	部分地段沿断裂带有辉绿岩脉侵入
F_8	近北西向	20°～35°∠50°～60°	北盘向南西方向逆冲-走滑	52	35～100	位于图区西北角，独立山—羊乃皆了一带，断裂带呈波状延伸，在羊乃皆了一带与 F_7 断裂相切，在独立山一带被 F_9 断层错断。两侧地层岩性差异较大，产状不协调，南侧为石炭系帕斯群生物灰岩、生屑灰岩，北侧为志留系温泉沟群石英砂岩、粉砂岩。断层带发育千糜岩、糜棱岩化砂岩及强片理化带。依据断层构造岩特征，该断裂性质主要表现为逆冲-走滑，致使志留系温泉沟群逆冲在石炭系帕斯群之上。断层两侧卫片影像显示明显不同，地貌上显示负地形	逆冲-走滑断层	
F_9	北东向	300°∠75°～80°	北西盘向南西走滑	37.5	10～50	位于图区西北角一带，向两端延伸图外，断层带延伸稳定，两侧地层岩性发生明显错位，内部可见断层角砾、碎裂岩，局部地段断面可见擦痕构造，主要表现为脆性变形，该断层形成时代较晚，截切了北西向走向的断裂和地层。断层三角面和线状遥感影像清晰，地貌上显示山脊错位	平移左行走滑断层	
F_{10}	近东西向	340°～345°∠60°～65°	北盘向北走滑	26	30～60	位于图区西北角一带，向西延伸到尖刀山北侧与 F_{11} 断层相切，向东延伸到湖西梁附近被 F_8 断层截切，是石炭系帕斯群的边界断裂。断层带两侧岩性截然不同，北侧为石炭系帕斯群生物灰岩，南侧为志留系温泉沟群石英砂岩、粉砂岩。断裂带内有千糜岩、碎裂岩及构造角砾岩。南盘志留系温泉沟群地层多见强片理化带，岩石变形较强，发育一系列次级断层。断层两侧卫片影像特征明显不同，线状遥感影像清晰，地貌上显示明显的陡壁，断层三角面清楚	脆韧性张性正断层	
F_{11}	近东西向	350°～15°∠50°～60°	北盘向南逆冲	53	30～60	位于图区西北部尖刀山北侧，断面呈弧形向北凸出。断层向西延伸图外，向东到喀拉喀什河一带与 F_{12} 断裂相切，被晚期 F_{12} 断层截断。该断层使志留系温泉沟群逆冲在泥盆系落石沟组之上，石炭系帕斯群逆冲在侏罗系龙山组之上。断层带内岩石破碎严重，岩石劈理发育，变形强烈，断裂带一侧有泉眼呈线状分布，泉水上涌、细流，断层三角面、断层崖清晰	逆冲-走滑断层	

续表 6-1

名称及编号	走向	断面(带)产状	位移方向	断裂规模		断层带特征	性质	与岩浆作用和矿产的关系
				长(km)	宽(m)			
F_{12}	近东西向	10°～30°∠50°～60°	北盘向南逆冲-走滑	43	30～65	位于图区西北部尖刀山一带，断面呈波状延伸，向西延伸被 F_{11} 断层截切，向东延伸在喀拉喀什河东侧与 F_{13} 断裂相切。断层在部分地区使泥盆系落石沟组逆冲在侏罗系龙山组之上，并斜切两侧地层走向。断裂带内岩石破碎严重，发育有碎裂岩及断层角砾岩，局部残留有断层擦痕构造，并伴生有强劈理化带。断层三角面及卫片影像特征清晰	逆冲-走滑断层	沿断层带发育有花岗岩脉
F_{14}	近北西向	40°～35°∠50°～60°	北盘向南西方向逆冲-走滑	36	50～100	位于图区东北部肖尔克谷地南侧一带，断裂带呈弧形延伸，向西延伸被 F_{13} 断裂截切，向东延伸图外。断裂截切了两侧地层走向，两侧岩性差异较大，产状不协调。北侧为奥陶系冬瓜山群结晶灰岩，南侧为志留系温泉沟群石英砂岩、粉砂岩等。断裂构造使断层带发育千糜岩、糜棱岩化砂岩及强片理化带。依据断层构造岩特征，该断裂性质主要表现为逆冲-走滑，致使奥陶系冬瓜山群逆冲在志留系温泉沟群之上。断层两侧卫片影像显示明显不同，地貌上显示负地形	脆韧性逆冲-走滑断层	
F_{15}	北西向	40°～45°∠70°～75°	北东盘向南西走滑	57.5	10～50	位于图区中部谷顶雪山东侧一带，断层带延伸稳定，截切了近北西向走滑的地层和断裂，断层两侧地层及花岗岩体发生明显错位，内部可见断层角砾、碎裂岩，局部地段断面可见擦痕构造，主要表现为脆性变形，该断层形成时代较晚，截切了北西向走向的地层和断裂构造。地貌上断层三角面清楚，显示明显的山脊错位，卫片遥感影像线状构造清晰	脆性右行平移走滑断层	
F_{18}	近东西向	5°～15°∠60°～70°	北盘向南逆冲	85	50～100	位于图区中东南部红山湖一带，向西延伸被 F_{17} 断层截切，向东延伸图外。断层面呈波状延伸，在图区克孜勒吉勒干西侧，断层使志留系温泉沟群逆冲在泥盆系落石沟组之上，断裂两侧地层产状不协调。断层带岩石严重破坏，发育糜棱岩化砂岩、断层角砾岩、碳质断层泥，依据构造岩变形特征分析，该断层主要表现为脆韧性逆冲性质。沿断裂带发育红山湖泊及断层泉眼。断层遥感影像线状特征明显，两侧影像特征截然不同，地貌上显示一连串的负地形	脆韧性逆冲断层	
F_{21}	近北西—南东向	30°～45°∠70°～75°	东盘向南走滑	75	>30	位于图区中西部，长岩岭—黑山峰一带，向西延伸被 F_{19} 断裂截切，该断层截切了 F_{20} 断裂及北西向走向的地层。主要表现为脆性断层，断带发育断层角砾岩、碎裂岩，并伴生拖褶皱及擦痕构造，地貌上表现为山脊错位，卫片线状遥感影像特征清晰	脆性平移右行走滑断层	
F_{24}	近北西—南东向	40°～50°∠55°～60°	北盘向南逆冲	24	15～30	位于图区边界线一带，向西延伸图外，向东延伸被 F_{23} 断裂截切。呈弧形向南凸出，断层使二叠系神仙湾组逆冲在侏罗系龙山组之上。断裂带内岩石破碎严重，岩石劈理发育，变形强烈，断裂带一侧有泉眼呈线状分布，泉水上涌、细流，断层三角面、断层崖清晰	小型逆断层	
F_{25}	近北西—南东向	40°～50°∠60°～70°	北盘向南东走滑	50	10～30	位于图区西南部天文点一带，向西延伸图外，向东延伸与 F_{26} 断层相切，断层两侧岩性差异大，且产状不协调，北盘地层为侏罗系龙山组；南盘地层为白垩系铁隆滩群。断裂带内充填 10～30m 厚度的断层泥及断层角砾，岩石破碎，风化强烈，地貌上断谷、断崖较多，遥感线性影像特征清晰	脆性右行平移走滑断层	

续表 6 - 1

名称及编号	走向	断面(带)产状	位移方向	断裂规模		断层带特征	性质	与岩浆作用和矿产的关系
				长(km)	宽(m)			
F_{27}	近北西—南东向	30°～40°∠50°～65°	北盘向南逆冲,北盘向右滑动	75	30～65	位于图区西南角,红山头—河尾滩一带,向东西两侧均延伸到图外。断层使三叠系上河尾滩组逆冲在侏罗系龙山组之上,断层两侧岩性差异较大,北侧岩石组合主要为细碎屑岩夹硅质岩;南侧岩石组合主要为碳酸盐岩。断裂带岩石破碎严重,变形强烈。断层三角面及遥感影像线状特征明显	右行走滑兼逆冲断层	
F_{29}	近北西—南东向	220°～235°∠55°～60°	南盘向北逆冲	15	20～70	断层位于图区西南角,向东延伸被 F_{30} 断层截切,向西延伸图外。呈弧形向北凸出,该断层使三叠系上河尾滩组逆冲在侏罗系龙山组之上。断层两侧岩性差异大,且产状相交,断裂带内充填 60m 厚度的断层泥及断层角砾,岩石破碎,地貌上显示断层三角面及负地形,卫片遥感线性影像构造特征清晰	逆冲兼右行走滑断层	酸性花岗岩侵入
F_{30}	近北西—南东向	20°～45°∠65°～76°	北盘向南东走滑	30	10～35	图区延伸局限,仅分布在图区西南角,两侧岩性差异大,且地层发生了明显的错位,岩石变形较强,发育断层角砾岩、碎裂岩等,沿断裂带有泉水出露,形成时代较新。地貌及断层遥感线性特征明显	右行平移走滑性质	
F_{31}	近北西—南东向	210°～220°∠55°～60°	南盘向北逆冲	16	>50	图区延伸局限,仅分布在图区西南角,两侧岩性差异大,断层北侧为白垩系铁隆滩群生屑灰岩;南侧为三叠系上河尾滩组石英砂岩、粉砂岩夹硅质岩。断层带延伸方向同区域构造方向一致,近断裂带处岩石破碎,南盘岩石强劈理化,具糜棱岩化,岩石变形强,可见石英矿物的定向拉长。卫片上断层线性影像特征明显	逆冲兼右行走滑断层	

1. F_1 断裂

位于图东北角,大红柳滩一带,呈近北西向延伸,图区长约 50km,向西延伸到康西瓦幅与三十里营房-康西瓦断裂带相切,向东延伸到图外。断层带宽 100～200m,倾向北东,倾角 50°～60°。主要发育长英质糜棱岩、糜棱岩化砂岩、碎裂岩及强片理化带。在阶地达坂一带长英质糜棱岩中可见碎斑系及 S－C 组构,并伴有顺层紧闭剪切褶皱(图 6－14)。依据变形特征分析,该断层具有两期

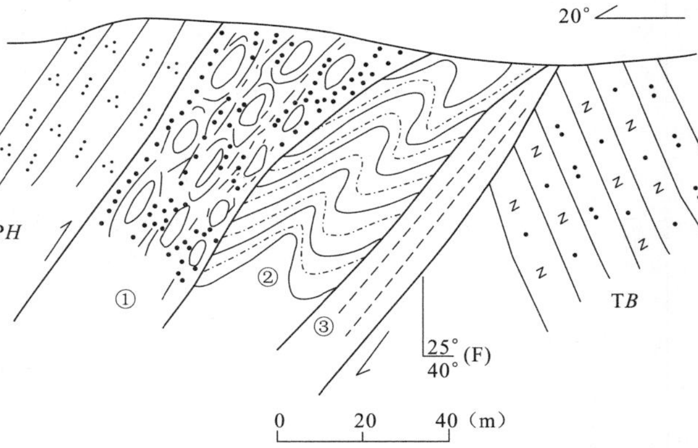

图 6－14　F_1 断裂带剖面素描图

①断层角砾岩;②剪切褶皱;③强片理化带

PH. 黄羊岭群石英细砂岩;*TB*. 巴颜喀拉山群长石砂岩夹粉砂岩

活动的特征，早期主要表现由北东向南西逆冲，晚期则表现右行平移走滑性质。该断裂是二叠系黄羊岭群与三叠系巴颜喀拉山群的分界断裂，致使二叠系黄羊岭群逆冲推覆在三叠系巴颜喀拉山群之上。同时，断层两侧地质体卫片影像截然不同，显示清晰的线状构造，地貌上显示明显的断层三角面特征。

2. F_4 断裂

位于图区北部羊乃皆了一带，呈东北—南西向延伸，图区长约 42.5km，向北延伸图外。该断层截切了近北西向展布的地质体，断层带宽约 30～50m，断层向北西陡倾，倾角 75°，主要发育断层角砾岩、碎裂岩及断层擦痕构造。依据断面擦痕及牵引褶皱等运动学标志分析，其断层性质主要为左行走滑断层，其形成时代较晚。卫片影像表现为清晰的线状构造，地貌显示山脊错位。

3. F_5 断裂

位于图区北部南屏雪山北侧，呈近东西向环状延伸，图区长约 20km，断层面提示上覆地层，倾角 60°。该断层性质为早期剥离断层，发育宽 50～100m 的破碎带，为长英质糜棱岩、钙质糜棱岩、千糜岩、碎裂岩等，长英质糜棱岩中发育“碎斑系”，可见“σ”形旋转斑、S－C 组构等（图 6－15）。指示其运动学方向上覆地层向下运动，该断层早期主要表现为伸展-走滑剪切变形，晚期受挤压作用变形与地层同褶形成环形构造。该断裂是青白口系肖尔克谷地岩组与长城系甜水海岩群的分界断裂，缺失了蓟县纪地层，卫片显示有环状构造影像特征。

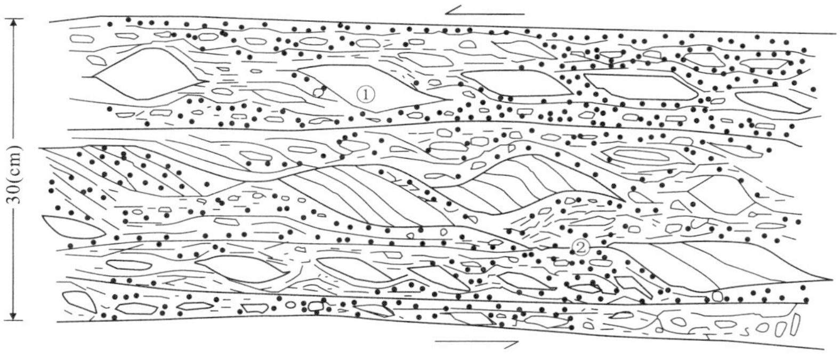

图 6－15　F_5 断裂断层带长英质糜棱岩中“σ”形旋转斑及 S－C 组构

①“σ”形旋转斑；②S—C 组构

4. F_7 断裂

位于图区羊乃皆了—肖尔克谷地一带，呈近北西—南东向弧形延伸，图区长约 120km，向东、西两侧均延出图外。该断裂带弧形向南，被晚期 F_4 断裂和 F_9 断裂错断，部分地段被侏罗纪花岗岩体侵入破坏而出露不全。断裂倾角 35°～50°，断层带 100～200m，发育有长英质糜棱岩、千糜岩及强片理化带，并伴生有紧闭同斜褶皱、顺层掩卧褶皱（图 6－16）。局部地段发育碎裂岩及断层角砾岩等。依据其运动学标志，断层性质主要表现由北东向南西逆冲-走滑性质，该断裂具有两期活动的特点。早期主要表现脆韧性逆冲，晚期则主要表现脆性右行走滑。它是长城系甜水海岩群与早古生代地层的分界断裂，致使长城系甜水海岩群逆冲推覆在奥陶系冬瓜山群或志留系温泉沟群之上。断裂两侧卫片影像特征截然不同，显示清晰的线状构造影像特征，地貌上显示一连串的负地形。

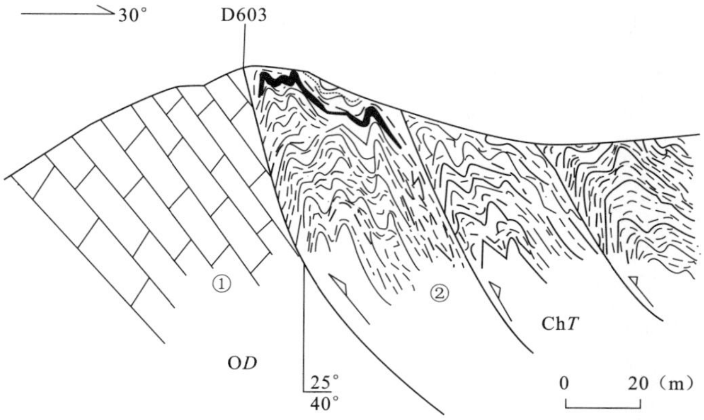

图 6－16　苦水湖北长城系甜水海岩群
逆冲推覆于奥陶系冬瓜山群之上剖面素描图
①白云质灰岩；②绢云石英片岩

5. F_{13} 断裂

位于图区天神达坂组—肖尔克谷地一带，呈近东西向波状延伸，图区长约 105km，向西延伸被 F_{16} 断裂截切，向东延伸在肖尔克谷地一带被 F_7 断裂截切。断裂倾向 5°～15°，倾角 50°～55°，断层带宽 50～100m，发育糜棱岩化石英砂岩、碎裂岩、断层角砾岩等（图 6－17），并伴生有拖褶皱。依据其指示运动方向，断层性质主要表现为挤压逆冲性质。在东部肖尔克谷地一带断层使奥陶系冬瓜山群逆冲在志留系温泉沟群之上，地貌上显示断层三角面及负地形。

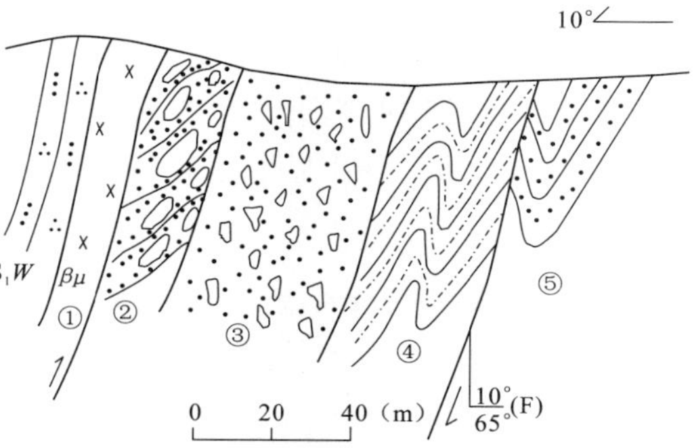

图 6－17　F_{13} 断层带剖面素描图
①辉绿岩脉；②碎裂岩；③角砾岩；④剪切褶皱；
⑤拖褶皱；S_1W. 温泉沟群石英细砂岩

6. F_{16} 断裂

位于图区中部克孜勒吉勒干一带，断层呈近北西—南东向延伸，地貌上沿喀拉喀什河两侧分布。长约 50km，断层向北东向陡倾，倾角 75°，断层带宽为 30～50m，主要发育断层角砾岩、碎裂岩及断面擦痕构造，指示其运动学方向为右行平移走滑断层。断层截切了近东西向走向的地质体，其形成时代较晚。卫片上显示清晰的线状构造影像特征，地貌上沿河流两侧分布，并可见有泉水流出。

7. F_{17} 断裂

图区分布在天神达坂—岔路口一带，呈近北西—南东向延伸，图区长约 100km，向西延伸图外，向东延伸到岔路口东侧与乔尔天山-岔路口断裂（F_{20}）相切。断层面向北东向陡倾，倾角 65°～75°，沿断层带发育有辉长岩、辉绿岩脉，说明该断层深度较大。断层带宽为 35～65m，主要碎裂岩、断层角砾岩及强劈理化带，依据其伴生的擦痕、拖褶皱构造，指示断层性质主要表现为右行平移走滑。该断层截切了近东西—北西向的地质体，并发生了明显的错位，该断层形成时代较晚，沿断层带局部地方发育断层泉。卫片上影像特征显示清楚的线状构造，地貌上可见有山脊错位现象。

8. F_{19}断裂

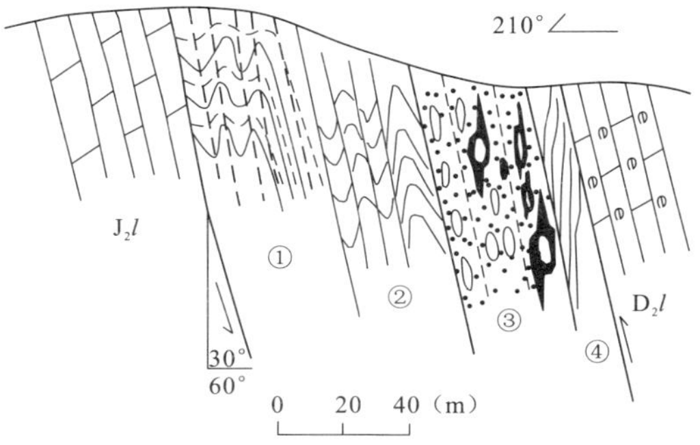

图 6-18 F_{19}断层带剖面素描图

①强变形褶皱;②强片理化带;③"σ"形旋转斑;④S-C组构。J_2l. 片理化灰岩;D_2l. 生物灰岩

图区分布在天神达坂—冰海一带,呈北西—东西向弧形展布,弧向指向南西向。长约125km,向东西两侧均延伸图外,在克孜勒吉勒干一带被F_{18}断裂错断,出露不连续。断层带宽为50~150m,发育有糜棱岩化石英砂岩、碎裂岩、断层角砾岩、构造透镜体及强劈理化带(图6-18),并伴生有拖褶皱。依据构造岩石变形特征分析,该断裂具有多期活动的特点,早期主要表现以逆冲推覆性质为主体,晚期则主要表现为右行平移走滑性质。断裂早期表现的效应使图区西部泥盆系落石沟组逆冲在侏罗系龙山组、白垩系铁隆滩群之上;中部奥陶系冬瓜山群逆冲在侏罗系龙山组之上、泥盆系落石沟组逆冲在白垩系铁隆滩群之上;东部石炭系恰提尔群逆冲在白垩系铁隆滩群之上,二叠系红山湖组逆冲在白垩系铁隆滩群之上,致使地层发生大量的缺失。卫片影像显示清晰的线状构造特征,地貌上显示一连串的负地形,部分地区可见断层三角面。

9. F_{22}断裂

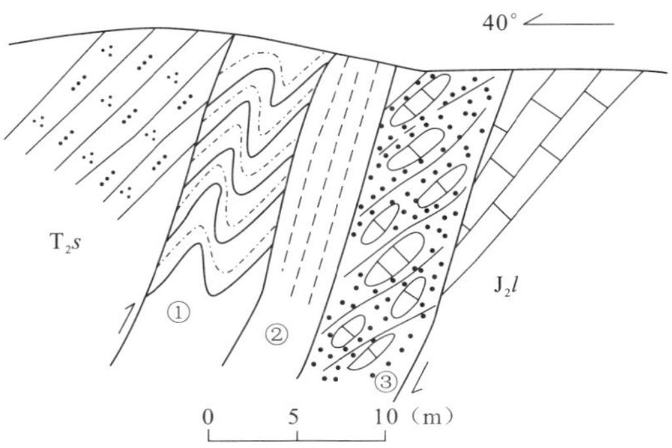

图 6-19 F_{22}断层带剖面素描图

①剪切褶皱;②强片理化带;③灰岩透镜体化

T_2s. 石英细砂岩;J_2l. 灰岩

位于图区乔尔天山-岔路口断裂以南,鸡冠石—团结峰一带,长约92km,向东西两侧均延伸到图外。断裂呈近北西—南东向延伸,断面呈波状起伏,断层向北东向陡倾,倾角65°~70°,断层带宽为30~80m,发育有断层角砾岩、碎裂岩及断层擦痕构造(图6-19),并伴生有强劈理化带。依据其运动学标志,其性质主经表现为逆冲-走滑断层,该断层致使三叠系上河尾滩组逆冲在侏罗系龙山组之上,并使地层发生了明显的错位,该断层形成时代较晚。卫片上显示清晰的线状影像特征,地貌上显示山脊错位。

10. F_{23}断裂

位于图西南角,五二四三高地—风沟口一带,呈近北西—南东向延伸,图区长约85km。断层倾向北东向,倾角70°~75°。断层带宽为30~50m,主要发育有断层角砾岩、碎裂岩及断层擦痕构造。其性质主要表现为右行平移走滑断层,断层使地层发生了明显错位。卫片上显示清晰的线构造影像特征,地貌上可见断层泉及负地形。

11. F_{26}断裂

位于图区西南角,红山头—驼峰山一带,呈近北西—南东向延伸,图区长约78km。断层向北东向陡倾,倾角75°,断层带宽为20~65m,发育有碎裂岩、断层泥、强劈理化带,局部残留有断层擦痕构造,其性质主要表现为右行平移走滑。卫片上显示清晰的线状影像特征,地貌上显示断层三角面,并见有山脊错位现象。

12. F_{28}断裂

位于图区西南角，达普桑平地—河尾滩一带，呈近北西—南东向延伸，图区长约65km，向两侧均延伸到图外。断层倾向北东，倾角55°～70°，发育有断层角砾岩、碎裂岩及强劈理化带，并伴生有拖褶皱(图6-20)，指示其运动方向主要表现为逆冲-走滑性质。在部分地区使侏罗系龙山组逆冲在白垩系铁隆滩群之上，断层卫片上显示线状构造影像特征，地貌上表现为负地形，并可见断层泉。

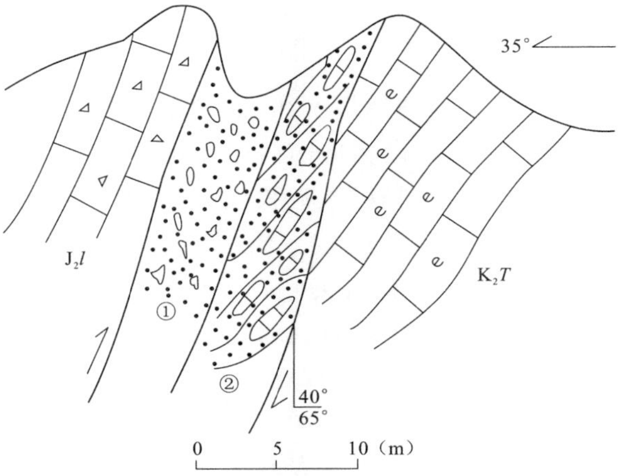

图6-20　F_{28}断层带剖面素描图

①碎裂岩；②透镜体化灰岩；J_2l. 碎裂状灰岩；K_2T. 含生屑灰岩

第四节　褶皱构造

图区不仅断裂构造发育，其褶皱构造也发育(图6-1)。在长城纪—青白口纪过渡基底上表现为向形构造，在其早古生代—中生代盖层上则表现为向斜、背斜构造。由于受晚期构造叠加改造，多呈短轴背、向斜构造，图区主要有南屏雪山北侧向形构造、肖尔克谷地西侧向形构造、平达坂短轴背斜构造、乔尔天山短轴向斜构造、红山湖短轴向斜构造、红山湖东侧短轴向斜构造、冰海短轴背斜、多坦塔格山3个短轴背斜构造、河岔口复式短轴背斜构造、团结峰短轴背斜构造、天南坪短轴向斜构造等。现由北向南分述如下。

1. 南屏雪山北侧向形

位于图区北部南屏雪山北侧，褶皱轴线呈近东西向延伸，东西长约13.5km。褶皱形态比较紧闭，两翼基本对称，轴面近于直立，劈理不发育。北翼产状为170°～180°∠45°～50°，南翼产状为350°～5°∠50°～60°，东侧转折端产状为270°∠25°，西侧转折端被晚期断层破坏，而出露不全。向形构造卷入核部地层为青白口系肖尔克谷地岩组，两翼地层为长城系甜水海岩群。

2. 肖尔克谷地西侧向形

位于图区东北部肖尔克谷地西侧，褶皱轴线呈近北西向延伸，长约32km，褶皱形态比较开阔，两翼近似对称，轴面直立，劈理不发育。北翼产状为210°～230°∠50°～65°，南翼产状为35°～45°∠50°～60°，东侧转折端被断裂破坏，西侧转折端被晚期花岗岩体侵入破坏而出露不全。向形构造卷入核部及两翼地层均为青白口系肖尔克谷地岩组，由于受断裂破坏，南翼地层出露不全。

3. 平达坂短轴背斜

位于图区中部克孜勒吉勒干北部，褶皱轴线呈近东西向弧形延伸，显示明显的晚期叠加褶皱，长约32km，褶皱形态比较紧闭，两翼近似对称，轴面向北陡倾，轴面劈理不发育。北翼产状为20°～45°∠60°～75°，南翼产状为35°～45°∠70°～80°，东侧转折端由于晚期构造叠加改造，产状为40°∠60°，西侧转折端产状为275°∠50°。卷入地层核部为奥陶系冬瓜山群，两翼地层为志留系温泉沟群。褶皱形态总体为一短轴紧闭背斜构造，受晚期构造叠加，轴面发生弯曲。

4. 乔尔天山短轴向斜

位于图区西部天神达坂—乔尔天山一带，褶皱轴线呈近北西向延伸，长约 30km，褶皱形态开阔，两翼基本对称，轴面直立，并发育轴面劈理。北翼产状为 210°～215°∠40°～65°，南翼产状为 30°～45°∠10°～30°，西侧转折端产状为 100°∠30°，东侧转折端产状为 325°∠20°。卷入地层核部为白垩系铁隆滩群，两翼地层为侏罗系龙山组，北翼由于断裂破坏而出露不全。

5. 红山湖短轴向斜

位于图区中部红山湖南侧，褶皱轴线呈近北西向延伸，长约 10km，褶皱形态比较开阔，两翼基本对称，轴面直立，轴面劈理发育。北翼产状为 200°～215°∠10°～35°，南翼产状为 30°～45°∠30°～50°，东侧转折端产状为 280°∠30°，西侧转折端被第四系覆盖而出露不全。卷入地层核部为石炭系恰提尔群，两翼均为志留系温泉沟群，南翼由于断裂破坏而出露不全。

6. 红山湖东侧短轴向斜

位于图区中南部红山湖东侧，褶皱轴线呈近东西向延伸，长约 25km，褶皱形态开阔，两翼近似对称，轴面直立，轴面劈理发育。北翼产状为 190°～205°∠30°～45°，南翼产状为 20°～35°∠40°～50°，东侧转折端产状为 260°∠45°，西侧转折端产状为 150°∠30°。向斜核部地层为二叠系红山湖组，两翼地层均为石炭系恰提尔群，南翼由于断裂破坏而出露不全，该褶皱具有典型的短轴向斜构造特征。

7. 冰海短轴背斜

位于图区中南部冰海一带，褶皱轴线呈近北西向延伸，长约 8km，由于受后期断层破坏而发育不全。褶皱形态比较落后紧闭，两翼近于对称，轴面直立，轴面劈理发育。北翼产状为 45°～50°∠30°～45°，南翼产状为 200°～215°∠40°～50°，东侧转折端产状为 110°∠40°，西侧转折端产状为 280°∠35°。由于断层破坏，向斜核部发生错位，卷入地层核部为侏罗系龙山组，两翼地层分别为铁隆滩群砂砾组和灰岩组。

8. 短轴背斜

位于图区东南角、多坦塔格山一带，褶皱轴线呈近北西向延伸，长约 10km。褶皱形态比较紧闭，两翼比较对称，轴面直立，劈理较发育。北翼产状为 40°～50°∠40°～55°，南翼产状为 220°～235°∠45°～50°，东侧转折端产状为 140°∠30°，西侧转折端产状为 320°∠35°。核部地层为石炭系恰提尔群，两翼地层为白垩系铁隆滩群。该褶皱形态为典型的短轴背斜构造。

9、10. 短轴背斜

均位于图区东南角、多坦塔格山一带，长度比第 8 短轴背斜较大，长约 20km，其特征与第 8 短轴背斜特征基本相同，在此不作论述。

11. 河岔口复式背斜

位于图区中南部黑山峰—河岔口一带，褶皱轴线呈近北西向延伸，长约 55km，褶皱形态较开阔，两翼基本对称，轴面近于直立，轴面劈理发育。北翼产状为 40°～50°∠30°～45°，南翼产状为 220°～235°∠45°～50°，东侧转折端产状为 130°∠40°，西侧转折端产状为 325°∠35°。内部次级褶皱发育，主要由两个向斜和 3 个背斜组成(图 6 - 10)。核部地层为二叠系神仙湾组，两翼地层均为侏罗系龙山组，由于北翼断裂破坏而出露不全。

12. 团结峰短轴背斜

位于图区中南部奇普恰普山口—团结峰一带，褶皱轴线呈近北西向延伸，长约60km，褶皱形态比较开阔，轴面近于直立，轴面劈理较发育。北翼产状为40°～50°∠30°～45°，南翼产状为220°～235°∠45°～50°，东侧转折端产状为140°∠40°，西侧转折端产状为335°∠30°。核部地层为二叠系神仙湾组，两翼地层均为侏罗系龙山组，由于后期断裂破坏，褶皱形态发育不全。

13. 天南屏短轴向斜

位于图区西南角，达普桑坪地—天南屏一带，褶皱轴线呈近北西向延伸，长约38km，褶皱形态开阔，两翼近似对称，轴面劈理较发育。南翼产状为10°～25°∠20°～35°，北翼产状为210°～220°∠25°～30°，东侧转折端产状为320°∠20°，西侧转折端被断层破坏而出露不全。卷入核部地层为白垩系铁隆滩群灰岩组，两翼地层分别为白垩系铁隆滩群砂砾组、侏罗系龙山组。由于晚期断层破坏，向斜核部发生错位。

第五节　地质构造发展史

昆仑造山带是中央造山系的主要组成部分，关于其物质组成及构造演化是目前青藏高原北部基础地质研究的重点之一，随着2000年中国地质调查局启动新一轮的青藏高原空白区1∶25万地质调查项目的实施，特别是近两三年来先后开展的1∶25万于田县、伯力克和麻扎、神仙湾等幅区调项目取得最新成果，结合近年来各大科研院所在该区所作的专项研究成果，经综合分析研究，对西昆仑造山带提出一个多数学者认同的观点：西昆仑是由多个微陆块、增生杂岩和蛇绿混杂岩带组成复杂的地质拼合体。由于图区主体位于甜水海-北羌塘微陆块，其构造演化历史可粗略划分为三大构造阶段，5个演化时期。三大构造演化阶段是前震旦纪基底形成演化阶段，震旦纪至中三叠世板块构造机制演化阶段，晚三叠世以来的板内演化阶段。5个演化时期包括晋宁期(Qb)、加里东期(O—S)、华力西期(D—P_2)、华力西期—印支期(P_3—T_2)、印支期—燕山期(T_3—K)。

一、前震旦纪基底形成演化阶段

进入元古宙以后，相对刚性的岩石圈已经形成，地球的表面部分出现了板块构造机制。这一阶段的地质构造演化可分为古元古代和中新元古代两个阶段。

古元古代演化主要涉及图区北邻康西瓦幅北部塔里木南缘铁克里克断隆上的埃连卡特岩群和南部巴颜喀拉晚古生代—中生代边缘裂陷带上的布伦阔勒岩群。区域资料显示埃连卡特岩群、布伦阔勒岩群在变质岩石学方面存在明显的差异；以埃连卡特岩群为代表的北部基底实际上为塔里木地块南部边缘的一部分，具有固结较早、以碎屑岩为主的特点，变质达低角闪岩相；而以布伦阔勒岩群为代表的南部基底岩性差异较大，岩石组成复杂，在康西瓦幅南部康西瓦一带主要为一套变质碎屑岩夹少量大理岩，变质达高角闪岩相。中新元古代演化主要涉及图区甜水海微陆块，与调查区昆仑造山带的北昆仑微陆块基底和中昆仑微陆块基底出露的长城系普守岩组、赛图拉岩群、蓟县系桑株塔格岩群的建造类型与变质改造特征存在明显的差异。

图区中新元古代过渡基底主要由长城系甜水海岩群、青白口系肖尔克谷地岩组组成。甜水海岩群主要由一套细碎屑岩建造，岩石变形较强，变质较弱，变质达低绿片岩相，具有稳定的沉积建造特征;青白口系肖尔克谷地岩组,系本次区调从原划长城系甜水海岩群中新解体出的一套构造岩石地层单位。主要为一套碳酸盐岩建造。岩石变质变形均较弱,变质达低绿片岩相。岩石中发育有叠层石及藻纹层,说明其形成环境为浅海台地相,具有稳定的沉积构造环境。在东邻幅出露有蓟县系岔路口石英岩,系阿克萨依湖幅区调从原划长城纪甜水海岩群中新解体的构造岩石地层单位。主要为一套细碎屑岩夹磁铁石英岩建造,岩石变形较强,变质达低绿片岩相,其沉积建造也代表了形成稳定的沉积环境。由上可见,甜水海微陆块出露的中新元古代地层主要为一套细碎屑岩夹碳酸盐岩、磁铁石英岩建造,岩石变形较强,变质较浅,变质达低绿片相。反映了从长城纪—青白口纪地层具有相对稳定、连续沉积环境的特点。青白口纪晚期(0.9Ga 左右),随着冈瓦纳大陆向北漂移,甜水海-北羌塘微陆块与图区北部中昆仑微陆块发生汇聚,形成了 Rodinia 超大陆的一部分。该期构造运动与扬子陆块上的晋宁运动时间也极为相近。图区缺失震旦纪—寒武纪地层沉积。

二、震旦纪至中三叠世板块构造机制演化阶段

(一)原特提斯地质演化

震旦纪—早古生代为原特提斯地质演化阶段,在康西瓦幅的昆仑山一带为主构造期,具奠基作用。

震旦纪—早古生代为原特提斯地质演化阶段,图区主要沉积了甜水海微陆块的奥陶系冬瓜山群、志留系温泉沟群。由于区域上晚震旦世—中寒武世发生了伸展扩张,甜水海-北羌塘微陆块群重新从 Rodinia 超大陆中裂解出来,成为一个独立的微陆块。在康西瓦幅南部形成了康西瓦-苏巴什原特提斯小洋盆,该洋盆一直延续到中二叠世才完全闭合。图区缺失震旦纪—寒武纪地层沉积,自寒武纪晚期,随着大规模的海侵,甜水海微陆块上开始接受沉积。奥陶纪沉积了冬瓜山群,主要为一套生物灰岩、生屑灰岩夹少量细碎屑岩,代表形成于稳定的台地相沉积环境。志留纪沉积了温泉沟群,岩石组合主要为一套细碎屑岩夹硅质岩建造,局部夹少量蚀变安山岩。岩石中发育沙纹层理、小型交错层理,并夹少量火山岩、硅质岩。依据岩石地球化学特征,综合分析其沉积构造环境可能为活动大陆边缘的斜坡相。由上可见,早古生代甜水海微陆块沉积环境是由稳定的台地相向活动大陆边缘斜坡相转变,表明在早古生代时期,甜水海微陆块上发生了一次俯冲作用事件,该事件可能是由于冈瓦纳大陆向北汇聚,南部班公湖-怒江洋发生俯冲碰撞,导致甜水海微陆块北侧洋盆向南发生俯冲,沉积了早志留世温泉沟群的一套细碎屑岩夹少量火山岩、硅质岩建造,代表其构造环境为活动大陆边缘斜坡相。由于该挤压俯冲作用致使早古生代晚期,甜水海微陆块发生抬升,该期加里东运动结束了沉积的历史,并对早古生代的沉积地层发生了变质变形作用。

(二)古特提斯-特提斯地质演化

晚古生代—早中生代为古特提斯洋-特提斯洋地质演化阶段,基本奠定了图区的构造格架,同时强烈改造了康西瓦幅昆仑山区的构造面貌。晚古生代在原特提斯的基础上发生了一次非常明显的开与合。

1. 泥盆纪—早二叠世沉积阶段

图区缺失晚志留世—早泥盆世地层沉积,由于区域上晚泥盆世—早石炭世伸展扩张作用的发生,随着大规模的海侵,中泥盆世图区沉积了落石沟组。其岩石组合主要为一套生物灰岩、生屑灰岩、白云岩夹少量钙质砂岩,代表其形成沉积环境为台地相。该组呈微角度不整合于下伏奥陶系冬瓜山群和志留系温泉沟群之上,说明早古生代地层在加里东期发生了褶皱变形,并发生暴露剥蚀。晚泥盆世沉积了天神达坂组,主要为一套含钙石英砂岩,含砾长石石英砂岩,石英粉砂岩夹砂砾岩、

砾岩，代表其形成环境为浅海滨岸相。该组与下伏地层落石沟组呈平行不整合接触关系，代表了中泥盆世与晚泥盆世之间缺失部分地层沉积。

早石炭世沉积了帕斯群，岩石组合主要为一套生物灰岩、白云岩夹生物礁灰岩，代表其形成环境为碳酸盐台地相。该灰岩中发育砾屑层及栉壳构造(图 6－21)，反映了早石炭世末期，地层发生了沉积间断，缺失了部分地层沉积。

图 6－21　帕斯群灰岩中发育栉壳构造

晚石炭世沉积了恰提尔群，主要岩石组合下部为细粒石英杂砂岩、钙质石英砂岩、粉砂质板岩夹砂质灰岩；上部主要为生物灰岩、砾屑灰岩夹少量钙质砂岩。砂岩中发育沙纹层理、小型交错层理，反映其形成环境为浅海滨岸相-台地相。

早二叠世图区沉积了红山湖组，该组系本次区调从原划石炭系恰提尔群中新解体出来的岩石地层单位。岩石组合主要为一套生物灰岩、砾屑灰岩、砂屑灰岩夹少量粉砂质板岩，该组底部发育有 50～100cm 厚的灰质底砾岩，呈平行不整合覆于下伏上石炭统恰提尔群之上，反映了晚石炭世至早二叠世之间存在沉积间断。灰岩中发育有生物点礁，礁灰岩中产鲢、珊瑚等生物化石，其形成时代为早二叠世晚期，反映其形成环境为碳酸盐台地相。由上可见，泥盆纪—二叠纪甜水海微陆块总体沉积环境为浅海滨岸相-碳酸盐台地相，并出露多次沉积间断，反映了该时期地壳活动比较频繁，甜水海微陆块发生多次的隆升和下沉作用。

在图区东北角大红柳滩一带残留的巴颜喀拉晚古生代—中生代边缘裂陷盆地中，沉积了二叠系黄羊岭群一套深水相细碎屑岩夹少量火山岩建造。同时，在晚泥盆世—早石炭世，图区北部发生了伸展扩张作用，图区内主要表现在乔尔天山—岔路口以南裂解形成了神仙湾晚古生代边缘裂陷盆地，并在图区天神达坂一带发育有大量石炭纪裂解期辉长岩墙[SHRIMP：(323.8±2.5)Ma]和辉绿岩墙，反映了该期伸展扩张作用在图区北部昆仑山、甜水海微陆块均有表现。在早二叠世，神仙湾晚古生代边缘裂陷盆地中沉积了早中二叠世神仙湾组，岩石组合主要为一套深水相细碎屑岩夹基性火山岩建造。

2. 中二叠世消减挤压阶段

晚古生代由扩张作用到闭合作用的转折时期是中二叠世，这一阶段图区北部康西瓦-苏巴什洋盆向北侧俯冲消减。这一阶段的最完整的地质记录保存在东部伯力克幅，从北向南依次为二叠纪再依勒克组弧后沉积体系(蛇绿岩、相变剧烈的微小陆块沉积和复杂的生物组合)、二叠纪卡拉勒塔什群和黄羊岭群弧前增生楔以及其上的山间盆地性质的三叠纪阿塔木帕下组红色磨拉石建造。图区神仙湾晚古生代裂陷盆地随着北部洋盆的消减，造成甜水海微陆块的俯冲碰撞而由伸展转化为挤压体制，并迅速消减，在中二叠世晚期该盆地褶冲变形进而关闭，图区内缺失晚二叠世的地层沉积。总而言之，昆仑山地区在中二叠世的这次汇聚作用是强烈和有深远影响的地质事件。

3. 早中生代特提斯地质演化阶段

早中生代为特提斯地质演化阶段，晚二叠世以后，特提斯系统构造体制再次发生重大转变。

图区东北角大红柳滩一带残留的巴颜喀拉中生代边缘裂陷海(洋)盆,沉积了一套深水相碎屑岩夹少量碳酸盐岩建造。早三叠世出现了显著的拉张作用,这一引张作用持续的时间很短、很快。残留盆地在接受两个陆源(中昆仑、甜水海微陆块)碎屑逐步充填的同时,图区南部神仙湾二叠纪—三叠纪裂陷盆地和甜水海微陆块上残留有少量中三叠统上河尾滩组沉积,其岩石组合主要为一套碎屑岩建造。由于受冈瓦纳大陆向北漂移的板块挤压作用再次发生俯冲和右旋斜冲性质的褶冲变形,中三叠世末上述两个盆地完全消失。从此,图区结束了长期以来的板块演化历史,转入了板内演化阶段。

三、晚三叠世以来板内演化阶段

图区神仙湾二叠纪—三叠纪裂陷盆地和甜水海微陆块缺失晚三叠世地层的沉积,晚三叠世以来板内演化阶段主要由早侏罗世巴工布兰萨组、中侏罗世龙山组和晚白垩世铁隆滩群组成。区域上中侏罗世龙山组地层与下伏地层呈区域角度不整合接触关系。

(一)侏罗纪—古近纪地质演化阶段

图区北部前侏罗纪地层中广泛发育基性岩脉,标志着伸展作用的开始,陆相沉积迅速向海相沉积转换,标志着伸展作用下沉积盆地的发展。中侏罗世海相沉积中夹有大量的基性火山岩,代表着盆地的进一步成熟。考虑到南部的班公湖-怒江洋形成于三叠纪—侏罗纪,闭合于晚侏罗世—早白垩世的事实,图区侏罗纪的沉积显然是该洋伸展阶段在其北部的沉积响应。早侏罗世巴工布兰萨组在图区分布范围局限,仅分布在图区西北部尖刀山一带,岩石组合主要为一套含砾碎屑岩建造,代表形成环境为陆相-浅海滨岸相,与下伏地层泥盆系落石沟组呈角度不整合接触关系。中侏罗世沉积了龙山组,下部主要为一套紫红色砾岩、砂砾岩夹石英砂岩;上部主要为一套鲕粒灰岩、生物灰岩夹砾屑灰岩。代表形成环境为河流相-碳酸盐台地相,该组超覆在下伏不同的地层之上。侏罗纪以陆相开始沉积,迅速过渡为海相沉积,代表了一次完整、规模较大的海侵事件。晚侏罗世由于受南部区域上班公湖-怒江洋闭合的远程挤压效应,甜水海微陆块发生隆起,图区缺失晚侏罗世沉积,以及晚白垩世的不整合代表着侏罗纪地质演化的结束。

由于早白垩世末期,受南部区域上雅江洋伸展的远程效应,发生了规模较大的海侵事件。图区沉积了晚白垩世铁隆滩群,下部主要为紫红色砾岩、砂砾岩夹少量砂岩,砂岩中发育大型板状交错层理;上部为生屑灰岩、粉晶灰岩,代表其形成环境为河流相-台地相,该组超覆于下伏不同地层之上。晚白垩世同样以陆相开始沉积,迅速过渡为海相沉积,代表了一次完整的海侵事件。晚白垩世末期,由于受南部区域上雅江洋闭合的远程挤压效应,甜水海微陆块再次发生隆起,图区缺失古近纪地层沉积。

古近纪地层图区未见出露,其地质演化历史不清楚。新近纪开始了陆相沉积,在图区沉积了少量阿图什组,主要为一套紫红色泥质粉砂岩夹泥岩,其产状未发生倾斜,近似于水平。

总而言之,古近纪以后整个调查区结束了海相沉积的历史,昆仑山、喀喇昆仑山开始差异隆起。

(二)青藏高原隆升阶段

青藏高原的形成和演化目前已有多种认识,提出了一些模式,如双地壳说、逆冲叠瓦说、碰撞挤压说、均衡调整说和热动力隆升说等。不论何种模式,大多数研究者较为一致的看法是青藏高原的形成是与印度板块向北俯冲和欧亚板块的碰撞有关,且这种俯冲已被最新喜马拉雅深部地震测深资料验证。引起争论的是当两大陆碰撞时,印度次大陆包括地壳和深部的物质是以何种形式加入到青藏高原内部的,青藏高原隆升是印度板块直接挤压的结果,还是后期其他的作用力形成的。

1. 青藏高原特点

要讨论青藏高原的隆升，必须考虑下面两个方面的因素。

1)青藏高原的物质组成

整个青藏高原是由大小不同、形成时代有异的微陆块体群以蛇绿混杂岩带、混杂岩带、深大断裂带等拼贴而成。由于大量的导源于下地壳乃至地幔的深大断裂、大量的规模较小的陆块存在，为在印度板块与欧亚板块碰撞过程中欧亚板块内部的多种变形、俯冲叠置和应力释放提供了物质基础。

2)青藏高原北部的隆升时间、方向、幅度规律

开始隆升的时间，昆仑山是在早中侏罗世结束海相沉积的历史，喀喇昆仑山(南部)是在古近纪结束海相沉积，隆升成陆。前者远远早于印度板块与欧亚大陆碰撞的时间，后者似乎与两个大陆的碰撞时间相吻合。隆升的幅度，昆仑山及喀喇昆仑山现在的高度总体高于内部，此外高原不同部位地质历史上的隆升速率不等。另外与其相关的现象还有青藏高原隆升过程中的主要变形发生于边缘地带，内部变形甚微；昆仑山、喀喇昆仑山乃至整个青藏高原隆升过程中的运动方向向北，说明高原隆升的主要构造动力来自于南部冈瓦纳大陆裂解及碎裂陆块向欧亚大陆的俯冲碰合。

2. 青藏高原隆升机制的讨论

对于青藏高原如此大的地壳厚度是如何形成的，又是什么样的力使得青藏高原的地壳在近期整体隆升这一普遍关注的问题，我们在充分考虑以上 3 个方面因素的前提下，结合前人的观点，认为主要有下列几方面因素决定了高原巨厚地壳的形成和近期的整体快速隆升。

(1)在印度板块向欧亚板块的长期持续挤压和受塔里木刚性地块阻挡的大的构造背景下，由于高原内部大小不同，形成时代有异的微陆块体群以蛇绿混杂岩带、混杂岩带、深大断裂带的存在使大陆地壳缩短、增厚，可以更加自由和容易。首先南北向的挤压作用可以通过下地壳的横向缩短和垂向加厚以及上地壳物质的逆冲叠置来实现高原地壳的加厚。其次，由于高原内部众多的微陆块存在，为微陆块之间的多种俯冲形式、俯冲方向提供了基础，单个俯冲之间不需要很大的距离也能实现高原地壳垂向叠置加厚的结果。同时俯冲方向的多样性也是新生代火山岩主要成带分布特征，时代多样性的内在原因。众多的深大断裂造成的另一个结果是导致地幔、下地壳的热量容易寻找向上运移的通道，使地壳受热而塑性增强，从而使其通过横向缩短达到垂向加厚的效果。也是由于众多的先期断裂构造的存在，为后期高原隆升过程中物质的垂向、横向溢出提供了条件，图区西邻幅最主要的走滑断裂系——喀喇昆仑右行走滑断裂即是继承了早期的空喀山口-乔戈里峰蛇绿混构造杂岩带。

众多微陆块间的有限俯冲叠置(包括印度板块的俯冲)、下地壳通过塑性变形、上地壳通过逆冲叠置作用应该是导致青藏高原地壳加厚的原因之一。其另一效应既是引起青藏高原的构造抬升(肖序常、李廷栋等，1988)，也是青藏高原形成初期的主要作用方式，而且在现今的高原周边依然起着重要的作用。

(2)青藏高原山根的重力均衡补偿是青藏高原近期快速隆升的一个主要原因。肖序常、李廷栋等(1988)曾指出，青藏高原的隆升可能经历了构造抬升阶段和均衡抬升阶段。始新世晚期至更新世初期主要为构造抬升阶段。各板块之间的差异运动引起强烈的挤压作用产生一系列冲掩断裂、推覆构造和塑性褶皱，使地壳大规模缩短、加厚，高原缓慢抬升，上地幔大幅度沉陷，形成宽而深的“高原山根”。更新世中期至现代，主要为均衡抬升阶段。更新世中期以来，随着高原整体漂移速度的变慢和各板块之间漂移速度的减小，产生了应力松弛，挤压作用大为减弱，在山根作用下产生了强烈的均衡调整，引起高原整体大幅度的快速隆升。李光岑、袁学诚(1988)认为，在印度板块与西

藏板块未碰撞前,隆升速度缓慢,隆升和动力来源主要是异常地幔的浮力。两板块碰撞后,地壳急剧加厚,高原快速隆升,促使隆升的主要动力是重力均衡。

(3)存在于青藏高原内部的热源是高原近期快速隆升的重要原因。崔军文等(1999)指出,青藏高原存在有4个不同深度的热动力源:可可西里—巴颜喀拉区深度为200～360km的地幔底辟或热柱;青藏腹地深度100～120km的岩石圈-软流圈界面上隆,由于壳幔穿插或地幔物质上涌导致冈底斯区深度55～70km的深部界面上隆;南北向纵贯青藏高原平均深度15～20km、平均厚度5～10km的壳内拆离层和局部熔融层。他认为青藏高原的隆升主要是由于上述不同界面内部存在的热源所引起。许志琴等(1996)对青藏高原北部可可西里地区新生代碱性火山活动的研究,认为是由地幔底辟引起,提出了青藏高原腹地隆升的主要原因与大陆内部深部热驱动-地幔底辟有关。但是,上述地幔底辟如何能够穿透高原巨厚地壳而到达地表也是有问题的,所以火山岩的形成更可能有下述原因。航磁异常所反映上地壳底部的热源,与地震、大地电磁测深反映地壳内存在的低速和低阻层相当,也有可能显示的是高原内部的层间剪切破碎带,是由于印度板块挤压使高原地壳不同层位向北移动速度不一的结果。这一破碎带的存在为深部岩浆和热流的上升提供了良好的通道。另外,还存在有这样的一种可能性,印度板块向欧亚板块俯冲挤压时,印度板块的壳幔物质不是齐头并进插入青藏高原壳幔中的,有的地方伸入较远,有的地方可能受阻,插入有限。印度板块至今仍然在向北挤压,所以航磁深部负磁异常带同样有可能是印度板块壳幔物质在这里向高原内部纵深插入的结果,同样会造成地壳热流的增加和带动高原的整体隆升。

所以,青藏高原的形成和演化可能经历了三叠纪—白垩纪前的各地块相互拼合、古近系—新近系早期的构造抬升以及新近系晚期至第四纪的受热和重力均衡整体隆升3个阶段。构造抬升现今在高原周缘依然起着重要的作用,它是引起高原隆升存在东西、南北差异的主要原因;受热和重力均衡作用是高原整体隆升的主导因素。

第七章　矿产与国土资源概况

调查区位于中国中央造山带西部的西昆仑造山带中，经历了漫长而复杂的地质构造演化过程，岩石类型多样，岩浆活动频繁，不同时期的构造运动控制着不同成因类型的矿产，各个构造单元有着不尽相同的成矿规律和成矿专属性。由于测区自然环境恶劣和交通条件十分困难，以往测区地质矿产工作程度很低，前人只沿新藏公路及山前地带对煤、黄铁矿、石灰岩、铁、稀有金属、白云母及玉石矿等少数矿种作过简单评价，并对铁矿、稀有金属、白云母矿计算了远景储量，矿产资源总体面貌不清。本次区调工作的目的在于全面查清区内矿产资源种类、矿化类型及分布范围，划分成矿远景区，初步总结区域成矿规律。

第一节　矿产资源概况

一、概　况

图区内已知有金、铜多金属矿、稀有金属矿、赤铁矿、石盐、石膏 6 个矿种，13 处矿产地。其中中型矿床 1 处，矿点 7 处，矿化点 5 处，见表 7-1。本次区调新发现金矿化点 1 处、铜矿化点 2 处和铁矿点 1 处，并对其作了简单的评价工作。以上矿产分布具有以下特征：金矿主要分布于甜水海微陆块上；稀有金属矿、铁矿主要分布于大红柳滩晚古生代—中生代边缘裂陷带内和甜水海微陆块上；铜矿主要分布于岔路口一带神仙湾晚古生代边缘裂陷带内；铁矿点主要分布在向阳峰石炭纪帕斯群的灰岩与白云岩分层处；石膏矿分布于天文点南一带；石盐零散分布于高原湖泊中。虽然上述矿产地地质工作程度较低，但对今后矿产勘查及科研工作仍具有重要的指导意义。

表 7-1　图区主要矿点、矿化点一览表

矿点(化)名称	编号	位置	地质矿产特征	矿石品位	规模、产状	成因类型	评价
错鲁勒错北石盐矿化点	3	错鲁勒错北	盐产于盐湖内，湖泊沉积物广受盐渍化	盐中伴生 B_2O_3	盐湖面积约 $24km^2$	湖相化学沉积	具找矿意义
俘虏沟中游赤铁矿化点	4	俘虏沟中游	铁矿产于燕山期黑云二长花岗岩与巴颜喀拉山群内外接触带石英脉中，矿石呈块状构造	TFe 46.3%	矿化范围 $750m^2$，矿体呈不规则状，不均匀分布于石英脉中	中低温石英脉型	具找矿意义
苦水湖盐矿点	6	苦水湖一带	卤水面积约 $0.85km^2$，深不超过 30cm，湖泊边缘盐坑广布，有白色结晶盐沉淀			湖相化学沉积	规模小，具找矿意义

续表 7-1

矿点(化)名称	编号	位置	地质矿产特征	矿石品位	规模、产状	成因类型	评价
喀拉喀什河东侧支沟金矿化点	7	位于岔路口喀拉喀什河	出露地层为志留系温泉沟群下部，岩性为灰色粉砂质板岩。板岩中石英脉大量发育，多数顺层侵入，呈脉群产出，碎裂状，可见明显黄铁矿化、黄铜矿化	主要矿物黄铁矿，多数已风化成褐铁矿，次为黄铜矿，次生蚀变为孔雀石，矿物呈浸染状、蜂窝状分布	石英脉体呈透镜状，一般成群出现，宽度一般 10m，延伸百米以上	石英脉型	2003 年本次工作新发现，化验结果未到
甜水海盐矿点	8	位于甜水海	盐矿产于干涸的第四系盐湖化学沉积物中	盐层为灰白—白色结晶盐，NaCl 含量 80%	矿化范围半径 5km，深 35cm	湖泊化学沉积	该矿规模小，杂质多，无工业意义
红山头石膏矿点	9	红山头	矿区地层为白垩系铁隆滩群，石膏矿产于该群下部偏上层位，底板为灰岩，顶板为砾岩，石膏矿呈似层状产出	矿石为白色纤维状石膏，质地纯洁，目估达到工业品位一级的要求	石膏矿呈似层状产出，厚 30～60cm，延伸 100 余米，沿地层走向断续出露	属浅海潟湖相碳酸盐—石膏建造	矿床规模小开采、运输条件差，无工业价值，但具地质找矿意义
河岔口南含银铜矿点	10	位于岔路口一带	构造上处于晚古生代神仙湾裂陷槽内，出露地层有神仙湾组和龙山组，区域大断裂有岔路口断裂，铜矿产于神仙湾构造角砾岩中	矿化主要为黄铜矿和黄铁矿、孔雀石等，铜品位：0.35%～6.92%，平均 3.07%，银品位 $(53.7～306)\times 10^{-6}$，平均 136.93×10^{-6}	矿体长 520m，平均厚度 3.88m，总体走向 60°～70°	构造角砾岩型铜矿	陕西地调院 1∶50 万化探(2002)检查发现并评价，品位高，规模大，具一定找矿潜力
岔路口团结峰铜矿化点	11	位于团结峰	出露地层为神仙湾组，地层中北西—南东向断层发育，破碎带内主要为强劈理化玄武岩和少量粉砂岩。铜矿化产于玄武岩中，后期石英脉沿裂隙面侵入	主要矿物为黄铜矿，次生蚀变为孔雀石，次为黄铁矿，矿化呈浸染状，颗粒细小	矿化体宽约 25m，延伸不详，走向北西—南东，倾向北	火山热液型	陕西地调院(2003)《岔路口幅》区调踏勘工作新发现，具一定找矿意义
天文点南石膏矿点	12	天文点南部一带	矿区地层为侏罗系龙山组，石膏矿产于该组下部偏上层位，石膏矿呈似层状产出。明显受层位控制	矿石为白色纤维状石膏，质地纯洁，目估达到工业品位一级的要求	石膏矿呈似层状产出，厚 30～60cm，延伸 100 余米，沿地层走向断续出露	属浅海潟湖相碳酸盐—石膏建造	矿床规模小开采、运输条件差，无工业价值，但具地质找矿意义
河尾滩北赤铁矿矿化点	13	河尾滩北部一带	矿体围岩为二叠系神仙湾组碎屑岩，矿体呈网脉状，北西向断层发育	不详	矿化范围 $60m^2$，矿化网脉长 20m，宽 3m，矿石呈碎裂结构，块状构造	低温热液型	仅具找矿意义

二、矿产资源特征

图区内矿产种类繁多，其中优势矿种为稀有金属矿、铁矿、铜矿及金矿。本节重点叙述本次区调新发现的矿产地和前人工作过的成型矿产，其他一般矿点、矿化点特征见表 7-1。

(一)稀有金属矿(1 号)

图区内稀有金属矿仅发现一处矿产地，即大红柳滩中型锂铍矿床(1 号)。1961 年原新疆喀什地质大队作过简单评价工作。

1. 地理位置

位于大红柳滩西南喀拉喀什河岸，新藏公路从矿区北侧通过。

2. 矿区地质特征

该矿床位于大红柳滩晚古生代—中生代边缘裂陷带内。矿床围岩为三叠系巴颜喀拉山群上组，岩性主要为灰色中—中厚层变长石石英细砂岩、粉砂岩，夹绢云母粉砂质板岩。地层倾向北东。褶皱构造不发育，为一单斜构造。大红柳滩断裂从矿床北侧通过，走向为北西—南东向，倾向北东，为一脆性逆断层。地层中次级构造裂隙十分发育，走向多呈近东西—北西向延伸，具压扭性质。全区绝大多数伟晶岩脉和含矿伟晶岩脉受它控制。燕山期含斑黑云母花岗岩分布于矿床南侧，呈带状展布，与围岩呈侵入接触。由花岗岩分异出的大量伟晶岩脉沿构造裂隙贯入于地层中，与地层产状一致或斜交。

3. 矿床地质特征

图区内已发现伟晶岩脉上千条，含矿伟晶岩脉仅19条，其中以1号矿脉规模最大，研究程度最高。现以其为代表叙述如下：

锂铍矿的赋矿岩石为酸性伟晶岩脉。矿区内已发现伟晶岩脉上千条，但含锂辉矿脉只有数十条。伟晶岩脉长10～25m，宽几厘米至几十厘米，个别达100cm以上。其形态多为不规则扁豆状和凸透镜状，脉体呈北西向延伸，倾角一般为35°～75°。1号矿脉为不规则扁豆体状，顶面产状倾向北东，倾角12°～27°。底面产状倾向南西，倾角87°，深部变为倾向北，倾角35°，分东西两个矿体，东矿体断续长约169m，宽平均2.6m。西矿体断续长约90m，宽平均0.5m。矿脉结构分带性明显，由内向外可分为长石、石英锂辉石带，石英锂辉石带；结构分带表现为中粗粒伟晶结构，细粒伟晶结构及花岗结构。锂辉石矿主要分布于中粗粒伟晶结构带中。

矿石矿物主要有锂辉石，少量白云母。伴生矿物主要有绿柱石、锡石、铌钽铁矿。伴生有益组分有铷、镓、锗、铯等，脉石矿物为石英和长石。

矿石品位：从化学分析结果可知，锂辉石含量大于$17kg/m^3$的样品，其Li_2O品位大于0.6%，BeO平均大于0.061%，Ta_2O_5品位0.007%。

4. 主要控矿因素

(1)北西—南东向构造对稀有金属矿起着关键的控制作用，图区内地层走向，花岗岩与伟晶岩脉展布方向均与区域构造线方向一致。赋矿岩石主要沿北西—南东向节理裂隙和地层破碎带分布。

(2)稀有金属矿直接赋存于伟晶岩脉中，伟晶岩脉是稀有金属矿的母岩。伟晶岩脉为含斑黑云二长花岗岩的分异产物，二者的化学成分非常接近，还有含斑黑云二长花岗岩内外接触带中伟晶岩脉特别富集，含矿岩脉就分布于这些伟晶岩脉中。因此稀有金属矿的形成与该岩体有密切的关系。

5. 成因类型

综上所述，该矿床的成因类型为花岗伟晶岩型，成矿时代在侏罗纪。

(二)黑色金属矿产

图区内黑色金属矿仅有铁矿一种。前人发现4处矿产地，两处为矿点，另两处为矿化点。俘虏沟下游赤铁矿点(5号)为新疆区调队1983年工作时发现,规模较大,向阳峰南褐铁矿(2号)为本次区调工作新发现矿点,现以其为代表叙述如下。

1. 俘虏沟下游赤铁矿点(5号)

1)地理位置

该矿位于大红柳滩南俘虏沟内,有简易公路通行。

2)矿区地质特征

该矿点位于大红柳滩晚古生代—中生代边缘裂陷带内。出露地层为三叠系巴颜喀拉山群,岩性主要为深灰色粉砂质板岩、绢云母千枚岩夹变中细粒长石石英砂岩,局部夹少量灰岩,为一套复理石碎屑岩建造。侵入岩主要岩性为中粒含斑黑云二长花岗岩与中细粒黑云二长花岗岩,后者呈小岩株产出,二者为脉动接触关系,形成于燕山期,为板内演化阶段的产物。花岗岩总体走向为北西—南东向,与区域构造线方向一致。与围岩接触处蚀变较强,常见片理化、角岩化和大理岩化。

矿区内构造简单,岩石变质变形较弱。地层内部小褶皱较发育,但总体构成一向北东倾的单斜。大红柳滩断层与大红柳滩-郭扎错断裂分别位于矿区外围北侧和南侧,二者走向均呈北西—南东向延伸,倾向北东。

3)矿体地质特征

铁矿体赋存在黑云二长花岗岩体内外接触带中,即黑云二长花岗岩体与灰岩、砂岩接触界线附近。矿体呈不规则状、脉状产出,总体走向呈近北西向延伸,向东南被冰雪覆盖。延长250m以上,宽约10m,并有向下扩大的可能,推深80m。矿体中部被北西向小断层错开。矿石结构为细粒结构、变余结构,浸染状构造。

矿石矿物主要为赤铁矿,次为针铁矿,含少量软锰矿。脉石矿物主要为长石、石英。

矿石品位:TFe含量41.0%～44.8%,Mn_2O_3含量5.3%～7.25%,为一富矿。

赤铁矿地质储量:$250m\times10m\times80m\times4t/m^3=80\times10^4t$。软锰矿地质储量达$80\times10^4t$。

4)控矿因素

铁矿赋存于黑云二长花岗岩体的内外接触带上,故花岗岩体与巴颜喀拉山群直接控制着铁矿的形成。是岩体上升侵入时携带成矿物质,在接触带与围岩发生热交换,形成铁矿。

5)矿石成因类型

综上所述,该铁矿的成因类型为热接触交代型,成矿时代在三叠纪。

2. 向阳峰南褐铁矿点(2号)

1)地理位置

该矿位于向阳峰南,有简易公路通行。

2)矿区地质特征

该矿点位于甜水海微陆块上,出露地层为石炭系帕斯群,可分上、下两个岩组,下岩组岩性为深灰色厚层粉晶灰岩、生物灰岩夹礁灰岩;上岩组岩性为灰白色微晶白云岩夹纹层状白云岩。二者为断层接触,地层产状倾向南,倾角40°～60°。岩浆岩不发育。岩石变质变形微弱,总体构成一单斜构造,地层内部发育一组近东西向的脆性逆断层,倾向南,规模较小,对矿体及地层起破坏作用。

3)矿体地质特征

铁矿产于帕斯群上、下岩组接触处靠近下岩组一侧,赋矿岩石主要为灰色粉晶灰岩,为一个近东西向脆性逆断层从矿点南侧通过,矿体受层位控制明显,呈带状展布,走向与地层产状一致,经地表追溯,矿化带断续延长可达5～8km,最大宽度可达100m,矿体厚度一般50～85m。铁矿石为块状构造，鲕粒结构。

矿石矿物主要由褐铁矿组成，次为赤铁矿，褐铁矿呈鲕粒分布。经化学分析 TFe 平均含量 21.37%。

4）控矿因素

铁矿体赋存于帕斯群上、下岩组接触处，矿体顶板为白云岩，底板为灰岩，明显受层位控制，系地层沉积的同时形成铁矿。

5）矿石成因类型

综上所述，该铁矿成因类型为沉积型，成矿时代为石炭纪。

（三）有色金属矿产

图区内有色金属矿产仅发现两处铜矿，即 10 号铜矿点和 11 号铜矿化点，见表 7-1。前者由陕西省地质调查院 2002 年发现，后者为本次区调 2003 年新发现。两处铜矿均位于神仙湾晚古生代边缘裂陷带内。出露地层为二叠系神仙湾组碎屑岩夹火山岩建造。地层褶皱、断裂发育，走向呈北西—南东向延伸。10 号铜矿产于构造破碎带中，该带岩石呈碎裂状，片理化强，裂隙发育，铜矿化受断裂控制明显。11 号铜矿化点产于受断裂控制的基性火山岩中，断裂走向北西—南东向。基性火山岩为玄武岩，岩石片理化较强，蚀变类型为硅化，铜矿化受断裂与火山岩双重控制，二者成矿时代为二叠纪晚期。

（四）贵金属矿产

图区贵金属矿产仅有一处，即 7 号金矿化点，见表 7-1。为本次区调 2003 年工作时新发现的矿化点。矿化点位于甜水海微陆块上。赋矿围岩为志留系温泉沟群碎屑岩建造。地层中褶皱、断裂发育。赋矿岩石为石英脉，呈脉群产出，透镜状。矿石矿物主要为黄铁矿，次为黄铜矿，呈星点状、浸染状分布。金含量达工业品位。成因类型为石英脉型。成矿时代为志留纪。

（五）非金属矿产

图区已知非金属矿产有两处石膏矿点、两处石盐矿点和一处石盐矿化点，见表 7-1。

石膏矿点分布于天文点南一带。出露地层为侏罗系龙山组和白垩系铁隆滩群，二者均为一套碳酸盐岩建造。地层中断裂、褶皱发育，走向呈北西—南东向延伸。石膏矿受层位控制明显，呈层状、似层状产出。成因类型为沉积型。成矿时代为中生代。

石盐矿分布于现代高原半干枯湖泊中。为湖相化学沉积成因。规模小，盐质不纯，无工业意义。

三、区域地球化学特征

根据新疆 1∶50 万叶尔羌河上游地区，和田市幅和阿克沙依湖幅区域化探资料，以康西瓦-苏巴什蛇绿混杂岩带为界，测区分属于塔里木地球化学省和喀喇昆仑地球化学省。图区内不同构造单元，不同地层单元及不同侵入体元素的分布规律、异常元素空间分布规律有着显著的差别，区域性深大断裂在控制着沉积建造、岩浆岩分布及矿产分布的同时，也控制着元素的分布。异常元素的分布除了与地层、岩浆活动及断裂活动有关外，与矿化蚀变有着非常重要的关系。

（一）各构造单元元素分布规律

1. 大红柳滩晚古生代—中生代边缘裂陷带

以富集 Be、Li、Th、La 等元素为特征，贫化 Hg、Ca、Cd 等元素。在哈巴克南花岗岩体上，Be、

Li、Th、La 等元素高背景重合性好，与燕山期花岗伟晶岩脉有关，是伟晶岩脉中富 Be、Li、Th、La 等元素所致。

2. 甜水海微陆块

富集 Au、Cu、Ag、Mo、As、Sb、Mn、Co、Bi、B 等元素，在谷顶雪山一带有 Zr、Nb、Li、Y、Ti 等元素的富集。主要元素高背景呈近北西带状展布。上述元素高背景的形成主要与志留系、中酸性杂岩体及断裂活动有关，是地层中的含矿物质经后期地质作用，与断裂和岩浆含矿热液叠加、改造进一步富集的结果。

3. 神仙湾晚古生代边缘裂陷带

富集 Pb、Zn、Hg、Cd、CaO，贫化 Na_2O、Ba，多数元素无明显集散。成矿元素 Pb、Zn、Ag、Cu 在岔路口地区富集明显，元素高背景区呈北西向带状展布。上述元素高背景与岔路口断裂和二叠系、侏罗系地层关系密切。

上述特征从空间上看，不同构造单元中，由北向南 Pb、Zn、Ag、Hg、Cd、CaO、As 等元素含量逐渐增高，Ba、Sr、P、SiO_2、Y、Zr 等含量逐渐降低。Cu、Ni、Cr、V、Co、F、Fe_2O_3、MgO、Th、Al_2O_3、U 等在测区北部库尔良裂谷带中最富集。

（二）异常分布特征

1. 亲铜元素异常

包括 Cu、Au、Ag、As、Sb、Pb、Zn、Cd、Hg 元素异常。其中 Cu、Au、Ag 异常分南北两条异常带，北带异常分布于康西瓦幅托特快尔、阿巴勒克、托满一带。南带异常主要分布于测区岔路口一带，异常除受二叠系地层及断裂控制外，还与燕山期火山活动密切相关，已发现两处铜矿化带。Pb、Zn、Hg 类异常主要分布于天神达坂、岔路口一带，异常呈条带状，走向近北西向。异常与岔路口断裂、基性火山岩以及二叠系、侏罗系地层有关。目前虽未发现有意义的矿化现象，但该类异常重合性好，强度高，规模大，与构造线方向展布一致，具有极好的找矿前景。

2. 钨钼族元素异常

包括 W、Sn、Bi、Mo、F 元素异常，主要由中酸性花岗岩体引起。在图区内分布零星，异常强度低，规模小，元素组合差，无找矿意义。

3. 稀有、稀土、放射性元素异常

包括 U、Th、La、Nb、Y、Zr、Li、Be 元素异常，异常自北而南明显形成 3 个北西走向的异常带。

北带异常位于康西瓦幅阿巴勒克—托满一带，与库尔良裂谷带对应。与亲铜元素异常重合。异常成因与构造岩浆热液活动有关。

中带异常位于中昆仑陆块和大红柳滩一带，以 Be、Li、La 元素异常为主，呈带状展布，面积大，强度高。异常主要与华力西期花岗岩和燕山期二长花岗岩中的伟晶岩脉有关。在大红柳滩一带已发现伟晶岩型中型稀有金属矿床一处，说明异常与矿化直接有关。

南带异常位于甜水海微陆块上，在谷顶雪山一带，异常以 Zr、Nb、Li、Y 为主，异常强度较低。异常与中酸性花岗岩体有关。

4. 铁族元素异常

包括 Cr、Ni、Co、MgO、Fe_2O_3、Mn、V、Ti 等异常。该类异常形成南北两条异常带，呈近北西向

展布。

北带异常主要分布在康西瓦幅阿巴勒克—托满一带,与亲铜元素密切伴生,见《康西瓦幅》报告。南带异常主要分布于哈巴克达坂南和岔路口一带,与南带亲铜元素异常重合性好。异常强度高,规模大,元素组合好。异常与二叠系地层、燕山期火山岩浆活动,断裂活动及矿化蚀变关系密切。在岔路口一带已发现两处铜矿化,伴生 Cr、Ni 等元素,说明异常与矿化有关。

根据上述异常元素分布规律并结合各构造单元异常元素分布特征,可将测区划分出 3 个地球化学带,地球化学带基本与三级构造单元相对应。自北而南分别是:大红柳滩 Li、Be、U、Th、La 地球化学带;甜水海微陆块 Cu、Au、Ag、FeO、Mo、Sb、Mn、Co、Bi 地球化学带;岔路口 Pb、Zn、Cd、Hg、CaO、B 地球化学带。

从各构造单元元素空间分布规律,异常元素分布特征及区内矿产空间分布看,各带严格受地层建造、岩浆活动、断裂构造控制,有着各自的成矿专属性。

四、成矿带的划分

任何矿床的形成都是地壳演化到一定阶段各种综合地质作用的产物,成矿作用受地质环境的控制。成矿带的划分原则为具有统一的地质构造环境、统一的地壳发展史。在各阶段的地质作用下,形成了具有内在联系的不同矿种,不同成因类型的矿床、矿点。主要成矿元素组合独特,异常元素成带分布。成矿带的范围基本上位于三级构造单元内。依据上述原则,将图区划分出两个成矿带,即康西瓦-大红柳滩铅、锌多金属、稀有金属成矿带;向阳山铁矿成矿带。

(一)康西瓦-大红柳滩铅、锌多金属,稀有金属成矿带

该成矿带位于大红柳滩晚古生代—中生代边缘裂陷带内,呈不规则带状展布,向北西延伸至康西瓦一带,图区内面积约 700km^2。出露基底地层为下元古界康西瓦岩群(Pt_1K),岩石组合复杂,岩性主要为各种片麻岩、变粒岩、片岩夹大理岩,岩石变质变形强烈,变质相达低角闪岩相-高角闪岩相。上覆二叠系黄羊岭群、三叠系巴颜喀拉山群地层,前者为一套浊积岩建造,夹少量火山岩、灰岩;后者为一套复理石碎屑岩建造,局部夹碳酸盐岩。二者间均以断层接触。燕山期黑云二长花岗岩侵入于上述地层中,为板内演化阶段的产物。岩体呈近北西向带状展布,围岩蚀变较强,岩浆期后伴随酸性伟晶岩脉十分发育,多顺层侵入于康西瓦岩群与巴颜喀拉山群中。区内矿产的形成主要与该期岩浆热事件有关。康西瓦-苏巴什断裂与大红柳滩-郭扎错断裂为成矿区的边界断裂,呈近北西向延伸,具多期活动性。控制着两侧的物质组成、元素分布。内部次级断裂呈北西—北西西向延伸,黄羊岭群向斜位于成矿区东侧,翼部出露康西瓦岩群,核部为黄羊岭群,次级褶皱发育。已知矿产分布于向斜南翼。

在区域布格重力异常图上,该成矿带位于重力异常梯度带上,重力等值线密集,变化幅度大,走向呈近东西向展布,与区域构造线方向一致。

上述地质背景对形成铅矿及多金属矿非常有利,为成矿作用创造了良好的空间环境。

成矿区内富集元素主要为 Be,其次为 Li、Th、La 等元素。异常以 Be 为主,由矿化引起,伴生 Pb、Ag、Au、Zn,成带状分布。Li、Th、La 局部富集,但含量高。该成矿带向西延伸,在和平桥一带,异常以 Cu、Ag、Au、Pb、Zn 为主,已发现多处铁、铜、铅矿点。

主要成矿期为中生代。在康西瓦—大红柳滩一带已发现小型铁矿床 1 处,中型白云母矿 1 处,含银铅矿点、多金属矿点、铅矿点、白云母矿点各 1 处,铅矿化点 2 处。除铅矿化点外,其余矿产赋矿层位为康西瓦岩群,铅矿化点产于加里东期黑云二长花岗岩与围岩的接触带上。含银铅矿产于康西瓦岩群蚀变大理岩和构造破碎带中,受层位、热液和构造控制。铁矿床产于康西瓦岩群片岩与大理岩接触带上,受层位、岩浆热液控制。白云母矿产于伟晶岩脉内。在图区大红柳滩一带产伟晶

岩型稀有金属矿床，矿床围岩为三叠系巴颜喀拉山群，赋矿岩石为燕山期伟晶岩脉，岩脉受构造、岩浆热液控制。区域上在民丰县卧龙岗一带，在二叠系黄羊岭组中产汞锑矿床。

上述特征说明，该成矿带是形成铅矿、铁矿及稀有金属矿非常有利的地区。康西瓦岩群和巴颜喀拉山群是重要的含矿层位。燕山期酸性花岗岩体是重要的矿质来源。

（二）向阳山铁矿成矿带

该成矿带位于甜水海微陆块西侧，呈带状展布，图区内面积约75km²。出露最老地层为长城系甜水海岩群，主要为一套浅变质的细碎屑岩夹泥质岩，岩石变形强烈，变质较浅。上覆青白口系肖尔克谷地岩组，主要为一套碳酸盐岩夹细碎屑岩沉积，岩石变形强；变质弱，二者间以韧性断层接触，构成甜水海微陆块过渡基底。下古生界沉积了奥陶系、志留系地层，上古生界沉积了泥盆系、石炭系地层，其中石炭系帕斯群为一套稳定台地相的碳酸盐岩建造，与上下地层均为断层接触，新发现的铁矿产于此地层中。成矿带内构造岩浆活动微弱，发育一组近东西向脆性逆断层，断层规模较小，晚期发育北东—南西向左行断层，使帕斯群发生位移，但位移量很小。

在区域布格重力异常图上，该成矿带位于布格重力正异常区，异常走向呈北西向—南东东向，与区域构造线方向一致。

成矿带内异常以铁族元素异常为主，主要富集Cu、Au、Ag、FeO、Mo、Sb、Mn、Co、Bi，异常主要与构造活动及地层有关，异常分布与区域构造线方向一致。

向阳山褐铁矿赋存于帕斯群灰岩组中，完全受层位控制，矿体呈带状分布，与地层走向一致。

上述特征说明，该带是寻找铁矿非常有利的地段，通过进一步工作有希望扩大铁矿规模。

另外，位于测区南部的神仙湾晚古生代边缘裂陷带也是一个重要的成矿带。带内构造岩浆活动强烈。玄武岩、辉长岩脉、辉绿岩脉发育，走向与区域构造线方向一致，受构造控制。异常以Pb、Zn、Cd、Hg为主，伴生Cu、Sn、W、As、Sb、Cr、Ni等元素异常，异常面积大，强度高，分带好。在岔路口地区已发现两处铜矿（化）点，见前述矿产资源特征。因此，该带具有非常好的找矿前景。

五、成矿时代划分

依据区域矿产空间分布规律、产出地质特征、成矿时代、构造演化，结合异常元素分布规律，可划分出以下成矿期。

1. 早古生代成矿期

震旦纪—寒武纪在图区北侧沿康西瓦一带发生裂解出现洋壳，甜水海陆块从统一的大陆中分离出来，接受沉积。由于后期构造作用的强烈改造，与裂解碰撞期有关的物质记录在图区内未得以保存，仅残留有与俯冲作用有关的花岗岩体，成矿作用微弱。

早古生代图区仅在甜水海微陆块上沉积有奥陶系—志留系沉积建造。成矿作用较弱，只在志留系温泉沟组中见石英脉型金矿化。而在图区以外其他地区，成矿作用相对较强。

2. 晚古生代成矿期

晚古生代在整个图区以古特提斯洋的威尔逊旋回演化为特征，残留的康西瓦-苏巴什洋在石炭纪再次扩张，在图区北侧裂解形成了二叠纪神仙湾边缘裂陷盆地，沉积了一套深水相浊积岩夹中基性火山岩。中二叠世晚期康西瓦-苏巴什洋发生双向俯冲，在两侧形成火山弧、岩浆弧和弧后盆地，形成西昆仑造山带。成矿作用较强。

这一时期图区仍处于一个相对稳定的构造环境中，甜水海陆块上继续接受了泥盆系—石炭系碳酸盐岩沉积建造。成矿作用微弱，仅在石炭系帕斯群中见有沉积型铁矿。在图区北部及其他地区,成矿作用强烈,形成许多金属矿产。

3. 中—新生代成矿期

中—新生代图区进入陆内造山演化阶段。区内发生强烈的挤压、褶皱、抬升、推覆与走滑作用,板内岩浆活动强烈,是图区内一个非常重要的成矿期。形成了一系列与韧性剪切构造和碱性岩浆热液活动等有关的金矿化等,如木吉构造蚀变岩型金矿(图幅外)、大红柳滩与伟晶岩有关的锂铍(铌钽)矿床,与燕山期岩浆热液活动有关的铅多金属矿,产于侏罗系、白垩系碳酸盐岩中的石膏矿等,以及与高原隆升剥蚀有关的砂金矿(再依勒克、乌鲁瓦提)。墨玉县喀拉喀什河一带的金刚石砂矿的原生矿推测可能与中—新生代深大断裂的隐伏岩浆活动有关。

第二节　其他国土资源概况

调查区从地理位置上讲处于青藏高原北部喀喇昆仑山与昆仑山之间。这里自然环境恶劣,气候多样,动植物垂直分带明显,人烟稀少。青藏高原的隆升对中国北方乃至全球自然环境产生了巨大的影响。为使区调工作不但能满足国家公益性、战略性、基础性工作的需要,还能为国家的可持续发展规划提供依据,我们结合前人资料对图区的自然环境资源、生态环境、灾害地质及旅游资源作了相关调查。

一、自然资源概况

自然资源按其自然属性分为气候资源、土地资源、水资源、生物资源及矿产资源(见前述)等。

(一)气候资源

由于青藏高原阻挡了印度洋水汽北上,造成图区气候寒冷干旱,降水量稀少。昆仑山北翼山麓平原年降水量一般在50～100mm以下,海拔为2 000～4 000m的山地,年降水量可达100～400mm。喀喇昆仑山南翼年降水量126mm,北翼喀拉喀什河谷地的康西瓦一带,年降水量仅37mm。雪线以上的降水量可达800～2 400mm,是现代冰川发育的重要补给来源。

图区太阳辐射强、气温低、日照差大,气候寒冷。气温受地形影响较大。昆仑山北翼山麓平原,最暖月均温度为23.8℃,最冷月均温度为－5.3℃;海拔高度2 000～4 000m的中高山区,最暖月均气温为10～20℃;海拔高度4 700～5 200m的高山区,最暖月均温度为3～7℃,最冷月均温度为－20℃,极端最高气温16～20℃。即使在7月,最低气温也多在－10℃,平均气温日较差可达15～20℃。

高原上这种干旱寒冷,降水稀少,日较差大和紫外线强的特点,是造成图区植被稀疏矮小,抗逆性差的主要原因。植被一旦遭到破坏,将很难恢复。

(二)土地资源与环境

调查区在全国土壤区划中属于蒙新干草原荒漠土壤区域的暖温带极干旱草原土壤地区。土地成土过程年轻。普遍具有层薄、多砾、粗骨性强、矿物分化程度低、生物作用弱等特点。土壤的生长发育尚处于幼年期。整个调查区内,可利用耕地严重匮乏,仅零星分布于山前河谷阶地上,面积不到全区面积的5%。依据前人资料并结合本次调查结果,调查区内主要土壤类型有如下几种。

1. 寒冻土

寒冻土是脱离冰川影响最晚、成土年龄最短的原始土壤,居冰川雪线之下。分布高度一般在

5 300m左右。严寒、大风、冰冻是寒冻土形成的主要环境条件。寒冻土山高坡陡，严寒缺氧，生境恶劣，目前难以利用。

2. 寒漠土

寒漠土是区内分布最广、面积最大的土壤。分布高度一般在海拔 4 000～5 300m 之间。寒漠土区气候寒冷，降水量不足 100mm，大风频繁，生境恶劣，只能生长垫状驼绒砾藜、艾菊、刺矶松等垫状植物，覆盖度不足 5%，不少地方甚至寸草不生。地表覆砾，常见白色盐霜，风化作用和成土过程微弱，土层浅，一般不到 50cm，粗骨性强，砾石含量高。

3. 高山草甸、草原土

主要分布于昆仑山北翼，海拔 3 300～4 000m 的垂直带内。土区内气候寒冷，降水量充沛，年均降水量达 200～300mm。主导成土过程为强烈的腐殖质积累、氧化还原和钙积过程。植被组成以小蒿草、紫花针茅、羽状针茅为主，覆盖度 50%～80%。该类土是优良的畜牧草场。

4. 山地棕漠土

发育在暖温带干旱气候下的荒漠土壤，它起自山前洪积—冲洪积平原，向山地延伸，其上限可超过海拔 4 000m，分布广，面积大。植被属于干旱的半灌木—灌木类，盖度小于 5%。主导成土过程是荒漠化过程，腐殖质积累少，矿化作用强，有机质含量低。地表覆砾，土层浅薄，石质化强。

5. 风成沙黄土

主要分布于昆仑山北翼海拔 2 000～4 000m 的中高山低洼地带。土层最厚可达 20m。据测年资料，黄土是在晚新世开始形成的，晚新世末至全新世快速堆积时期。地表植被稀疏，气候干旱。是农业用耕地的主要资源。

（三）水资源

水是人类生存所必需的资源。节约、保护和合理开发水资源已成为人类社会可持续发展的重要内容。测区内水资源较丰富，水系交错纵横。按水资源类型可分为：地表水、地下水和冰雪融水等。

1. 地表水

图区内地表水均为内陆水系，主要河流为桑株河、杜瓦河和喀拉喀什河。河水补给主要靠高山冰雪融水，次为大气降水。前两条河均发源于桑株达坂雪山上，流经面积小，向北出山口后进入塔里木盆地消失。该水系是皮山县地区的重要生产、生活用水。

喀拉喀什河是和田河的西支，属塔里木水系。发源于喀喇昆仑山北翼众多高峰的现代冰川中。河水纵贯全区，全长约 800km，在乌鲁瓦提出山进入塔里木盆地，汇入和田河。谷底一般宽 70～80m，窄处 20m 左右，砾石河床。水深 0.5～2m，年径流量 21.9 亿 m^3，6—8 月径流量占年径流量的 74.4%，3—5 月仅占 8.67%。在山口以上集水面积 19 983km^2。河水矿化度较高。由于河水流域内植被稀少，土质疏松，气候干旱少雨且大风多，所以河水中泥沙含量较高。

喀拉喀什河是和田地区古老绿洲的主要水源地之一。乌鲁瓦提水利枢纽的建成，极大地改善了和田地区的生态环境，为和田地区的可持续发展提供了重要的水电资源。

2. 冰雪融水

昆仑山、喀喇昆仑山是中国冰川面积最多的山脉，山势雄伟，群峰林立。冰川积累区年降水量多在 500～800mm 之间，年均气温零度以下，为冰川发育创造了良好的条件。

图区内冰川主要分布于昆仑山主脊印地他什达坂、桑株达坂及喀喇昆仑山主峰一线，属西昆仑玉龙冰川区。面积达 3 000km^2。冰川呈树枝状带状分布。按冰川类型划分属山谷冰川。因受地形限制，冰川常沿一个方向延伸，冰雪积累区雪崩盛行，冰川刨蚀和搬运作用强，沟谷内堆积大量的冰碛物。

昆仑山冰川蕴藏着丰富的淡水资源，素有天然水库之称。据统计昆仑山冰川冰水储量达 264 亿 m^3。喀拉喀什河流的主要补给水源来自冰雪融水，其补给量占 60%。这些充分表明，高山冰川与干旱地区的生态环境及人类生产生活息息相关、兴衰与共。

然而，由于全球自然环境的不断恶化，气温升高，冰川总趋势是在退缩，冰雪平衡线抬升。河水径流量有减小趋势。因此，我们在发展生产的同时应合理开发利用水资源，珍惜大自然赋予我们的这一不可再生能源。

3. 地下水资源

图区内地下水资源较丰富，主要赋存于各种岩石裂隙、孔隙中。其赋存状态、水质、储量与岩石物化性质、地形地貌、大气降水有关。它们是地表径流补给的辅助水源。由于区内山高路险，人烟稀少，环境恶劣，目前地下水资源未得到有效开发利用。

（四）生物资源

1. 植物资源

调查区内植物资源比较贫乏，主要为耐寒的草本植物，木本植物分布于山前零星绿洲上。植物的分布具明显的垂直分带性。随着海拔高度的不同，植物的组成和种属各不相同。区内主要植物类型有：

(1)高山稀疏垫状植被。分布于雪线以下海拔 4 800m 以上的高山上。由于自然环境恶劣，植被稀少，只有少量菊科、豆科和十字花科。

(2)高寒草甸植被。分布在高山垫状植被之下，海拔 4 000～4 800m 地段，主要为喜湿耐碱的草本植物和一些矮小的菊科、豆科和红柳，植物生长期很短。

(3)高寒草甸草原植被。分布在海拔 3 000～4 000m 的山坡及河谷两岸，主要为一些禾木科的早熟禾、砂生针茅、棱孤草等。这里是良好的牧场。

(4)沼泽化草甸和沼泽植被。分布于河滨低地和山前冲积扇上。稀疏生长着耐寒杨柳、沙柳等木本植物。

2. 动物资源

调查区属于古北动物区域中亚区域的青藏地区。由于自然环境恶劣，动物种类和数量比较贫乏。鱼类资源主要为新疆偏吻鱼、叶尔羌鼓鳔鳅、斯氏高原鳅；鸟类资源主要有山雕、红嘴山鸦、棕背雪雀、雪鸡等；哺乳动物主要有藏羚羊、野牦牛、藏野驴、黄羊、岩羊、盘羊等，其中藏羚羊、野牦牛、藏野驴属于国家一级保护动物。

总之，调查区地处青藏高原，气候环境恶劣，生态环境十分脆弱，动植物资源贫乏，植物生长周期短，一旦遭到破坏将很难恢复。近年来，由于各种人为因素，区内动物资源数量不断减少，我们应采取措施加强保护。

二、旅游资源

图区地处青藏高原腹地，地广人稀，空气稀薄，旅游资源相对匮乏。但高原探险旅游仍为一个很好的旅游资源。

雄伟高大的昆仑山脉横亘于塔里木盆地南缘。垂直高差达3 000多米,这里峰峦叠嶂,山势险峻,冰峰林立,湖盆相间,不同的地貌景观交融相错。随着近几年国内探险旅游业发展,来这里观光旅游的国内外游客越来越多。您可以驱车从叶城出发,沿新藏公路南行至西藏阿里。一路上您可以领略高原上独特的自然风光,感悟一日中不同的季节变化,欣赏高山冰川的壮美以及高原湖盆区的宽广无垠。运气好的话,还可以观赏到高原上特有的物种野牦牛、藏羚羊及藏野驴。旅游的黄金季节为每年的5—9月,路上食宿都很方便。

第三节 灾害地质

图区地处青藏高原北部,自然环境恶劣,地质构造复杂,断层交错,岩石物理机械风化强烈十分破碎。新构造运动表现强烈,且一直处于隆升状态。每年各种地质灾害事故频发,给当地的经济生活带来不少损失,应当引起有关部门的高度重视。区内主要环境地质问题有如下几个方面。

一、自然灾害

1.崩塌、泥石流

根据野外初步调查,全区内崩塌、泥石流现象随处可见,灾害多发生在每年的6—8月份。尤其以新藏公路赛图拉—大红柳滩段问题最严重,危害性最大。在该路段两侧的高山上分布有常年不化的现代冰川,山势高大陡峭,基岩裸露且十分破碎,喀拉喀什河切割强烈。岩石融冻作用和机械风化作用强烈,在公路上经常发生岩石崩塌,巨石下落,在路边形成倒石堆,危害行车和行人,阻塞交通。

泥石流的发生主要在每年的6—8月份,这个季节高山冰雪融水大量融化,再遇暴雨袭击,公路两岸各沟中山洪爆发,洪水携带大量的泥石下泻,在出沟口处大量堆积,冲毁公路。在山前一带对农田水利设施造成危害也极大。泥石流的共同特点是汇水面积大,流通区短小狭窄,自然坡度大。

防治措施:清理高边坡危石,修理排水沟,开挖高边坡,疏通河道,在公路边修建涵洞和桥梁。

2.雪灾及融冻作用

雪灾作用在测区经常发生,进入冬季后大雪封山,造成交通阻断,车辆无法通行。雪灾严重时,给当地人们经济生活造成巨大损失。如2004年冬季皮山县桑株乡突降大雪,大量牲畜冻死,山区农牧民与外界交通中断,给农牧民的经济生活带来严重困难,损失巨大。

融冻作用主要发生在海拔4 500m以上的高寒山区。这一地区地下常年分布有冻土层,每年夏季,随着气温的升高,冻土层开始消融,在地面形成胀土丘。公路沿线路面翻浆,甚至毁坏,严重影响交通运输。

二、环境灾害作用

1.大风沙尘暴灾害

大风沙尘暴天气主要受西北风影响,多在春夏两季盛行。受影响地区遍及全区,但主要在山前和塔里木盆地南缘影响较大。大风风速一般为20m/s。风速强盛时,吹起地表沙土,形成沙尘暴,使天空变得非常昏暗,能见度不足百米,空气污染严重,天空中布满浮尘,人们出行困难。沙尘暴严重时,吹倒房屋及农作物,给人们的经济生活造成较大损失。历史上许多古城的消失,与此灾害有直接关系。

2. 土地的荒漠化

整个测区内能够开发利用的土地资源非常有限。现为人们开发利用的少量土地也正面临着荒漠化的威胁。土地荒漠化主要表现在地表植被干枯退缩,土质有机质含量降低,碱化严重。引起土地荒漠化的原因主要为大气降水少、植被退化、水土流失、沙尘暴及各种人为因素。土地荒漠化正严重威胁着人们的生存环境,应当引起有关部门的高度重视。

3. 土地的盐碱化

土地的盐碱化在测区内普遍存在,尤其在山前地带。引起土地盐碱化的主要原因为气候干旱少雨,地表蒸发量远大于降水量,或者是由于过度灌溉地下排水不畅等,上述因素造成土地中盐分聚集引起盐碱化。人们应采取合理措施加强治理,防治土地盐碱化。

第八章 结束语

经过近3年的野外工作，在项目全体人员的共同努力下，在中国地质调查局、中国地质调查局西北项目管理办公室、陕西省地质调查院及有关单位领导和专家的指导帮助下，克服了高寒缺氧，在常人难以承受的艰险恶劣环境下，按期保质保量完成了项目任务书下达的野外各项工作任务，并取得了一些新的发现和重大成果。

一、取得主要成果及进展

（一）地层古生物方面

项目经过2003—2005年地质填图及综合研究，划分了调查区地层区划，系统地建立了调查区地层层序，并厘定和建立了群级（构造）岩石地层单位14个、组级（构造）岩石地层单位42个、段级岩石地层单位11个及1个非正式层级地层单位。其中新建立群级（构造）岩石单位2个、组级（构造）岩石单位5个。

（1）本次区调在图区出露的奥陶纪—白垩纪地层中采集了大量的古生物化石，主要有珊瑚、腕足、腹足、菊石类等。填补、丰富和完善了该地区地层古生物化石的资料，为系统建立地层层序、划分地层时代提供了依据，具有重要的地质意义。

（2）本次区调依据所获叠层石时代和岩石变形变质特征，对原划甜水海群进行了解体。将其下部以细碎屑岩为主，大套有序、小层无序，变形非常强烈的一套强变形黑云石英片岩、强片理化石英粉砂岩，仍厘定为长城系甜水海岩群。

将其原划甜水海群上部的一套片理化白云岩、泥质白云岩，依据本次区调在该层位剖面中采集到的大量锥状叠层石化石：*Xinjiaingella*，*Stratifera*，*Litia*. *Tekesia* sp. 特克斯叠层石，*Tungussia* sp. 通达斯叠层石，经鉴定其形成时代为晚元古代青白口纪。结合区域对比，综合分析将该套地层新建立为青白口纪肖尔克谷地岩组（构造）岩石地层单位。

（3）本次区调在岔路口一带填图和实测剖面工作中，首次在原划二叠系加温达坂组哑地层中获得了大量孢粉化石，经中国地质科学院高联达研究员鉴定，主要化石有：

Cordiatina ornatus（Luber）Samolovich（具饰柯达粉）

Limitisporites monstruosus（Balme and Hennelly）Hart（奇特单缝双囊粉）

Limitisporites sp.（单缝双囊粉 未定种）

Protohaploxypinus samolovichii（Jansonius） Hart（萨氏单束细肋粉）

Primuspollenites levicus Tiwari（薄原始粉）等

其中 *Cordiatina ornatus*（Luber）Samolovich（具饰柯达粉）是俄罗斯地台和乌拉尔地区孔谷阶典型分子，该种在中国华北和西北（不包括新疆北部和甘肃北部的安加拉植物地理区）以及华北和西南晚二叠世沉积中都有发现。其他均为二叠纪地层中常见分子。因此该套地层其形成时代为二叠纪无疑，并可能为早中二叠世期。由此可见，该生物化石资料的获得填补了该套地层时代划分缺乏依据的空白，具有重要的地质意义。

鉴于该套地层分布于乔戈里峰-空喀山口断裂以北的甜水海-北羌塘地层区，而早二叠世早期加温达坂组命名剖面位于乔戈里峰-空喀山口断裂以南的藏滇地层大区南羌塘地层区，并且以含有早二叠世早期冷水型单通道䗴类动物群为特征，因此，前人将乔戈里峰-空喀山口断裂南北不同地层大区分布的二叠纪不同岩石组合的地层，划归为同一岩石地层单位——加温达坂组，显然是不合适的。依据岩石地层单位命名原则，结合西邻神仙湾幅区域对比及生物化石资料，将该套地层新建为早中二叠世神仙湾组，并对其沉积环境进行了厘定，初步确定为一套深水相浊积岩。岩石中发育典型的粒序层、重荷模、水道沉积等相标志。

(4)本次区调对图区原划早中志留世温泉沟群哑地层进行了重新厘定，在红山湖一带实测志留系温泉沟群地层剖面中，采集了大量孢粉样品，经中国地质科学院高联达研究员鉴定，主要孢粉化石疑源类有：

网纹光球藻 *Leiosphaeridia tenuissima* Eisenack

沃格光球藻 *Leiosphaeridia* cf. *voigttii* Eisenack

弗洛利藻(未定种) *Florisphaeridium* sp.

细长锥几丁虫(相似种)*Conochitina* cf. *leptosoma*

几丁虫类有：

长形几丁虫(相似种)*Conochitina* cf. *proboscifera* Eisenack

光锥几丁虫(相似种)*Conochitina* cf. *acumirata* Eisenack

管形锥几丁虫(相似种)*Conochitina* cf. *tuba* Eisenack

平行锥几丁虫(相似种)*Conochitina* cf. *homeclaviformis* Bauche

小锥几丁虫(相似种)*Conochitina* cf. *inceratica* Eisenack

锚刺几丁虫(未定种)*Ancyrochitina* sp.

原始锚刺几丁虫(相似种)*Ancyrochitina* cf. *primitica* Eisenack

漂砾链几丁虫(相似种) *Desmochitina* cf. *erratica* Eisenack

塔状艾森纳克几丁虫(相似种) *Eisenackitina* sp. cf. *coster* Jansonius

锥形棒几丁虫(相似种)*Rhabdochitina* cf. *conocephala* Eisdnack

缘棒几丁虫(相似种) *Rhabdochitina* cf. *magna* Eisenack

束肋棒几丁虫(相似种) *Rhabdochitina* cf. *vorgata* Taugourdeau

筒形杯几丁虫(相似种) *Cyathiochitina* cf. *calis* Eisenack

杯几丁虫(未定种)*Cyathochitina* sp.

多性斜几丁虫(相似种)*Lllichitina* cf. *multiplex* Schallrenter

斜向瓶几丁虫(相似种)*Lagenochitina* cf. *obliges* Paris

在温泉沟群所采的样品中发现的疑源类和几丁虫的时代为晚奥陶世—志留纪，并主要是志留纪常见的属种，因此该样品所在的沉积物可能为志留纪，并可能为早志留世。由此可见，温泉沟群其形成时代应为早志留世。该孢粉化石的获得，填补了该地层划分时代缺乏生物化石依据的空白。

(5)在红山湖地质填图及实测剖面工作中，从原划石炭系恰提尔群中解体出二叠纪地层，为一套浅水高能环境下形成的内碎屑灰岩、生物碎屑灰岩、砂质灰岩。岩石中广泛发育交错层理、粒序层理、竹叶状结构、鲕粒结构、介壳层等沉积构造。反映其沉积环境为浅海高能碳酸盐台地相。灰岩中有点礁发育，其上有丰富的生物化石，如䗴、珊瑚、海百合茎等，经长安大学地层古生物室汪明洲教授鉴定，主要有䗴化石：*Parafusulina decora* Han(美丽拟纺锤䗴)(P_1)，*Rugosofusulina* sp.(皱壁䗴)，*Parafusulina yiwaensis*(益哇拟纺锤䗴)(P_1^2)等化石。依据生物化石时代，将该地层划归为早二叠世晚期。由于该套地层在区域上未见出露，故暂命名为早二叠世红山湖组，与下伏恰提尔群为不整合关系，依据岩石组合及宏观特征，可进一步划分为3个段：

上段：上部浅灰色泥质灰岩、角砾状灰岩；下部紫红色钙质粉砂岩夹灰黄色泥质灰岩（含珊瑚、腕足化石）。

中段：灰—浅褐色砂质灰岩夹生物碎屑灰岩。岩石中发育交错层理、粒序层及生物介壳，局部具风暴沉积特征。

下段：灰色薄层状灰岩夹泥灰岩，局部角砾状灰岩（发育生物点礁）。

(6)在天神达坂一带填图和实测剖面过程中，对原划陶奥纪冬瓜山群进行了解体，在原划冬瓜山群生物灰岩中采集到了珊瑚化石，经西安地质矿产研究所曹宣铎专家鉴定，主要有：*Alaiophyllum* sp. 阿莱珊瑚（D_{2-3}），*Favosites favosiformis dissimtfes* King 蜂巢形蜂巢珊瑚双形亚种（D_2^1），*Thamnopora paraminma* Tchi 似小型灌木孔珊瑚（D_2^1），*Scoliopora* cf. *denticulata*（M. edwards et Haime）锯齿状湾孔珊瑚（相似种）（D_2）等化石，其形成时代主体为中泥盆世早期。本次区调依据生物化石资料，结合区域对比，将该套地层重新厘定为中泥盆世落石沟组。

(7)本次区调在图区西南角向阳峰一带原划泥盆纪地层灰岩中，采集到大量珊瑚及腕足类化石，经西安地质矿产研究所曹宣铎专家鉴定，主要有：*Sestophyllum kelamailiense* Zeng 克拉美丽筛珊瑚（C_2^1），*Donophyllum irregulare* Wang 不规则赖河珊瑚（C_1^2），*Lithostrotion yaolingense*（Chu）瑶岭石柱珊瑚（C_1^2），*Caninia vesicata* Yu 泡沫状犬齿珊瑚（C_1^2）等化石，其形成时代主体为早石炭世。依据生物化石资料，结合西邻《神仙湾幅》区域资料对比，将该套地层重新建立为早石炭世帕斯群。

(8)在克孜勒吉干北侧区调填图中，从原划志留系温泉沟群中解体出了奥陶系冬瓜山群，该群为一套灰绿色、暗紫红色角砾状灰岩，砂质灰岩，钙质粉砂岩。其沉积环境为浅海高能碳酸盐相。区域上原划冬瓜山群为下—中奥陶统，本次区调填图中发现其与下志留统温泉沟群为整合过渡关系。因此，冬瓜山群其形成时代应为奥陶纪。

(9)在天神达坂一带填图过程中，对原划长城系甜水海群进行了解体，重新厘定为中泥盆统落石沟组和中侏罗统龙山组。

(10)本次工作在侏罗系龙山组灰岩中采集到了大量生物化石，经陕西省区域地质研究院古生物专家史秉德鉴定主要有：始中齿蛤（未定种）*Eomiodon* sp.，膨凸同海螂 *Homomya gibbosa*（Sowerby）（J_2），梯氏刮具海扇 *Chlamys*（*Radolopecten*）*tipperi* Cox（J_2），近坚实岔套海扇 *Camptonectes*（*Camptochlamys*）*subrigidus* Liu（J_2），毕尼斜锉蛤（相似种）*Plagiostoma* cf. *biiuiensis* Cox（J_2），小水斜锉蛤 *Plagiostoma xiaoshuiensis* Fan（J_{1-2}），斜锉蛤（未定种）*Plagiostoma* sp.（T—K）；棱笋海螂 *Pholadomya corfnata* Goldfuss（J_2），桶头菊石 *Dolikephalites* sp.（J_2），亚洲缅甸贝 *Burmirhynchia asiatica* Buckman（J_2），滚古拉沟孔贝 *Holcothyris tanggulaica* Ching Sun et Ye（J_2），格尔木沟孔贝 *Holcothyris golmuensis* Ching Sun et Ye（J_2），短根沟孔贝 *Holcothyris breviseptata* Ching Sun et Ye（J_2），潞江缅甸贝 *Burmirhynchia luchungensis* Reed（J_2），*Radiolites* sp.（辐射蛤、未定种），*Aulacosphinctes* sp.（沟旋菊石、未定种），*Kellawagsites* sp.（凯拉维斯菊石、未定种）等，依据上述生物化石资料，龙山组时代应为中侏罗世。该生物化石的获得，丰富了该地层的生物化石资料。

(11)在白垩系铁隆滩群灰岩组中采集到了大量生物化石，经陕西省区域地质研究院古生物专家史秉德鉴定主要有：新疆杜兰蛤 *Durania xinjiangensis* Yang（K_2），放射杜兰蛤 *Durania radiatus* Yang（K_2），昆仑萨氏蛤 *Sauvagesia kunlunensis* Yang（K_2），新疆萨氏蛤 *Sauvagesia xinjiangensis* Yang（K_2），赫氏前射蛤 *Paraeradiolites hedini* Douville（K_2），戴氏牡蛎 *Ostrea delettrei* Coquand（K_2），光蛎 *Liostrea* sp.，斜锉蛤 *Plagiostoma* sp.，新疆直孔贝 *Rectithyris* cf. *sinkiangen-*

sis Wang(K_2)，等脊简棱海扇 *Naithea aequicostata*(K_2)，小葱螺 *Crommium* sp. 等。依据化石时代将铁隆滩群形成时代划归为晚白垩世。该生物化石的获得，丰富了该地层时代划分的依据。

(12)对康西瓦断裂以南广泛发育的侏罗纪地层进行了较深入的研究，它以角度不整合覆于前侏罗纪不同层位之上，下部为陆相砾岩及砂砾岩，砾石巨大、分选磨圆较差，物质来源于就近下伏地层；上部为海相碳酸盐岩。发现侏罗纪地层中夹有中基性火山岩及次火山岩(隐爆角砾岩)，反映了该套地层构造环境不可能为前陆盆地相，而有可能为弧后盆地相。

(二)构造方面

(1)在西安地质矿产研究所《青藏高原北部空白区基础地质综合研究》构造单元划分方案的基础上，本次区调以乔尔天山-岔路口断裂带为界，对图区甜水海-北羌塘微陆块进一步划分两个次级构造单元，位于大红柳滩-郭扎错断裂带以南，乔尔天山-岔路口断裂带以北，划归为甜水海微陆块，代表相对稳定的沉积环境，主要发育碳酸盐岩、细碎屑岩夹少量硅质岩；以乔尔天山-岔路口断裂带为北界，乔戈里峰-空喀山口断裂带以北，划归为二叠纪—三叠纪神仙湾边缘裂陷带。主要发育深水相细碎屑岩夹大量的中基性火山岩，二者代表不同的大地构造环境及沉积环境。

(2)基本查明了图区地层以北西—南东向为主构造线，晚期叠加了北东—南西向构造，形成一系列的短轴复式背、向斜构造，局部呈穹隆状构造。图区东南部石炭纪、二叠纪、侏罗纪、白垩纪地层之间均为不整合接触关系(平行不整合或微角度不整合)。

(3)图区普遍发育一系列由北向南叠瓦状逆冲推覆构造，致使长城纪甜水海群逆冲到奥陶纪冬瓜山群之上，而冬瓜山群又逆冲到志留纪温泉沟群之上。

(4)图区乔尔天山-岔路口区域性大断裂广泛发育基性岩脉(辉绿岩脉、辉长岩脉等)，其侵入的最新地层为白垩纪地层。脉体成群成带出现，严格受到断裂的控制。一方面反映了该期脉体为同一期构造活动的产物；另一方面反映出该组断裂形成层次较深，深度可达下地壳与上地幔附近。

(5)基本查明了图区不同时代地层的变形样式：中—新元古代长城纪发育一系列顺层剪切掩卧褶皱及紧闭尖棱褶皱；早古生代地层主要表现为同斜褶皱、尖棱褶皱；晚古生代地层主要表现为开阔褶皱；中生代地层仍表现为开阔褶皱，局部表现为近水平状展布。

(三)侵入岩方面

图区侵入岩不甚发育，而辉长岩、辉绿岩脉比较发育，前者主要分布在图区东北部巴颜喀拉晚古生代—中生代边缘裂陷带，后者主要分布在甜水海微陆块上。同时，该微陆块上发育有侏罗纪侵入岩，其岩石主要为中粒黑云二长花岗岩、中细粒斑状黑云二长花岗岩，均属于印支期俯冲型和碰撞型构造-岩浆岩带。后者主要分布在天神达坂及岔路口一带，依据同位素年龄及侵入围岩地层综合分析，初步可划分两期，即早期为早石炭世，晚期脉岩侵入于白垩纪，其时代可能为古近纪。

本次区调在图区北部天神达坂一带的辉长岩墙中获得单矿物锆石 SHRIMP U－Pb 法(323.8±2.5)Ma 的同位素年龄值，代表在晚泥盆世—早石炭世发生了一期裂解事件，形成了二叠纪—三叠纪神仙湾边缘裂陷盆地，沉积了一套深水相细碎屑岩夹中基性火山岩建造。该期裂解事件在图区北部的昆仑微陆块和甜水海-北羌塘微陆块上均有表现。该同位素年龄值的获得，为研究二叠纪—三叠纪神仙湾裂谷带的时代及形成机制提供了直接的证据，具有重要的地质构造意义。

(四)矿产方面

调查区由于恶劣的自然环境和艰苦的交通条件，地质矿产勘查程度较低。前人主要沿新藏公路及山前地带对煤、石膏、黄铁矿、石灰岩和铁、铜铅锌、玉石矿等少数矿种作过踏勘性评价，对稀有金属、白云母、铁计算了远景储量，多数矿产地只作过一般性检查，本次区调矿产工作的目的是发现新的矿产地，寻找新的矿化线索，总结区域成矿规律。

(1)本次区调在图区志留纪温泉沟群中新发现金(铜)矿(化)点1处，扩大了原有矿产地的找矿范围，为进一步成矿作用研究和矿产勘查提供了重要线索。

(2)本次区调工作，在二叠纪神仙湾组地层中，发现构造角砾岩型、火山岩型铜矿(化)点2处，矿(化)体均受构造控制。此外，在侏罗纪龙山组火山岩中，也显示有铜矿化。说明上述两个地区也是良好的成矿远景区。

(3)本次区调在天神达坂向阳峰一带，发现了石炭纪沉积型铁矿带，其规模长约5～8km，宽约80～100m，TFe品位为21.37%。为进一步矿产勘查提供了依据。

(4)在红山湖南侏罗纪龙山组下部白云岩中发现雪花石膏矿，野外可见有8层，最厚8～10m，一般0.3～0.4m，顺层延伸长度超过150m。成因为潟湖相沉积型矿床。

二、存在的主要问题

(1)分布于图区东北角的巴颜喀拉晚古生代—中生代边缘裂陷带中二叠纪黄羊岭群，时代划分仅依据东邻《阿克萨依湖幅》资料，划分依据不足。图区该套地层变质变形较强，变质可达高绿片岩相，与东部区域上的二叠系黄羊岭群基本未变质岩石组合特征截然不同。同时在东部伯力克幅该套地层火山岩中获得了单矿物锆石U-Pb法同位素年龄值为(416±1.3)Ma。说明了该套地层其形成时代可能是志留纪。

(2)工作区自然地理条件十分恶劣，加上时间紧、任务重，对有些重要的地质问题难以进行深入研究，影响图幅整体研究程度的提高。

参考文献

谌宏伟，罗照华，莫宣学，等．东昆仑造山带三叠纪岩浆混合成因花岗岩的岩浆底侵作用机制[J]．中国地质，2005，32(3)：386～393

成都矿产地质研究所．1：150万青藏高原及邻区地质图[M]．北京：地质出版社，1997

崔文军，等．阿尔金断裂系[M]．北京：地质出版社，1997

崔之久，高全州，刘耕年，等．夷平面、古岩溶与青藏高原隆升[J]．中国科学，1996，26(4)：378～385

崔之久，李德文，伍永秋，等．关于夷平面[J]．科学通报，1998，43(17)：1 794～1 804

丁道桂，等．西昆仑造山带与盆地[M]．北京：地质出版社，1996

方爱民，李继亮，侯泉林，等．西昆仑库地西北依沙克群中首次发现放射虫化石[J]．地质科学，1998，33(3)：384

高秉璋，等．花岗岩类区1：5万区域地质填图方法指南[M]．武汉：中国地质大学出版社，1991

韩郁菁．变质作用p-T-t轨迹[M]．武汉：中国地质大学出版社，1993

郝杰，刘小汉，方爱民，等．西昆仑"库地蛇绿岩"的解体及有关问题的讨论[J]．自然科学进展，2003，13(10)：1 116～1 119

姜春发，等．昆仑开合构造[M]．北京：地质出版社，1992

姜春发，等．中央造山带开合构造[M]．北京：地质出版社，2000

李炳元，潘保田，高红山．可可西里东部地区的夷平面与火山年代[J]．第四纪研究，2002，22(5)：397～404

李昌年．火成岩微量元素岩石学[M]．武汉：中国地质大学出版社，1992

李长安，殷鸿福，于庆文，等．东昆仑山构造隆升与水系演化及其发展趋势[J]．科学通报，1999，44(2)：211～213

李吉均，方小敏，潘保田，等．新生代晚期青藏高原强烈隆起及其对周边环境的影响[J]．第四纪研究，2001，21(5)：381～391

李吉均，文世宣，张青松，等．青藏高原隆起的时代、幅度和形式的探讨[J]．中国科学，1979(6)：608～616

李永安，等．中国新疆西南部喀喇昆仑山羌塘地块及康西瓦构造带构造演化[M]．乌鲁木齐：新疆科技卫生出版社，1995

林清茶，夏斌，张玉泉，等．哀牢山—金沙江碱性岩带南段云南金平八一村钾质碱性花岗岩锆石SHRIMP U-Pb年龄[J]．地质通报，2005，24(5)：420～424

刘石华，匡文龙，刘继顺，等．西昆仑北带蛇绿岩的地球化学特征及其大地构造意义[J]．世界地质，2002，21(4)：332～339

刘训，等．塔里木板块周缘的沉积-构造环境[M]．乌鲁木齐：新疆科技卫生出版社，1997

刘肇昌．板块构造学说[M]．成都：四川科学技术出版社，1985

罗照华，张文会，邓晋福，等．西昆仑地区新生代火山岩中的深源包体[J]．地学前缘，2000，7(1)：295～298

潘桂棠，等．东特提斯组成与地质演化[M]．北京：地质出版社，2000

潘裕生，等．喀喇昆仑山-昆仑山地区地质演化[M]．北京：科学出版社，2000

潘裕生．西昆仑山构造特征与演化[J]．地质科学，1990(3)：224～232

任纪舜，等．中国及邻区大地构造图及说明书[M]．北京：地质出版社，1997

荣辉，等．高等地球化学[M]．北京：科学出版社，2000

施雅凤，郑本兴，李世杰，等．青藏高原中东部最大冰期时代高度与气候环境探讨[J]．冰川冻土，1995，17(2)：97～112

孙德有，吴福元，林强，等．张广才岭燕山早期白石山岩体成因与壳幔相互作用[J]．岩石学报，2001，17(2)：227～235

孙海田，等．西昆仑金属成矿省概论[M]．北京：地质出版社，2003

孙鸿烈，等．喀喇昆仑山-昆仑山地区地质演化[M]．北京：科学出版社，2000

滕志宏，等．塔里木盆地及周缘地区上第三系—第四系地层及晚新生代构造期次划分[M]．西安：西北大学出版社，1994

万渝生，罗照华，李莉，等．3.8Ma：青藏高原年轻碱性玄武岩锆石离子探针U-Pb年龄测定[J]．地球化学，2004，33(5)：442～446

王国灿，吴燕玲，向树元，等．东昆仑东段第四纪成山作用过程与地貌变迁[J]．地球科学，2003，28(6)：583～592

王涛，张宗清，王晓霞，等．秦岭造山带核部新元古代碰撞变形及其时代[J]．地质学报，2005，79(2)：221～229

王晓霞，李向东，毕华，等．北秦岭老君山、秦岭梁环斑结构花岗岩岩浆混合的岩相学证据及其意义[J]．地质通报，2002，21(8～9)：523～529

王元龙，王涛，卢欣祥，等. 西昆仑库地蛇绿岩的地质特征及其形成环境[J]. 长春科技大学学报，1997，27(3)：304～309
王志洪，李继亮，侯泉林，等. 西昆仑库地蛇绿岩地质、地球化学及其成因研究[J]. 地质科学，2000，35(2)：151～160
文世宣，等. 喀喇昆仑山-昆仑山地区古生物[M]. 北京：科学出版社，1998
西藏地质矿产局. 西藏自治区区域地质志[M]. 北京：地质出版社，1993
西藏地质矿产局. 西藏自治区岩石地层[M]. 武汉：中国地质大学出版社，1997
肖庆辉，等. 花岗岩研究思维与方法[M]. 北京：地质出版社，2002
肖庆辉，邱瑞照，邓晋福，等. 中国花岗岩与大陆地壳生长方式初步研究[J]. 中国地质，2005，32(3)：344～350
肖文交，方爱民，李继亮，等. 西昆仑造山带复式增生楔的构造特征与演化[J]. 新疆地质，2003，21(1)：31～35
肖序常，王军，苏犁，等. 再论西昆仑库地蛇绿岩及其构造意义[J]. 地质通报，2003，22(10)：745～750
肖序常，王军. 青藏高原构造演化及隆升的简要评述[J]. 地质论评，1988，44(4)：172～181
校培喜，等. 阿尔金山中段苏吾什杰岩体(群)地质特征[J]. 西北地质，2003，36(3)：14～23
新疆地质矿产局. 新疆维吾尔自治区区域地质志[M]. 北京：地质出版社，1993
新疆地质矿产局. 新疆维吾尔自治区岩石地层[M]. 武汉：中国地质大学出版社，1999
新疆矿产地质研究所，新疆第一区调大队. 新疆古生界(上、下册)[M]. 乌鲁木齐：新疆人民出版社，1990
许清华. 大地构造及沉积作用[M]. 北京：地质出版社，1985
尹集祥. 青藏高原及邻区冈瓦纳相地层地质学[M]. 北京：地质出版社，1997
张传林，赵宇，郭坤一，等. 塔里木南缘元古代变质基性火山岩地球化学特征——古塔里木板块中元古代裂解的证据[J]. 地球科学——中国地质大学学报. 2003，28(1)：47～53
赵寒冬，韩振哲，赵海滨，等. 内蒙古东北部激流河花岗岩中包体的特征及成因[J]. 地质通报，2005，24(9)：842～847
中国科学院地球化学研究所. 高等地球化学[M]. 北京：科学出版社，2000
中国科学院青藏高原科学考察队. 青藏高原的时代、幅度和形式问题[M]. 北京：科学出版社，1981
中国科学院青藏高原综合科学考察队. 喀喇昆仑山-昆仑山地区冰川与环境[M]. 北京：科学出版社，1998
中国科学院青藏高原综合科学考察队. 喀喇昆仑山-昆仑山地区自然地理[M]. 北京：科学出版社 1999
钟大赉，丁林. 青藏高原的隆起过程及其机制探讨[J]. 中国科学 1996，4(26)：289～295
周辉，袁超. 西昆仑库地早古生代岩浆岩的物源与热源[J]. 新疆地质，2003，21(1)：65～68
Li J J. Uplift of Qinghai-Xizang Plateau and Global Change[M]. Lanzhou：Lanzhou University Press，1995
Sengor A M. 板块构造与造山运动——特提斯例析[M]. 丁晓等译. 上海：复旦大学出版社，1992

图版说明及图版

图版 Ⅰ

1. 肖尔克谷地岩组中藻纹层
2. 冬瓜山群中球状叠层石
3. 落石沟组中竹叶状灰岩
4. 温泉沟群中双向交错层理
5. 恰提尔群中交错层理
6. 恰提尔群中水平虫迹
7. 神仙湾组中重荷模构造
8. 神仙湾组玄武岩中气孔杏仁构造

图版 Ⅱ

1. 温泉沟群中褶皱形态特征
2. 恰提尔群中发育劈理构造
3. 红山湖组中发育点礁宏观特征
4. 红山湖组中滑垮角砾岩
5. 铁隆滩群与龙山组不整合接触关系
6. 龙山组底部砾岩中发育粒序层理
7. 龙山组底部砾岩特征
8. 铁隆滩群底部砾岩特征

图版 Ⅲ

1. 肖尔克谷地岩组中叠层石
2. 中泥盆统落石沟组中菊石类
3. 中侏罗统龙山组中菊石类
4. 中侏罗统龙山组中腕足类
5. 上白垩统铁隆滩群中腹足类
6. 上白垩统铁隆滩群中双壳类
7. 中侏罗统龙山组中腕足类
8. 中侏罗统龙山组中双壳类

图版 Ⅳ

1. 甜水海岩群变形特征
2. 甜水海岩群中尖棱褶皱形态特征
3. 糜棱岩化粉—细晶灰岩镜下特征(×40)
4. 千枚状角闪斜长质糜棱岩镜下特征(×40)

5.粉砂绢云板岩镜下特征(×40)
6.含碳红柱石云母千枚岩镜下特征(×40)
7.下二叠统红山湖组灰岩中𫓧化石镜下特征(×20)
8.下二叠统红山湖组灰岩中𫓧化石镜下特征(×20)

图版 I

图版Ⅱ

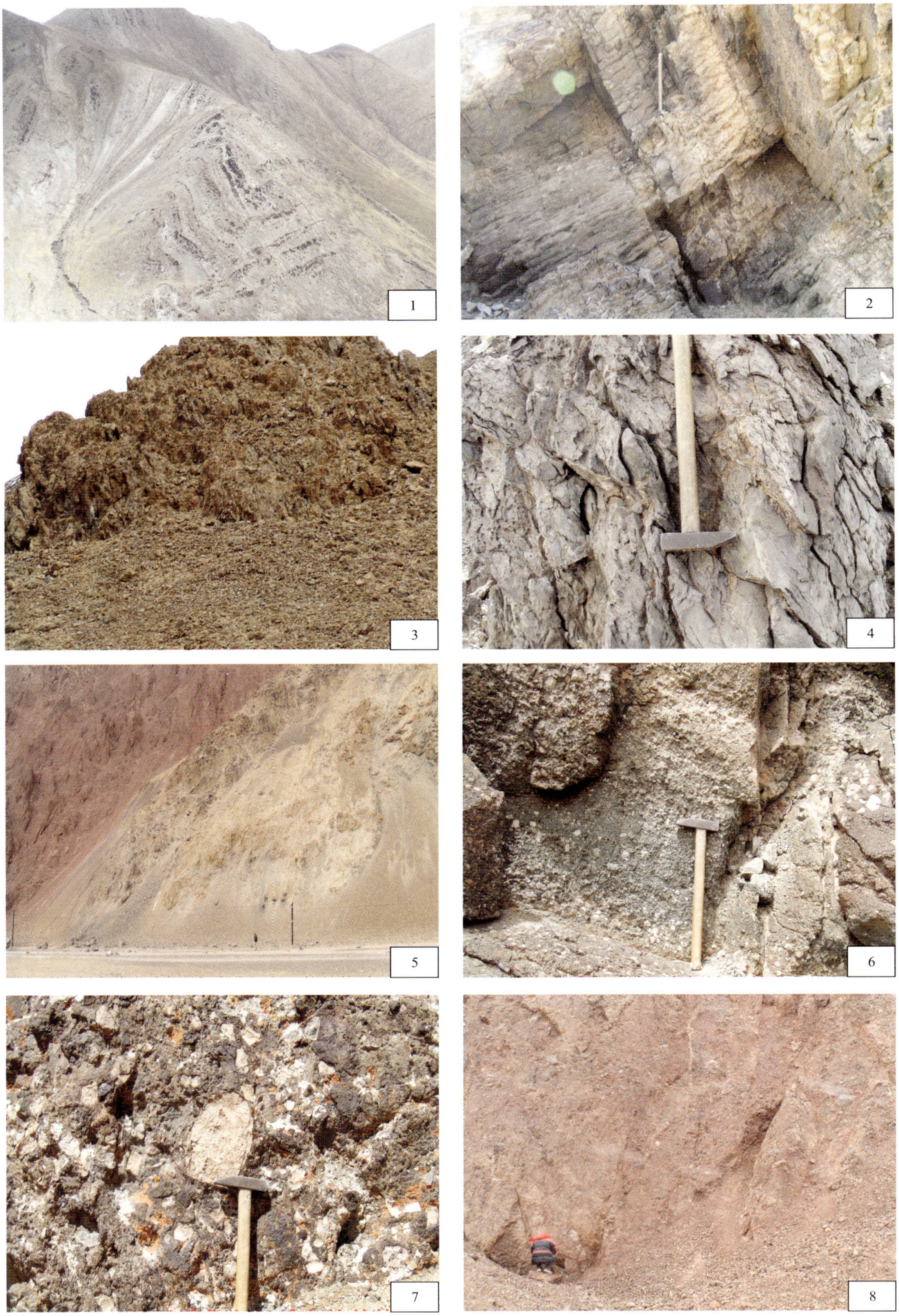

图版Ⅲ

1

2

3

4

5

6

7

8

图版Ⅳ

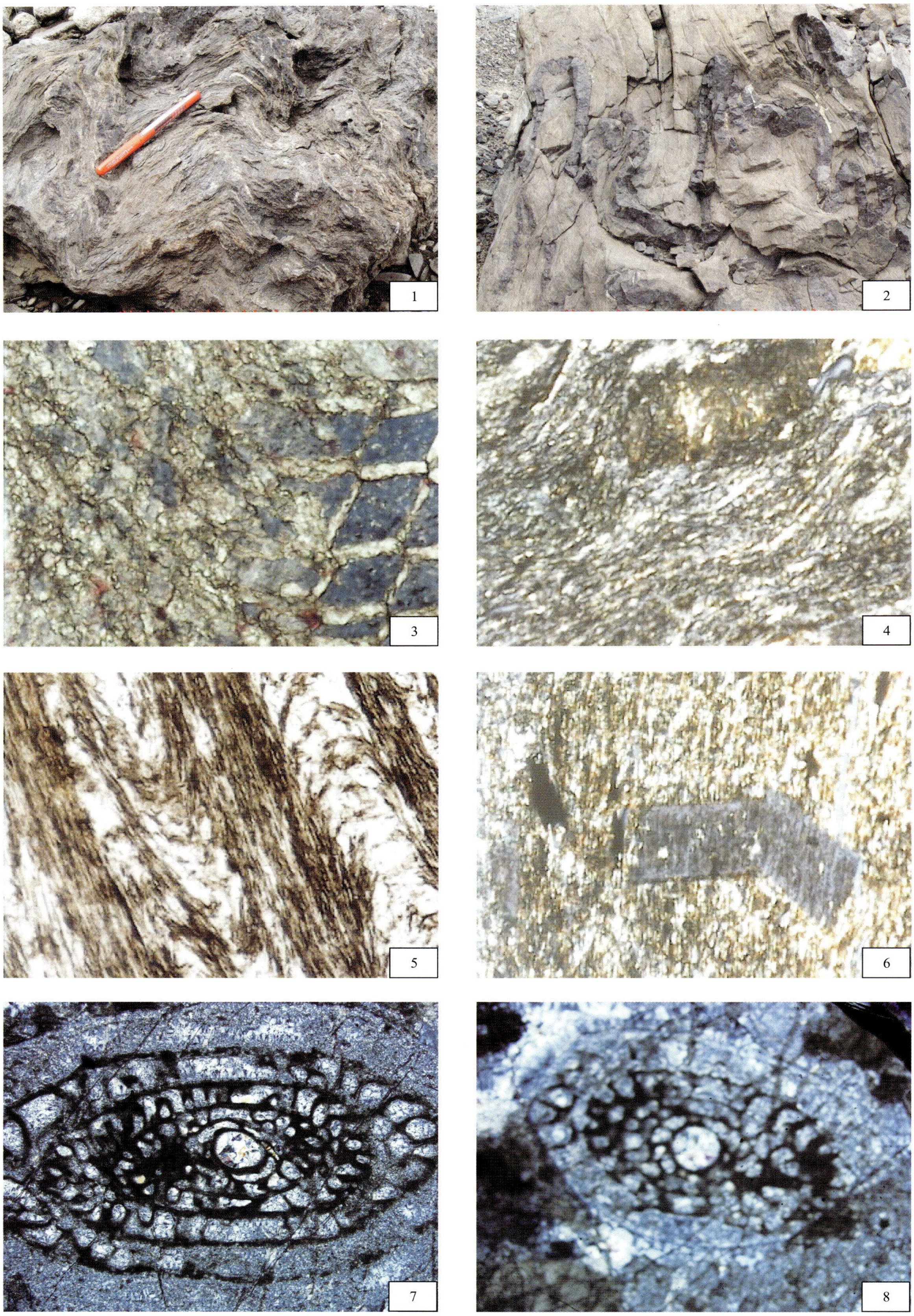